高等院校数字化建设精品教材

新编微积分

（理工类）

上

编著 林小苹 李 健

北京大学出版社
PEKING UNIVERSITY PRESS

前　言

本书具有以下特点：

1. 知识体系分布合理，内容由浅入深、可阅读性强

编者根据多年的教学经验和学生的认知规律安排内容体系，并采用"诱导发现"和"问题驱动"的模式叙述数学知识，尽可能使全书内容深入浅出、语言平实自然. 在适度运用严格数学语言的同时，采用大量颇具启发性的例子来引入论题、阐释和证明理论，并配有丰富的图示，让读者对数学问题不但可以知其然，还可以知其所以然.

2. 强调微积分的应用和实践

基本上，本书每一章都有"应用实例"这样一节拓展性内容，目的是希望在新工科背景下，尽可能多地使学生获得应用方面的信息以及数学建模的思想. 最后一章（下册第十三章）单独给出了近似数值计算问题及其计算机实现的内容，主要介绍了非线性方程求根、数值积分、幂级数的函数逼近等计算方法，并给出了相应的 MATLAB 实现程序，配套了相应的数值实验题. 学生可以通过建立数学模型，设计相应的数学实验来求解感兴趣的问题，在实践中体会学习数学的乐趣.

3. 通过丰富的例题和习题，拓展学生的学习空间

本书收集了较多的例题和习题. 考虑到学生中两极分化的现象，习题安排由易到难、呈现梯度，并具有层次性（分三级配置）：

第一级为思考题. 由于微积分具有高度抽象性、概括性，这使得学生对概念、定理的理解容易存在缺陷. 因此，本书在每一章节中都设置了供学生讨论的问题，而且在每一节后面也配置了思考题，这些思考题是编者从多年的教学实践中积累提炼而得，富有启发性. 学生通过做思考题可以对所学概念、定理和数学方法加深理解，从而培养自学能力和独立思考能力.

第二级为(A)类习题. (A)类习题为满足基本要求的作业题，用于巩固基础知识和基本技能，要求学生全部完成.

第三级为(B)类习题. (B)类习题是用于扩大学生视野和提高学生综合能力的选做提高题，供学有余力和有志报考研究生的学生练习.

另外，每章还配有总习题和单元测试，供学生作为综合练习或复习使用.

本书分为上、下两册. 上册主要致力于解决微积分入门难的问题，以完成与中学数学学习的平稳衔接，并在此基础上展开对一元函数微分和积分的概念、计算以及应用等微积分中最基础的内容研究. 上册内容包括函数、极限与连续，导数与微分，微分中值定理与导数的应用，不定积分，定积分及其应用，微分方程与数学建模初步这六章内容. 下册主要致力于一元函数微积分的扩展研究，并侧重对空间思维能力、复杂计算能力以及数学建模能力的初步训练. 下册内容包括向量代数与空间解析几何，多元函数微分学及其应用，重积分，曲线积分与曲面积分，柯西中值定理与泰勒公式，无穷级数，近似计算问题及其 MATLAB 实现这七章内容.

《新编微积分(理工类)上》由林小苹、李健编写,第一至第五章由林小苹执笔,第六章以及全书的"应用实例"由李健执笔. 这里要特别感谢徐斐教授、杨忠强教授和娄增建教授,他们也共同参与了本书的策划,同时杨忠强教授还参与了本书的部分校订工作. 袁晓辉、周承芳编辑并制作了教学资源,龚维安提供了版式设计方案.

在本书的编写过程中,谭超强、吴正尧、史永杰、谢泽嘉、薛华健等教师提供了许多宝贵的修改意见,北京大学出版社的编辑们对本书的出版和质量的提高付出了辛勤的劳动,在此一并致以衷心的感谢.

需要说明的是,在本书的编写过程中,参考了国内外一些优秀的高等数学或微积分教材,在此对相关作者表示深深的谢意!

限于编者的水平,书中难免有错误和不妥之处,恳请各位老师和读者批评指正.

编　者

目　录

第一章

▮▮函数、极限与连续

　　微积分是研究变量的数学学科,它是许多其他相关数学学科的基础,而极限理论是微积分的理论基础.微积分的主要研究对象是函数.而连续函数是微积分中最为常见的函数类别.本章是整个微积分的基础,我们将在回顾和深入理解函数有关知识的基础上,介绍极限与连续等相关知识.

第一节　一元函数

　　运动和变化带来变量,函数就是对运动和变化过程中变量与变量之间依赖关系的抽象描述,是刻画运动和变化过程中变量之间相互关系的数学模型.要研究数学这一高楼大厦,必须从它的基础开始,即从变量间最本质的联系——函数开始.

一、集合

　　自康托尔(Cantor)在 19 世纪末创立集合论以来,集合论的概念和方法已渗透到数学的各个分支,成为现代数学的基础和语言.一般地,**集合**是指具有某种确定性质的对象的全体,组成集合的各个对象称为集合的**元素**.

　　有关集合的运算、集合的表示等方面的知识,中学数学已有介绍,这里不再详述.

　　微积分主要在实数范围内研究问题,偶尔也会借助复数.下面介绍微积分中常用的一类数集——区间.

　　对于任意的数 $a,b \in \mathbf{R}$,且 $a < b$,有:

　　(1) $[a,b] = \{x \in \mathbf{R} \mid a \leqslant x \leqslant b\}$ 称为**闭区间**;

　　(2) $(a,b) = \{x \in \mathbf{R} \mid a < x < b\}$ 称为**开区间**;

　　(3) $[a,b) = \{x \in \mathbf{R} \mid a \leqslant x < b\}$ 称为**左闭右开区间**;

　　(4) $(a,b] = \{x \in \mathbf{R} \mid a < x \leqslant b\}$ 称为**左开右闭区间**.

　　上述四类区间的长度都是有限的,因此把它们统称为**有限区间**.

　　无限区间有:$[a, +\infty) = \{x \in \mathbf{R} \mid x \geqslant a\}$,$(a, +\infty) = \{x \in \mathbf{R} \mid x > a\}$,$(-\infty, a] = \{x \in \mathbf{R} \mid x \leqslant a\}$,$(-\infty, a) = \{x \in \mathbf{R} \mid x < a\}$,$(-\infty, +\infty) = \mathbf{R}$,等等.

　　请读者注意区间的特性、区间与数集的异同.

　　一些特殊的数集可用固定的符号表示,例如:

(1) **R** 表示全体实数组成的集合,也记作$(-\infty, +\infty)$;

(2) **Q** 表示全体有理数组成的集合;

(3) $\mathbf{N} = \{0, 1, 2, \cdots, n, \cdots\}$ 表示全体自然数组成的集合;

(4) $\mathbf{N}^* = \{1, 2, \cdots, n, \cdots\} = \mathbf{N} \backslash \{0\}$ 表示全体正整数组成的集合;

(5) $\mathbf{Z} = \{0, \pm 1, \pm 2, \cdots, \pm n, \cdots\}$ 表示全体整数组成的集合.

在微积分中,经常要在一个点的"邻近"讨论函数的某个性质,为此引进邻域的概念.

定义 1.1.1 设 $a, \delta \in \mathbf{R}$,且 $\delta > 0$(这里 δ 通常是指很小的正数),数轴上到点 a 的距离小于 δ 的点的全体,称为点 a 的 **δ 邻域**,如图 1-1(a) 所示,记为 $U(a, \delta)$,即

$$U(a, \delta) = \{x \in \mathbf{R} \mid |x - a| < \delta\} = (a - \delta, a + \delta).$$

若把点 a 的 δ 邻域的中心点 a 去掉,则称剩余部分为点 a 的**去心 δ 邻域**,如图 1-1(b) 所示,记为 $\mathring{U}(a, \delta)$,即

$$\mathring{U}(a, \delta) = \{x \in \mathbf{R} \mid 0 < |x - a| < \delta\} = (a - \delta, a) \bigcup (a, a + \delta).$$

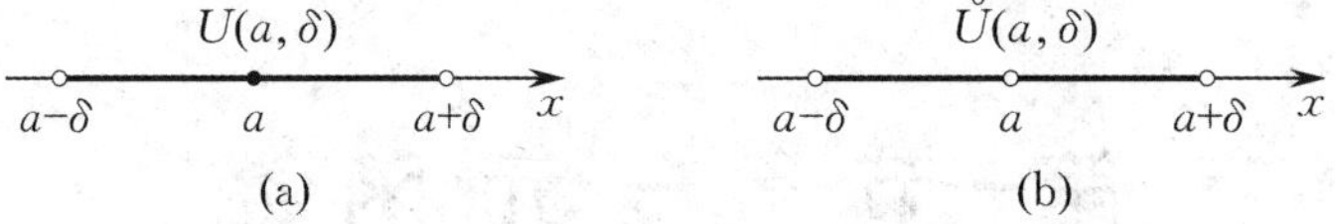

图 1-1

显然,$0 < |x - a|$ 意味着 $x \neq a$,即 $\mathring{U}(a, \delta) = U(a, \delta) \backslash \{a\}$.

如果不强调半径,则可以用 $U(a)$ 和 $\mathring{U}(a)$ 分别表示点 a 的某邻域和点 a 的某去心邻域.

为了说明函数在某点一侧邻近的情况,还要用到左、右邻域的概念.称$(a - \delta, a)$ 为点 a 的**左 δ 邻域**,称$(a, a + \delta)$ 为点 a 的**右 δ 邻域**.如果不强调半径 δ,则将它们分别简称为点 a 的某左、右邻域.

为了今后书写简明,下面介绍两个符号:

(1) "$\forall$"(可看作 All 的首个字母上下倒置)表示"对于每一个""对于任意的"或"对于所有的";

(2) "$\exists$"(可看作 Exist 的首个字母左右翻转)表示"存在"或"有一个".

二、函数的概念

定义 1.1.2 设 x 与 y 是两个变量,D 是 **R** 上的一非空数集.若对任一 $x \in D$,按某一确定的对应法则 f,在实数集 **R** 上总有唯一确定的 y 与之对应,如图 1-2 所示,则称 f 是从 D 到 **R** 上的一个**函数**,记为 $f: D \to \mathbf{R}, x \mapsto y$,简记为 $y = f(x)$.

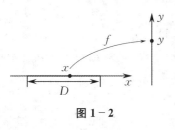

图 1-2

在函数的这个定义中,通常把 x 与 y 分别称为函数 f 的**自变量**与**因变量**(或 x 的函数),x 的取值范围称为函数 f 的**定义域**(例如定义中的数集 D).一般情况下,用 D_f 表示函数 f 的定义域.若取 $x = x_0 \in D$,按照对应法则 f,有 $y_0 = f(x_0)$,则称 y_0 为函数 f 在点 x_0 处的**函数值**.函数 f 的全体函数值所构成的集合称为函数 f 的**值域**,记为 R_f,即 $R_f = \{y \mid y = f(x), x \in D_f\}$.

为了形象地理解函数概念,可以将函数看作一个黑盒子(在传输理论中,将内部构造复杂而又不易弄清楚的传输系统称为**黑盒子**),如图1-3所示,输入构成了函数的定义域,输出构成了函数的值域.

注 函数的定义域和对应法则是函数的两个基本要素.如果函数 $f(x)$ 和 $g(x)$ 的定义域与对应法则都对应相同,则称这两个函数**相等**(或相同),记为 $f(x) = g(x)$.例如以下三个函数:

$$f(x) = 1, \quad x \in (-\infty, +\infty),$$
$$g(x) = \cos^2 x + \sin^2 x, \quad x \in (-\infty, +\infty),$$
$$h(x) = \frac{x}{x}, \quad x \in (-\infty, 0) \bigcup (0, +\infty),$$

其中 $f(x)$ 和 $g(x)$ 这两个函数相等,尽管它们的表达式不一样,而 $f(x)$ 与 $h(x)$ 这两个函数不相等,因为它们的定义域不同.

例 1.1.1 由关系式 $x^2 + y^2 = 4$ 能确定变量 x 与 y 之间的一种对应关系,它可以说是一个对应法则.但当 $x = 0$ 时,$y = \pm 2$,因此它不符合函数的定义(不满足函数定义中的单值要求).显然,该关系式含有

$$y = \sqrt{4 - x^2}, \quad y = -\sqrt{4 - x^2}$$

这两个函数.若限定 $y \geqslant 0$(或 $y \leqslant 0$),则在闭区间 $[-2, 2]$ 上可确定 y 与 x 的函数关系.今后若无特别说明,函数均指单值函数,因为微积分研究的都是单值函数.

例 1.1.2 **绝对值函数**

$$y = |x| = \begin{cases} x, & x \geqslant 0, \\ -x, & x < 0. \end{cases}$$

如图1-4所示,其定义域为 $D_f = (-\infty, +\infty)$,值域为 $R_f = [0, +\infty)$.

可见,绝对值函数在其定义域的不同范围内的函数表达式不同.这样的函数称为**分段函数**.注意分段函数实质上是一个函数,不能把它理解为两个或多个函数.这种函数在工程技术中经常出现.下面再介绍在微积分中常用的三个分段函数.

例 1.1.3 **符号函数**

$$y = \text{sgn } x = \begin{cases} 1, & x > 0, \\ 0, & x = 0, \\ -1, & x < 0. \end{cases}$$

如图1-5所示,其定义域和值域分别为 $D_f = (-\infty, +\infty)$,$R_f = \{-1, 0, 1\}$.

对任何实数 x,有 $x = \text{sgn } x \cdot |x|$ 成立,即符号函数起着一个符号的作用.

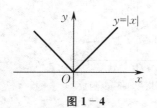

图 1-4

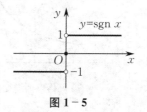

图 1-5

例 1.1.4 取整函数

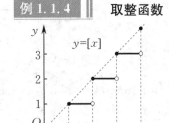

图 1-6

$$y = [x], \quad x \in (-\infty, +\infty).$$

这里 $[x]$ 表示小于或等于 x 的最大整数,其中 $[\ ]$ 是一个专用的函数记号,它能使计算机中的浮点数变为整数,读者不妨在计算机上试一试.

例如,$[-4.9]=-5,[-1]=-1,[\sqrt{2}]=1,[\pi]=3$. 一般地,$y=[x]=n(n \leqslant x < n+1, n=0, \pm 1, \pm 2, \cdots)$. 取整函数的定义域为 $D_f = (-\infty, +\infty)$,值域为 $R_f = \mathbf{Z}$. 如图 1-6 所示,取整函数在每一个整数点处都发生"跳跃",跃度为 1.

函数常用公式、图形或方程表示,但并不是所有的函数都能用图形表示.

例 1.1.5 狄利克雷(Dirichlet)函数

$$D(x) = \begin{cases} 1, & x \text{ 为有理数}, \\ 0, & x \text{ 为无理数}, \end{cases}$$

其定义域为 $D_f = (-\infty, +\infty)$,值域为 $R_f = \{0,1\}$.

由于无法在数轴上将所有有理数和无理数的准确位置找出,因此狄利克雷函数的图形无法在坐标系中准确地描绘出来. 它是一个"病态"函数,其奇特性质可以用于说明许多涉及微积分本质的问题.

三、函数的性质

为进一步认识函数的变化规律,需要研究函数的一些基本性质. 这里先讨论几种较为初等的性质,如单调性、奇偶性、有界性及周期性,这些性质都有非常直观的几何特征. 随着后续内容的加深,我们将进一步讨论函数的连续性和可微性等.

1. 单调性

设函数 $y = f(x)$ 在数集 D 上有定义. 若对 D 中的任意数 $x_1, x_2 (x_1 < x_2)$,恒有

$$f(x_1) \leqslant f(x_2) \quad (\text{或 } f(x_1) \geqslant f(x_2)),$$

则称 $f(x)$ 在 D 上**单调增加**(或**单调减少**). 若当 $x_1 < x_2$ 时,恒有

$$f(x_1) < f(x_2) \quad (\text{或 } f(x_1) > f(x_2)),$$

则称 $f(x)$ 在 D 上**严格单调增加**(或**严格单调减少**). 在定义域上单调增加或单调减少的函数统称为**单调函数**. 在定义域上严格单调增加或严格单调减少的函数统称为**严格单调函数**,如图 1-7(a),(b) 所示.

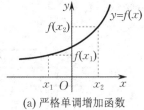

(a) 严格单调增加函数

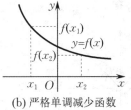

(b) 严格单调减少函数

图 1-7

例如,函数 $y = x^3$ 在 $(-\infty, +\infty)$ 上严格单调增加;函数 $y = [x]$ 在 $(-\infty, +\infty)$ 上单调增加,但非严格单调增加;而函数 $y = x^2$ 在 $(-\infty, +\infty)$ 上没有单调性,但在 $(-\infty, 0]$ 上严格单调减少,在 $[0, +\infty)$ 上严格单调增加. 可见,当涉及函数的单调性时,应当指明相应的区间.

2. 奇偶性

设函数 $y = f(x)$ 在数集 D 上有定义,其中 D 关于坐标原点对称. 若对于任一 $x \in D$,恒有
$$f(-x) = f(x),$$
则称 $y = f(x)$ 为**偶函数**;若对于任一 $x \in D$,恒有
$$f(-x) = -f(x),$$
则称 $y = f(x)$ 为**奇函数**.

奇函数的图形关于坐标原点对称,如图 $1-8$(a) 所示;偶函数的图形关于 y 轴对称,如图 $1-8$(b) 所示. 由于奇、偶函数具有对称性的特点,因此研究奇、偶函数的性质时,只需讨论其在坐标原点右边或左边的情形即可. 这是对称性带来的好处.

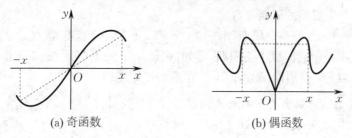

(a) 奇函数　　　　　　　　　(b) 偶函数

图 $1-8$

例 1.1.6 讨论函数 $f(x) = \ln(x + \sqrt{1+x^2})$ 的奇偶性.

解 函数 $f(x)$ 的定义域为 $(-\infty, +\infty)$. 因为
$$f(-x) = \ln(-x + \sqrt{1+x^2}) = \ln \frac{1}{x + \sqrt{1+x^2}} = -\ln(x + \sqrt{1+x^2}) = -f(x),$$
所以 $f(x)$ 是 $(-\infty, +\infty)$ 上的奇函数.

3. 有界性

设函数 $y = f(x)$ 在数集 D 上有定义. 若存在 $M > 0$,使得对于任一 $x \in D$,恒有 $|f(x)| \leqslant M$,则称函数 $f(x)$ 在 D 上**有界**;否则,称 $f(x)$ 在 D 上**无界**.

从几何角度看,有界函数 $y = f(x)$ 的图形在 D 上位于两条水平直线 $y = -M$ 及 $y = M$ 之间,如图 $1-9$(a) 所示.

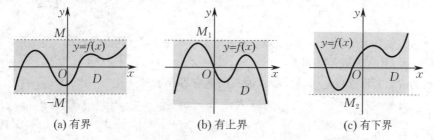

(a) 有界　　　　　　(b) 有上界　　　　　　(c) 有下界

图 $1-9$

若存在常数 M_1 和 M_2,使得对于任一 $x \in D$,恒有 $f(x) \leqslant M_1$(或 $f(x) \geqslant M_2$),那么称函数 $f(x)$ 在 D 上有**上界**(或**下界**),其几何特征如图 $1-9$(b)(或图 $1-9$(c)) 所示.

显然，$f(x)$ 在 D 上有界，等价于 $f(x)$ 在 D 上既有上界，又有下界.

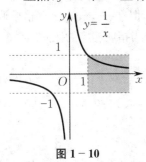

图 1-10

例如，三角函数 $y=\sin x$，$y=\cos x$ 是有界函数. 因为对于任一 $x\in\mathbf{R}$，均有 $|\sin x|\leqslant 1$，$|\cos x|\leqslant 1$，因此它们在整个数轴上有界.

注 当涉及函数的有界性时，应当指明相应的区间. 例如，函数 $y=\dfrac{1}{x}$ 在 $(0,+\infty)$ 上无界，但在 $[1,+\infty)$ 上有界，如图 1-10 所示.

思考 如何用肯定的语言定义无界函数？

4. 周期性

设函数 $y=f(x)$ 的定义域为 D. 若存在一个非零实数 T，对于任意 $x\in D$，都有 $x+T\in D$，且
$$f(x+T)=f(x),$$
则称 $f(x)$ 是以 T 为周期的**周期函数**.

显然，若 T 是 $f(x)$ 的一个周期，则 $-T$，$\pm 2T$，$\pm 3T$，$\cdots$ 也都是 $f(x)$ 的周期. 通常所说的周期函数的周期是指它的**最小正周期**. 例如，$y=\sin x$ 的周期是 2π，$y=\tan x$ 的周期是 π. 函数 $y=C$（C 为常数）是周期函数，但不存在最小正周期.

例 1.1.7 正弦交流电的电流强度为 $i(t)=I_{\mathrm{m}}\sin\omega t$（$I_{\mathrm{m}}$ 为最大电流强度，ω 为角频率），

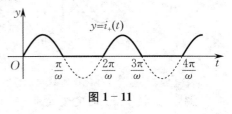

图 1-11

显然 $i(t)$ 是以 $\dfrac{2\pi}{\omega}$ 为周期的周期函数. 经过半波整流后，在一个整周期 $\left(0\leqslant t\leqslant\dfrac{2\pi}{\omega}\right)$ 内，电流强度为

$$i_{+}(t)=\begin{cases}I_{\mathrm{m}}\sin\omega t, & 0\leqslant t\leqslant\dfrac{\pi}{\omega},\\[2mm]0, & \dfrac{\pi}{\omega}<t\leqslant\dfrac{2\pi}{\omega}\end{cases}\qquad(见图\ 1-11).$$

例 1.1.8 设函数 $f(x)=x-[x]$，试确定：(1) $f(x)$ 的定义域；(2) $f(x)$ 的值域；(3) $f(x)$ 是否有界函数；(4) $f(x)$ 是否为以 1 为周期的周期函数.

解 (1) 由函数 $y=[x]$ 的定义域知，$f(x)$ 的定义域是 $(-\infty,+\infty)$.

(2) 按函数 $y=[x]$ 的定义，任取 $x\in(-\infty,+\infty)$，当 $n\leqslant x<n+1$（$n=0,\pm 1,\pm 2,\cdots$）时，有 $[x]=n$，因此
$$x-[x]\geqslant n-n=0,\quad x-[x]<n+1-n=1,\quad 即\quad 0\leqslant x-[x]<1.$$
由此得函数 $f(x)$ 的值域是 $[0,1)$.

(3) 因为 $f(x)$ 的值域是 $[0,1)$，所以该函数是有界函数.

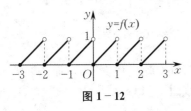

图 1-12

(4) 对于任一 $x\in(-\infty,+\infty)$，恒有
$$\begin{aligned}f(x+1)&=x+1-[x+1]=x+1-[x]-1\\&=x-[x]=f(x).\end{aligned}$$

上式说明，$f(x)$ 是以 1 为周期的周期函数. 显然，它是非三角函数型的周期函数，如图 1-12 所示，通常称其图形为"锯齿波".

四、复合函数与反函数

1. 复合函数

两个函数的"复合",实际上就是中间变量的代入. 例如,自由落体运动的动能 E 是速度 v 的函数 $E = \frac{1}{2}mv^2$,而 v 又是 t 的函数 $v = gt$,因此动能 E 与时间 t 的关系是

$$E = \frac{1}{2}m(gt)^2 = \frac{1}{2}mg^2t^2.$$

此时,就称 $E = \frac{1}{2}mg^2t^2$ 是由函数 $E = \frac{1}{2}mv^2$ 与 $v = gt$ 构成的复合函数.

一个函数的输出作为另一个函数的输入,是数学及其所有应用中的一种典型情况,它反映了各变量之间的一种链式关系. 下面给出复合函数的定义.

定义 1.1.3 设函数 $y = f(u)$ 的定义域为 D_f,函数 $u = g(x)$ 的定义域为 D_g,值域为 R_g,且 $R_g \subset D_f$,则由

$$y = f(g(x)), \quad x \in D_g$$

确定的函数(见图 1-13)称为由函数 $y = f(u)$ 与 $u = g(x)$ 构成的**复合函数**,记作

$$y = (f \circ g)(x) = f(g(x)), \quad x \in D_g,$$

它的定义域为 D_g,变量 u 称为**中间变量**.

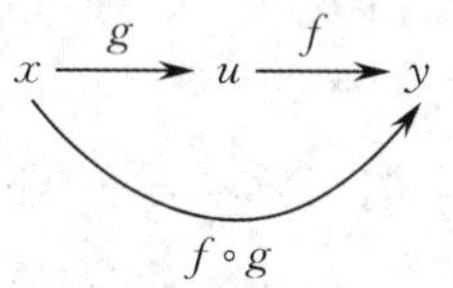

图 1-13

注 由于函数 $y = f(u)$ 和 $u = g(x)$ 构成复合函数的前提条件是 $R_g \subset D_f$,因此不是任何两个函数都可以构成复合函数. 例如,函数 $y = \sqrt{u}$ 和 $u = \sin x - 2$ 在实数范围内就不能构成复合函数.

"复合"是构造新函数的重要途径. 例如,**幂指函数** $f(x)^{g(x)}$($f(x) > 0, x \in D$)是复合函数. 因为

$$f(x)^{g(x)} = e^{g(x)\ln f(x)},$$

所以它可看成由函数 $y = e^u$ 与 $u = g(x)\ln f(x)$ 复合而成.

设函数 $f(x) = 1 + \sin^2 x, g(x) = \sqrt{x+1}$,则

$$g(f(x)) = \sqrt{2 + \sin^2 x}, \quad f(g(x)) = 1 + \sin^2\sqrt{x+1}, \quad g(g(x)) = \sqrt{\sqrt{x+1}+1}.$$

若函数 $f(x)$ 自我复合 n 次,即 $\underbrace{f \circ f \circ f \circ \cdots \circ f}_{n\text{个}}(x)$,则称之为 n **重复合函数**或 n **次迭代**. 例如,

$$f(x) = \sqrt{2+x},$$
$$(f \circ f)(x) = \sqrt{2 + \sqrt{2+x}},$$
$$(f \circ f \circ f)(x) = \sqrt{2 + \sqrt{2 + \sqrt{2+x}}},$$
$$\cdots\cdots$$

若将函数 $f(x) = \frac{1}{2}\left(x + \frac{a}{x}\right)$($a > 0$)的 n 重复合函数记为 X_n,则有迭代公式

$$X_n = \frac{1}{2}\left(X_{n-1} + \frac{a}{X_{n-1}}\right) \quad (n = 2, 3, \cdots).$$

若一重复合函数为 X_1，即 $f(x)$ 取任意值 $x_0 > 0$，则将它代入迭代公式可计算得到二重复合函数 X_2 的值. 这样继续迭代下去，可以证明，当 $n \to \infty$ 时，n 重复合函数 X_n 必无限接近于 $\sqrt{a}$（见总习题一的第六题）. 这种把前一步得到的函数值作为下一步的自变量值的计算方法称为**迭代法**，它在计算数学中有广泛应用.

例 1.1.9 设函数 $y = u^2, u = \sin v, v = \ln x$，则这三个函数构成的复合函数为
$$y = (\sin v)^2 = (\sin(\ln x))^2.$$

例 1.1.10 复合函数 $y = \sqrt{1 + \ln(2 + \cos\sqrt{x})}$ 是由以下四个函数复合而成的：
$$y = \sqrt{u}, \quad u = 1 + \ln v, \quad v = 2 + \cos w, \quad w = \sqrt{x}.$$

例 1.1.10 中将一个复合函数分解为多个函数的过程，在第三章中介绍函数的求导运算时是十分重要的. 可以把这个分解过程看作从外向内层层"剥笋"，每一层一个中间变量. 而对于分段函数的复合，则需要分段进行.

注 实际上，复合函数并不一定要严格满足定义 1.1.3 中的条件 $R_g \subset D_f$，只要满足 $R_g \bigcap D_f \neq \varnothing$ 即可，但此时复合函数 $f(g(x))$ 的定义域为
$$D = \{x \mid x \in D_g, g(x) \in D_f\}.$$

例如，函数 $y = \arcsin\dfrac{x-1}{2}$ 可以看作由函数 $y = \arcsin u$ 和 $u = \dfrac{x-1}{2}$ 复合而成，而 $y = \arcsin u$ 的定义域是 $[-1, 1]$，所以要求
$$|u| = \left|\frac{x-1}{2}\right| \leqslant 1, \quad 即 \quad -1 \leqslant x \leqslant 3.$$

由此可知，函数 $y = \arcsin\dfrac{x-1}{2}$ 的定义域是 $[-1, 3]$.

例 1.1.11 设函数 $f(x) = \dfrac{2}{2-x}$，求 $f(f(x))$.

解 $f(f(x)) = \dfrac{2}{2 - f(x)} = \dfrac{2}{2 - \dfrac{2}{2-x}} = \dfrac{2-x}{1-x}$，其中 $f(f(x))$ 的定义域是
$$(-\infty, 1) \bigcup (1, 2) \bigcup (2, +\infty).$$

2. 反函数

考虑一个问题：如果已知函数 $y = f(x)$ 的输出 y，那么能否确定其输入 x？也就是说，在对应关系 $y = f(x)$ 中，是否可以由 y 求得 x？例如，对于函数 $y = e^x$，可以得出 $x = \ln y$. 这种"倒推"或"倒转"一个函数的问题，有其实际背景. 例如，在电路设计中，产生某个输出的过程中，输入可能被破坏，因此往往需要确定产生这种输出的输入.

定义 1.1.4 设函数 $y = f(x)$ 的定义域和值域分别是 D_f 和 R_f. 若对任一 $y \in R_f$，都有唯一的 $x \in D_f$，使得 $f(x) = y$，则 x 也是 y 的函数. 我们把这个函数记为 $x = f^{-1}(y), y \in R_f$，并称它为 $y = f(x)$ 的**反函数**. 符号"f^{-1}"表示新的函数关系，是反函数的对应关系. 而 $y = f(x)$ 称为反函数 $x = f^{-1}(y)$ 的**直接函数**.

由直接函数想到反函数，这是一种逆向思维过程.

由反函数的定义不难发现，当且仅当 f 是 D_f 到 R_f 的一一对应关系时，函数 $y = f(x)$ 才存在反函数，并且反函数的定义域是直接函数的值域，反函数的值域是直接函数的定义域.

显然,在同一个直角坐标系中,函数 $y = f(x)$ 与它的反函数 $x = f^{-1}(y)$ 的图形是完全重合的. 由于习惯上常用 x 表示自变量, y 表示因变量,因此反函数 $x = f^{-1}(y)$ 常记作 $y = f^{-1}(x)$. 从几何角度看,直接函数 $y = f(x)$ 与其反函数 $y = f^{-1}(x)$ 有何关系呢?事实上,它们的图形在同一直角坐标系下关于直线 $y = x$ 对称,如图 1-14 所示.

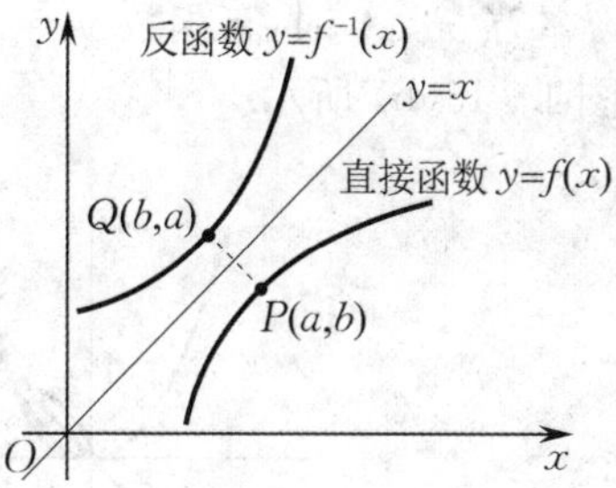

图 1-14

现在考虑这样的问题:什么样的函数有反函数?

为此,考察函数 $y = \sin x$. 在这个函数中,角度 x(单位:弧度)是自变量,正弦值 y 是因变量. 试问:能否将角度 x 表示成正弦值 y 的函数,即能否由角度 x 的正弦值 y 确定角度 x?

假设某个角度 x 的正弦值 $y = 0$,则可以得到 $x = 0, \pm\pi, \pm 2\pi, \cdots$,即有许多不同的角度 x 满足 $\sin x = 0$. 因此,无法根据 y 的值确定 x. 也就是说,如果不对 x 的取值范围加以限制,那么函数 $y = \sin x$ 的反函数是不存在的.

如果将 x 的取值范围限制在区间 $\left[-\dfrac{\pi}{2}, \dfrac{\pi}{2}\right]$ 上,那么 $y = \sin x$ 在这个区间上是严格单调增加的,故自变量 x 和函数值 y 是一一对应的,并且 y 的取值范围是 $[-1, 1]$. 此时,如果在区间 $[-1, 1]$ 上任意给定一个 y,则有且只有一个 $x \in \left[-\dfrac{\pi}{2}, \dfrac{\pi}{2}\right]$ 满足 $y = \sin x$,即由 y 可以唯一地确定 x. 因此,函数 $y = \sin x$ 在 $\left[-\dfrac{\pi}{2}, \dfrac{\pi}{2}\right]$ 上就存在反函数,这个反函数正是反正弦函数

$$y = \arcsin x, \quad x \in [-1, 1].$$

在上述讨论中,函数 $y = \sin x$ 在区间 $\left[-\dfrac{\pi}{2}, \dfrac{\pi}{2}\right]$ 上的单调性对于反函数 $y = \arcsin x$ 的存在起到了关键作用. 一般情况下,如果函数 $y = f(x)$ 在区间 I 上严格单调增加(或减少),设它的值域是区间 J,则这个函数就存在反函数 $y = f^{-1}(x)$,且反函数 $y = f^{-1}(x)$ 的定义域是函数 $y = f(x)$ 的值域 J,反函数 $y = f^{-1}(x)$ 的值域是函数 $y = f(x)$ 的定义域 I. 更进一步,容易证明,如果函数 $y = f(x)$ 在区间 I 上严格单调增加(或减少),则反函数 $y = f^{-1}(x)$ 在区间 J 上也严格单调增加(或减少).

五、基本初等函数

在我们经常接触的函数中,有一类函数尤为重要,微积分主要围绕这一类函数展开,这就是初等函数. 由于初等函数是由基本初等函数构成的,所以先介绍基本初等函数. 以下六种函数称为**基本初等函数**.

1. 常量函数

$$y = C \quad (C \text{ 为常数}).$$

2. 幂函数

$$y = x^{\alpha} \quad (\alpha \neq 0).$$

当 $\alpha > 0$ 时,幂函数 $y = x^{\alpha}$ 的图形经过两定点 $(0,0)$ 和 $(1,1)$,且在第一象限内单调增加、无界,如图 1-15(a) 所示.

当 $\alpha < 0$ 时,幂函数 $y = x^\alpha$ 的图形经过定点 $(1,1)$,且在第一象限内单调减少、无界,如图 1-15(b) 所示.

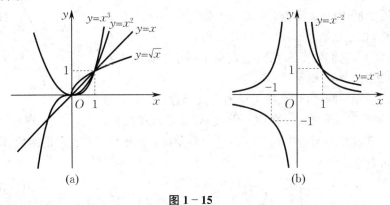

图 1-15

3. 指数函数

$$y = a^x \quad (a > 0 \text{ 且 } a \neq 1).$$

指数函数 $y = a^x$ 的定义域为 $(-\infty, +\infty)$,值域为 $(0, +\infty)$,其图形在 x 轴上方,且过定点 $(0,1)$,如图 1-16 所示.当 $0 < a < 1$ 时,$y = a^x$ 单调减少且无界;当 $a > 1$ 时,$y = a^x$ 单调增加且无界.

工程技术上经常用到以常数 e = 2.718 281 828 459 045 …① 为底数的指数函数 $y = \mathrm{e}^x$.

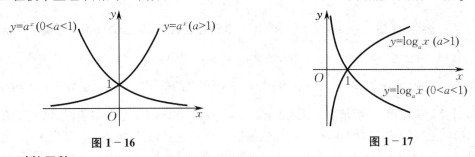

图 1-16   图 1-17

4. 对数函数

$$y = \log_a x \quad (a > 0 \text{ 且 } a \neq 1).$$

对数函数 $y = \log_a x$ 的定义域为 $(0, +\infty)$,值域为 $(-\infty, +\infty)$,其图形在 y 轴右侧,且过定点 $(1,0)$,如图 1-17 所示.当 $0 < a < 1$ 时,$y = \log_a x$ 单调减少且无界;当 $a > 1$ 时,$y = \log_a x$ 单调增加且无界.

特别地,当 $a = \mathrm{e}$ 时,对数函数 $y = \log_a x$ 记为 $y = \ln x$,称为**自然对数函数**.利用自然对数函数,有

$$\mathrm{e}^{\ln x} = x, \quad x^a = \mathrm{e}^{\ln x^a} = \mathrm{e}^{a \ln x}.$$

以后的计算中会经常用到上述等式.

5. 三角函数

(1) 正弦函数 $y = \sin x$.

正弦函数 $y = \sin x$ 的定义域为 $(-\infty, +\infty)$,值域为 $[-1,1]$,它是有界的奇函数及周期

---

① 我们将在第一章第五节介绍这个常数 e.

为 2π 的周期函数,如图 1-18 所示.

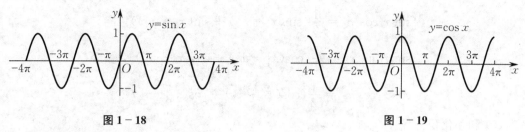

图 1-18　　　　　　　　　　　　　图 1-19

(2) 余弦函数 $y = \cos x$.

余弦函数 $y = \cos x$ 的定义域为 $(-\infty, +\infty)$,值域为 $[-1, 1]$,它是有界的偶函数及周期为 2π 的周期函数,如图 1-19 所示.

(3) 正切函数 $y = \tan x$.

正切函数 $y = \tan x$ 的定义域为 $\left\{x \,\middle|\, x \in \mathbf{R}, x \neq k\pi + \dfrac{\pi}{2}, k \in \mathbf{Z}\right\}$,值域为 $(-\infty, +\infty)$,它是无界的奇函数及周期为 π 的周期函数,如图 1-20 所示.

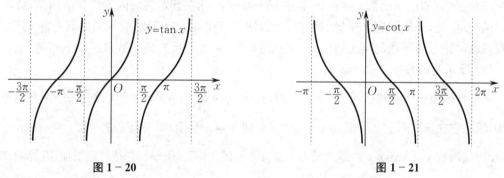

图 1-20　　　　　　　　　　　　　图 1-21

(4) 余切函数 $y = \cot x$.

余切函数 $y = \cot x$ 的定义域为 $\{x \mid x \in \mathbf{R}, x \neq k\pi, k \in \mathbf{Z}\}$,值域为 $(-\infty, +\infty)$,它是无界的奇函数及周期为 π 的周期函数,如图 1-21 所示.

中学数学已经对三角函数的基本性质和几何特征有了比较详细的介绍,这里不再详述.下面列举一些三角函数中常用的公式.

(1) 三角函数间的转换公式:

$$\sec x = \frac{1}{\cos x}, \quad \csc x = \frac{1}{\sin x}, \quad \tan x = \frac{\sin x}{\cos x}, \quad \cot x = \frac{\cos x}{\sin x},$$
$$\sin^2 x + \cos^2 x = 1, \quad 1 + \tan^2 x = \sec^2 x, \quad 1 + \cot^2 x = \csc^2 x.$$

(2) 和角公式:

$$\sin(x_1 \pm x_2) = \sin x_1 \cos x_2 \pm \cos x_1 \sin x_2,$$
$$\cos(x_1 \pm x_2) = \cos x_1 \cos x_2 \mp \sin x_1 \sin x_2.$$

(3) 二倍角或半角公式:

$$\sin 2x = 2\sin x \cos x, \quad \cos 2x = \cos^2 x - \sin^2 x,$$
$$\sin^2 x = \frac{1 - \cos 2x}{2}, \quad \cos^2 x = \frac{1 + \cos 2x}{2}.$$

(4) 积化和差公式:

$$\sin x_1 \cos x_2 = \frac{1}{2}(\sin(x_1 + x_2) + \sin(x_1 - x_2)),$$

$$\sin x_1 \sin x_2 = \frac{1}{2}(\cos(x_1 - x_2) - \cos(x_1 + x_2)),$$

$$\cos x_1 \cos x_2 = \frac{1}{2}(\cos(x_1 + x_2) + \cos(x_1 - x_2)).$$

(5) 和差化积公式:

$$\sin x_1 \pm \sin x_2 = 2\sin \frac{x_1 \pm x_2}{2} \cos \frac{x_1 \mp x_2}{2},$$

$$\cos x_1 - \cos x_2 = -2\sin \frac{x_1 + x_2}{2} \sin \frac{x_1 - x_2}{2},$$

$$\cos x_1 + \cos x_2 = 2\cos \frac{x_1 + x_2}{2} \cos \frac{x_1 - x_2}{2}.$$

6. 反三角函数

三角函数(如正弦函数 $y = \sin x, x \in (-\infty, +\infty)$)在其定义域内不具有单调性,故不存在反函数. 但是,如果限定自变量的取值范围,使得三角函数在限定的区间内具有单调性,那么就可以讨论三角函数的反函数 —— 反三角函数. 常用的反三角函数包括以下四类.

(1) 反正弦函数 $y = \arcsin x$.

当把自变量 x 限制在区间 $\left[-\frac{\pi}{2}, \frac{\pi}{2}\right]$ 时,正弦函数 $y = \sin x$ 在区间 $\left[-\frac{\pi}{2}, \frac{\pi}{2}\right]$ 上严格单调增加,因此它在该区间上有反函数 $x = \arcsin y$. 将 x 与 y 互换,即得反正弦函数 $y = \arcsin x$. 显然,反正弦函数 $y = \arcsin x$ 的定义域为 $[-1, 1]$,值域为 $\left[-\frac{\pi}{2}, \frac{\pi}{2}\right]$,它是单调增加、有界的奇函数,如图 1-22 所示.

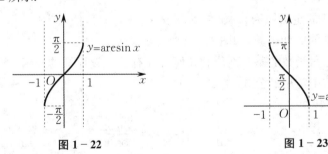

图 1-22   图 1-23

类似地,可以得到其他三类反三角函数.

(2) 反余弦函数 $y = \arccos x$.

反余弦函数 $y = \arccos x$ 的定义域为 $[-1, 1]$,值域为 $[0, \pi]$,它是单调减少、有界的非奇非偶函数,如图 1-23 所示.

(3) 反正切函数 $y = \arctan x$.

反正切函数 $y = \arctan x$ 的定义域为 $(-\infty, +\infty)$,值域为 $\left(-\frac{\pi}{2}, \frac{\pi}{2}\right)$,它是单调增加、有界的奇函数,如图 1-24 所示.

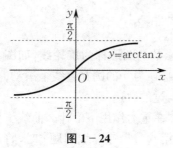

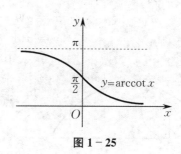

图 1－24   图 1－25

（4）反余切函数 $y = \operatorname{arccot} x$.

反余切函数 $y = \operatorname{arccot} x$ 的定义域为 $(-\infty, +\infty)$，值域为 $(0, \pi)$，它是单调减少、有界的非奇非偶函数，如图 1－25 所示.

六、初等函数

由基本初等函数经过有限次四则运算和复合运算所生成的可以用一个式子表示的函数称为**初等函数**. 例如，

$$y = \sqrt[5]{\ln(\cos^3 x)}, \quad y = \sqrt{x-1} + \ln(1+x^2) + \cos x \cdot e^{\sin x}$$

都是初等函数. 初等函数是工程技术等领域中最常见的函数. 此外，在后续的学习中还会有大量的非初等函数存在.

例 1.1.12 将下列函数按基本初等函数的复合运算与四则运算形式分解：

（1）$y = \ln(e^x + \sqrt{1+e^x})$；   （2）$y = \sqrt[5]{\ln(\cos^3 x)}$.

解 （1）令 $u = e^x + \sqrt{1+e^x}$，则 $y = \ln u$；又令 $v = e^x$，则 $u = v + \sqrt{1+v}$. 因此，所给函数可分解为

$$y = \ln u, \quad u = v + \sqrt{1+v}, \quad v = e^x.$$

（2）令 $u = \ln(\cos^3 x)$，则 $y = \sqrt[5]{u}$；又令 $v = \cos^3 x$，则 $u = \ln v$；再令 $w = \cos x$，则 $v = w^3$. 因此，所给函数可分解为

$$y = \sqrt[5]{u}, \quad u = \ln v, \quad v = w^3, \quad w = \cos x.$$

七、函数的参数表示和极坐标表示

在描述变量之间的函数关系时，有时需要用到参数方程和极坐标系.

1. 函数的参数表示

在几何学、动力学或其他应用科学中，有时用参数方程

$$\begin{cases} x = \varphi(t), \\ y = \psi(t), \end{cases} \quad t \in [\alpha, \beta]$$

描述变量之间的函数关系，它在几何上表示曲线或质点运动的轨迹.

（1）以圆心角为参数 t，则半径为 R 的圆的参数方程为

$$\begin{cases} x = R\cos t, \\ y = R\sin t, \end{cases} \quad t \in [0, 2\pi).$$

（2）旋轮线的参数方程为

$$\begin{cases} x = a(t - \sin t), \\ y = a(1 - \cos t), \end{cases} \quad t \in [0, 2\pi),$$

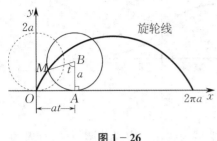

图 1 - 26

其中 $a > 0$. 此函数的图形称为**旋轮线**, 如图 1 - 26 所示, 它是由一个半径为 a 的圆在直线上滚动时, 圆上一点 $M(x, y)$ 所走过的轨迹.

在研究物体在重力作用下沿什么曲线下滑的时间最短(见第六章第八节最速降线问题)时, 将遇到这条曲线, 它也被称为**最速降线**. 在研究单摆的等时性问题(详见下册)时, 也将遇到这条曲线, 因此又称它为**摆线**.

现在考虑摆线的函数表示. 如图 1 - 26 所示, 当圆在 x 轴上滚动时, 除点 M 的横坐标 x 和纵坐标 y 在变化以外, 联结点 M 与圆心(点 B)之间的半径所转过的角度 t 也在变化. 当 $t = 0$ 时, 点 M 贴着 x 轴; 当 $t = \pi$ 时, 此圆转过半圈, 点 M 到达最高处; 当 $t = 2\pi$ 时, 此圆转完一圈, 点 M 回到 x 轴上. 因为摆线有周期性, 所以一般只考虑摆线的一段, 即 $t \in [0, 2\pi)$ 时的情形.

根据简单的几何知识, 可以写出变量 x, y 与参数 t 的函数关系($a > 0$):

$$\begin{cases} x = a(t - \sin t), \\ y = a(1 - \cos t), \end{cases} \quad t \in [0, 2\pi).$$

读者可以试着推导一下, 注意利用已知条件: 点 M 的初始位置($t = 0$ 时)在坐标原点 O, 线段 OA 的长度等于 $\overset{\frown}{AM}$ 的长度 at.

2. 函数的极坐标表示

在平面上, 点除用直角坐标表示以外, 也常用极坐标表示. 极坐标系在科学和工程学中有着广泛的应用. 例如, 当飞机的雷达发现热带风暴时, 雷达屏幕上会出现一个光点, 通过屏幕上的极坐标系, 就可以确定光点的实际位置.

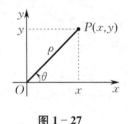

图 1 - 27

在直角坐标系 xOy 中, 取坐标原点作为极坐标系的极点, 取 x 轴正半轴为极轴, 如图 1 - 27 所示, 则点 P 的直角坐标(x, y) 与极坐标(ρ, θ)之间有如下关系式:

$$x = \rho\cos\theta, \quad y = \rho\sin\theta,$$

及

$$\rho = \sqrt{x^2 + y^2}, \quad \theta = \arctan\frac{y}{x}, \quad x \neq 0.$$

(1) 圆的极坐标方程.

圆心在坐标原点, 半径为 R 的圆的极坐标方程为

$$\rho = R, \quad \theta \in [0, 2\pi).$$

(2) 阿基米德(Archimedes)螺线的极坐标方程.

当一动点 P 以恒定速度 v 沿一条射线运动, 而这条射线又以角速度 ω 绕极点 O 匀速转动时, 动点 P 所运动的轨迹就是**阿基米德螺线**. 阿基米德螺线的极坐标方程一般为

$$\rho = \frac{v}{\omega}\theta, \quad \theta \in (-\infty, +\infty),$$

其图形如图 1-28 所示,其中实线部分为 $\theta \in (0, +\infty)$ 时的函数图形,虚线部分为 $\theta \in (-\infty, 0)$ 时的函数图形.

阿基米德螺线被广泛应用于机械设计和精密仪器制造等行业中. 例如,凸轮的轮廓若采用阿基米德螺线,则可以把匀速圆周运动转化为匀速直线运动.

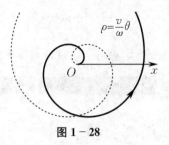

图 1-28

例 1.1.13 在极坐标系下,画出**心形线** $\rho = a(1+\cos\theta)$ $(a > 0)$.

解 由于极径 ρ 是 θ 的偶函数,因此心形线关于极轴对称. 又因为当 $0 \leqslant \theta \leqslant \pi$ 时,$\cos\theta$ 是单调减少的,所以 ρ 也是单调减少的.

显然,ρ 是以 2π 为周期的周期函数,且其图形通过点 $(0, 2a)$,$\left(\dfrac{\pi}{3}, \dfrac{3a}{2}\right)$,$\left(\dfrac{\pi}{2}, a\right)$,$\left(\dfrac{2\pi}{3}, \dfrac{a}{2}\right)$ 及点 $(\pi, 0)$. 在极坐标系下,用描点法画出 ρ 的图形,如图 1-29 所示.

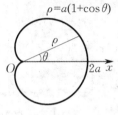

图 1-29

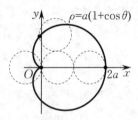

图 1-30

注 心形线(因其形状像心形而得名)是一个圆上取定的一点绕着与此圆相切且半径相同的另外一个圆滚动时所形成的轨迹,如图 1-30 所示. 心形线也称为**圆外旋轮线**.

例 1.1.14 在极坐标系下,画出**双纽线** $\rho^2 = a^2\cos 2\theta (a > 0)$.

解 对于双纽线 $\rho^2 = a^2\cos 2\theta$,由于 $\rho^2 \geqslant 0$,故 θ 的变化范围是 $\left[-\dfrac{\pi}{4}, \dfrac{\pi}{4}\right] \bigcup \left[\dfrac{3\pi}{4}, \dfrac{5\pi}{4}\right]$.

由于用 $-\rho$ 和 $-\theta$ 代入曲线方程,曲线方程不变,因此双纽线关于极轴和极点对称.

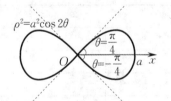

图 1-31

在第一象限内,易知双纽线通过点 $(0, a)$,$\left(\dfrac{\pi}{12}, \dfrac{\sqrt[4]{12}}{2}a\right)$,$\left(\dfrac{\pi}{8}, \dfrac{\sqrt[8]{8}}{2}a\right)$,$\left(\dfrac{\pi}{6}, \dfrac{\sqrt{2}}{2}a\right)$ 及 $\left(\dfrac{\pi}{4}, 0\right)$,利用单调性及描点法画出双纽线在第一象限内的部分,再利用对称性画出双纽线在其他三个象限内的部分,如图1-31 所示.

思考题 1.1

1. 确定一个函数需要有哪几个基本要素?

2. (1) 周期函数是否一定有最小正周期?

(2) $f(x)$ 是周期为 T_1 的周期函数,$g(x)$ 是周期为 T_2 的周期函数,问:$h(x) = f(x) + g(x)$ 在什么条件下是周期函数?若 $h(x)$ 是周期函数,求它的最小正周期 T.

(3) 将题(2)中的 $h(x) = f(x) + g(x)$ 改为 $h(x) = f(x)g(x)$,是否有相同的结论?

3. 任何两个函数 $y=f(u)$, $u=\varphi(x)$ 是否总能构成复合函数 $y=f(\varphi(x))$?若不能,请举例说明.

4. 设函数 $y=f(x)$ 的反函数为 $x=\varphi(y)$,习惯上将反函数记为 $y=f^{-1}(x)=\varphi(x)$. 问:$y=f(x)$, $x=\varphi(y)$, $y=f^{-1}(x)$ 在同一坐标系中的图形存在什么联系?

习 题 1.1

(A)

一、填空题:

(1) 点 x_0 的 δ 邻域可以用区间表示为 _____,该区间的中心为 _____,半径为 _____.

(2) 设函数 $f(x)=\dfrac{1}{1-x}$,则 $f(f(x))=$ _____.

二、设函数 $f(x)=2x^2+6x-3$,求函数 $\varphi(x)=\dfrac{1}{2}(f(x)+f(-x))$ 及函数 $\psi(x)=\dfrac{1}{2}(f(x)-f(-x))$, 并指出 $\varphi(x)$ 及 $\psi(x)$ 中哪个是奇函数,哪个是偶函数.

三、设函数 $f(x)$ 的定义域是 $[0,1]$,求下列函数的定义域:

(1) $f(\sin x)$;   (2) $f(x+a)+f(x-a)$,其中 $a>0$.

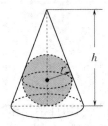

图 1-32

四、设函数 $f(x)=x^3-x$, $\varphi(x)=\sin 2x$,求 $f\left(\varphi\left(\dfrac{\pi}{12}\right)\right)$, $f(f(f(1)))$.

五、设函数 $f(x)=\begin{cases} e^x, & x<1, \\ x, & x\geqslant 1, \end{cases}$ $\varphi(x)=\begin{cases} x+2, & x<0, \\ x^2-1, & x\geqslant 0, \end{cases}$ 求 $f(\varphi(x))$.

六、设一球的半径为 r,作外切于此球的圆锥,如图 1-32 所示.试将圆锥的体积表示为高 h 的函数,并说明其定义域.

七、当 x 不断增大时,对数函数 $y=\ln x$、线性函数 $y=x$、指数函数 $y=e^x$ 和阶乘函数 $y=x!$(假设 x 只取自然数)的函数值均会不断增大,但它们增大的速度不一样.不难发现,对数函数增大得极慢,线性函数中规中矩,指数函数增大得极快,阶乘函数则是爆炸性增大.请计算并填写下面的表 1-1(精确到小数点后三位).

表 1-1

	$\ln x$	x	e^x	$x!$
$x=1$				
$x=10$				
$x=100$				
$x=1\,000$				

(B)

一、设函数 f 在区间 $(-a,a)(a>0)$ 内有定义,试证明:f 可以表示为区间 $(-a,a)$ 内的一个奇函数与一个偶函数之和.

二、求下列函数的反函数:

(1) $y=x^2-2x$;   (2) $y=\dfrac{e^x-e^{-x}}{2}$.

三、下列函数能否构成复合函数 $y=f(g(x))$?若能,写出其表达式、定义域和值域:

(1) $y=f(u)=\sqrt{u}$, $u=g(x)=x-x^2$;   (2) $y=f(u)=\ln u$, $u=g(x)=\sin x-1$.

四、设函数 $f(x)=\dfrac{x}{\sqrt{1+x^2}}$,求 n 重复合函数 $f_n(x)=\underbrace{(f\circ f\circ f\circ\cdots\circ f)}_{n\uparrow}(x)$.

五、设函数 $f(x)$ 和 $g(x)$，试定义函数 $m(x) = \max\{f(x), g(x)\}$ 和 $n(x) = \min\{f(x), g(x)\}$.

六、已知函数 $f(x) = \sin x, f(\varphi(x)) = 1 - x^2$，求函数 $\varphi(x)$ 及其定义域.

七、对于狄利克雷函数 $D(x) = \begin{cases} 1, & x \text{ 为有理数} \\ 0, & x \text{ 为无理数} \end{cases}$，讨论其单调性、有界性、奇偶性和周期性.

第二节　极限的概念

极限是微积分中最基本、最重要的概念之一，极限的思想与理论是整个微积分的基础. 微积分中的许多基本概念（如连续、导数、定积分、无穷级数等）都是由极限引入的，并且最终由极限知识来解决. 因此，极限在微积分中占有非常重要的地位，理解极限概念、掌握极限方法是学好微积分的关键.

一、引言

自然界中有很多量仅仅通过有限次的算术运算是计算不出来的，而必须通过分析一个无限变化过程的变化趋势才能求得结果，这正是极限思想和极限概念产生的客观基础.

极限的思想源远流长，我国古代哲学家庄子所著的《庄子·天下篇》中的"一尺之棰，日取其半，万世不竭"便包含朴素的极限思想. 在 16 世纪至 17 世纪，牛顿（Newton）和莱布尼茨（Leibniz）分别从力学问题和几何学问题入手，在前人成果的基础上，利用还不严密的极限方法分别独立地建立了微积分理论. 直到 19 世纪，极限思想才得以完善，柯西（Cauchy）最先给出了极限的描述性定义. 之后，魏尔斯特拉斯（Weierstrass）给出了极限的严格定义.

数列的极限是各种极限中较为简单的一种.

二、数列的极限

自变量为正整数的函数 $x_n = f(n)$（称为**整标函数**），其函数值按自变量 n 依次增大的顺序排成一列数 $x_1, x_2, \cdots, x_n, \cdots$，称之为一个**数列**，记作 $\{x_n\}$.

对于数列 $\{x_n\}$，如果存在正数 M，使得对于一切 x_n 都满足 $|x_n| \leqslant M$，则称数列 $\{x_n\}$ 是有界的；否则，就称数列 $\{x_n\}$ 是无界的.

1. 数列极限的概念

对于一个数列，初等数学中关注的是其通项公式和前 n 项部分和公式；而微积分中更关心的是另一个问题：当 n 无限增大（记作 $n \to \infty$）时，x_n 的发展趋势是什么？回答问题之前，先考察下面四个数列：

(1) $\left\{ x_n = \dfrac{1}{2^n} \right\}$，即 $\dfrac{1}{2}, \dfrac{1}{4}, \dfrac{1}{8}, \cdots, \dfrac{1}{2^n}, \cdots$；

(2) $\left\{ x_n = \dfrac{n + (-1)^{n-1}}{n} \right\}$，即 $2, \dfrac{1}{2}, \dfrac{4}{3}, \dfrac{3}{4}, \cdots, \dfrac{n + (-1)^{n-1}}{n}, \cdots$；

(3) $\{x_n = 2n\}$，即 $2, 4, 6, \cdots, 2n, \cdots$；

(4) $\{x_n = (-1)^{n-1}\}$，即 $1, -1, 1, -1, \cdots, (-1)^{n-1}, \cdots$.

通过观察可以发现，随着 n 的无限增大，(1) 中的 x_n 无限接近于常数 $a = 0$；(2) 中的 x_n 无

限接近于常数 $a = 1$；(3) 中的 x_n 虽然无限增大，但不能无限接近于某个确定的数；(4) 中的 x_n 在 1 与 -1 之间来回跳跃，也不能无限接近于某个确定的数.

为清楚起见，将数列(1)和(2)的点分别在数轴上描出一些，如图 1－33 和图 1－34 所示.

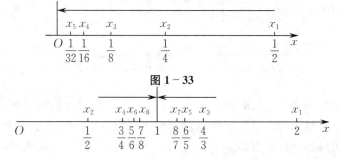

图 1－33

图 1－34

可以看出，当 $n \to \infty$ 时，数列 $\left\{ x_n = \dfrac{1}{2^n} \right\}$ 在数轴上的对应点逐渐集中在 $x = 0$ 右侧附近，即 x_n 无限接近于 0；数列 $\left\{ x_n = \dfrac{n + (-1)^{n-1}}{n} \right\}$ 在数轴上的对应点逐渐集中在 $x = 1$ 附近，即 x_n 无限接近于 1.

由此可知，当 $n \to \infty$ 时，数列(1)，(2)都无限接近于一个确定的常数（称这类数列有极限）；而数列(3)，(4)都不接近于某个确定的常数（称这类数列没有极限）. 一般地，有以下的描述性定义.

定义 1.2.1　　设数列 $\{ x_n \}$. 如果当 n 无限增大时，x_n 无限接近于一个确定的常数 a，则称当 n 趋于无穷大时，数列 $\{ x_n \}$ 以 a 为极限，记作

$$\lim_{n \to \infty} x_n = a \quad (\text{或 } x_n \to a(n \to \infty))$$

(lim 是拉丁字 limes 的简写，就是"极限"的意思). 此时，也称数列 $\{ x_n \}$ **收敛**. 如果数列 $\{ x_n \}$ 没有极限，则称该数列**发散**.

上面给出的数列极限的定义，采用的是描述性方式，这不够准确和严谨. 例如，数列 $\{ \sqrt[n]{n} \}$，$\left\{ n \sin \dfrac{1}{n} \right\}$，$\left\{ \left(1 + \dfrac{1}{n} \right)^n \right\}$ 均很难用定义 1.2.1 确定其是否有极限. 由于定义 1.2.1 中像"无限增大""无限接近"这样的说法是不确切的，可能存在不同的含义. 例如，对机械工程师来说，接近可能意味着在千分之几英寸以内；而对于天文学家来说，接近可能意味着在几千光年以内. 因此，为了揭示数列极限的实质，必须用精确的、定量化的数学语言来描述这一概念[①].

2. 数列极限的定量分析

已知数列的极限就是数列无限接近的一个常数值，那么如何反映两个数值间的接近程

---

① 在微积分发展的早期，这种描述性的非正式定义是够用的. 但是，到了 19 世纪中叶，面对更加复杂的函数以及更加困难的定理，数学家们意识到仅仅依赖于直观判断是远远不够的. 在 1841 年至 1856 年间，魏尔斯特拉斯在分析严密化方面做了许多工作，提出了一种定义极限的严格方式，并由数学家们传遍全世界. 如今，大学的微积分课程也都采用魏尔斯特拉斯关于极限的精确定义.

度呢?一般可以用误差表示. 例如,将 $|x-1|<\dfrac{1}{100}$ 和 $|y-1|<\dfrac{1}{1\,000}$ 相比,显然 y 比 x 更接近于 1.

实际上,当 n 无限增大时,x_n 能无限接近于常数 a,相当于 x_n 与 a 的误差可以任意小,即只要 n 充分大,x_n 与 a 的误差要多小就有多小.

习惯上用 ε 来表示这个任意小的误差. 下面借助这个量,考察数列 $\left\{x_n=1+\dfrac{(-1)^{n-1}}{n}\right\}$ 当 $n\to\infty$ 时的极限. 数列 $\left\{1+\dfrac{(-1)^{n-1}}{n}\right\}$ 的部分一般项值及误差值 ε 如表 1-2 和表 1-3 所示.

表 1-2

n	1	2	3	$\cdots$	100	101	$\cdots$	1 000	1 001	$\cdots$
$x_n=1+\dfrac{(-1)^{n-1}}{n}$	2	0.5	1.333	$\cdots$	0.99	1.01	$\cdots$	0.999	1.001	

表 1-3

$\varepsilon=$	$\cdots$	0.1	0.01	0.001	0.000 1	0.000 01	$\cdots$
$n>$		10	10^2	10^3	10^4	10^5	
$\|x_n-1\|=\dfrac{1}{n}<$	$\cdots$	0.1	0.01	0.001	0.000 1	0.000 01	$\cdots$

由表 1-2 可以看出,随着 n 的不断增大,x_n 无限接近于 1. 由表 1-3 可以看出,当 n 充分大时,误差 $|x_n-1|=\dfrac{1}{n}$ 可以小于预先给定的无论多么小的正数 ε. 那么究竟正整数 n 要多大呢?n 的取值可以通过解不等式 $|x_n-1|=\dfrac{1}{n}<\varepsilon$ 求得.

例如,当取 $\varepsilon=0.01$ 时,由 $|x_n-1|=\dfrac{1}{n}<0.01$ 可得 $n>100$,即数列 $\left\{1+\dfrac{(-1)^{n-1}}{n}\right\}$ 从第 101 项开始,以后的项 $\left(\text{如 }x_{101}=\dfrac{102}{101},x_{102}=\dfrac{101}{102},\cdots\right)$ 都满足不等式 $|x_n-1|<0.01$. 或者说,当 $n>100$ 时,恒有不等式 $|x_n-1|<0.01$ 成立,如图 1-35 所示.

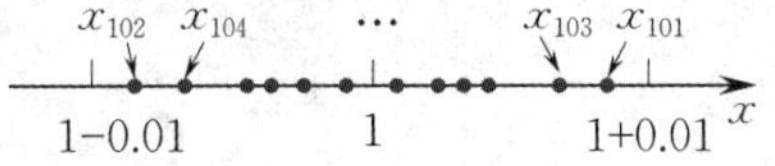

图 1-35 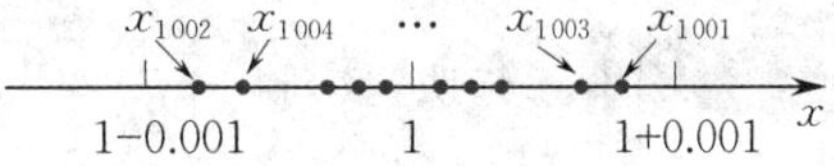   图 1-36

又如,若取 $\varepsilon=0.001$,则由 $|x_n-1|=\dfrac{1}{n}<0.001$ 可得 $n>1\,000$,即数列 $\left\{1+\dfrac{(-1)^{n-1}}{n}\right\}$ 从第 1 001 项开始,以后的项 $\left(\text{如 }x_{1\,001}=\dfrac{1\,002}{1\,001},x_{1\,002}=\dfrac{1\,001}{1\,002},\cdots\right)$ 都满足不等式 $|x_n-1|<0.001$. 或者说,当 $n>1\,000$ 时,恒有不等式 $|x_n-1|<0.001$ 成立,如图 1-36 所示.

更一般地,对任意小的 $\varepsilon>0$,要使 $|x_n-1|=\dfrac{1}{n}<\varepsilon$ 成立(意指 x_n 与 1 的距离比 ε 还要小),只要 $n>\dfrac{1}{\varepsilon}$ 即可. 所以,存在正整数 $N=\left[\dfrac{1}{\varepsilon}\right]$,当 $n>N$ 时(这时 n 就达到无限增大的

要求了),恒有 $|x_n-1|<\varepsilon$ 成立. 故数列 $\left\{1+\dfrac{(-1)^{n-1}}{n}\right\}$ 当 $n\to\infty$ 时的极限为 1.

3. 数列极限的 $\varepsilon\text{-}N$ 定义

定义 1.2.2　设 $\{x_n\}$ 是一给定数列, a 是一确定的常数. 如果对于任意给定的正数 ε(不论它多么小),总存在正整数 N,使得当 $n>N$ 时,恒有

$$|x_n-a|<\varepsilon$$

成立,则称数列 $\{x_n\}$ **收敛于** a,记为

$$\lim_{n\to\infty}x_n=a \quad (\text{或 } x_n\to a(n\to\infty)).$$

因为

$$|x_n-a|<\varepsilon \Leftrightarrow a-\varepsilon<x_n<a+\varepsilon \Leftrightarrow x_n\in(a-\varepsilon,a+\varepsilon)=U(a,\varepsilon),$$

所以"对于 $n>N$ 时的一切 x_n,不等式 $|x_n-a|<\varepsilon$ 都成立"表明,数列 $\{x_n\}$ 中从第 $N+1$ 项开始所有的项都落在邻域 $U(a,\varepsilon)$ 内,如图 1-37 所示.

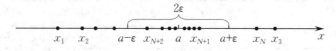

图 1-37

注　(1) $\varepsilon\text{-}N$ 定义中的 N 和 ε 有关, ε 越小, N 越大.

(2) 正整数 N 不一定找最小的. 用 $\varepsilon\text{-}N$ 定义证明极限存在的关键是由给定的 $\varepsilon>0$,寻找合适的 $N>0$,且只需找到一个 N 即可,并不要求找到精确控制不等式 $|x_n-a|<\varepsilon$ 的 N. 因此,可以采用"适当放大法",从而大大减轻寻找 N 的难度.

(3) 数列 $\{x_n\}$ 收敛与否,以及收敛数列的极限是什么,都与数列中的有限项无关. 因此,改变数列中的有限项,不影响数列的收敛性及收敛数列的极限. 例如,数列 $10,100,1\,000,$ $10\,000,\dfrac{1}{5},\dfrac{1}{6},\cdots,\dfrac{1}{n},\cdots$ 的极限仍是 0.

(4) 数列极限的 $\varepsilon\text{-}N$ 定义远不如建立在运动和直观基础上的描述性定义易于理解. 数学概念的抽象性就是这样,越抽象就越远离原型,然而越能精确地反映原型的本质. $\varepsilon\text{-}N$ 定义就是刻画数列极限的抽象模型.

例 1.2.1　证明:数列 $\left\{\dfrac{(-1)^{n-1}}{2n}\right\}$ 的极限为 0.

证　记 $x_n=\dfrac{(-1)^{n-1}}{2n}$,则 $|x_n-0|=\dfrac{1}{2n}$. 任取 $\varepsilon>0$,要使 $|x_n-0|<\varepsilon$ 成立,只要 $\dfrac{1}{2n}<\varepsilon$, 即 $n>\dfrac{1}{2\varepsilon}$ 即可. 取正整数 $N>\dfrac{1}{2\varepsilon}$,这样的正整数一定存在,如 $N=\left[\dfrac{1}{2\varepsilon}\right]+1$(取整是为了保证 N 是正整数)[①]. 这样一来,当 $n>N$ 时,恒有 $|x_n-0|=\dfrac{1}{2n}<\dfrac{1}{2N}=\dfrac{1}{2\left(\left[\frac{1}{2\varepsilon}\right]+1\right)}<\dfrac{1}{\frac{1}{\varepsilon}}=\varepsilon$ 成立. 于是,由定义知 $\lim\limits_{n\to\infty}\dfrac{(-1)^{n-1}}{2n}=0$.

[①]　正整数 N 不一定取最小的. 此处也可以取大于 $\dfrac{1}{2\varepsilon}$ 的任何正整数作为 N.

思考 例 1.2.1 中,取 $N=\left[\dfrac{1}{2\varepsilon}\right]$ 是否可行?

例 1.2.2 证明:$\lim\limits_{n\to\infty}\left(\dfrac{1}{2}\right)^n=0$.

证 记 $x_n=\left(\dfrac{1}{2}\right)^n$,则 $|x_n-0|=\left(\dfrac{1}{2}\right)^n$. 任取 $\varepsilon>0$(不妨设 $\varepsilon<1$),要使 $|x_n-0|<\varepsilon$ 成立,只要 $\left(\dfrac{1}{2}\right)^n<\varepsilon$ 即可. 对此不等式两边同时取自然对数,注意到取自然对数不改变原不等式的符号,故得 $-n\ln 2<\ln\varepsilon$,即 $n>-\dfrac{\ln\varepsilon}{\ln 2}$. 取正整数 $N>-\dfrac{\ln\varepsilon}{\ln 2}$,这样的正整数一定存在,如 $N=\left[-\dfrac{\ln\varepsilon}{\ln 2}\right]+1$. 于是,当 $n>N$ 时,必有 $n>-\dfrac{\ln\varepsilon}{\ln 2}$,从而 $|x_n-0|<\varepsilon$. 因此,由定义知

$$\lim\limits_{n\to\infty}\left(\dfrac{1}{2}\right)^n=0.$$

一般地,在等比数列 $\{q^n\}$ 中,当 $|q|<1$ 时,均有 $\lim\limits_{n\to\infty}q^n=0$. 请读者自行完成证明.

三、函数的极限

前面学习了数列极限,而数列极限可视为一类特殊的函数 $f:\mathbf{N}^*\to\mathbf{R}$ 的极限,即可将正整数 n 看作自变量. 数列 $\{x_n\}$ 当 $n\to\infty$ 时的变化趋势,相当于特殊函数 $f(n)=x_n$ 当 $n\to\infty$ 时的变化趋势. 下面来研究一般函数 $y=f(x)$ 的极限,它的思想方法及结论与数列极限大体上是一致的,区别在于数列中的自变量 n 是离散变量,而函数 $y=f(x)$ 的自变量 x 是连续变量. 在函数 $y=f(x)$ 中,自变量 x 的变化过程有 $x\to\infty$ 和 $x\to x_0$(x_0 为有限值) 两种形式,我们分别就这两种形式来研究函数的极限.

1. 自变量 $x\to\infty$ 时的函数极限

自变量 $x\to\infty$ 包含以下三种情况:

(1) x 取正值,且无限增大,记作 $x\to+\infty$(称作 x 趋于正无穷大);

(2) x 取负值,且它的绝对值无限增大,即 $-x$ 无限增大,记作 $x\to-\infty$(称作 x 趋于负无穷大);

(3) x 不指定正负性,只是 $|x|$ 无限增大,写成 $x\to\infty$.

例 1.2.3 考察函数 $f(x)=1+\dfrac{1}{x}$ 当 $x\to$

$+\infty$ 和 $x\to-\infty$ 时的变化趋势.

解 如图 1-38 所示,当 $|x|$ 无限增大(可正可负) 时,函数 $f(x)=1+\dfrac{1}{x}$ 的值从左、右两侧无限接近于常数 1. 此时,称函数 $f(x)$ 当 $x\to\infty$ 时的极限是 1,记为

$$\lim\limits_{x\to\infty}\left(1+\dfrac{1}{x}\right)=1.$$

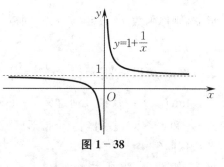

图 1-38

依照数列极限的定义方法,这里先给出自变量趋于正无穷大时函数极限的定义.

在数列极限 $\lim\limits_{n\to\infty}x_n=\lim\limits_{n\to\infty}f(n)=A$ 中,自变量 $n\to\infty$ 的变化过程,实际上是 $n\to+\infty$. 因

此,函数 $f(x)$ 当 $x \to +\infty$ 时的极限与数列 $f(n)$ 当 $n \to \infty$ 时的极限十分类似. 所不同的是, 当函数 $f(x)$ 的自变量 $x \to +\infty$ 时, x 不是像数列 $f(n)$ 中的自变量 n 那样"离散地"变化, 而是"连续地"沿 x 轴的正方向无限增大. 因此, 描述"当 x 沿 x 轴正方向无限增大时, 函数 $f(x)$ 无限接近于常数 A", 只需将数列极限的定义中的正整数 N 改成正实数 X, n 改成 x, x_n 改成 $f(x)$ 即可.

定义 1.2.3 设函数 $f(x)$ 当 $x > M$ 时有定义, A 是一确定的常数. 若 $\forall \varepsilon > 0, \exists X > 0$, 使得当 $x > X$ 时, 恒有

$$| f(x) - A | < \varepsilon$$

成立, 则称函数 $f(x)$ 当 **$x \to +\infty$ 时以 A 为极限**, 记为

$$\lim_{x \to +\infty} f(x) = A \quad (\text{或 } f(x) \to A(x \to +\infty)).$$

例如, 可以证明 $\lim\limits_{x \to +\infty} \dfrac{1}{x} = 0, \lim\limits_{x \to +\infty} \left(1 + \dfrac{1}{x}\right) = 1, \lim\limits_{x \to +\infty} 2^{-x} = 0.$

这个定义描述的是当自变量朝正无穷大变化时, 相应的函数值接近于某个常数的变化趋势. 当然, 不是所有的函数都有这种性质. 例如函数 $f(x) = x^2$, 可以看到, 当自变量 x 趋于正无穷大, 即 $x \to +\infty$ 时, 相应的函数值 $f(x) = x^2$ 也随之无限增大, 故它不会无限接近于任何常数. 因此, $f(x) = x^2$ 当 $x \to +\infty$ 时没有极限.

类似地, 可以定义当自变量趋于负无穷大时的函数极限.

定义 1.2.4 设函数 $f(x)$ 当 $x < M$ 时有定义, A 是一确定的常数. 若 $\forall \varepsilon > 0, \exists X > 0$, 使得当 $x < -X$ 时, 恒有

$$| f(x) - A | < \varepsilon$$

成立, 则称函数 $f(x)$ 当 **$x \to -\infty$ 时以 A 为极限**, 记为

$$\lim_{x \to -\infty} f(x) = A \quad (\text{或 } f(x) \to A(x \to -\infty)).$$

例如, 可以证明 $\lim\limits_{x \to -\infty} \dfrac{1}{x} = 0, \lim\limits_{x \to -\infty} \left(1 + \dfrac{1}{x}\right) = 1, \lim\limits_{x \to -\infty} 2^x = 0.$

对于自变量的绝对值 $|x|$ 无限增大, 即 $x \to \infty$ 的情形, 此时函数的极限有如下定义.

定义 1.2.5 设函数 $f(x)$ 当 $|x| > M$ 时有定义, A 是一确定的常数. 若 $\forall \varepsilon > 0, \exists X > 0$, 使得当 $|x| > X$ 时, 恒有

$$| f(x) - A | < \varepsilon$$

成立, 则称函数 $f(x)$ 当 **$x \to \infty$ 时以 A 为极限**, 记为

$$\lim_{x \to \infty} f(x) = A \quad (\text{或 } f(x) \to A(x \to \infty)).$$

例如, 可以证明 $\lim\limits_{x \to \infty} \left(1 + \dfrac{1}{x}\right) = 1, \lim\limits_{x \to \infty} \dfrac{1}{1 + x^2} = 0.$

$\lim\limits_{x \to \infty} f(x) = A$ 的几何意义是: 在 xOy 平面上, 对于任意给定的正数 ε, 作两条直线 $y = A + \varepsilon$ 和 $y = A - \varepsilon$, 得到一个带形区域, 不论这个带形区域多么窄, 总存在正数 X, 使得只要 x 落入区间 $(-\infty, -X)$ 和 $(X, +\infty)$ 内, 所对应的函数 $y = f(x)$ 的图形就都落在这个带形区域内, 如图 1-39 所示.

思考 尝试给出 $\lim\limits_{x \to +\infty} f(x) = A$ 和 $\lim\limits_{x \to -\infty} f(x) = A$ 的几何意义.

前面介绍了自变量以三种不同的方式无限远离坐标原点时的函数极限, 下面介绍它们

之间的关系.

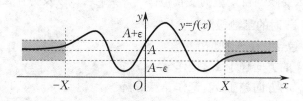

图 1-39

定理 1.2.1 $\lim\limits_{x\to\infty}f(x)=A$ 的充要条件是 $\lim\limits_{x\to+\infty}f(x)=\lim\limits_{x\to-\infty}f(x)=A$.

证 必要性 设 $\lim\limits_{x\to\infty}f(x)=A$,则 $\forall\varepsilon>0,\exists X>0$,使得对任意的 x,若 $|x|>X$,则

$$|f(x)-A|<\varepsilon.$$

特别地,对任意的 $x>X$(或 $x<-X$),也有

$$|f(x)-A|<\varepsilon,$$

故 $\lim\limits_{x\to+\infty}f(x)$ 和 $\lim\limits_{x\to-\infty}f(x)$ 存在,且都等于 A.

充分性 设 $\lim\limits_{x\to+\infty}f(x)=A,\lim\limits_{x\to-\infty}f(x)=A$,则 $\forall\varepsilon>0,\exists X_1,X_2>0$,使得对任意的 $x>X_1$ 或 $x<-X_2$,恒有 $|f(x)-A|<\varepsilon$ 成立. 令 $X=\max\{X_1,X_2\}$,则对任意的 $|x|>X$,因 $x>X\geqslant X_1$ 或 $x<-X\leqslant-X_2$,故均有

$$|f(x)-A|<\varepsilon$$

成立.因此 $\lim\limits_{x\to\infty}f(x)=A$.

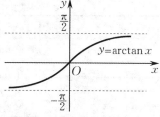

例如,由图 1-40 可以看出 $\lim\limits_{x\to+\infty}\arctan x=\dfrac{\pi}{2}$,$\lim\limits_{x\to-\infty}\arctan x$ $=-\dfrac{\pi}{2}$,故 $\lim\limits_{x\to\infty}\arctan x$ 不存在.

图 1-40

例 1.2.4 证明:$\lim\limits_{x\to\infty}\dfrac{1}{x}=0$.

证 $\forall\varepsilon>0$,要使 $\left|\dfrac{1}{x}-0\right|=\left|\dfrac{1}{x}\right|<\varepsilon$,只要 $|x|>\dfrac{1}{\varepsilon}$. 取 $X=\dfrac{1}{\varepsilon}$,则当 $|x|>X$ 时,恒有 $\left|\dfrac{1}{x}\right|<\varepsilon$ 成立,因此 $\lim\limits_{x\to\infty}\dfrac{1}{x}=0$.

例 1.2.5 证明:$\lim\limits_{x\to\infty}\dfrac{1}{x+\cos x}=0$.

证 对于函数 $f(x)=\dfrac{1}{x+\cos x}$,不妨将自变量的变化范围限制为 $|x|>1$,则有

$$|f(x)-0|=\left|\dfrac{1}{x+\cos x}-0\right|=\dfrac{1}{|x+\cos x|}\leqslant\dfrac{1}{|x|-1}.$$

$\forall\varepsilon>0$,要使 $|f(x)-0|<\varepsilon$,只要 $\dfrac{1}{|x|-1}<\varepsilon$,即 $|x|>1+\dfrac{1}{\varepsilon}$. 取 $X=1+\dfrac{1}{\varepsilon}$,则当 $|x|>X$ 时,恒有

$$|f(x)-0|=\dfrac{1}{|x+\cos x|}<\varepsilon$$

成立,因此 $\lim\limits_{x\to\infty}\dfrac{1}{x+\cos x}=0$.

思考 为什么要限制自变量的变化范围为 $|x|>1$,以及为什么可以这样限制?

2. 自变量 $x \to x_0$ 时的函数极限

自变量 $x \to x_0$ 包含以下三种情况:

(1) x 从大于 x_0 的方向趋于 x_0,记作 $x \to x_0^+$;

(2) x 从小于 x_0 的方向趋于 x_0,记作 $x \to x_0^-$;

(3) 对 x 从哪个方向趋于 x_0 没有限制,只是要求 x 趋于 x_0,记作 $x \to x_0$.

例 1.2.6 考察函数 $f(x) = \dfrac{x^2-1}{x-1}$ 当 $x \to 1$ 时的变化趋势.

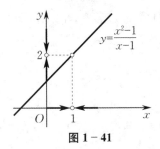

图 1-41

解 当 $x=1$ 时,函数没有定义;当 $x \neq 1$ 时,函数 $f(x) = x+1$. 由图 1-41 可知,虽然 $f(x)$ 在 $x=1$ 处无定义,但当 $x \neq 1$ 而趋于 1 时,对应的函数值 $f(x) = x+1$ 无限接近于常数 2.

由表 1-4 也可以看出,当 $x \to 1$,即 $|x-1|$ 越来越小时,函数 $y = f(x)$ 也越来越接近于 2. 此时,称函数 $f(x) = \dfrac{x^2-1}{x-1}$ 当 $x \to 1$ 时的极限是 2.

表 1-4

x	0.95	0.99	0.999	$\cdots$	1.001	1.01	1.05
$\lvert x-1 \rvert$	0.05	0.01	0.001	$\cdots$	0.001	0.01	0.05
$f(x) = \dfrac{x^2-1}{x-1}$	1.95	1.99	1.999	$\cdots$	2.001	2.01	2.05
$\lvert f(x)-2 \rvert$	0.05	0.01	0.001	$\cdots$	0.001	0.01	0.05

当 $x \to 1$ 时,函数 $f(x)$ 无限接近于 2 的含义为:当 x 与 1 充分靠近,即 $|x-1|$ 充分小时,$f(x)$ 与 2 可以接近到任何预先要求的程度,即 $|f(x)-2|$ 可以小于预先给定的任意小的正数(无论它多么小).

下面给出函数在某一点处的极限的定义.

定义 1.2.6 设函数 $f(x)$ 在点 x_0 的某个去心邻域内有定义. 若当 x 在该邻域内趋于 x_0 时,相应的函数值 $f(x)$ 无限接近于常数 A,则称函数 $f(x)$ 当 $x \to x_0$ 时以 A 为极限,记作

$$\lim_{x \to x_0} f(x) = A \quad (\text{或 } f(x) \to A(x \to x_0)).$$

注 (1) 这个定义描述的是当自变量 x 趋于 x_0 时,相应的函数值 $f(x)$ 无限接近常数 A 的一种变化趋势,这与 $f(x)$ 在点 x_0 处是否有定义无关.

(2) 在 x 趋于 x_0 的过程中,既可以从大于 x_0 的方向,也可以从小于 x_0 的方向趋于 x_0,整个过程没有任何方向限制.

(3) 当自变量 x 趋于 x_0 时,相应的函数值 $f(x)$ 无限接近于常数 A 的含义为:当 x 进入点 x_0 的充分小的去心邻域内时,$|f(x)-A|$ 可以小于任意给定的正数 ε,即对于任意给定的 $\varepsilon > 0$(无论它多么小),总可以找到一个 $\delta > 0$,使得当 $0 < |x-x_0| < \delta$ 时,恒有 $|f(x)-A| < \varepsilon$ 成立.

下面给出函数在某一点处的极限的严格定义(ε-δ 定义).

定义 1.2.7 设函数 $f(x)$ 在点 x_0 的某个去心邻域内有定义,A 是一确定的常数. 若

$\forall \varepsilon > 0, \exists \delta > 0$, 使得当 $0 < |x - x_0| < \delta$ 时, 恒有

$$|f(x) - A| < \varepsilon$$

成立, 则称函数 $f(x)$ 当 $x \to x_0$ 时以 A 为极限, 记作

$$\lim_{x \to x_0} f(x) = A \quad (\text{或} f(x) \to A (x \to x_0)).$$

例 1.2.7　证明: $\lim\limits_{x \to 1} \dfrac{x^2 - 1}{x - 1} = 2$.

证　对于函数 $f(x) = \dfrac{x^2 - 1}{x - 1}$, 考虑 $x \neq 1$ 的情形, 则有

$$|f(x) - 2| = \left| \frac{x^2 - 1}{x - 1} - 2 \right| = |x - 1|.$$

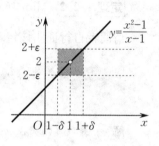

图 1－42

$\forall \varepsilon > 0$, 要使 $|f(x) - 2| < \varepsilon$, 只要 $|x - 1| < \varepsilon$ 即可. 因此, 取 $\delta = \varepsilon$, 则当 $0 < |x - 1| < \delta$ 时, 恒有

$$|f(x) - 2| = |x - 1| < \varepsilon$$

成立, 因此 $\lim\limits_{x \to 1} \dfrac{x^2 - 1}{x - 1} = 2$.

$\lim\limits_{x \to 1} \dfrac{x^2 - 1}{x - 1} = 2$ 的几何意义如图 1－42 所示.

例 1.2.8　设 $x_0 \in \mathbf{R}$, 求 $\lim\limits_{x \to x_0} \cos x$.

解　由于

$$|\cos x - \cos x_0| = 2 \left| \sin \frac{x + x_0}{2} \sin \frac{x - x_0}{2} \right| \leqslant 2 \left| \sin \frac{x - x_0}{2} \right| \leqslant |x - x_0|$$

(上式最后一个不等号利用了不等式 $|\sin x| \leqslant |x|$), 因此 $\forall \varepsilon > 0, \exists \delta = \varepsilon$, 使得当 $0 < |x - x_0| < \delta$ 时, 恒有

$$|\cos x - \cos x_0| < \varepsilon$$

成立, 故 $\lim\limits_{x \to x_0} \cos x = \cos x_0$.

同样, 可以证明对 $x_0 \in \mathbf{R}$, 有

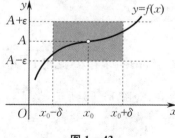

图 1－43

$$\lim_{x \to x_0} \sin x = \sin x_0, \quad \lim_{x \to x_0} C = C \ (C \text{ 为常数}), \quad \lim_{x \to x_0} x = x_0.$$

$\lim\limits_{x \to x_0} f(x) = A$ 的几何意义是: 在 xOy 平面上, 对于任意给定的正数 ε, 作两条直线 $y = A + \varepsilon$ 和 $y = A - \varepsilon$, 得到一个带形区域, 不论这个带形区域多么窄, 总存在点 x_0 的某个去心 δ 邻域, 使得只要 x 落入该邻域内, 所对应的函数 $y = f(x)$ 的图形就都在这个带形区域内, 如图 1－43 所示.

在考察函数时, 有时只考虑其在点 x_0 的右邻域 (或左邻域) 内有定义的情况. 例如, 讨论函数 $f(x) = \sqrt{x}, x \in [0, +\infty)$ 当 $x \to 0$ 时的变化趋势, 只能从 0 的右侧来讨论. 为此, 给出函数 $f(x)$ 当 x 从点 x_0 的某一侧 $(x > x_0$ 或 $x < x_0)$ 趋于 x_0 时的极限定义.

定义 1.2.8　设函数 $f(x)$ 在点 x_0 的某个右邻域 (或左邻域) 内有定义. 若当 x 在该邻

域内趋于 x_0 时,相应的函数值 $f(x)$ 无限接近于常数 A,则称函数 $f(x)$ 当 $x \to x_0^+$（或 $x \to x_0^-$）时以 A 为极限,并称 A 为 $f(x)$ 当 $x \to x_0$ 时的**右极限**（或**左极限**）.

函数 $f(x)$ 当 $x \to x_0$ 时的右极限记为

$$\lim_{x \to x_0^+} f(x) = A \quad (\text{或 } f(x_0^+) = A),$$

左极限记为

$$\lim_{x \to x_0^-} f(x) = A \quad (\text{或 } f(x_0^-) = A).$$

定理 1.2.2 $\lim\limits_{x \to x_0} f(x) = A$ 的充要条件是 $\lim\limits_{x \to x_0^+} f(x) = \lim\limits_{x \to x_0^-} f(x) = A.$

请读者自行证明该定理.

例 1.2.9 讨论函数 $f(x) = \begin{cases} 1-x, & x < 0, \\ 2, & x = 0, \\ x^2+1, & x > 0 \end{cases}$ 当 $x \to 0$ 时的极限是否存在.

解 函数 $f(x)$ 在 $x = 0$ 的去心邻域 $\mathring{U}(0,1)$ 内有定义,如图 $1-44$ 所示.

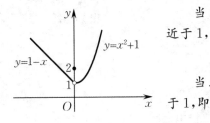

图 1-44

当 x 从右侧趋于 0 时,相应的函数值 $f(x) = x^2 + 1$ 无限接近于 1,即

$$\lim_{x \to 0^+} f(x) = \lim_{x \to 0^+} (x^2 + 1) = 1.$$

当 x 从左侧趋于 0 时,相应的函数值 $f(x) = 1-x$ 无限接近于 1,即

$$\lim_{x \to 0^-} f(x) = \lim_{x \to 0^-} (1-x) = 1.$$

由此可知, $\lim\limits_{x \to 0} f(x) = 1.$

例 1.2.10 判定下列极限是否存在:

(1) $f(x) = \mathrm{e}^{\frac{1}{x}} \ (x \to 0)$;   (2) $f(x) = \dfrac{x}{|x|} \ (x \to 0)$.

解 (1) 当 $x \to 0^-$ 时, $\dfrac{1}{x} \to -\infty$,故 $\mathrm{e}^{\frac{1}{x}} \to 0$,即 $\lim\limits_{x \to 0^-} \mathrm{e}^{\frac{1}{x}} = 0.$

当 $x \to 0^+$ 时, $\dfrac{1}{x} \to +\infty$,故 $\mathrm{e}^{\frac{1}{x}} \to +\infty$,即 $\lim\limits_{x \to 0^+} \mathrm{e}^{\frac{1}{x}} = +\infty.$

由此可知, $f(x)$ 当 $x \to 0$ 时的左极限存在,而右极限不存在,故 $\lim\limits_{x \to 0} \mathrm{e}^{\frac{1}{x}}$ 不存在（见图 $1-45$）.

(2) 因为 $\lim\limits_{x \to 0^-} \dfrac{x}{|x|} = -1$, $\lim\limits_{x \to 0^+} \dfrac{x}{|x|} = 1$,所以 $\lim\limits_{x \to 0} \dfrac{x}{|x|}$ 不存在,如图 $1-46$ 所示.

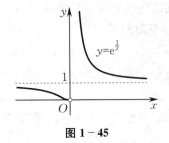

图 1-45

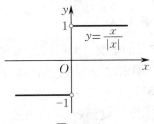

图 1-46

3. 函数极限与数列极限的关系

定理 1.2.3 （函数极限与数列极限的关系） $\lim\limits_{x \to x_0} f(x) = A$ 的充要条件是对于任何收敛于 x_0 的数列 $\{x_n\}$，其中 $x_n \neq x_0(n=1,2,\cdots)$，均有 $\lim\limits_{n \to \infty} f(x_n) = A$.

该定理称为**海涅**（Heine）**定理**，证明从略.

定理 1.2.3 给出了函数极限与数列极限之间的联系. 一方面，通过它可以很方便地判断某些函数极限不存在；另一方面，由于函数极限的计算方法比数列极限的计算方法更丰富多彩，所以经常将数列极限转化为函数极限后再进行计算. 例如，可以通过计算函数极限 $\lim\limits_{x \to +\infty} x^{\frac{1}{x}}$ 得到数列极限 $\lim\limits_{n \to \infty} \sqrt[n]{n}$.

例 1.2.11 证明：函数 $\sin\dfrac{1}{x}$ 当 $x \to 0$ 时的极限不存在.

证 取数列 $\left\{ x_n = \dfrac{1}{2n\pi} \right\}$，$\left\{ y_n = \dfrac{1}{2n\pi + \dfrac{\pi}{2}} \right\}$. 显然，

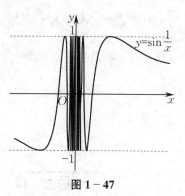

$x_n \neq 0, y_n \neq 0(n=1,2,\cdots)$，且 $\lim\limits_{n \to \infty} x_n = 0, \lim\limits_{n \to \infty} y_n = 0$，但是

$$\lim_{n \to \infty} \sin\frac{1}{x_n} = 0, \quad \lim_{n \to \infty} \sin\frac{1}{y_n} = 1,$$

故由定理 1.2.3 知，$\lim\limits_{x \to 0} \sin\dfrac{1}{x}$ 不存在.

图 1-47

如图 1-47 所示，在 $x \to 0$ 的过程中，函数 $\sin\dfrac{1}{x}$ 在 -1 和 1 之间无限次地"来回振荡".

思 考 题 1.2

1. $\lim\limits_{n \to \infty} x_n = a$ 表明，对任意给定的正数 ε，最多只有有限个 x_n，使得 $|x_n - a| \geqslant \varepsilon$ 成立. 这种说法对吗？

2. 在 $\lim\limits_{x \to x_0} f(x)$ 的定义中，为何只要求函数 $f(x)$ 在点 x_0 的去心邻域 $\overset{\circ}{U}(x_0, \delta)$ 内有定义？

习 题 1.2

（A）

一、填空题：

(1) 数列 $\{x_n\}$ 有界是此数列收敛的_____条件.

(2) 观察一般项 x_n 的变化趋势，判断下列数列的极限是否存在：

① $\left\{ x_n = \dfrac{1}{2^n} \right\}$ 的极限_____；   ② $\left\{ x_n = (-1)^n \dfrac{1}{n} \right\}$ 的极限_____；

③ $\{x_n = (-1)^n n\}$ 的极限_____.

二、设数列 $\{x_n\}$ 的一般项为 $x_n = \dfrac{\cos\dfrac{n\pi}{2}}{n}$，求 $\lim\limits_{n \to \infty} x_n$. 若当 $n > N$ 时，x_n 与 $\lim\limits_{n \to \infty} x_n$ 之差的绝对值小于正数 ε，那么当 $\varepsilon = 0.001$ 时，试求出一个适当的正整数 N.

三、根据数列极限的 ε-N 定义证明：

(1) $\lim\limits_{n\to\infty} \dfrac{3n+1}{2n+1} = \dfrac{3}{2}$;

(2) $\lim\limits_{n\to\infty} \dfrac{\sqrt{n^2+a^2}}{n} = 1$.

四、根据函数极限的 $\varepsilon\text{-}\delta$ 定义证明:

(1) $\lim\limits_{x\to 2} \dfrac{x^2-4}{x+2} = -4$;

(2) $\lim\limits_{x\to\infty} \dfrac{1+x^3}{2x^3} = \dfrac{1}{2}$.

五、已知当 $x\to\infty$ 时,$y = \dfrac{x^2-1}{x^2+3} \to 1$. 问:$X$ 等于多少,可使得 $|x| > X$ 时,恒有 $|y-1| < 0.01$ 成立?

六、设函数 $f(x) = \dfrac{x}{x}$,$\varphi(x) = \dfrac{|x|}{x}$,求当 $x\to 0$ 时它们的左、右极限,并说明当 $x\to 0$ 时它们的极限是否存在.

(B)

一、证明:$\lim\limits_{n\to\infty} q^n = 0$,其中 $|q| < 1$.

二、若 $\lim\limits_{n\to\infty} u_n = a$,证明:$\lim\limits_{n\to\infty} |u_n| = |a|$,并举例说明这个结论反过来未必成立.

三、已知当 $x\to 2$ 时,$y = x^2 \to 4$. 问:δ 等于多少,可使得 $0 < |x-2| < \delta$ 时,恒有 $|y-4| < 0.001$ 成立?

四、证明:$\lim\limits_{x\to x_0} f(x) = A$ 的充要条件是 $\lim\limits_{x\to x_0^+} f(x) = \lim\limits_{x\to x_0^-} f(x) = A$.

五、求函数 $f(x) = \lim\limits_{n\to\infty} \dfrac{1-x^n}{1+x^n}\ (x > 0)$ 的表达式.

六、证明:$\lim\limits_{x\to+\infty} x\sin x$ 不存在.

第三节　无穷小量与无穷大量

有两种极限是数学理论研究和处理实际问题时经常遇到的,它们就是本节要介绍的无穷小量和无穷大量,其中无穷小量在微积分的创建过程中起着至关重要的作用,与极限的概念有密切的关系.

一、无穷小量

1. 无穷小量的概念

在实际问题中,经常会遇到极限为零的变量. 例如,单摆离开垂直位置摆动时,由于受到空气阻力和机械摩擦力的作用,它的振幅随着时间的增加而逐渐减少,并无限接近于零. 又如,电容器放电时,其电压随着时间的增加而逐渐减少,并无限接近于零. 对于这类变量,我们有如下定义.

定义 1.3.1　　如果 $\lim\limits_{x\to x_0} f(x) = 0$,则称 $f(x)$ 是 $x\to x_0$ 时的**无穷小量**,简称为**无穷小**.

例如函数 $f(x) = (x-1)^2$,因为 $\lim\limits_{x\to 1} (x-1)^2 = 0$,所以 $f(x) = (x-1)^2$ 是 $x\to 1$ 时的无穷小量. 又如函数 $f(x) = \sin x$,因为 $\lim\limits_{x\to 0} \sin x = 0$,所以 $f(x) = \sin x$ 是 $x\to 0$ 时的无穷小量.

注　(1) 称一个函数是无穷小量时,必须指明自变量的变化过程. 例如,$f(x) = (x-1)^2$ 是 $x\to 1$ 时的无穷小量,而当 x 趋于其他数值时,$f(x) = (x-1)^2$ 就不是无穷小量.

(2) 不能把无穷小量看作一个很小很小的(常)量,所以 $\dfrac{1}{100^{100}}$ 不是无穷小量. 无穷小量是一个变化过程中的变量,且在该变化过程中以零为极限.

(3) 特别地,零可以看作无穷小量.

(4) 此定义中将自变量的变化过程换成其他任何一种情形($x \to x_0^-, x \to x_0^+, x \to \infty$, $x \to -\infty, x \to +\infty$ 或 $n \to \infty$),可得到相应变化过程中无穷小量的定义. 例如,数列 $\{2^{-n}\}$ 在 $n \to \infty$ 时是无穷小量,函数 $f(x) = \ln x$ 在 $x \to 1$ 时也是无穷小量.

例 1.3.1 分别指出下列函数在其自变量 x 的哪个变化过程中是无穷小量:

(1) $y = \dfrac{1}{x-1}$; 　　　　　　(2) $y = a^x$ ($a > 0$ 且 $a \neq 1$).

解 (1) 因为 $\lim\limits_{x \to \infty} \dfrac{1}{x-1} = 0$,所以当 $x \to \infty$ 时,$y = \dfrac{1}{x-1}$ 是无穷小量.

(2) 当 $a > 1$ 时,因为 $\lim\limits_{x \to -\infty} a^x = 0$,所以当 $x \to -\infty$ 时,$y = a^x$ 是无穷小量;当 $0 < a < 1$ 时,因为 $\lim\limits_{x \to +\infty} a^x = 0$,所以当 $x \to +\infty$ 时,$y = a^x$ 是无穷小量.

2. 无穷小量与函数极限之间的关系

当 $\lim\limits_{x \to x_0} f(x) = A$ 时,由极限的定义可知,$\forall \varepsilon > 0, \exists \delta > 0$,使得当 $0 < |x - x_0| < \delta$ 时,恒有 $|f(x) - A| < \varepsilon$ 成立. 令 $f(x) - A = \alpha(x)$,则 $|f(x) - A| < \varepsilon$ 等价于 $|\alpha(x)| < \varepsilon$,即 $\lim\limits_{x \to x_0} \alpha(x) = 0$,故 $\alpha(x)$ 就是 $x \to x_0$ 时的无穷小量. 由此可推导出无穷小量与函数极限之间的关系,即如下定理.

定理 1.3.1 在自变量的某一变化过程中,函数 $f(x)$ 的极限为 A 的充要条件是 $f(x)$ 可以表示成 A 与一个同一变化过程中的无穷小量 $\alpha(x)$ 之和,即 $f(x) = A + \alpha(x)$.

下面给出定理 1.3.1 的一个应用例子.

例 1.3.2 已知 $\lim\limits_{x \to 0} \left(\dfrac{f(x)-1}{x} - \dfrac{\sin x}{x^2} \right) = 2, \lim\limits_{x \to 0} \dfrac{\sin x}{x} = 1$,求 $\lim\limits_{x \to 0} f(x)$.

解 由所给条件知

$$\frac{f(x)-1}{x} - \frac{\sin x}{x^2} = 2 + \alpha(x),$$

其中 $\alpha(x)$ 是 $x \to 0$ 时的一个无穷小量,从而

$$f(x) = 1 + 2x + \frac{\sin x}{x} + x\alpha(x).$$

注意到 $x\alpha(x)$ 仍是 $x \to 0$ 时的一个无穷小量,因此

$$\lim\limits_{x \to 0} f(x) = 2.$$

无穷小量是微积分中最重要的概念之一,对无穷小量的认识和使用贯穿了微积分的始终. 定理 1.3.1 表明,极限的概念可以用无穷小量的概念来阐述. 由于无穷小量在建立微积分时具有基础性的地位,所以早期的微积分也被称为**无穷小分析**[①].

二、无穷大量

与无穷小量一样,无穷大量也是指变量在某个变化过程中的一种变化趋势.

---

① 1696 年,洛必达(L'Hospital)发表的《阐明曲线的无穷小分析》一书成为微积分正式建立以后的第一部著作.

1. 无穷大量的概念

在没有极限的一类函数中，有一种特殊情形，即在自变量的某一变化过程中，函数

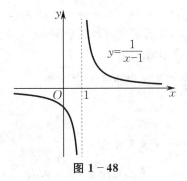

图 1-48

的绝对值无限增大. 例如函数 $y = \dfrac{1}{x-1}$，当 $x \to 1$ 时，$\left| \dfrac{1}{x-1} \right|$ 无限增大，如图 1-48 所示. 也就是说，对于任意给定的 $M > 0$（无论它多么大），总存在一个正数 δ，使得当 $0 < |x-1| < \delta$ 时，恒有

$$|f(x)| = \left| \dfrac{1}{x-1} \right| > M.$$

这时，称 $y = \dfrac{1}{x-1}$ 是 $x \to 1$ 时的无穷大量.

定义 1.3.2 设函数 $f(x)$ 在点 x_0 的某个去心邻域内有定义. 若 $\forall M > 0$，$\exists \delta > 0$，使得对任意的 $x \in \mathring{U}(x_0, \delta)$，恒有

$$|f(x)| > M \tag{1.3.1}$$

成立，则称 $f(x)$ 是 $x \to x_0$ 时的**无穷大量**，简称为**无穷大**，记作

$$\lim_{x \to x_0} f(x) = \infty.$$

若将式（1.3.1）改为

$$f(x) > M \quad \text{或} \quad f(x) < -M,$$

则称 $f(x)$ 是 $x \to x_0$ 时的**正无穷大量**或**负无穷大量**，记作

$$\lim_{x \to x_0} f(x) = +\infty \quad \text{或} \quad \lim_{x \to x_0} f(x) = -\infty.$$

易知

$$\lim_{x \to 1^+} \dfrac{1}{x-1} = +\infty, \quad \lim_{x \to 1^-} \dfrac{1}{x-1} = -\infty, \quad \lim_{x \to 1} \dfrac{1}{x-1} = \infty.$$

无穷大量描述的是一个函数在自变量的某种变化过程中，相应的函数值的绝对值无限增大的变化趋势. 实际上，同一个函数在自变量的不同变化过程中，相应的函数值有不同的变化趋势. 例如函数 $\dfrac{1}{x-1}$，当 $x \to 1$ 时，它为无穷大量；当 $x \to 2$ 时，它以 1 为极限. 因此，称一个函数为无穷大量时，必须明确指出其自变量的变化过程，否则毫无意义.

注 （1）不能把无穷大量看作一个很大很大的（常）量，它是一个变化过程中的变量，且在该变化过程中，其绝对值无限增大.

（2）定义 1.3.2 中将自变量的变化过程换成其他任何一种情形（$x \to x_0^-$，$x \to x_0^+$，$x \to \infty$，$x \to -\infty$，$x \to +\infty$ 或 $n \to \infty$），可得到相应变化过程中无穷大量的定义. 例如，函数 $\ln x$ 在 $x \to +\infty$ 时是正无穷大量，在 $x \to 0^+$ 时是负无穷大量.

（3）无穷大量与无界变量的区别为：无穷大量一定是无界变量，但无界变量不一定是无穷大量. 例如数列 $\{2, 0, 6, 0, 10, 0, \cdots, (1 + (-1)^{n+1})n, \cdots\}$，该数列是无界的，但它不是 $n \to \infty$ 时的无穷大量（请思考为什么）. 又如函数 $f(x) = x\cos x$，$x \in (-\infty, +\infty)$，$f(2n\pi) = 2n\pi \to \infty (n \to \infty)$，故 $f(x)$ 无界；但 $f\left(n\pi + \dfrac{\pi}{2}\right) = 0 (n = 0, \pm 1, \pm 2, \cdots)$，这说明 $|f(x)|$

不可能在 $x \to \infty$ 时永远大于任意给定的正数. 因此, $f(x) = x\cos x$ 是无界函数, 但不是 $x \to \infty$ 时的无穷大量, 其图形如图 1−49 所示.

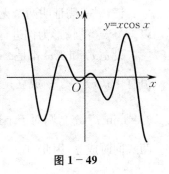

图 1−49

(4) 极限不存在的情形, 除无穷大量以外, 还有无界振荡 (如 $\lim\limits_{x \to \infty} x\cos x$) 和有界振荡 (如 $\lim\limits_{x \to \infty} \sin x$) 等情形.

2. 无穷大量与无穷小量之间的关系

定理 1.3.2 如果 $\lim\limits_{x \to x_0} f(x) = 0$, 且在点 x_0 的某个去心邻域内, 恒有 $f(x) \neq 0$, 则 $\lim\limits_{x \to x_0} \dfrac{1}{f(x)} = \infty$; 如果 $\lim\limits_{x \to x_0} f(x) = \infty$, 则

$$\lim_{x \to x_0} \frac{1}{f(x)} = 0.$$

证 (1) 任意给定 $M > 0$, 根据无穷小量的定义, 对于正数 $\varepsilon = \dfrac{1}{M}$, 存在 $\delta > 0$, 使得当 $0 < |x - x_0| < \delta$ 时, 恒有 $|f(x)| < \varepsilon = \dfrac{1}{M}$ 成立. 又 $f(x) \neq 0$, 从而 $\left| \dfrac{1}{f(x)} \right| > M$, 所以 $\dfrac{1}{f(x)}$ 是 $x \to x_0$ 时的无穷大量.

(2) 任意给定 $\varepsilon > 0$, 根据无穷大量的定义, 对于正数 $M = \dfrac{1}{\varepsilon}$, 存在 $\delta > 0$, 使得当 $0 < |x - x_0| < \delta$ 时, 恒有 $|f(x)| > M = \dfrac{1}{\varepsilon}$ 成立, 从而 $\left| \dfrac{1}{f(x)} \right| < \varepsilon$, 所以 $\dfrac{1}{f(x)}$ 是 $x \to x_0$ 时的无穷小量.

注 利用定理 1.3.2, 可以更方便地证明一个函数是否为无穷大量. 实际上, 这个定理对于自变量的其他变化过程 ($x \to x_0^-, x \to x_0^+, x \to \infty, x \to -\infty, x \to +\infty$ 或 $n \to \infty$) 亦成立.

例 1.3.3 分别指出下列函数在其自变量 x 的哪种变化过程中是无穷大量:

(1) $y = \dfrac{1}{x}$; (2) $y = \log_a x \ (a > 0 \ 且 \ a \neq 1)$.

解 (1) 因为 $\lim\limits_{x \to 0} x = 0$, 所以根据无穷小量与无穷大量之间的关系, 有

$$\lim_{x \to 0} \frac{1}{x} = \infty.$$

故当 $x \to 0$ 时, 函数 $\dfrac{1}{x}$ 为无穷大量.

(2) 若 $0 < a < 1$, 则当 $x \to 0^+$ 时, $\log_a x \to +\infty$; 当 $x \to +\infty$ 时, $\log_a x \to -\infty$. 所以, 当 $x \to 0^+$ 时, 函数 $\log_a x$ 为正无穷大量; 当 $x \to +\infty$ 时, 函数 $\log_a x$ 为负无穷大量.

若 $a > 1$, 则当 $x \to 0^+$ 时, $\log_a x \to -\infty$; 当 $x \to +\infty$ 时, $\log_a x \to +\infty$. 所以, 当 $x \to 0^+$ 时, 函数 $\log_a x$ 为负无穷大量; 当 $x \to +\infty$ 时, 函数 $\log_a x$ 为正无穷大量.

三、无穷小量的性质

无穷小量是极限存在的特例, 下面讨论无穷小量的运算法则.

性质 1.3.1 有限个无穷小量的代数和仍是无穷小量.

证   只需证明两个无穷小量的代数和是无穷小量就可以(请读者思考为什么). 这里仅以 $x \to x_0$ 的情形为例进行证明,其他情形可类似得证.

设 $\alpha(x)$ 和 $\beta(x)$ 都是 $x \to x_0$ 时的无穷小量,则 $\forall \varepsilon > 0$,$\exists \delta_1 > 0$,使得当 $0 < |x - x_0| < \delta_1$ 时,恒有 $|\alpha(x)| < \frac{\varepsilon}{2}$ 成立;$\exists \delta_2 > 0$,使得当 $0 < |x - x_0| < \delta_2$ 时,恒有 $|\beta(x)| < \frac{\varepsilon}{2}$ 成立. 取 $\delta = \min\{\delta_1, \delta_2\}$,则对于上述 $\varepsilon > 0$,当 $0 < |x - x_0| < \delta$ 时,恒有 $|\alpha(x)| < \frac{\varepsilon}{2}$ 和 $|\beta(x)| < \frac{\varepsilon}{2}$ 两式同时成立,因此

$$|\alpha(x) \pm \beta(x)| \leqslant |\alpha(x)| + |\beta(x)| < \frac{\varepsilon}{2} + \frac{\varepsilon}{2} = \varepsilon.$$

故由无穷小量的定义可知,当 $x \to x_0$ 时,$\alpha(x) \pm \beta(x)$ 为无穷小量.

注   无穷多个无穷小量之和不一定是无穷小量. 例如,当 $n \to \infty$ 时,$\frac{1}{n^2}, \frac{2}{n^2}, \cdots, \frac{n}{n^2}$ 都是无穷小量,但 $\lim\limits_{n \to \infty}\left(\frac{1}{n^2} + \frac{2}{n^2} + \cdots + \frac{n}{n^2}\right) = \lim\limits_{n \to \infty}\frac{n(n+1)}{2n^2} = \frac{1}{2}$.

性质 1.3.2   有界函数与无穷小量的乘积仍是无穷小量.

证   设函数 $f(x)$ 在点 x_0 的某个去心 δ_1 邻域内有界,即存在 $M > 0$,使得当 $0 < |x - x_0| < \delta_1$ 时,恒有 $|f(x)| \leqslant M$ 成立. 又设 $\lim\limits_{x \to x_0}\alpha(x) = 0$,即对于任意给定的正数 ε,存在正数 δ_2,使得当 $0 < |x - x_0| < \delta_2$ 时,恒有 $|\alpha(x)| < \frac{\varepsilon}{M}$ 成立. 取 $\delta = \min\{\delta_1, \delta_2\}$,则当 $0 < |x - x_0| < \delta$ 时,恒有

$$|\alpha(x)f(x)| = |\alpha(x)||f(x)| < \frac{\varepsilon}{M}M = \varepsilon,$$

即 $\lim\limits_{x \to x_0}\alpha(x)f(x) = 0$ 成立. 这表明,有界函数 $f(x)$ 与无穷小量 $\alpha(x)$ 的乘积仍是无穷小量.

例如,当 $x \to \infty$ 时,函数 $\frac{1}{x}$ 是无穷小量,而函数 $\sin x, \sin\frac{1}{x}, \cos x, \cos\frac{1}{x}$ 都是有界函数,故根据性质 1.3.2,有

$$\lim_{x \to \infty}\frac{1}{x}\sin x = 0 \quad \text{(其函数图形如图 1-50 所示)},$$

$$\lim_{x \to \infty}\frac{1}{x}\sin\frac{1}{x} = 0, \quad \lim_{x \to \infty}\frac{1}{x}\cos x = 0, \quad \lim_{x \to \infty}\frac{1}{x}\cos\frac{1}{x} = 0.$$

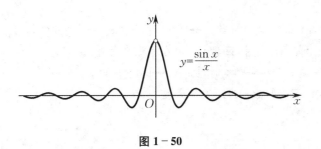

图 1-50

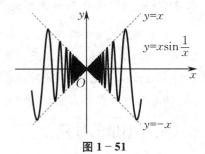

图 1-51

又如,当 $x \to 0$ 时,函数 x 是无穷小量,而函数 $\sin \dfrac{1}{x}$ 是有界函数,故 $\lim\limits_{x \to 0} x \sin \dfrac{1}{x} = 0$. 如图 $1-51$ 所示,函数 $y = x \sin \dfrac{1}{x}$ 的图形在 $x = 0$ 附近发生无限密集的振动,其振幅被两条直线 $y = \pm x$ 所限制.

推论 1.3.1 常数与无穷小量之积仍为无穷小量.

推论 1.3.2 有限个无穷小量之积仍为无穷小量.

注 两个无穷小量的商不一定是无穷小量. 例如,当 $x \to 0$ 时,x 与 $2x$ 都是无穷小量,但 $\lim\limits_{x \to 0} \dfrac{2x}{x} = 2$,因此当 $x \to 0$ 时,它们的商 $\dfrac{2x}{x}$ 不是无穷小量.

思 考 题 1.3

1. 判断题:

(1) 非常小的数是无穷小量;

(2) 零是无穷小量;

(3) 无穷小量是一个函数;

(4) 两个无穷小量的商是无穷小量;

(5) 两个无穷大量的和一定是无穷大量.

2. 无穷大量与无界变量的区别和联系分别是什么?

3. 无穷大量与有界变量的乘积是无穷大量,这种说法是否正确?为什么?

4. (1) 两个无穷小量的商是否一定是无穷小量?请举例说明.

(2) 两个无穷大量的和、差、积、商是否仍为无穷大量?请说明理由.

习 题 1.3

(A)

一、函数 $f(x) = \dfrac{x+1}{x^2-1}$ 在下列变化过程中为无穷大量的是( ).

(A) $x \to 0$ (B) $x \to 1$ (C) $x \to -1$ (D) $x \to \infty$

二、根据定义证明:函数 $y = x \sin \dfrac{1}{x}$ 是 $x \to 0$ 时的无穷小量.

三、函数 $f(x) = e^{\frac{1}{x}}$ 当 $x \to 0$ 时的极限存在吗?$f(x)$ 何时是无穷大量,何时是无穷小量?

四、求下列极限:

(1) $\lim\limits_{x \to 2} \dfrac{1}{(x-2)^2}$;

(2) $\lim\limits_{h \to 0} \dfrac{(x+h)^2 - x^2}{h}$.

五、函数 $y = x \sin x$ 在区间 $(-\infty, +\infty)$ 上是否有界?当 $x \to +\infty$ 时,这个函数是否为无穷大量?为什么?

(B)

一、当 $x \to 1$ 时,函数 $f(x) = \dfrac{x^2-1}{x-1} e^{\frac{1}{x-1}}$ 的极限( ).

(A) 等于 2

(B) 等于 0

(C) 为 ∞

(D) 不存在但不为 ∞

二、已知函数 $f(x) = \dfrac{px^2-2}{x^2+1} + 3qx + 5$，当 $x \to \infty$ 时，p,q 取何值时 $f(x)$ 为无穷小量？p,q 取何值时 $f(x)$ 为无穷大量？

第四节　极限的运算法则与性质

极限的运算法则对极限的计算非常重要．利用函数极限与数列极限之间的关系，可以将函数极限的相关结论直接运用到数列极限上．因此，本节将重点介绍函数极限的运算法则及性质．在本章第二节中我们引入了下述六种类型的函数极限：

$$\lim_{x \to +\infty} f(x), \quad \lim_{x \to -\infty} f(x), \quad \lim_{x \to \infty} f(x), \quad \lim_{x \to x_0} f(x), \quad \lim_{x \to x_0^+} f(x), \quad \lim_{x \to x_0^-} f(x),$$

下面以 $\lim\limits_{x \to x_0} f(x)$ 为例来叙述并证明函数极限的运算法则及性质．其他类型极限的运算法则、性质及其证明可类似得到，请读者自行给出．

一、极限的运算法则

定理 1.4.1（函数极限的四则运算法则）　设 $\lim\limits_{x \to x_0} f(x) = A$，$\lim\limits_{x \to x_0} g(x) = B$，则有：

(1) $\lim\limits_{x \to x_0} (f(x) \pm g(x)) = A \pm B$；

(2) $\lim\limits_{x \to x_0} f(x)g(x) = AB$；

(3) $\lim\limits_{x \to x_0} \dfrac{f(x)}{g(x)} = \dfrac{A}{B}$　$(B \neq 0)$．

下面仅证明法则（1），请读者自行证明法则（2）和法则（3）．

证　已知 $\lim\limits_{x \to x_0} f(x) = A$，$\lim\limits_{x \to x_0} g(x) = B$，由无穷小量和函数极限之间的关系，有

$$f(x) = A + \alpha(x), \quad g(x) = B + \beta(x),$$

其中 $\alpha(x)$ 和 $\beta(x)$ 都是 $x \to x_0$ 时的无穷小量．相应地，有

$$f(x) \pm g(x) = (A + \alpha(x)) \pm (B + \beta(x)) = (A \pm B) + (\alpha(x) \pm \beta(x)).$$

因为 $\alpha(x) \pm \beta(x)$ 是 $x \to x_0$ 时的无穷小量，再由无穷小量和函数极限之间的关系得

$$\lim_{x \to x_0} (f(x) \pm g(x)) = A \pm B = \lim_{x \to x_0} f(x) \pm \lim_{x \to x_0} g(x).$$

注　以上定理成立的前提是：(1) 函数 $f(x)$ 与 $g(x)$ 的极限存在；(2) 参与运算的项数必须有限；(3) 分母的极限不为零．

推论 1.4.1　若 $\lim\limits_{x \to x_0} f(x) = A$，$c$ 为常数，则

$$\lim_{x \to x_0} cf(x) = c \lim_{x \to x_0} f(x) = cA.$$

推论 1.4.2　若 $\lim\limits_{x \to x_0} f(x) = A$，$n \in \mathbf{N}^*$，则

$$\lim_{x \to x_0} (f(x))^n = \left(\lim_{x \to x_0} f(x) \right)^n = A^n.$$

例如，$\lim\limits_{x \to x_0} x = x_0$，则 $\lim\limits_{x \to x_0} x^n = x_0^n$．

注 推论 1.4.2 不对 n 取极限, 在这个推论中 n 是常数.

定理 1.4.2 (复合函数的极限定理) 设 $y = f(\varphi(x))$ 是由函数 $y = f(u), u = \varphi(x)$ 构成的复合函数. 如果 $\lim\limits_{x \to x_0} \varphi(x) = u_0$, 且在点 x_0 的一个去心邻域内 $\varphi(x) \neq u_0$, 又 $\lim\limits_{u \to u_0} f(u) = A$, 则

$$\lim_{x \to x_0} f(\varphi(x)) = A.$$

证明从略.

例如, $\lim\limits_{x \to x_0} \sin x = \sin x_0$, $\lim\limits_{x \to x_0} x^n = x_0^n$, 则 $\lim\limits_{x \to x_0} \sin x^n = \sin x_0^n$.

注 (1) 在定理 1.4.2 中, 将 $\lim\limits_{x \to x_0} \varphi(x) = u_0$ 改为 $\lim\limits_{x \to x_0} \varphi(x) = \infty$, 而将 $\lim\limits_{u \to u_0} f(u) = A$ 改成 $\lim\limits_{u \to \infty} f(u) = A$, 可以得到相同的结论.

(2) 定理 1.4.2 给出了求复合函数 $f(\varphi(x))$ 的极限的一种方法 —— **变量代换法**(**换元法**), 即当定理条件都满足时, 通过变量代换 $u = \varphi(x)$, 可将求 $\lim\limits_{x \to x_0} f(\varphi(x))$ 转化为求 $\lim\limits_{u \to u_0} f(u)$. 例如求 $\lim\limits_{x \to 1} \ln \dfrac{x^2-1}{2(x-1)}$, 可令 $u = \dfrac{x^2-1}{2(x-1)}$, 则当 $x \to 1$ 时, 有 $u \to 1$, 因此

$$\lim_{x \to 1} \ln \frac{x^2-1}{2(x-1)} = \lim_{u \to 1} \ln u = \ln 1 = 0.$$

例 1.4.1 设多项式函数

$$P_n(x) = a_0 x^n + a_1 x^{n-1} + \cdots + a_{n-1} x + a_n,$$

其中 $x \in \mathbf{R}$, 证明: $\lim\limits_{x \to x_0} P_n(x) = P_n(x_0)$.

证 $\lim\limits_{x \to x_0} P_n(x) = \lim\limits_{x \to x_0} (a_0 x^n + a_1 x^{n-1} + \cdots + a_{n-1} x + a_n)$

$= \lim\limits_{x \to x_0} a_0 x^n + \lim\limits_{x \to x_0} a_1 x^{n-1} + \cdots + \lim\limits_{x \to x_0} a_{n-1} x + \lim\limits_{x \to x_0} a_n$

$= a_0 x_0^n + a_1 x_0^{n-1} + \cdots + a_{n-1} x_0 + a_n = P_n(x_0).$

例 1.4.1 的结果说明, 当 $x \to x_0$ 时, 多项式函数 $P_n(x) = a_0 x^n + a_1 x^{n-1} + \cdots + a_{n-1} x + a_n$ 的极限就等于这个函数在点 x_0 处的函数值 $P_n(x_0)$.

例 1.4.2 设函数 $R(x) = \dfrac{P_m(x)}{P_n(x)}$, 其中 $P_m(x)$ 为 m 次多项式函数, $P_n(x)$ 为 n 次多项式函数, 且 $P_n(x_0) \neq 0$, 证明: $\lim\limits_{x \to x_0} R(x) = R(x_0)$.

证 由定理 1.4.1 及例 1.4.1 的结果, 有

$$\lim_{x \to x_0} R(x) = \frac{\lim\limits_{x \to x_0} P_m(x)}{\lim\limits_{x \to x_0} P_n(x)} = \frac{P_m(x_0)}{P_n(x_0)} = R(x_0).$$

例 1.4.3 求 $\lim\limits_{x \to 2} \dfrac{x^4 - x^2 - 2}{3x^3 + 1}$.

解 考察分母的极限, 有 $\lim\limits_{x \to 2} (3x^3 + 1) = 25 \neq 0$, 所以由例 1.4.2 的结果知

$$\lim_{x \to 2} \frac{x^4 - x^2 - 2}{3x^3 + 1} = \frac{2^4 - 2^2 - 2}{3 \times 2^3 + 1} = \frac{2}{5}.$$

例 1.4.4 求 $\lim\limits_{x\to 1}\dfrac{x^2+x-2}{x^2-1}$.

解 由于计算分母的极限得

$$\lim\limits_{x\to 1}(x^2-1)=0,$$

因此不能运用商的极限运算法则. 而考察分子的极限, 有

$$\lim\limits_{x\to 1}(x^2+x-2)=0,$$

可见分子、分母的极限均为零, 这种两个无穷小量之比的极限, 称为 $\dfrac{0}{0}$ 型未定式. 由于分子、分母在 $x=1$ 处的函数值都为 0, 因此分子、分母都含有因式 $x-1$. 而当 $x\to 1$ 时, $x\neq 1$, $x-1\neq 0$, 故可约去这个不为零的公因式 $x-1$, 得

$$\lim\limits_{x\to 1}\dfrac{x^2+x-2}{x^2-1}=\lim\limits_{x\to 1}\dfrac{(x-1)(x+2)}{(x-1)(x+1)}=\lim\limits_{x\to 1}\dfrac{x+2}{x+1}=\dfrac{3}{2}.$$

例 1.4.5 求 $\lim\limits_{x\to\infty}\dfrac{x^4-2x^3+3x^2-5x+6}{x^4-1}$.

解 当 $x\to\infty$ 时, 分子、分母都是无穷大量, 因此不能直接运用商的极限运算法则. 这种两个无穷大量之比的极限, 称为 $\dfrac{\infty}{\infty}$ 型未定式. 对于这种形式的极限, 首先将分子、分母中关于 x 的最高次幂作为公因式约去, 再进行计算. 具体计算过程如下:

$$\lim\limits_{x\to\infty}\dfrac{x^4-2x^3+3x^2-5x+6}{x^4-1}=\lim\limits_{x\to\infty}\dfrac{x^4\left(1-\dfrac{2}{x}+\dfrac{3}{x^2}-\dfrac{5}{x^3}+\dfrac{6}{x^4}\right)}{x^4\left(1-\dfrac{1}{x^4}\right)}$$

$$=\lim\limits_{x\to\infty}\dfrac{1-\dfrac{2}{x}+\dfrac{3}{x^2}-\dfrac{5}{x^3}+\dfrac{6}{x^4}}{1-\dfrac{1}{x^4}}=1.$$

例 1.4.5 中的分子和分母可分别看作函数 $f(x)$ 和 $g(x)$, 即

$$f(x)=x^4-2x^3+3x^2-5x+6,\quad g(x)=x^4-1.$$

它们在区间 $[-2,2]$ 和区间 $[-30,30]$ 上的图形分别如图 1-52(a),(b) 所示.

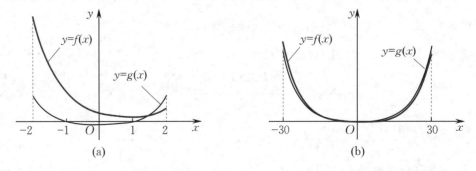

图 1-52

由于 ∞ 不是数, 因此计算极限时不能直接代入. 一般地, 请看下例.

例 1.4.6　求 $\lim\limits_{x\to\infty}\dfrac{a_nx^n+a_{n-1}x^{n-1}+\cdots+a_1x+a_0}{b_mx^m+b_{m-1}x^{m-1}+\cdots+b_1x+b_0}$，其中 $a_nb_m\neq0,m,n$ 为正整数.

解　首先将分子、分母同除以 $x^{\max(n,m)}$，再利用函数极限的四则运算法则.
当 $n\leqslant m$ 时，

$$原式=\lim\limits_{x\to\infty}\frac{a_n\dfrac{1}{x^{m-n}}+a_{n-1}\dfrac{1}{x^{m-n+1}}+\cdots+a_1\dfrac{1}{x^{m-1}}+a_0\dfrac{1}{x^m}}{b_m+b_{m-1}\dfrac{1}{x}+\cdots+b_1\dfrac{1}{x^{m-1}}+b_0\dfrac{1}{x^m}}=\begin{cases}0,&n<m,\\\dfrac{a_n}{b_m},&n=m.\end{cases}$$

当 $n>m$ 时，由上述结果知

$$\lim\limits_{x\to\infty}\frac{b_mx^m+b_{m-1}x^{m-1}+\cdots+b_1x+b_0}{a_nx^n+a_{n-1}x^{n-1}+\cdots+a_1x+a_0}=0,$$

从而由无穷小量与无穷大量之间的关系得

$$\lim\limits_{x\to\infty}\frac{a_nx^n+a_{n-1}x^{n-1}+\cdots+a_1x+a_0}{b_mx^m+b_{m-1}x^{m-1}+\cdots+b_1x+b_0}=\infty.$$

综上所述，有

$$\lim\limits_{x\to\infty}\frac{a_nx^n+a_{n-1}x^{n-1}+\cdots+a_1x+a_0}{b_mx^m+b_{m-1}x^{m-1}+\cdots+b_1x+b_0}=\begin{cases}0,&n<m,\\\dfrac{a_n}{b_m},&n=m,\\\infty,&n>m.\end{cases}$$

例 1.4.7　求：(1) $\lim\limits_{x\to2}\left(\dfrac{1}{x-2}-\dfrac{12}{x^3-8}\right)$；(2) $\lim\limits_{x\to\infty}(\sqrt{x^2+2}-\sqrt{x^2-2})$.

解　(1) 当 $x\to2$ 时，原式括号中的两项均为无穷大量，因此不能直接运用差的极限运算法则，需要先进行适当变形，再进行计算. 具体计算过程如下：

$$\lim\limits_{x\to2}\left(\frac{1}{x-2}-\frac{12}{x^3-8}\right)=\lim\limits_{x\to2}\frac{x^2+2x-8}{x^3-8}=\lim\limits_{x\to2}\frac{x+4}{x^2+2x+4}=\frac{1}{2}.$$

上述这种两个无穷大量之差的极限，称为 $\infty-\infty$ 型未定式.

(2) 这是 $\infty-\infty$ 型未定式，需要先有理化，再进行计算. 具体计算过程如下：

$$\lim\limits_{x\to\infty}(\sqrt{x^2+2}-\sqrt{x^2-2})=\lim\limits_{x\to\infty}\frac{(\sqrt{x^2+2}-\sqrt{x^2-2})(\sqrt{x^2+2}+\sqrt{x^2-2})}{\sqrt{x^2+2}+\sqrt{x^2-2}}$$

$$=\lim\limits_{x\to\infty}\frac{4}{\sqrt{x^2+2}+\sqrt{x^2-2}}=0.$$

在求极限的过程中，若分母的极限为零，则需想办法约去使分母为零的因式；含根式的极限需设法有理化. 需注意的是，$x\to x_0$ 是表示 x 无限趋近于 x_0，但永远不等于 x_0. 还有很多求极限的方法和技巧，这些在后面的章节中会进行介绍.

定理 1.4.3　若 $\lim\limits_{x\to x_0}f(x)=A(A\neq0)$，且 $\lim\limits_{x\to x_0}g(x)=\infty$，则 $\lim\limits_{x\to x_0}f(x)g(x)=\infty$.

证　由 $\lim\limits_{x\to x_0}f(x)=A(A\neq0)$，有 $\lim\limits_{x\to x_0}\dfrac{1}{f(x)}=\dfrac{1}{A}$. 又由 $\lim\limits_{x\to x_0}g(x)=\infty$ 和定理 1.3.2，有 $\lim\limits_{x\to x_0}\dfrac{1}{g(x)}=0$. 于是 $\lim\limits_{x\to x_0}\dfrac{1}{f(x)g(x)}=0$，故

$$\lim\limits_{x\to x_0}f(x)g(x)=\infty.$$

思考 如果用"0"和"∞"分别表示同一变化过程中的无穷小量和无穷大量,那么下列运算中,哪些一定具有确定的结果,哪些不一定具有确定的结果(不一定具有确定的结果的运算式都是未定式,有时需要想办法计算其结果):

$$0+0, \quad 0 \cdot 0, \quad \frac{0}{0}, \quad 0+\infty, \quad 0 \cdot \infty, \quad \frac{\infty}{\infty}, \quad \infty-\infty.$$

二、极限的性质

定理 1.4.4 (函数极限的唯一性) 如果极限 $\lim\limits_{x \to x_0} f(x)$ 存在,则极限值唯一.

证 用反证法.假设函数 $f(x)$ 当 $x \to x_0$ 时有两个不同的极限,即

$$\lim\limits_{x \to x_0} f(x) = A \quad \text{和} \quad \lim\limits_{x \to x_0} f(x) = B,$$

并且 $A < B$. 取 $\varepsilon = \dfrac{B-A}{2}$,则 $\varepsilon > 0$.根据极限的定义,存在 $\delta_1 > 0$,使得当 $0 < |x-x_0| < \delta_1$ 时,恒有

$$|f(x)-A| < \varepsilon, \quad f(x) < A+\varepsilon = \frac{A+B}{2};$$

存在 $\delta_2 > 0$,使得当 $0 < |x-x_0| < \delta_2$ 时,恒有

$$|f(x)-B| < \varepsilon, \quad f(x) > B-\varepsilon = \frac{A+B}{2}.$$

于是,当 $0 < |x-x_0| < \delta = \min\{\delta_1, \delta_2\}$ 时,就有

$$\frac{A+B}{2} < f(x) < \frac{A+B}{2}.$$

上式矛盾,说明假设不成立,故极限值唯一.

定理 1.4.5 (函数极限的局部有界性) 如果 $\lim\limits_{x \to x_0} f(x) = A$($A$ 为一确定常数),则存在 $\delta > 0$,使得函数 $f(x)$ 在点 x_0 的去心邻域 $\mathring{U}(x_0, \delta)$ 内有界.

证 不妨取 $\varepsilon = 1$,根据极限的定义,存在 $\delta > 0$,使得当 $0 < |x-x_0| < \delta$ 时,恒有
$$|f(x)-A| < 1, \quad \text{即} \quad A-1 < f(x) < A+1.$$

取 $M = \max\{|A-1|, |A+1|\}$,则对任意的 $x \in \mathring{U}(x_0, \delta)$,恒有
$$|f(x)| < M.$$

定理 1.4.6 (函数极限的局部保号性) 设 $\lim\limits_{x \to x_0} f(x) = A$($A$ 为一确定常数).若 $A > 0$(或 $A < 0$),则存在 $\delta > 0$,使得对任意的 $x \in \mathring{U}(x_0, \delta)$,恒有 $f(x) > 0$(或 $f(x) < 0$).

证 设 $\lim\limits_{x \to x_0} f(x) = A$,且 $A > 0$. 取正数 $\varepsilon = \dfrac{A}{2}$,则存在 $\delta > 0$,使得对任意的 $x \in \mathring{U}(x_0, \delta)$,恒有 $|f(x)-A| < \dfrac{A}{2}$.因此,当 $x \in \mathring{U}(x_0, \delta)$ 时,恒有

$$f(x) > A - \frac{A}{2} = \frac{A}{2} > 0.$$

类似地可证 $A<0$ 时的情形,请读者自行证明.

由定理 1.4.6 的证明可得到下面的推论.

推论 1.4.3 设 $\lim\limits_{x\to x_0}f(x)=A\neq 0$,则存在 $\delta>0$,使得对任意的 $x\in \mathring{U}(x_0,\delta)$,恒有

$$|f(x)|>\frac{|A|}{2}.$$

注 上述两个定理只是针对函数局部的结论,对于局部以外的情形就不一定成立了.例如函数 $f(x)=\dfrac{1}{x}$,已知 $\lim\limits_{x\to\frac{1}{2}}\dfrac{1}{x}=2$,当 $x\in \mathring{U}\left(\dfrac{1}{2},\dfrac{1}{4}\right)$ 时,$\left|\dfrac{1}{x}\right|<4$,所以 $f(x)=\dfrac{1}{x}$ 在 $\mathring{U}\left(\dfrac{1}{2},\dfrac{1}{4}\right)$ 内有界,但 $f(x)=\dfrac{1}{x}$ 在 $(0,1)$ 内无界.又如函数 $f(x)=x$,已知 $\lim\limits_{x\to\frac{1}{2}}x=\dfrac{1}{2}>0$,当 $x\in \mathring{U}\left(\dfrac{1}{2},\dfrac{1}{4}\right)$ 时,$x>0$,所以 $f(x)=x$ 在 $\mathring{U}\left(\dfrac{1}{2},\dfrac{1}{4}\right)$ 内恒为正值(保号),但 $f(x)=x$ 在 $\mathring{U}\left(\dfrac{1}{2},1\right)$ 内可以取负值.

定理 1.4.7 (函数极限的保不等号性) 设 $\lim\limits_{x\to x_0}f(x)=A$,$\lim\limits_{x\to x_0}g(x)=B$.若存在 $\delta>0$,使得对任意的 $x\in \mathring{U}(x_0,\delta)$,恒有 $f(x)\geqslant g(x)$ 成立,则 $A\geqslant B$.

证 令 $F(x)=f(x)-g(x)$,则 $\lim\limits_{x\to x_0}F(x)=A-B$,且 $F(x)\geqslant 0$ 在 $\mathring{U}(x_0,\delta)$ 内恒成立.

用反证法.假设 $A<B$,即 $A-B<0$.由定理 1.4.6 知,存在 $\delta_1>0$,使得对任意的 $x\in \mathring{U}(x_0,\delta_1)$,恒有 $F(x)<0$ 成立.由此得出矛盾,因此 $A\geqslant B$.

思考题 1.4

1. 在某个变化过程中,若函数 $f(x)$ 的极限存在,函数 $g(x)$ 的极限不存在,那么函数 $f(x)+g(x)$ 的极限是否存在?为什么?(提示:用反证法.)

2. (1) 用函数极限的四则运算法则求极限的前提条件是什么?

(2) 下面的运算错在何处?

① $\lim\limits_{x\to 0}\sin x\cos\dfrac{1}{x}=\lim\limits_{x\to 0}\sin x\cdot\lim\limits_{x\to 0}\cos\dfrac{1}{x}=0\cdot\lim\limits_{x\to 0}\cos\dfrac{1}{x}=0$;

② $\lim\limits_{x\to 2}\dfrac{x^2}{2-x}=\dfrac{\lim\limits_{x\to 2}x^2}{\lim\limits_{x\to 2}(2-x)}=\infty$;

③ $\lim\limits_{x\to 2}\left(\dfrac{1}{x-2}-\dfrac{x^2+8}{x^3-8}\right)=\lim\limits_{x\to 2}\dfrac{1}{x-2}-\lim\limits_{x\to 2}\dfrac{x^2+8}{x^3-8}=\infty-\infty=0$.

3. 下面的计算方法是否正确?为什么?

$$\lim_{n\to\infty}\left(1+\frac{1}{n}\right)^n=\lim_{n\to\infty}\underbrace{\left(1+\frac{1}{n}\right)\cdots\left(1+\frac{1}{n}\right)}_{n\text{个}}=\lim_{n\to\infty}\left(1+\frac{1}{n}\right)\cdots\lim_{n\to\infty}\left(1+\frac{1}{n}\right)=1.$$

4. 若 $f(x)>0$ 在 $(-\infty,+\infty)$ 上恒成立,且 $\lim\limits_{x\to+\infty}f(x)=A$,问:能否保证有 $A>0$ 的结论?试举例说明.

习 题 1.4

（A）

一、计算下列极限：

(1) $\lim\limits_{x \to 0} \dfrac{4x^3 - 2x^2 + x}{3x^2 + 2x}$;

(2) $\lim\limits_{x \to \infty} \dfrac{x^2 + x}{x^4 - 3x^2 + 1}$;

(3) $\lim\limits_{n \to \infty} \dfrac{(n+1)(n+2)(n+3)}{5n^3}$;

(4) $\lim\limits_{n \to \infty} \left(1 + \dfrac{1}{2} + \dfrac{1}{4} + \cdots + \dfrac{1}{2^n} \right)$;

(5) $\lim\limits_{x \to 1} \left(\dfrac{1}{x-1} - \dfrac{2}{x^2 - 1} \right)$;

(6) $\lim\limits_{x \to +\infty} \left(\sqrt{x^2 + x} - \sqrt{x} \right)$.

二、计算下列极限：

(1) $\lim\limits_{x \to \infty} \dfrac{\arctan x}{x}$;

(2) $\lim\limits_{x \to \infty} x(\sqrt{x^2 + 100} + x)$;

(3) $\lim\limits_{x \to 0} x^2 \sin \dfrac{1}{x}$;

(4) $\lim\limits_{x \to \infty} \dfrac{x^3 - 2x + 5}{3x^5 + 2x + 3}(2 + \cos x - 3\sin x)$.

三、已知函数 $f(x) = \begin{cases} x - 1, & x < 0, \\ \dfrac{x^2 + 3x - 1}{x^3 + 1}, & x \geqslant 0, \end{cases}$ 求 $\lim\limits_{x \to 0} f(x), \lim\limits_{x \to +\infty} f(x), \lim\limits_{x \to -\infty} f(x)$.

四、已知函数 $f(x) = \dfrac{1 - 2^{\frac{1}{x}}}{1 + 2^{\frac{1}{x}}}$，求 $f(x)$ 当 $x \to 0$ 时的左、右极限，并说明 $f(x)$ 当 $x \to 0$ 时的极限是否存在.

（B）

一、求 $\lim\limits_{x \to 0} \dfrac{\sqrt{\cos x} - \sqrt[3]{\cos x}}{\sin^2 x}$.

二、设函数 $f(x) = a^x (a > 0$ 且 $a \neq 1)$，求 $\lim\limits_{n \to \infty} \dfrac{1}{n^2} \ln(f(1)f(2)\cdots f(n))$.

三、讨论下面的计算方法是否正确：

因为 $\lim\limits_{x \to +\infty}(\cos \sqrt{x+1} - \cos \sqrt{x}) = \lim\limits_{x \to +\infty} \cos \sqrt{x+1} - \lim\limits_{x \to +\infty} \cos \sqrt{x}$，而 $\lim\limits_{x \to +\infty} \cos \sqrt{x+1}$ 与 $\lim\limits_{x \to +\infty} \cos \sqrt{x}$ 均不存在，所以原式的极限不存在.

四、设数列 $\{x_n\}, \{y_n\}$. 若 $\{x_n\}$ 有界，且 $\lim\limits_{n \to \infty} y_n = 0$，证明：$\lim\limits_{n \to \infty} x_n y_n = 0$.

五、如果函数 $f(x)$ 当 $x \to x_0$ 时的极限存在，证明：$f(x)$ 在点 x_0 的某个去心邻域内有界.

六、设 $\{a_n\}, \{b_n\}, \{c_n\}$ 均为非负数列，且 $\lim\limits_{n \to \infty} a_n = 0, \lim\limits_{n \to \infty} b_n = 1, \lim\limits_{n \to \infty} c_n = \infty$，则必有（　　）.

(A) $a_n < b_n$ 对任意的正整数 n 都成立　　(B) $b_n < c_n$ 对任意的正整数 n 都成立

(C) $\lim\limits_{n \to \infty} a_n c_n$ 不存在　　(D) $\lim\limits_{n \to \infty} b_n c_n$ 不存在

第五节　　两个重要极限

在极限理论中，有以下两个重要极限：

$$\lim\limits_{x \to 0} \dfrac{\sin x}{x}, \quad \lim\limits_{x \to \infty} \left(1 + \dfrac{1}{x} \right)^x.$$

之所以称它们为两个重要极限,一方面是因为它们源自两个极限存在准则,另一方面是因为它们在求基本初等函数的导数时经常被用到. 为此,先介绍两个重要的极限存在准则.

一、极限存在准则

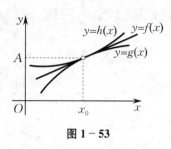

图 1 - 53

定理 1.5.1（夹逼准则）　设函数 $f(x),g(x),h(x)$ 在点 x_0 的去心邻域 $\mathring{U}(x_0,\delta)$ 内有定义,且满足(见图 1 - 53)：

(1) $\forall x \in \mathring{U}(x_0,\delta)$,恒有 $g(x) \leqslant f(x) \leqslant h(x)$ 成立,

(2) $\lim\limits_{x \to x_0} g(x) = \lim\limits_{x \to x_0} h(x) = A$,

则必有 $\lim\limits_{x \to x_0} f(x) = A$.

证　由 $\lim\limits_{x \to x_0} g(x) = \lim\limits_{x \to x_0} h(x) = A$ 知,$\forall \varepsilon > 0$,$\exists \delta_1 > 0$,使得当 $x \in \mathring{U}(x_0,\delta_1)$ 时,恒有 $|g(x) - A| < \varepsilon$ 成立；$\exists \delta_2 > 0$,使得当 $x \in \mathring{U}(x_0,\delta_2)$ 时,恒有 $|h(x) - A| < \varepsilon$ 成立. 取 $\delta_0 = \min\{\delta,\delta_1,\delta_2\}$,则当 $x \in \mathring{U}(x_0,\delta_0)$ 时,恒有

$$A - \varepsilon < g(x) \leqslant f(x) \leqslant h(x) < A + \varepsilon$$

成立. 故由极限的定义可知 $\lim\limits_{x \to x_0} f(x) = A$.

注　上述定理仅以 $x \to x_0$ 类型的极限给出. 实际上,它对其他类型的极限(如 $x \to x_0^-$,$x \to x_0^+$,$x \to \infty$,$x \to -\infty$,$x \to +\infty$) 都成立. 特别地,当定理中的三个函数换成三个数列时,结论也成立,即对于数列 $\{x_n\}$,$\{y_n\}$ 及 $\{z_n\}$,如果存在正整数 N,使得当 $n > N$ 时,恒有 $y_n \leqslant x_n \leqslant z_n$,且 $\lim\limits_{n \to \infty} y_n = \lim\limits_{n \to \infty} z_n = a$,那么数列 $\{x_n\}$ 的极限存在,且 $\lim\limits_{n \to \infty} x_n = a$. 请读者自行完成证明.

夹逼准则给出一种求极限的方法,即求函数 $f(x)$(或数列 $\{x_n\}$)的极限时,可将 $f(x)$(或数列 $\{x_n\}$)适当放大和缩小,并使放大和缩小后的函数(或数列)的极限不仅容易求出,而且极限值相等,此时这个极限值就是所求的极限.

例 1.5.1 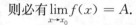 　求 $\lim\limits_{n \to \infty}\left(\dfrac{1}{n^2} + \dfrac{1}{n^2+1} + \cdots + \dfrac{1}{n^2+n}\right)$.

解　设 $x_n = \dfrac{1}{n^2} + \dfrac{1}{n^2+1} + \cdots + \dfrac{1}{n^2+n}$,先对 x_n 进行适当的放大和缩小：

$$\underbrace{\dfrac{1}{n^2+n} + \dfrac{1}{n^2+n} + \cdots + \dfrac{1}{n^2+n}}_{n+1\text{个}} < \dfrac{1}{n^2} + \dfrac{1}{n^2+1} + \cdots + \dfrac{1}{n^2+n} < \underbrace{\dfrac{1}{n^2} + \dfrac{1}{n^2} + \cdots + \dfrac{1}{n^2}}_{n+1\text{个}},$$

即

$$\dfrac{n+1}{n^2+n} < \dfrac{1}{n^2} + \dfrac{1}{n^2+1} + \cdots + \dfrac{1}{n^2+n} < \dfrac{n+1}{n^2}.$$

因为 $\lim\limits_{n \to \infty} \dfrac{n+1}{n^2+n} = 0$,$\lim\limits_{n \to \infty} \dfrac{n+1}{n^2} = 0$,所以由夹逼准则得

$$\lim\limits_{n \to \infty}\left(\dfrac{1}{n^2} + \dfrac{1}{n^2+1} + \cdots + \dfrac{1}{n^2+n}\right) = 0.$$

例 1.5.2 求 $\lim\limits_{n\to\infty}\left(1+\dfrac{1}{n}\right)^{\beta}$,其中 β 是任意非零常数.

解 (1) 当 β 为正整数 m 时,

$$\lim_{n\to\infty}\left(1+\frac{1}{n}\right)^m=\lim_{n\to\infty}\underbrace{\left(1+\frac{1}{n}\right)\cdot\left(1+\frac{1}{n}\right)\cdot\cdots\cdot\left(1+\frac{1}{n}\right)}_{m\text{个}}=\underbrace{1\cdot 1\cdot\cdots\cdot 1}_{m\text{个}}=1.$$

(2) 当 β 为负整数 $-k$ 时,

$$\lim_{n\to\infty}\left(1+\frac{1}{n}\right)^{-k}=\frac{1}{\lim\limits_{n\to\infty}\left(1+\dfrac{1}{n}\right)^k}=1.$$

(3) 一般地,当 β 不是整数时,设 $[\beta]=m$,则 m 是整数,且 $m\leqslant\beta<m+1$,于是

$$\left(1+\frac{1}{n}\right)^m\leqslant\left(1+\frac{1}{n}\right)^{\beta}<\left(1+\frac{1}{n}\right)^{m+1}.$$

又由 (1),(2) 的结果,有 $\lim\limits_{n\to\infty}\left(1+\dfrac{1}{n}\right)^m=1,\lim\limits_{n\to\infty}\left(1+\dfrac{1}{n}\right)^{m+1}=1$,故由夹逼准则知

$$\lim_{n\to\infty}\left(1+\frac{1}{n}\right)^{\beta}=1.$$

若对所有正整数 n 均有 $x_n\leqslant x_{n+1}$(或 $x_n\geqslant x_{n+1}$),则称 $\{x_n\}$ 是单调增加(或单调减少)的数列. 如果将不等式中的 "$\leqslant$"(或 "$\geqslant$") 改成 "$<$"(或 "$>$"),则可得到严格单调数列的概念.

定理 1.5.2(单调有界准则) 若数列 $\{x_n\}$ 单调有界,则极限 $\lim\limits_{n\to\infty}x_n$ 一定存在.

定理 1.5.2 的严格证明超出本书要求,这里只给出其几何解释. 因为单调数列 $\{x_n\}$ 表示的点 x_n 在 x 轴上只能单向移动,所以只有两种情形:一是点 x_n 沿 x 轴向右(或向左)移向无穷远;二是点 x_n 按某种方向(向左或向右)无限接近于某一定点 A,即 $\{x_n\}$ 存在一个极限 A. 因为数列有界,所以只能是第二种情形,因此单调有界数列必有极限,如图 1-54 所示. 更细致的说法是:单调增加有上界或单调减少有下界的数列必有极限.

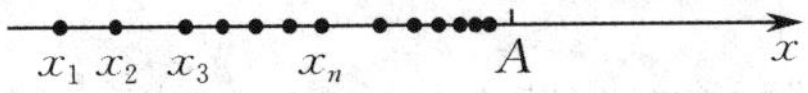

图 1-54

例 1.5.3 证明:数列 $x_1=\sqrt{2}$,$x_2=\sqrt{2\sqrt{2}}$,$x_3=\sqrt{2\sqrt{2\sqrt{2}}}$,… 的极限存在,并求此极限.

证 显然,$x_n=\sqrt{2x_{n-1}}\,(n\geqslant 2)$.

先证明数列 $\{x_n\}$ 有上界. 已知 $0<x_1=\sqrt{2}<2$,$0<x_2<2$,假设 $0<x_n<2$,则 $0<x_{n+1}=\sqrt{2x_n}<2$. 因此,由数学归纳法知数列 $\{x_n\}$ 有上界.

再证明数列 $\{x_n\}$ 单调增加. 这由下式即可得证:

$$\frac{x_n}{x_{n-1}}=\frac{\sqrt{2x_{n-1}}}{x_{n-1}}=\frac{\sqrt{2}}{\sqrt{x_{n-1}}}>1.$$

综上可得,$\lim\limits_{n\to\infty}x_n=A$ 存在. 注意到 $\lim\limits_{n\to\infty}x_n=\lim\limits_{n\to\infty}x_{n+1}$,因此由 $x_{n+1}=\sqrt{2x_n}$ 得

$$\lim_{n\to\infty}x_n=\lim_{n\to\infty}\sqrt{2x_n},$$

即 $A=\sqrt{2A}$,解得 $A=2$,$A=0$(舍去),所以 $\lim\limits_{n\to\infty}x_n=2$.

注 （1）对于递推数列 $x_{n+1} = f(x_n)(n = 1, 2, \cdots)$，一般可以通过"蛛网图"来观察其变化规律. 例如，如图 1-55 所示，由例 1.5.3 中的递推数列 $\{x_n = \sqrt{2x_{n-1}}\}$ 的"蛛网图"可以看出其单调有界性及极限.

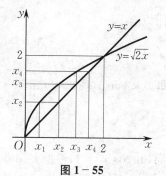

图 1-55

（2）将例 1.5.3 的数列中的 2 换成其他大于 2 的数，结果类似，请读者自行证明.

（3）只有当证明了数列极限存在时，才能通过对递推公式两边同时取极限的方法来求该数列的极限；否则，可能导致荒谬的结论. 例如数列 $\{x_n = n\}$，显然有 $x_{n+1} = x_n + 1$，将该式两边同时取极限，得 $A = A + 1$（记 $\lim\limits_{n \to \infty} x_n = \lim\limits_{n \to \infty} x_{n+1} = A$），从而得 $0 = 1$（矛盾）.

上面研究的数列是所谓的"迭代序列"的简单例子. 一般地，给定适当的函数 $f(x)$ 及"初值" x_0，定义 $x_{n+1} = f(x_n)(n = 0, 1, 2, \cdots)$，就得到一个迭代序列 $\{x_n\}$. 关于迭代序列收敛性的研究在理论与应用上均具有极大意义.

下面运用定理 1.5.1 和定理 1.5.2 证明两个重要极限的存在性.

二、两个重要极限

1. 第一个重要极限 $\lim\limits_{x \to 0} \dfrac{\sin x}{x} = 1$

先列表观察 $x \to 0$ 时函数 $\dfrac{\sin x}{x}$ 的变化趋势. 函数 $\dfrac{\sin x}{x}$ 的部分取值如表 1-5 所示，图形如图 1-56 所示.

表 1-5

x	± 1	± 0.5	± 0.1	± 0.01	± 0.001	$\cdots$
$\dfrac{\sin x}{x}$	0.841 471 0	0.958 851 1	0.998 334 2	0.999 983 3	0.999 999 8	$\cdots$

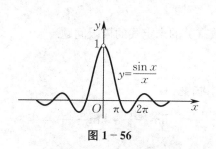

图 1-56

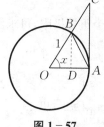

图 1-57

从表 1-5 和图 1-56 可以看出，当 $x \to 0$ 时，$\dfrac{\sin x}{x}$ 的值无限接近于 1. 这个极限的正确性可用夹逼准则来证明.

证 作单位圆，如图 1-57 所示. 设 $\angle AOB = x$（以弧度为单位），考虑 $0 < x < \dfrac{\pi}{2}$ 的情形. 在单位圆中，有

$$\triangle OAB \text{ 的面积} < \text{扇形 } OAB \text{ 的面积} < \triangle OAC \text{ 的面积},$$

所以有

$$\frac{1}{2}\sin x < \frac{1}{2}x < \frac{1}{2}\tan x,$$

即 $0 < \sin x < x < \tan x = \frac{\sin x}{\cos x}$，从而有 $1 < \frac{x}{\sin x} < \frac{1}{\cos x}$，于是

$$\cos x < \frac{\sin x}{x} < 1.$$

而 $\lim\limits_{x\to 0^+}\cos x = 1$，根据夹逼准则，有 $\lim\limits_{x\to 0^+}\frac{\sin x}{x} = 1$.

又由 $\frac{\sin x}{x}$ 是偶函数知 $\lim\limits_{x\to 0^-}\frac{\sin x}{x} = 1$. 因此

$$\lim_{x\to 0}\frac{\sin x}{x} = 1.$$

注 （1）该极限是 $\frac{0}{0}$ 型未定式，一般形式为 $\lim\limits_{\varphi(x)\to 0}\frac{\sin\varphi(x)}{\varphi(x)} = 1(\varphi(x)\neq 0)$.

（2）利用此极限可得，单位圆周上任一弦与其对应弧的长度之比当弧长趋于零时的极限为 1. 事实上，在图 1-57 中，$|\widehat{AB}| = x$，$|\overline{AB}| = 2\sin\frac{x}{2}$，则

$$\lim_{|\widehat{AB}|\to 0}\frac{|\overline{AB}|}{|\widehat{AB}|} = \lim_{x\to 0}\frac{2\sin\frac{x}{2}}{x} = \lim_{x\to 0}\frac{\sin\frac{x}{2}}{\frac{x}{2}} = 1.$$

（3）上述证明过程中用到的 x 以弧度为单位，如果采用角度制，则扇形 OAB 的面积 $= \frac{1}{2}\cdot\frac{\pi}{180}x°$，从而有 $\frac{1}{2}\sin x° < \frac{1}{2}\cdot\frac{\pi}{180}x° < \frac{1}{2}\tan x°$，即 $\frac{\pi}{180}\cos x° < \frac{\sin x°}{x°} < \frac{\pi}{180}$（当 $x < 0$ 时该不等式仍然成立）. 利用夹逼准则，可以证明 $\lim\limits_{x\to 0}\cos x° = 1$，因此 $\lim\limits_{x\to 0}\frac{\sin x°}{x°} = \frac{\pi}{180}$. 该结果不如原来的结果简洁、漂亮，因此在微积分（高等数学）中，若无特别声明，凡角度皆以弧度为度量单位.

利用这个重要极限，可求解一些与三角函数有关的未定式的极限问题.

例 1.5.4 求 $\lim\limits_{x\to 0}\frac{\sin(\sin x)}{x}$.

解 令 $\sin x = t$，则当 $x\to 0$ 时，有 $t\to 0$，因此

$$\lim_{x\to 0}\frac{\sin(\sin x)}{x} = \lim_{x\to 0}\frac{\sin(\sin x)}{\sin x}\cdot\frac{\sin x}{x} = \lim_{t\to 0}\frac{\sin t}{t}\cdot\lim_{x\to 0}\frac{\sin x}{x} = 1.$$

例 1.5.5 求 $\lim\limits_{x\to 0}\frac{\arcsin x}{x}$.

解 令 $\arcsin x = t$，则 $x = \sin t$，当 $x\to 0$ 时，有 $t\to 0$，因此

$$\lim_{x\to 0}\frac{\arcsin x}{x} = \lim_{t\to 0}\frac{t}{\sin t} = 1.$$

例 1.5.6 求下列极限：

(1) $\lim\limits_{x \to 0} \dfrac{1-\cos x}{x^2}$;　　　　　　　　(2) $\lim\limits_{x \to 0} \dfrac{\tan x}{x}$.

解　(1) $\lim\limits_{x \to 0} \dfrac{1-\cos x}{x^2} = \lim\limits_{x \to 0} \dfrac{2\sin^2 \frac{x}{2}}{x^2} = \dfrac{1}{2} \lim\limits_{x \to 0} \left(\dfrac{\sin \frac{x}{2}}{\frac{x}{2}} \right)^2 = \dfrac{1}{2}$.

(2) $\lim\limits_{x \to 0} \dfrac{\tan x}{x} = \lim\limits_{x \to 0} \dfrac{\sin x}{x} \cdot \lim\limits_{x \to 0} \dfrac{1}{\cos x} = 1$.

例 1.5.7　求下列极限:

(1) $\lim\limits_{x \to \pi} \dfrac{\sin x}{\pi - x}$;　　　　　　　　(2) $\lim\limits_{x \to \infty} x \sin \dfrac{1}{x}$.

解　(1) 虽然这是 $\dfrac{0}{0}$ 型未定式,但不能直接运用第一个重要极限. 不妨令 $t = \pi - x$,则 $x = \pi - t$,当 $x \to \pi$ 时,有 $t \to 0$,因此

$$\lim\limits_{x \to \pi} \dfrac{\sin x}{\pi - x} = \lim\limits_{t \to 0} \dfrac{\sin(\pi - t)}{t} = \lim\limits_{t \to 0} \dfrac{\sin t}{t} = 1.$$

(2) 令 $\dfrac{1}{x} = t$,则当 $x \to \infty$ 时,有 $t \to 0$,因此

$$\lim\limits_{x \to \infty} x \sin \dfrac{1}{x} = \lim\limits_{t \to 0} \dfrac{\sin t}{t} = 1.$$

2. 第二个重要极限 $\lim\limits_{x \to \infty} \left(1 + \dfrac{1}{x}\right)^x = e$

先列表观察 $x \to \infty$ 时函数 $\left(1 + \dfrac{1}{x}\right)^x$ 的变化趋势. 函数 $\left(1 + \dfrac{1}{x}\right)^x$ 的部分取值如表 1-6 所示,图形如图 1-58 所示.

表 1-6

x	10	100	1 000	10 000	100 000	1 000 000	$\cdots$
$\left(1+\frac{1}{x}\right)^x$	2.593 74	2.704 81	2.716 92	2.718 15	2.718 27	2.718 28	$\cdots$
x	-10	-100	$-1 000$	$-10 000$	$-100 000$	$-1 000 000$	$\cdots$
$\left(1+\frac{1}{x}\right)^x$	2.867 97	2.732 00	2.719 64	2.718 42	2.718 30	2.718 28	$\cdots$

虽然从表 1-6 和图 1-58 可以看出, 当 $x \to +\infty$ 或 $x \to -\infty$ 时, $\left(1 + \dfrac{1}{x}\right)^x$ 的值似乎无限接近于某个数, 但究竟是个什么数呢?

可以证明,这个极限是无理数 $2.718\ 281\ 828\ 459\ 045\cdots$, 称之为**自然常数**, 记为 e. 最先使用"e"这个符号的是瑞士数学家欧拉(Euler). 数 e 是一个重要的常数, 无论在科学技术中, 还是在金融界中都有许多应用. 它和常实数 1,0, π,以及复数单位 i 是数学中最重要的五个常数,之后将经常被用到.

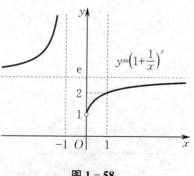

图 1-58

下面证明极限 $\lim\limits_{x \to \infty} \left(1 + \dfrac{1}{x}\right)^x = \mathrm{e}$.

证 首先，证明数列 $\left\{x_n = \left(1 + \dfrac{1}{n}\right)^n\right\}$ 是单调增加的. 当 $a > b > 0$ 时，有

$$a^{n+1} - b^{n+1} = (a - b)(a^n + a^{n-1}b + \cdots + ab^{n-1} + b^n) < (n+1)(a-b)a^n,$$

即
$$a^{n+1} - b^{n+1} < (n+1)(a-b)a^n. \tag{1.5.1}①$$

令 $a = 1 + \dfrac{1}{n}$, $b = 1 + \dfrac{1}{n+1}$，代入式(1.5.1) 并化简得

$$\left(1 + \frac{1}{n}\right)^n < \left(1 + \frac{1}{n+1}\right)^{n+1},$$

即 $\{x_n\}$ 是单调增加的数列.

其次，证明 $x_n < 4 (n = 1, 2, \cdots)$，从而数列 $\{x_n\}$ 有上界. 令 $a = 1 + \dfrac{1}{2n}$, $b = 1$，代入式(1.5.1) 并化简得 $\left(1 + \dfrac{1}{2n}\right)^n < 2$，从而有 $\left(1 + \dfrac{1}{2n}\right)^{2n} < 4$，于是

$$\left(1 + \frac{1}{n}\right)^n < \left(1 + \frac{1}{n+1}\right)^{n+1} < \cdots < \left(1 + \frac{1}{2n}\right)^{2n} < 4.$$

因此，由单调有界准则知，数列极限 $\lim\limits_{n \to \infty} \left(1 + \dfrac{1}{n}\right)^n$ 存在. 实际上，通过对表 1-6 的继续计算可知，这个极限值就是自然常数 e.

再次，证明函数极限 $\lim\limits_{x \to +\infty} \left(1 + \dfrac{1}{x}\right)^x = \mathrm{e}$. 当 $x > 0$ 时，令 $n = [x]$，则 $n \in \mathbf{N}$，且 $n \leqslant x < n + 1$，于是

$$\left(1 + \frac{1}{n+1}\right)^n < \left(1 + \frac{1}{x}\right)^x < \left(1 + \frac{1}{n}\right)^{n+1}.$$

又因为

$$\lim_{n \to \infty} \left(1 + \frac{1}{n+1}\right)^n = \lim_{n \to \infty} \left[\left(1 + \frac{1}{n+1}\right)^{n+1} \cdot \left(1 + \frac{1}{n+1}\right)^{-1}\right] = \mathrm{e},$$

$$\lim_{n \to \infty} \left(1 + \frac{1}{n}\right)^{n+1} = \lim_{n \to \infty} \left[\left(1 + \frac{1}{n}\right)^n \cdot \left(1 + \frac{1}{n}\right)\right] = \mathrm{e},$$

且当 $x \to +\infty$ 时，有 $n \to \infty$，所以由夹逼准则得

$$\lim_{x \to +\infty} \left(1 + \frac{1}{x}\right)^x = \mathrm{e}.$$

最后，证明 $\lim\limits_{x \to -\infty} \left(1 + \dfrac{1}{x}\right)^x = \mathrm{e}$. 当 $x < 0$ 时，令 $t = -x$，则当 $x \to -\infty$ 时，有 $t \to +\infty$，于是

$$\lim_{x \to -\infty} \left(1 + \frac{1}{x}\right)^x = \lim_{t \to +\infty} \left(1 - \frac{1}{t}\right)^{-t} = \lim_{t \to +\infty} \left(\frac{t}{t-1}\right)^t$$

$$= \lim_{t \to +\infty} \left[\left(1 + \frac{1}{t-1}\right)^{t-1} \cdot \left(1 + \frac{1}{t-1}\right)\right] = \mathrm{e}.$$

综上可得

---

① 式(1.5.1) 也可以用第三章的拉格朗日(Lagrange) 中值定理证明(见习题 3.1(A) 的第五题).

$$\lim_{x\to\infty}\left(1+\frac{1}{x}\right)^x = \mathrm{e}. \tag{1.5.2}$$

在式(1.5.2)中,令 $t=\frac{1}{x}$,则当 $x\to\infty$ 时,有 $t\to0$,于是得到这个重要极限的另一种表达形式:

$$\lim_{t\to0}(1+t)^{\frac{1}{t}} = \mathrm{e}. \tag{1.5.3}$$

第二个重要极限称为 1^∞ 型未定式,一般形式为

$$\lim_{\varphi(x)\to0}(1+\varphi(x))^{\frac{1}{\varphi(x)}} = \mathrm{e}, \quad \lim_{\varphi(x)\to\infty}\left(1+\frac{1}{\varphi(x)}\right)^{\varphi(x)} = \mathrm{e} \quad (\varphi(x)\neq0).$$

例 1.5.8 求下列极限:

(1) $\lim_{x\to\infty}\left(1+\frac{5}{x}\right)^x$; (2) $\lim_{x\to\infty}\left(1-\frac{1}{x}\right)^x$.

解 (1) $\lim_{x\to\infty}\left(1+\frac{5}{x}\right)^x = \lim_{x\to\infty}\left[\left(1+\frac{5}{x}\right)^{\frac{x}{5}}\right]^5 = \mathrm{e}^5.$

(2) $\lim_{x\to\infty}\left(1-\frac{1}{x}\right)^x = \lim_{x\to\infty}\left[\left(1+\frac{1}{-x}\right)^{-x}\right]^{-1} = \mathrm{e}^{-1}.$

例 1.5.9 求 $\lim_{x\to\infty}\left(\frac{x+1}{x+2}\right)^x$.

解 该极限属于 1^∞ 型未定式,对其做如下变形:

$$\left(\frac{x+1}{x+2}\right)^x = \left(1-\frac{1}{x+2}\right)^x = \left[\left(1-\frac{1}{x+2}\right)^{-(x+2)}\right]^{-\frac{1}{x+2}\cdot x}.$$

因为 $\lim_{x\to\infty}\frac{-x}{x+2} = -1$,所以

$$\lim_{x\to\infty}\left(\frac{x+1}{x+2}\right)^x = \lim_{x\to\infty}\left[\left(1-\frac{1}{x+2}\right)^{-(x+2)}\right]^{-\frac{1}{x+2}\cdot x} = \mathrm{e}^{-1}.$$

例 1.5.10 证明:$\lim_{x\to0}\frac{\ln(1+x)}{x} = 1$.

证 $\lim_{x\to0}\frac{\ln(1+x)}{x} = \lim_{x\to0}\ln(1+x)^{\frac{1}{x}} = \ln\left[\lim_{x\to0}(1+x)^{\frac{1}{x}}\right] = \ln\mathrm{e} = 1.$

例 1.5.11 证明:$\lim_{x\to0}\frac{\mathrm{e}^x-1}{x} = 1$.

证 令 $t=\mathrm{e}^x-1$,则 $x=\ln(1+t)$,当 $x\to0$ 时,有 $t\to0$,于是由例 1.5.10 的结果得

$$\lim_{x\to0}\frac{\mathrm{e}^x-1}{x} = \lim_{t\to0}\frac{t}{\ln(1+t)} = 1.$$

注 例 1.5.10 和例 1.5.11 的结果可作为公式使用.

例 1.5.12 (连续复利公式) 设本金为 P_0,年利率为 r,每年计息一次,那么按复利计息的第 n 年末的本利和是 $F=P_0(1+r)^n$,这是以年为单位的复利计息公式.

如果不按年计息,而把一年均分为 m 期计息,这时每期复利率为 $\frac{r}{m}$,n 年共计息 mn 次,则第 n 年末的本利和为 $F=P_0\left(1+\frac{r}{m}\right)^{mn}$.而资金周转过程是不断进行的,故分期越细,计算利

息越合理.假设计息期无限缩短,即一年的计息期数 $m \to \infty$,这样计算利息的方式称为**连续复利**.由于

$$\lim_{m \to \infty} P_0 \left(1 + \frac{r}{m}\right)^{mn} = P_0 \lim_{m \to \infty} \left[\left(1 + \frac{r}{m}\right)^{\frac{m}{r}}\right]^{rn} = P_0 \mathrm{e}^{rn},$$

所以以连续复利计息时,第 n 年末的本利和是 $F = P_0 \mathrm{e}^{rn}$,这就是连续复利计息公式.

由于自然常数 e 在银行业务中的重要性,故它还有**银行家常数**之称.

自然界和社会中的许多现象和事物,如细菌繁殖、生物生长、放射性物质的衰减、热的散射等大量实际问题,都是"立即产生,立即结算",因而可看作连续复利问题,都可以归结为第二个重要极限的形式.

*三、柯西收敛准则

本节已对单调数列给出了其极限存在性的判别方法.下面我们对一般的数列给出其收敛(极限存在)的一个充要条件.

定理 1.5.3(柯西收敛准则) 数列 $\{x_n\}$ 收敛的充要条件是 $\forall \varepsilon > 0, \exists N \in \mathbf{N}^*$,使得当 $m, n > N$ 时,恒有

$$|x_n - x_m| < \varepsilon.$$

柯西收敛准则所反映的事实是:收敛数列各项的值越到后面,彼此越接近,以致它们之间的差的绝对值可小于任何给定的正数 ε.形象地说,这些数列的项越到后面越是"挤"在一起.把柯西收敛准则与数列极限的定义相比便会发现,柯西收敛准则把原来的 x_n 与极限值 a 的关系换成了 x_n 与 x_m 的关系,其好处是无须提前知道数列的极限值 a,只需根据数列本身的特征就可以讨论其收敛性.

例 1.5.13 设 $x_n = 1 + \frac{1}{2} + \frac{1}{3} + \cdots + \frac{1}{n}$,证明:数列 $\{x_n\}$ 是发散的.

证 $\forall n \in \mathbf{N}^*$,取 $m = 2n$,有

$$|x_n - x_m| = \frac{1}{n+1} + \frac{1}{n+2} + \cdots + \frac{1}{n+n} \geqslant \underbrace{\frac{1}{n+n} + \frac{1}{n+n} + \cdots + \frac{1}{n+n}}_{n \text{个}} = \frac{1}{2}.$$

于是,存在正数 $\varepsilon = \frac{1}{2}$,对于任意的正整数 N,当 $n > N$ 时,恒有

$$|x_{2n} - x_n| \geqslant \frac{1}{2} = \varepsilon.$$

故由柯西收敛准则知,数列 $\{x_n\}$ 发散.

思考题 1.5

1. 下列解法是否正确?为什么?

(1) $\lim\limits_{x \to 0} \dfrac{x}{\sqrt{1 - \cos x}} = \dfrac{1}{\sqrt{2}} \lim\limits_{x \to 0} \dfrac{x}{\sin \frac{x}{2}} = \sqrt{2}$;   (2) $\lim\limits_{x \to 0} \dfrac{x}{\sqrt{1 - \cos x}} = \dfrac{1}{\sqrt{2}} \lim\limits_{x \to 0} \dfrac{x}{\left|\sin \frac{x}{2}\right|} = \pm\sqrt{2}$.

2. 函数 $f(x)$ 满足什么条件时,$\lim\limits_{x \to x_0} \dfrac{\sin f(x)}{f(x)} = 1$ 成立?

3. 已知 $\lim\limits_{x\to 0}g(x)=0$,且 $|f(x)|\leqslant|g(x)|$,求 $\lim\limits_{x\to 0}f(x)$.

习 题 1.5

(A)

一、计算下列极限:

(1) $\lim\limits_{n\to\infty}2^n\sin\dfrac{x}{2^n}$,其中 $x\neq 0$;

(2) $\lim\limits_{x\to 0}\dfrac{1-\cos 2x}{x\sin x}$;

(3) $\lim\limits_{x\to 0}\dfrac{\tan 2x}{x}$;

(4) $\lim\limits_{x\to 0}\dfrac{\arcsin x}{\sqrt{1+x}-1}$.

二、计算下列极限:

(1) $\lim\limits_{n\to\infty}\left(1+\dfrac{1}{n+1}\right)^n$;

(2) $\lim\limits_{x\to\infty}\left(1-\dfrac{1}{x}\right)^{kx}$,其中 k 为正整数;

(3) $\lim\limits_{x\to 0}(1+2x)^{\frac{1}{x}}$;

(4) $\lim\limits_{x\to 0}(1+\tan x)^{\cot x}$.

三、利用极限存在的准则证明:

(1) $\lim\limits_{n\to\infty}n\left(\dfrac{1}{n^2+\pi}+\dfrac{1}{n^2+2\pi}+\cdots+\dfrac{1}{n^2+n\pi}\right)=1$;

(2) $\lim\limits_{x\to 0^+}x\left[\dfrac{1}{x}\right]=1$.

四、证明:数列 $x_0=\sqrt{3}$,$x_1=\sqrt{3+\sqrt{3}}$,$\cdots$,$x_{n+1}=\sqrt{3+x_n}$,$\cdots$ 的极限存在,并求此极限.

(B)

一、计算下列极限:

(1) $\lim\limits_{x\to n\pi}\dfrac{\sin x}{x-n\pi}$,其中 $n\in\mathbf{N}$;

(2) $\lim\limits_{x\to 1}(1-x)\tan\dfrac{\pi x}{2}$;

(3) $\lim\limits_{x\to\infty}\left(\cos^2\dfrac{1}{x}\right)^{\frac{x^2}{2}}$;

(4) $\lim\limits_{x\to+\infty}(3^x+9^x)^{\frac{1}{x}}$.

二、计算下列极限:

(1) $\lim\limits_{x\to 0}\dfrac{3\sin x+x^2\cos\dfrac{1}{x}}{(1+\cos x)x}$;

(2) $\lim\limits_{x\to 0}\left(\dfrac{2+\mathrm{e}^{\frac{1}{x}}}{1+\mathrm{e}^{\frac{4}{x}}}+\dfrac{\sin x}{|x|}\right)$.

三、求极限 $\lim\limits_{n\to\infty}\sqrt[n]{1+2^n+3^n}$.

四、证明下列极限:

(1) $\lim\limits_{n\to\infty}\dfrac{2^n}{n!}=0$;

(2) $\lim\limits_{n\to\infty}\dfrac{2^n n!}{n^n}=0$.

五、设 $x_1=1$,$x_{n+1}=1+\dfrac{x_n}{1+x_n}(n=1,2,\cdots)$,求 $\lim\limits_{n\to\infty}x_n$.

第六节   无穷小量的比较

对于无穷小量,还有一个很重要的问题:它们的变化快慢程度问题或变化快慢程度差别的数量级问题.

一、问题的引入

我们知道，两个无穷小量的和、差、积仍是无穷小量，但两个无穷小量的商却会出现不同的情形. 例如，$x,3x,x^2$ 均是 $x\to 0$ 时的无穷小量，而

$$\lim_{x\to 0}\frac{x^2}{3x}=0,\quad \lim_{x\to 0}\frac{3x}{x^2}=\infty,\quad \lim_{x\to 0}\frac{3x}{x}=3.$$

产生这种不同结果的原因是：当 $x\to 0$ 时，这三个无穷小量接近于零的快慢程度有差别. 它们的部分取值如表 1−7 所示.

表 1−7

x	1	0.5	0.1	0.01	0.001	⋯
$3x$	3	1.5	0.3	0.03	0.003	⋯
x^2	1	0.25	0.01	0.000 1	0.000 001	⋯

从表 1−7 可见，当 $x\to 0$ 时，

(1) x^2 比 $3x$ 更快地接近于零；

(2) $3x$ 比 x^2 更慢地接近于零，这种快慢程度存在数量级上的差别；

(3) $3x$ 与 x 接近于零的快慢程度虽有差别，但是是相仿的，不存在数量级上的差别.

这种现象在极限上的反映就是，当 $x\to 0$ 时，

(1) 接近于零较快的无穷小量与较慢的无穷小量之商的极限为零；

(2) 接近于零较慢的无穷小量与较快的无穷小量之商的极限为 ∞；

(3) 接近于零的速度相仿的两个无穷小量之商的极限为非零常数.

无穷小量的比较就是研究无穷小量之间接近于零的快慢程度问题. 通常都是根据两个无穷小量之商的极限来判定这两个无穷小量接近于零的快慢程度.

下面的定义都是以自变量 $x\to x_0$ 的变化过程为例来叙述的，对其他变化过程（如 $x\to x_0^+$，$x\to x_0^-$，$x\to\infty$，$x\to+\infty$，$x\to-\infty$）同样适用.

二、无穷小量的比较

定义 1.6.1 设 $\lim\limits_{x\to x_0}\alpha(x)=0,\lim\limits_{x\to x_0}\beta(x)=0$，且在点 x_0 的某个去心邻域内，恒有 $\alpha(x)\neq 0$.

如果 $\lim\limits_{x\to x_0}\dfrac{\beta(x)}{\alpha(x)}=C$（$C$ 为常数），则有以下两种情况：

(1) 如果 $C=0$，则称 $\beta(x)$ 为 $\alpha(x)$ 当 $x\to x_0$ 时的**高阶无穷小量**，记作

$$\beta(x)=o(\alpha(x))\quad (x\to x_0).$$

同时，也称 $\alpha(x)$ 为 $\beta(x)$ 当 $x\to x_0$ 时的**低阶无穷小量**.

(2) 如果 $C\neq 0$，则称 $\beta(x)$ 与 $\alpha(x)$ 为当 $x\to x_0$ 时的**同阶无穷小量**. 特别地，当 $C=1$ 时，称 $\beta(x)$ 与 $\alpha(x)$ 为当 $x\to x_0$ 时的**等价无穷小量**，记作

$$\alpha(x)\sim\beta(x)\quad (x\to x_0).$$

例如，当 $x\to 0$ 时，$x,x^2,\dfrac{1}{2}x^2$ 与 $1-\cos x$ 都为无穷小量，而因为

$$\lim_{x \to 0} \frac{1 - \cos x}{x} = 0, \quad \lim_{x \to 0} \frac{1 - \cos x}{x^2} = \frac{1}{2}, \quad \lim_{x \to 0} \frac{1 - \cos x}{\frac{1}{2}x^2} = 1,$$

所以当 $x \to 0$ 时，$1 - \cos x$ 是 x 的高阶无穷小量，x 是 $1 - \cos x$ 的低阶无穷小量，$1 - \cos x$ 与 x^2 是同阶无穷小量，$1 - \cos x$ 与 $\frac{1}{2}x^2$ 是等价无穷小量.

在极限运算中，常用的等价无穷小量有（当 $x \to 0$ 时）：

$$\sin x \sim x, \ \tan x \sim x, \ \arcsin x \sim x, \ \ln(1+x) \sim x, \ \mathrm{e}^x - 1 \sim x, \ 1 - \cos x \sim \frac{1}{2}x^2.$$

定义 1.6.2（**无穷小量阶的量化**）　设 $\alpha(x)$ 是 $x \to x_0$ 时的无穷小量. 若 $\displaystyle\lim_{x \to x_0} \frac{\alpha(x)}{(x - x_0)^k} = C \neq 0$，其中 $k > 0$，则称 $\alpha(x)$ 是 $x \to x_0$ 时的 k **阶无穷小量**.

注　当 $x \to x_0, x \to x_0^+$ 或 $x \to x_0^-$ 时，确定无穷小量的阶应选 $g(x) = (x - x_0)^k (k > 0)$ 作为标准；而当 $x \to \infty, x \to -\infty$ 或 $x \to +\infty$ 时，应选 $g(x) = \dfrac{1}{x^k} (k > 0)$ 作为标准. 例如，

$$\lim_{x \to 0} \frac{x^3 + x^6}{x^3} = 1, \quad \lim_{x \to \infty} \frac{\dfrac{x}{3x^2 + 4}}{\dfrac{1}{x}} = \frac{1}{3},$$

因此 $x^3 + x^6$ 为 $x \to 0$ 时的三阶无穷小量，$\dfrac{x}{3x^2 + 4}$ 为 $x \to \infty$ 时的一阶无穷小量.

例 1.6.1　证明：当 $x \to 0$ 时，$(1+x)^n - 1 \sim nx$，其中 $n \in \mathbf{N}^*$.

证　因为

$$\lim_{x \to 0} \frac{(1+x)^n - 1}{nx} = \lim_{x \to 0} \frac{\mathrm{C}_n^n x^n + \mathrm{C}_n^{n-1} x^{n-1} + \cdots + \mathrm{C}_n^1 x + \mathrm{C}_n^0 - 1}{nx}$$
$$= \lim_{x \to 0} \frac{\mathrm{C}_n^n x^{n-1} + \mathrm{C}_n^{n-1} x^{n-2} + \cdots + \mathrm{C}_n^2 x + \mathrm{C}_n^1}{n} = 1,$$

所以当 $x \to 0$ 时，$(1+x)^n - 1 \sim nx$.

上例的结果可以作为一个公式. 例如，当 $x \to 0$ 时，$(1 + \sin x)^n - 1 \sim n\sin x$. 一般地，当 $\varphi(x) \to 0$ 时，$(1 + \varphi(x))^\mu - 1 \sim \mu\varphi(x)$，其中 μ 为实数. 请读者自行验证（见习题 1.6(A) 的第五(1) 题）.

三、利用等价无穷小量求极限

等价无穷小量在求极限的问题中有着重要的作用. 在以下定理中，假设 $\alpha, \alpha', \beta, \beta', \gamma, \gamma'$ 都是同一自变量变化过程中的无穷小量.

定理 1.6.1　设当 $x \to x_0$ 时，$\alpha \sim \alpha', \beta \sim \beta', \gamma \sim \gamma'$.

(1) 若 $\displaystyle\lim_{x \to x_0} \frac{\beta'\gamma'}{\alpha'}$ 存在（或为 ∞），则

$$\lim_{x \to x_0} \frac{\beta\gamma}{\alpha} = \lim_{x \to x_0} \frac{\beta'\gamma'}{\alpha'} \quad （或为 \infty）.$$

(2) 若 $\lim\limits_{x \to x_0} \dfrac{\beta' f(x)}{\alpha' g(x)}$ 存在(或为 ∞),则

$$\lim_{x \to x_0} \frac{\beta f(x)}{\alpha g(x)} = \lim_{x \to x_0} \frac{\beta' f(x)}{\alpha' g(x)} \quad (\text{或为 } \infty).$$

也就是说,在分子、分母均为因式乘积的极限中,可用相应的等价无穷小量来替换其中的一些因式.

证 (1) $\lim\limits_{x \to x_0} \dfrac{\beta \gamma}{\alpha} = \lim\limits_{x \to x_0} \left(\dfrac{\beta \gamma}{\beta' \gamma'} \cdot \dfrac{\beta' \gamma'}{\alpha} \cdot \dfrac{\alpha'}{\alpha} \right) = \lim\limits_{x \to x_0} \dfrac{\beta' \gamma'}{\alpha'}.$

(2) 类似于(1)的证明可知结论成立.

例 1.6.2 求 $\lim\limits_{x \to 0} \dfrac{(1 + x^2)^{\frac{1}{3}} - 1}{\cos x - 1}$.

解 当 $x \to 0$ 时,$(1 + x^2)^{\frac{1}{3}} - 1 \sim \dfrac{1}{3} x^2$,$\cos x - 1 \sim -\dfrac{1}{2} x^2$,故

$$\lim_{x \to 0} \frac{(1 + x^2)^{\frac{1}{3}} - 1}{\cos x - 1} = \lim_{x \to 0} \frac{\dfrac{1}{3} x^2}{-\dfrac{1}{2} x^2} = -\frac{2}{3}.$$

例 1.6.3 求 $\lim\limits_{x \to \infty} x^2 \ln\left(1 + \dfrac{3}{x^3}\right)$.

解 **方法一** 当 $x \to \infty$ 时,$\ln\left(1 + \dfrac{3}{x^3}\right) \sim \dfrac{3}{x^3}$,故

$$\lim_{x \to \infty} x^2 \ln\left(1 + \frac{3}{x^3}\right) = \lim_{x \to \infty} x^2 \frac{3}{x^3} = 0.$$

方法二 因为 $x^2 \ln\left(1 + \dfrac{3}{x^3}\right) = \dfrac{3}{x} \ln\left(1 + \dfrac{3}{x^3}\right)^{\frac{x^3}{3}}$,而

$$\lim_{x \to \infty} \left(1 + \frac{3}{x^3}\right)^{\frac{x^3}{3}} = e, \quad \lim_{u \to e} \ln u = 1,$$

即

$$\lim_{x \to \infty} \ln\left(1 + \frac{3}{x^3}\right)^{\frac{x^3}{3}} = 1,$$

所以

$$\lim_{x \to \infty} x^2 \ln\left(1 + \frac{3}{x^3}\right) = \lim_{x \to \infty} \frac{3}{x} \cdot \lim_{x \to \infty} \ln\left(1 + \frac{3}{x^3}\right)^{\frac{x^3}{3}} = 0 \cdot 1 = 0.$$

例 1.6.4 求 $\lim\limits_{x \to 0} \dfrac{\tan x - \sin x}{x^3}$.

解 $\lim\limits_{x \to 0} \dfrac{\tan x - \sin x}{x^3} = \lim\limits_{x \to 0} \dfrac{\tan x(1 - \cos x)}{x^3} = \lim\limits_{x \to 0} \dfrac{x \cdot \dfrac{1}{2} x^2}{x^3} = \dfrac{1}{2}.$

注 在上例中,若将分子中的 $\tan x$ 和 $\sin x$ 都用其等价无穷小量 x 替换,则有

$$\lim_{x \to 0} \frac{\tan x - \sin x}{x^3} = \lim_{x \to 0} \frac{x - x}{x^3} = 0,$$

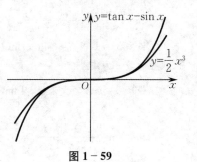

图 1-59

这个结果是错误的. 事实上, 当 $x \to 0$ 时, $\tan x - \sin x$ 与 $x - x$ 不是等价无穷小量. 待学习了函数的泰勒公式就会知道, 上述推导的错误在于将不该省略的部分省略了.

图 1-59 给出了函数 $y = \tan x - \sin x$ 和 $y = \frac{1}{2}x^3$ 的图形, 可以看出, 在坐标原点附近, 二者十分接近.

例 1.6.5 求 $\lim\limits_{x \to 0} \dfrac{\arcsin x \cdot (\mathrm{e}^x - 1) \cdot x^2}{\ln(1+2x) \cdot \tan 2x \cdot (1 - \cos x)}$.

解 因为当 $x \to 0$ 时, $\arcsin x \sim x, \mathrm{e}^x - 1 \sim x, \ln(1+2x) \sim 2x, \tan 2x \sim 2x, 1 - \cos x \sim \frac{1}{2}x^2$, 所以

$$\lim_{x \to 0} \frac{\arcsin x \cdot (\mathrm{e}^x - 1) \cdot x^2}{\ln(1+2x) \cdot \tan 2x \cdot (1 - \cos x)} = \lim_{x \to 0} \frac{x \cdot x \cdot x^2}{2x \cdot 2x \cdot \frac{1}{2}x^2} = \frac{1}{2}.$$

思考题 1.6

1. 设函数 $f(x)$ 是 $x \to 0$ 时的 n 阶无穷小量, 函数 $g(x)$ 是 $x \to 0$ 时的 m 阶无穷小量, 其中 $n > m$. 若 k 是非零常数, 问: $kf(x), f(x) \pm g(x), f(x)g(x), \dfrac{f(x)}{g(x)}$ 分别是 $x \to 0$ 时的几阶无穷小量?

2. 请举例说明, 利用等价无穷小量求极限时应该注意的问题.

3. 请总结关于高阶无穷小量的运算规律.

习题 1.6

(A)

一、当 $x \to 0$ 时, $2x - x^2$ 与 $x^2 - x^3$ 相比, 哪一个是高阶无穷小量?

二、证明: 当 $x \to 0$ 时, 有 $\arctan x \sim x, \ln(1+x) \sim x$.

三、当 $x \to 0$ 时, 确定下列无穷小量的阶数:

(1) $x^4 + 4x^{\frac{3}{2}} - 3x$;　　　　　　　　(2) $\sin x(\tan x + x^2)$.

四、利用等价无穷小量, 求下列极限:

(1) $\lim\limits_{x \to 0} \dfrac{\tan 3x}{2x}$;　　　　　　　　(2) $\lim\limits_{x \to 0} \dfrac{\sin x^n}{(\sin x)^m}$, 其中 n, m 为正整数;

(3) $\lim\limits_{x \to 0} \dfrac{\tan x - \sin x}{\sin^3 x}$;　　　　　　(4) $\lim\limits_{x \to 0} \dfrac{\sin x - \tan x}{(\sqrt[3]{1+x^2} - 1)(\sqrt{1+\sin x} - 1)}$.

五、(1) 证明: 当 $\varphi(x) \to 0$ 时, $(1 + \varphi(x))^\mu - 1 \sim \mu\varphi(x)$, 其中 μ 为实数;

(2) 若当 $x \to x_0$ 时, $\alpha(x) \sim \gamma(x), \beta(x) = o(\alpha(x))$, 求 $\lim\limits_{x \to x_0} \dfrac{\alpha(x) - \beta(x)}{\gamma(x) - \beta(x)}$.

(B)

一、求下列极限:

(1) $\lim\limits_{n \to \infty} \dfrac{\mathrm{e}^{\frac{1}{n}} + \mathrm{e}^{\frac{2}{n}} + \cdots + \mathrm{e}^{\frac{n}{n}}}{n}$;　　　　(2) $\lim\limits_{x \to 1} \dfrac{\sqrt[m]{x} - 1}{\sqrt[n]{x} - 1}$;

(3) $\lim\limits_{x\to0}\dfrac{\ln(\tan^2x+\mathrm{e}^{2x})-2x}{\ln(\sin^2x+\mathrm{e}^{4x})-4x}$.

二、设当 $x\to0$ 时，$\sin(\sin^2x)\ln(1+x^2)$ 是 $x\sin x^n$ 的高阶无穷小量，而 $x\sin x^n$ 是 $\mathrm{e}^{x^2}-1$ 的高阶无穷小量，求正整数 n 的值.

三、设 $p(x)$ 是多项式函数，且 $\lim\limits_{x\to\infty}\dfrac{p(x)-x^3}{x^2}=2$，$\lim\limits_{x\to0}\dfrac{p(x)}{x}=1$，求 $p(x)$.

四、已知 $\lim\limits_{x\to0}\dfrac{\ln\left(1+\dfrac{f(x)}{\sin x}\right)}{2^x-1}=3$，求 $\lim\limits_{x\to0}\dfrac{f(x)}{x^2}$.

五、已知当 $x\to1$ 时，$(2x)^x-2$ 与 $a(x-1)+b(x-1)^2$ 是等价无穷小量，求 a,b 的值.

六、常数 a,b 取何值时，可使 $\lim\limits_{x\to1}\dfrac{x^2+ax+b}{\sin(x^2-1)}=3$?

七、证明：当 $x\to x_0$ 时，$f(x)\sim g(x)$ 成立的充要条件是 $f(x)-g(x)=o(g(x))$.

八、当 $x\to0$ 时，证明下列关系式成立：

(1) $o(x^n)+o(x^m)=o(x^n)$，其中 $0<n<m$；

(2) $o(x^n)o(x^m)=o(x^{n+m})$，其中 $m>0,n>0$.

第七节　函数的连续性

在自然界中有许多现象都处于连续不断的变化之中，如时间的流逝、气候的变迁、物体的运动、动植物的生长等. 它们的特点是当自变量的变化很小时，函数值的变化也很小. 这些现象反映在数量关系上就是函数的连续性. 连续性是函数的重要性态之一，本节将用极限来定义函数的连续性.

一、函数的连续性与间断点

所谓"连续函数"，就是几何上看是一条不间断的曲线. 然而，不能仅满足于这种直观的认识，图形只能帮助我们形象地理解概念，而不能揭示概念的本质属性.

为了给出"连续"的定义，需要首先给出"增量"的定义.

1. 函数的增量

定义 1.7.1　若变量 u 从初值 u_0 变到终值 u_1，则称 u_1-u_0 为变量 u 的**增量**，记为 Δu，即 $\Delta u=u_1-u_0$.

增量可以是正的，可以是负的，也可以是零. 变量 u 可以是自变量 x，也可以是函数 y. 称 $\Delta x=x_1-x_0$ 为自变量的增量，$\Delta y=y_1-y_0$ 为函数的增量. 对于函数 $y=f(x)$，当自变量 x 由 x_0 变到 $x_0+\Delta x$ 时，函数 y 相应的增量为

$$\Delta y=f(x_0+\Delta x)-f(x_0).$$

2. 函数在点 x_0 处的连续性

观察图 $1-60(\mathrm{a})$，函数图形是一条不间断的曲线，可直观认识到这个函数是连续的，而且当 $\Delta x\to0$ 时，有 $\Delta y\to0$；观察图 $1-60(\mathrm{b})$，函数图形在点 x_0 处断开，可直观认识到这个函数在点 x_0 处不连续，而且函数值在点 x_0 处有一个突然改变，故当 $\Delta x\to0$ 时，Δy 不会无限接近

于零. 由此可给出如下定义.

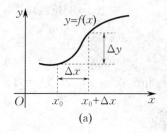 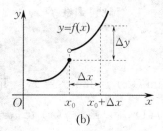

图 1−60

定义 1.7.2　设函数 $y = f(x)$ 在点 x_0 的某个邻域 $U(x_0, \delta)$ 内有定义. 若
$$\lim_{\Delta x \to 0}(f(x_0 + \Delta x) - f(x_0)) = \lim_{\Delta x \to 0}\Delta y = 0,$$
则称函数 $y = f(x)$ **在点 x_0 处连续**.

定义 1.7.2 反映了函数在某点处连续的本质, 即当自变量的变化很小时, 函数值的变化也很小. 进一步, 利用极限的性质可以得到
$$\lim_{\Delta x \to 0}f(x_0 + \Delta x) = f(x_0), \quad 即 \quad f(x_0 + \Delta x) = f(x_0) + o(\Delta x).$$
上式表明, 当 Δx 很小时, $f(x_0)$ 与 $f(x_0 + \Delta x)$ 的值相差非常小, 这也是函数在某点处连续的含义.

在定义 1.7.2 中, 令 $x = x_0 + \Delta x$, 则当 $\Delta x \to 0$ 时, 有 $x \to x_0$, 且
$$\Delta y = f(x_0 + \Delta x) - f(x_0) = f(x) - f(x_0).$$
于是当 $\Delta y \to 0$ 时, 有 $f(x) \to f(x_0)$, 即 $\lim_{\Delta x \to 0}\Delta y = 0$ 相当于 $\lim_{x \to x_0}f(x) = f(x_0)$.

因此, 可以给出函数 $y = f(x)$ 在点 x_0 处连续的另一种定义.

定义 1.7.3　设函数 $y = f(x)$ 在点 x_0 的某个邻域 $U(x_0, \delta)$ 内有定义. 若 $\lim_{x \to x_0}f(x) = f(x_0)$, 则称函数 $y = f(x)$ 在点 x_0 处连续.

注　函数 $y = f(x)$ 在点 x_0 处有极限, 并不要求其在点 x_0 处有定义, 而 $y = f(x)$ 在点 x_0 处连续, 则要求其在点 x_0 处和它的邻域内有定义.

相应于函数在点 x_0 处的左、右极限的概念, 可以给出函数在点 x_0 处左、右连续的定义.

定义 1.7.4　设函数 $y = f(x)$ 在点 x_0 及其左邻域 $(x_0 - \delta, x_0)$ (或右邻域 $(x_0, x_0 + \delta)$) 内有定义. 若
$$\lim_{x \to x_0^-}f(x) = f(x_0) \quad (或 \lim_{x \to x_0^+}f(x) = f(x_0)),$$
即
$$f(x_0^-) = f(x_0) \quad (或 f(x_0^+) = f(x_0)),$$
则称函数 $y = f(x)$ 在点 x_0 处**左**(或**右**)**连续**.

定理 1.7.1　函数 $y = f(x)$ 在点 x_0 处连续的充要条件是 $y = f(x)$ 在点 x_0 处左连续且右连续, 即
$$\lim_{x \to x_0}f(x) = f(x_0) \Leftrightarrow \lim_{x \to x_0^+}f(x) = \lim_{x \to x_0^-}f(x) = f(x_0).$$

例 1.7.1 证明：函数 $f(x) = \begin{cases} x^2, & x \geqslant 1, \\ \dfrac{1}{x}, & 0 < x < 1 \end{cases}$ 在 $x = 1$ 处连续.

证 因为

$$\lim_{x \to 1^+} f(x) = \lim_{x \to 1^+} x^2 = 1, \quad \lim_{x \to 1^-} f(x) = \lim_{x \to 1^-} \frac{1}{x} = 1, \quad f(1) = 1,$$

即 $\lim\limits_{x \to 1} f(x) = f(1)$，所以函数 $f(x)$ 在 $x = 1$ 处连续.

例 1.7.2 证明：函数 $f(x) = \begin{cases} x\sin\dfrac{1}{x} + 2, & x \neq 0, \\ 2, & x = 0 \end{cases}$ 在 $x = 0$ 处连续.

证 因为

$$\lim_{x \to 0} f(x) = \lim_{x \to 0} \left(x\sin\frac{1}{x} + 2 \right) = 2, \quad f(0) = 2,$$

即 $\lim\limits_{x \to 0} f(x) = f(0)$，所以函数 $f(x)$ 在 $x = 0$ 处连续.

例 1.7.3 证明：函数 $f(x) = \begin{cases} x^2, & x \geqslant 1, \\ \dfrac{\sin x}{x}, & 0 < x < 1 \end{cases}$ 在 $x = 1$ 处不连续.

证 因为

$$\lim_{x \to 1^+} f(x) = \lim_{x \to 1^+} x^2 = 1, \quad \lim_{x \to 1^-} f(x) = \lim_{x \to 1^-} \frac{\sin x}{x} = \sin 1,$$

即 $\lim\limits_{x \to 1} f(x)$ 不存在，所以函数 $f(x)$ 在 $x = 1$ 处不连续.

注 对于讨论分段函数 $f(x)$ 在分段点 $x = a$ 处的连续性问题，如果函数 $f(x)$ 在 $x = a$ 处左、右两边的表达式相同，则可直接计算函数 $f(x)$ 在 $x = a$ 处的极限；如果函数 $f(x)$ 在 $x = a$ 处左、右两边的表达式不同，则要分别计算函数 $f(x)$ 在 $x = a$ 处的左、右极限，再确定函数 $f(x)$ 在 $x = a$ 处的极限.

3. 函数在区间 (a, b) 内的连续性

如图 1-61 所示，若函数 $f(x)$ 在开区间 (a, b) 内每一点处都连续，则称**函数 $f(x)$ 在开区间 (a, b) 内连续**；若函数 $f(x)$ 在开区间 (a, b) 内连续，且在点 a 处右连续，在点 b 处左连续，则称**函数 $f(x)$ 在闭区间 $[a, b]$ 上连续**.

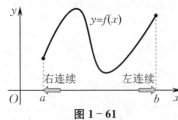

图 1-61

若函数 $f(x)$ 在它的定义域上每一点处都连续，则称 $f(x)$ 为**连续函数**.

注 连续函数是研究微积分的基础.

4. 函数的间断点

观察图 1-62 中的三个函数图形，可以看到，这三个函数图形在 $x = x_0$ 处都断开了. 分别考察这些函数在 $x \to x_0$ 时的极限，不难发现这些函数图形断开的原因有：

(1) 函数在 $x = x_0$ 处没有定义，如图 1-62(a) 所示；

(2) 函数在 $x \to x_0$ 时的极限不存在,如图 $1-62(a),(b)$ 所示;

(3) 函数在 $x \to x_0$ 时的极限不等于它在点 x_0 处的函数值,如图 $1-62(c)$ 所示.

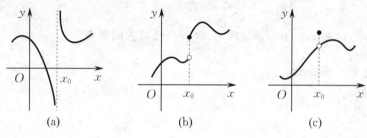

$$(a) \qquad\qquad (b) \qquad\qquad (c)$$

图 $1-62$

定义 1.7.5　设函数 $f(x)$ 在点 x_0 的某个去心邻域内有定义,而在点 x_0 处可有定义,也可无定义. 若函数 $f(x)$ 在点 x_0 处不连续,则称点 x_0 是函数 $f(x)$ 的一个**间断点**(或**不连续点**).

由连续的定义可知,函数 $f(x)$ 在点 x_0 处不连续应为以下三种情形之一:

(1) $f(x)$ 在点 x_0 处无定义;

(2) $\lim\limits_{x \to x_0} f(x)$ 不存在;

(3) $\lim\limits_{x \to x_0} f(x) \neq f(x_0)$.

下面通过举例说明函数间断点的几种常见类型.

例 1.7.4　函数 $y = \tan x$ 在 $x = \dfrac{\pi}{2}$ 处没有定义,所以点 $x = \dfrac{\pi}{2}$ 是函数 $y = \tan x$ 的间断点. 又因为 $\lim\limits_{x \to \frac{\pi}{2}} \tan x = \infty$,所以称点 $x = \dfrac{\pi}{2}$ 为函数 $\tan x$ 的**无穷间断点**,如图 $1-63$ 所示.

例 1.7.5　函数 $y = \sin \dfrac{1}{x}$ 在 $x = 0$ 处没有定义,所以点 $x = 0$ 是函数 $y = \sin \dfrac{1}{x}$ 的间断点. 又因为当 $x \to 0$ 时,函数值在 -1 与 1 之间无限次来回振荡,并且 x 越接近于零,振荡频率越高,如图 $1-64$ 所示,所以称点 $x = 0$ 为函数 $y = \sin \dfrac{1}{x}$ 的**振荡间断点**.

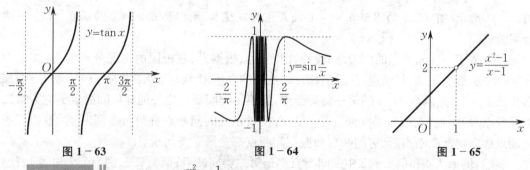

图 $1-63$ 　　　　　　图 $1-64$ 　　　　　　图 $1-65$

例 1.7.6　函数 $y = \dfrac{x^2 - 1}{x - 1}$ 在 $x = 1$ 处没有定义,故它在 $x = 1$ 处不连续,如图 $1-65$ 所示.易知

$$\lim_{x \to 1} \frac{x^2 - 1}{x - 1} = \lim_{x \to 1} (x + 1) = 2,$$

如果补充定义，令函数 $y_1 = \begin{cases} \dfrac{x^2-1}{x-1}, & x \neq 1, \\ 2, & x = 1, \end{cases}$ 则 y_1 在 $x = 1$ 处连续，即 y_1 是 $(-\infty, +\infty)$ 上

的连续函数. 因此，称点 $x = 1$ 为函数 $y = \dfrac{x^2-1}{x-1}$ 的**可去间断点**.

例 1.7.7 设函数

$$f(x) = \begin{cases} x, & x \neq 1, \\ \dfrac{1}{2}, & x = 1. \end{cases}$$

由于 $\lim\limits_{x \to 1} f(x) = \lim\limits_{x \to 1} x = 1$，但 $f(1) = \dfrac{1}{2}$，因此 $\lim\limits_{x \to 1} f(x) \neq f(1)$，则点 $x = 1$ 是函数 $f(x)$ 的间

断点，如图 $1-66$ 所示. 但如果改变函数 $f(x)$ 在 $x = 1$ 处的定义，令函数 $g(x) = \begin{cases} x, & x \neq 1, \\ 1, & x = 1, \end{cases}$ 则 $g(x)$ 在 $x = 1$ 处连续，所以点 $x = 1$ 是 $f(x)$ 的可去间断点.

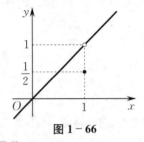

图 $1-66$ 图 $1-67$

例 1.7.8 设函数

$$f(x) = \begin{cases} x-1, & x < 0, \\ 0, & x = 0, \\ x+1, & x > 0. \end{cases}$$

由于 $\lim\limits_{x \to 0^-} f(x) = \lim\limits_{x \to 0^-} (x-1) = -1$，$\lim\limits_{x \to 0^+} f(x) = \lim\limits_{x \to 0^+} (x+1) = 1$，即 $f(x)$ 在 $x = 0$ 处的左、右极限虽然都存在，但并不相等，故 $\lim\limits_{x \to 0} f(x)$ 不存在，点 $x = 0$ 是函数 $f(x)$ 的间断点，如图 $1-67$ 所示. 因 $f(x)$ 的图形在 $x = 0$ 处产生跳跃现象，所以称点 $x = 0$ 为函数 $f(x)$ 的**跳跃间断点**.

以上举了一些间断点的例子. 一般地，把间断点根据左、右极限的情况分成两类：如果点 $x = x_0$ 是函数 $f(x)$ 的间断点，并且函数在该点处的左极限 $f(x_0^-)$ 及右极限 $f(x_0^+)$ 都存在，那么称点 $x = x_0$ 是函数 $f(x)$ 的**第一类间断点**；除第一类间断点之外的任何间断点都称为**第二类间断点**. 特别地，在第一类间断点中，左、右极限相等的间断点称为可去间断点，不相等的间断点称为跳跃间断点. 无穷间断点和振荡间断点都是第二类间断点.

显然，例 1.7.4 和例 1.7.5 中的间断点都是第二类间断点；例 1.7.6、例 1.7.7 和例 1.7.8 中的间断点都是第一类间断点.

例 1.7.9 求函数 $f(x) = \dfrac{x^2-4}{x^2-5x+6}$ 的间断点，并指出间断点的类型. 若是可去间断点，则尝试在间断点处补充函数定义，使得新函数 $g(x)$ 在该点处连续.

解　函数 $f(x)$ 在 $x=2$ 与 $x=3$ 处无定义,故点 $x=2$ 与 $x=3$ 是 $f(x)$ 的间断点.
对于点 $x=2$,有

$$\lim_{x\to 2}\frac{x^2-4}{x^2-5x+6}=\lim_{x\to 2}\frac{(x-2)(x+2)}{(x-2)(x-3)}=\lim_{x\to 2}\frac{x+2}{x-3}=-4,$$

因此点 $x=2$ 是 $f(x)$ 的可去间断点.在 $x=2$ 处补充定义,令 $g(2)=-4$,即所得新函数

$$g(x)=\begin{cases}f(x), & x\neq 2,\\ -4, & x=2\end{cases}$$

在 $x=2$ 处连续.

对于点 $x=3$,有

$$\lim_{x\to 3}\frac{x^2-4}{x^2-5x+6}=\lim_{x\to 3}\frac{(x-2)(x+2)}{(x-2)(x-3)}=\lim_{x\to 3}\frac{x+2}{x-3}=\infty,$$

所以点 $x=3$ 是 $f(x)$ 的无穷间断点.

二、连续函数的运算性质

容易知道,常量函数、幂函数 $x^\alpha(\alpha>0)$、自然对数函数 $\ln x$、正弦函数 $\sin x$ 和余弦函数 $\cos x$ 都是连续函数.那么其他的基本初等函数和一般的初等函数的连续性如何呢?

因连续是极限的一种特殊情形,故由极限的四则运算法则可得连续函数的四则运算法则.

定理 1.7.2　设函数 $f(x)$ 与 $g(x)$ 在点 x_0 处连续,则

(1) $f(x)\pm g(x)$,$f(x)g(x)$ 在点 x_0 处也连续;

(2) 当 $g(x_0)\neq 0$ 时,$\dfrac{f(x)}{g(x)}$ 在点 x_0 处也连续.

证　这里仅证明乘积的情形,其他情形请读者自行证明.已知 $\lim\limits_{x\to x_0}f(x)=f(x_0)$,
$\lim\limits_{x\to x_0}g(x)=g(x_0)$,则

$$\lim_{x\to x_0}f(x)g(x)=\lim_{x\to x_0}f(x)\cdot\lim_{x\to x_0}g(x)=f(x_0)g(x_0),$$

即函数 $f(x)g(x)$ 在点 x_0 处连续.

例如,由于 $\tan x=\dfrac{\sin x}{\cos x}$,$\cot x=\dfrac{\cos x}{\sin x}$,而函数 $\sin x$ 和 $\cos x$ 都在区间 $(-\infty,+\infty)$ 上连续,故由定理 1.7.2 可知,函数 $\tan x$ 和 $\cot x$ 在它们各自的定义域上都是连续的.

将上述定理从两个函数的情形推广到有限个函数的情形,即有限个连续函数的和、差、积仍为连续函数.

利用复合函数的极限定理可以推得下面关于复合函数的连续性定理.

定理 1.7.3(**复合函数的连续性定理**)　设函数 $y=f(\varphi(x))$ 由函数 $u=\varphi(x)$ 和函数 $y=f(u)$ 复合而成.若 $U(x_0)\subset D_{f\circ\varphi}$,函数 $u=\varphi(x)$ 在点 x_0 处连续,且 $u_0=\varphi(x_0)$,而函数 $y=f(u)$ 在点 u_0 处连续,则复合函数 $y=f(\varphi(x))$ 在点 x_0 处也连续.

定理 1.7.3 的结论可以简单地表示为

$$\lim_{x\to x_0}f(\varphi(x))=f(\lim_{x\to x_0}\varphi(x))=f(\varphi(x_0)).$$

例如，函数 $u = \sin x$ 在 $x = \dfrac{\pi}{2}$ 处连续，函数 $y = u^3$ 在 $u = 1$ 处连续，则复合函数 $y = (\sin x)^3$ 在 $x = \dfrac{\pi}{2}$ 处连续.

定理 1.7.4 如果函数 $y = f(x)$ 在某区间上单调增加（或减少）且连续，则其反函数 $y = f^{-1}(x)$ 在相应的区间上也单调增加（或减少）且连续.

事实上，连续函数 $y = f(x)$ 的图形是一条连续曲线，如果连续函数 $y = f(x)$ 存在反函数 $y = f^{-1}(x)$，则反函数 $y = f^{-1}(x)$ 的图形必是与函数 $y = f(x)$ 的图形关于直线 $y = x$ 对称的另一条连续曲线，因此连续函数的反函数 $y = f^{-1}(x)$ 也是连续函数.

例如，由于函数 $\sin x$ 在闭区间 $\left[-\dfrac{\pi}{2}, \dfrac{\pi}{2}\right]$ 上单调增加且连续，所以其反函数 $\arcsin x$ 在相应的闭区间 $[-1,1]$ 上也是单调增加且连续的. 同理可推得，反三角函数 $\arccos x$ 在闭区间 $[-1,1]$ 上单调减少且连续；反三角函数 $\arctan x$ 在区间 $(-\infty, +\infty)$ 上单调增加且连续；反三角函数 $\operatorname{arccot} x$ 在区间 $(-\infty, +\infty)$ 上单调减少且连续. 总之，反三角函数在其定义域上都是连续的.

定理 1.7.5 设函数 $y = f(\varphi(x))$ 由函数 $u = \varphi(x)$ 和 $y = f(u)$ 复合而成. 若 $\mathring{U}(x_0) \subset D_{f \circ \varphi}, \lim\limits_{x \to x_0} \varphi(x) = u_0$，而函数 $y = f(u)$ 在点 u_0 处连续，则

$$\lim_{x \to x_0} f(\varphi(x)) = f(\lim_{x \to x_0} \varphi(x)) = f(u_0). \tag{1.7.1}$$

注 式 (1.7.1) 表明，求复合函数 $y = f(\varphi(x))$ 的极限时，即使函数 $u = \varphi(x)$ 在点 x_0 处不连续，但只要极限 $\lim\limits_{x \to x_0} \varphi(x) = u_0$ 存在，且函数 $y = f(u)$ 在点 u_0 处连续，则 f 与 $\lim$ 就可以交换次序，从而简化运算. 例如，

$$\lim_{x \to 1} \ln \frac{1-x}{1-\sqrt{x}} = \ln\left(\lim_{x \to 1} \frac{1-x}{1-\sqrt{x}}\right) = \ln\left[\lim_{x \to 1}(1+\sqrt{x})\right] = \ln 2.$$

例 1.7.10 求 $\lim\limits_{x \to 1} \sqrt{x^2 + x + 1}$.

解 函数 $y = \sqrt{x^2 + x + 1}$ 可看作由函数 $y = \sqrt{u}$ 和 $u = x^2 + x + 1$ 复合而成的. 因为

$$\lim_{x \to 1}(x^2 + x + 1) = 3,$$

且 $y = \sqrt{u}$ 在 $u = 3$ 处连续，所以

$$\lim_{x \to 1} \sqrt{x^2 + x + 1} = \sqrt{\lim_{x \to 1}(x^2 + x + 1)} = \sqrt{3}.$$

例 1.7.11 求 $\lim\limits_{x \to 2} \arctan \dfrac{x^2 - 3}{x - 1}$.

解 函数 $y = \arctan \dfrac{x^2 - 3}{x - 1}$ 可看作由函数 $y = \arctan u$ 与 $u = \dfrac{x^2 - 3}{x - 1}$ 复合而成的. 因为

$$\lim_{x \to 2} \frac{x^2 - 3}{x - 1} = 1,$$

且 $y = \arctan u$ 在 $u = 1$ 处连续，所以

$$\lim_{x \to 2} \arctan \frac{x^2 - 3}{x - 1} = \arctan\left(\lim_{x \to 2} \frac{x^2 - 3}{x - 1}\right) = \arctan 1 = \frac{\pi}{4}.$$

三、初等函数的连续性

综上所述,基本初等函数是连续函数.而连续函数经过有限次的和、差、积、商(分母不为零)和复合运算后仍是连续函数,于是根据初等函数的结构可以得到结论:所有初等函数在其定义区间(指包含在定义域内的区间)上都是连续的.这一结论很重要,因为微积分的研究对象主要是连续函数.微积分中的许多重要概念都与函数的连续性有关,而实际应用中所碰到的函数大多是初等函数,其连续性的条件是满足的,这就使微积分在诞生之日起就拥有强大的生命力和广阔的应用前景.

注　(1) 分段函数不一定是初等函数.关于分段函数的连续性,除按上述结论考虑每一分段区间上的连续性外,还必须讨论分段点处的连续性.

(2) 求初等函数的连续区间就是求初等函数的定义区间.

例 1.7.12　已知函数 $f(x)=\begin{cases}\sqrt{x}, & x\geqslant 2,\\ \dfrac{1}{x-2}, & x<2,\end{cases}$ 求 $\lim\limits_{x\to 0}f(x)$.

解　当 $x<2$ 时,$f(x)=\dfrac{1}{x-2}$ 在 $x=0$ 处连续,故

$$\lim_{x\to 0}f(x)=\lim_{x\to 0}\frac{1}{x-2}=-\frac{1}{2}.$$

例 1.7.13　求 $\lim\limits_{x\to 1}\dfrac{\sqrt{x^2+8}-3}{x-1}$.

解　当 $x\to 1$ 时,分母、分子的极限都为零,此极限为 $\dfrac{0}{0}$ 型未定式.要设法消去零因子,首先进行分子有理化,得

$$\lim_{x\to 1}\frac{\sqrt{x^2+8}-3}{x-1}=\lim_{x\to 1}\frac{(\sqrt{x^2+8}-3)(\sqrt{x^2+8}+3)}{(x-1)(\sqrt{x^2+8}+3)}=\lim_{x\to 1}\frac{x^2-1}{(x-1)(\sqrt{x^2+8}+3)}$$

$$=\lim_{x\to 1}\frac{x+1}{\sqrt{x^2+8}+3}=\frac{1}{3}.$$

例 1.7.14　设函数 $f(x)=\begin{cases}\mathrm{e}^{-x}, & x\leqslant 0,\\ x^2-1, & 0<x\leqslant 1,\\ \dfrac{1}{2}x-\dfrac{1}{2}, & x>1,\end{cases}$ 求 $f(x)$ 的连续区间和间断点,并指出间断点的类型.

解　显然,$f(x)$ 在每一分段区间上都连续,现考察 $f(x)$ 在分段点处的连续性.因为

$$\lim_{x\to 0^-}f(x)=\lim_{x\to 0^-}\mathrm{e}^{-x}=1,\quad \lim_{x\to 0^+}f(x)=\lim_{x\to 0^+}(x^2-1)=-1,$$

所以点 $x=0$ 是间断点,且是跳跃间断点.又因为

$$\lim_{x\to 1^-}f(x)=\lim_{x\to 1^-}(x^2-1)=0=f(1),\quad \lim_{x\to 1^+}f(x)=\lim_{x\to 1^+}\left(\frac{1}{2}x-\frac{1}{2}\right)=0=f(1),$$

所以点 $x=1$ 是连续点.故函数 $f(x)$ 的连续区间是 $(-\infty,0),(0,+\infty)$.

四、闭区间上连续函数的性质

从几何学的角度看，闭区间上连续函数的图形是一条有始有终的连续曲线. 因此，闭区间上连续函数具有一些良好的性质，统称它们为连续函数的整体性. 这些性质的几何意义均十分明显，而且它们的证明要用到实数集的连续性，已超出本书的范畴，故这里从略. 有兴趣的读者可以参阅数学分析相关教材.

定理 1.7.6（最值定理） 若函数 $f(x)$ 在闭区间 $[a,b]$ 上连续，则 $f(x)$ 在 $[a,b]$ 上可同时取得最大值与最小值.

从几何直观上看（见图 1-68），闭区间上连续函数的图形是包括两端点的一条不间断的曲线，因此它必定有最高点 P 和最低点 Q，点 P 与点 Q 的纵坐标正是函数在该闭区间上的最大值和最小值.

研究最大值与最小值的问题称为**最值问题**或**优化问题**. 优化问题的用途十分广泛. 例如，在光学中，人们发现光在不同媒介之间传播时选择的折射角恰好使得光在行进的路程中所花费的时间最短，如图 1-69 所示. 注意，不是路程最短，而是所用时间最短.

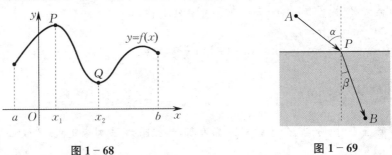

图 1-68　　　　　　　　　　图 1-69

最值定理说明，闭区间上的连续函数必有最大值与最小值. 然而，求最值和寻找最值点却是一件困难的事，后面的第三章将给出解决这个问题的方法.

下面举一个应用最值定理的简单例子.

例 1.7.15 已知曲线 C 的方程为 $y = \sqrt{1-x^2}$ （$|x| \leqslant 1$），直线 L 的方程为 $2x + 3y = 6$，如图 1-70 所示. 证明：曲线 C 上存在距离 L 最近与最远的点.

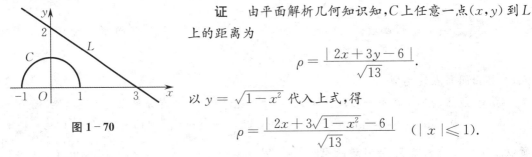

图 1-70

证 由平面解析几何知识知，C 上任意一点 (x,y) 到 L 上的距离为

$$\rho = \frac{|2x + 3y - 6|}{\sqrt{13}}.$$

以 $y = \sqrt{1-x^2}$ 代入上式，得

$$\rho = \frac{|2x + 3\sqrt{1-x^2} - 6|}{\sqrt{13}} \quad (|x| \leqslant 1).$$

因函数 $\dfrac{|2x + 3\sqrt{1-x^2} - 6|}{\sqrt{13}}$ 在闭区间 $[-1,1]$ 上连续，故由最值定理知，它在 $[-1,1]$ 上必有最大值和最小值. 这表明，曲线 C 上存在距离 L 最近与最远的点.

注 如果函数在开区间或半闭半开的区间上连续,或者函数在闭区间上有间断点,那么函数在该区间上就不一定有最大值或最小值. 例如,函数 $y=x$ 在开区间 (a,b) 内是连续的,如图 1-71 所示,但它在 (a,b) 内既无最大值,也无最小值. 又如,函数

$$f(x)=\begin{cases} 1-x, & 0\leqslant x<1, \\ 1, & x=1, \\ -x+3, & 1<x\leqslant 2 \end{cases}$$

在闭区间 $[0,2]$ 上有间断点 $x=1$,如图 1-72 所示,它在 $[0,2]$ 上也既无最大值,又无最小值.

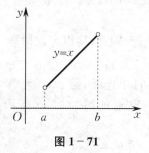

图 1-71

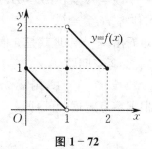

图 1-72

注 最值定理的条件是充分而非必要的,即不满足定理条件的函数也可取得最大值或最小值. 例如狄利克雷函数,它在整个数轴上处处不连续,但它有最大值 1,也有最小值 0.

显而易见,函数的最大值和最小值分别是它的一个上界和一个下界,故有以下推论.

推论 1.7.1 如果函数 $f(x)$ 在闭区间 $[a,b]$ 上连续,则 $f(x)$ 在 $[a,b]$ 上有界.

下面研究闭区间上连续函数的另一个性质. 之前已经提到,闭区间 $[a,b]$ 上的连续函数 $y=f(x)$ 在几何上表示一条连续的曲线段,如图 1-73 所示. 可以看到,如果该曲线段的两个端点 $A(a,f(a))$ 和 $B(b,f(b))$ 分别位于 x 轴的两侧,则联结这两点的连续曲线 $y=f(x)$ 必定要与 x 轴相交,假设 ξ 为交点,从而 $f(\xi)=0$. 由此可得出下面的定理.

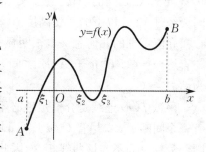

图 1-73

定理 1.7.7(零点定理) 若函数 $f(x)$ 在闭区间 $[a,b]$ 上连续,且 $f(a)\cdot f(b)<0$,则在开区间 (a,b) 内至少存在一点 ξ,使得 $f(\xi)=0$.

例 1.7.16 证明:方程 $x^7-3x^4-6x^3+5x+1=0$ 在开区间 $(0,1)$ 内至少有一个根.

证 把这个问题转化为**函数的零点问题**. 设函数

$$f(x)=x^7-3x^4-6x^3+5x+1.$$

因为 $f(x)$ 在闭区间 $[0,1]$ 上连续,且 $f(0)=1>0,f(1)=-2<0$,所以根据零点定理,在开区间 $(0,1)$ 内至少存在一点 ξ,使得 $f(\xi)=0$,即方程 $x^7-3x^4-6x^3+5x+1=0$ 在 $(0,1)$ 内至少有一个根.

请读者自行证明例 1.7.16 的一般结果,即任意奇次多项式必有实根(见习题 1.7(B) 的第六题).

尽管零点定理只说明了函数零点的存在性,没有给出寻求零点的方法,但它仍然具有重要的理论价值.很多实际问题中经常会遇到方程(包括代数方程)的求根问题,如果能预先判定方程在某个区间上必有根,则可以很快地用计算机算出其根的近似值;否则,很有可能得不到有意义的结果,因为方程在该计算所设定的区间内可能没有根.

根据零点定理,可以推出如下定理.

定理 1.7.8（介值定理）   若函数 $f(x)$ 在闭区间 $[a,b]$ 上连续,且在此区间的端点处取不同的函数值 $f(a)=A$ 及 $f(b)=B$,则对于 A 与 B 之间的任意一个数 C,在开区间 (a,b) 内至少有一点 ξ,使得 $f(\xi)=C$.

证   不难看出,零点定理就是介值定理的特殊情形.因此,可以考虑构造一个辅助函数,把待证问题转化为零点问题.

设函数 $\varphi(x)=f(x)-C$,则 $\varphi(x)$ 在闭区间 $[a,b]$ 上连续,且 $\varphi(a)=A-C$ 与 $\varphi(b)=B-C$ 异号.根据零点定理,开区间 (a,b) 内至少有一点 ξ,使得 $\varphi(\xi)=0$.因此,由 $\varphi(\xi)=f(\xi)-C$ 得

$$f(\xi)=C \quad (a<\xi<b).$$

这种通过构造辅助函数将一般情形化为特殊情形,从而先证特殊情形,再证一般情形的方法是处理数学问题的常用方法,以后会经常用到.

介值定理在物理学上的应用很明显.例如,温度随时间而变化,从 $10\,℃$ 变到 $12\,℃$,要经过 $10\,℃$ 与 $12\,℃$ 之间的一切温度.又如,某物体从 $10\,m$ 高的地方做自由落体运动降落到地面,中间要经过 $10\,m$ 以下的一切高度.

介值定理的几何意义也很明显.如图 1-74 所示,在闭区间 $[a,b]$ 上的连续曲线 $y=f(x)$ 与直线 $y=C(C$ 介于 A,B 之间)至少有一个交点,设交点横坐标为 ξ,则交点纵坐标为 $f(\xi)=C$.

函数 $f(x)$ 连续是介值定理必不可少的条件.如图 1-75 所示,函数 $y=f(x)$ 在 $[a,b]$ 上有一个间断点 x_0,尽管 C 介于 $f(a)$ 和 $f(b)$ 之间,但直线 $y=C$ 恰好从曲线 $y=f(x)$ 的间断部分穿过而不与该曲线相交,因此介值定理的结论在这里不成立.

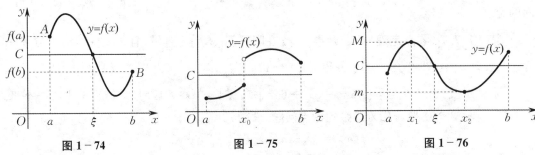

图 1-74   图 1-75   图 1-76

考察曲线 $y=f(x)$ 和直线 $y=C$,则等式 $f(\xi)=C$ 意味着点 $(\xi,f(\xi))$ 既在曲线 $y=f(x)$ 上,又在直线 $y=C$ 上,这说明曲线和直线至少相交于一点,如图 1-76 所示.

前面已经提到,闭区间上的连续函数必有最大值和最小值,假设它在点 x_1 处取得最大值 M,在点 x_2 处取得最小值 m,且 $m\neq M$,则在闭区间 $[x_1,x_2]$（或 $[x_2,x_1]$）上应用介值定理,可以得到如下推论.

推论 1.7.2 在闭区间 $[a,b]$ 上连续的函数 $f(x)$ 必取得介于最大值 M 与最小值 m 之间的任何值,如图 1-76 所示,即对任意数 $C(m \leqslant C \leqslant M)$,至少存在一点 $\xi \in [a,b]$,使得 $f(\xi) = C$.

例 1.7.17 设一张面积为 A 的纸片所占平面区域如图 1-77 所示,证明:必可将它一刀剪为面积相等的两张纸片.

证 建立如图 1-77 所示的坐标系,则纸片中深色阴影部分的面积函数 $S(\theta)$ 在 $[\alpha,\beta]$ 上连续. 因

$$S(\alpha) = 0, \quad S(\beta) = A,$$

故由介值定理可知,$\exists \theta_0 \in (\alpha,\beta)$,使得

$$S(\theta_0) = \frac{A}{2}.$$

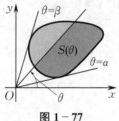

图 1-77

这说明必可将该纸片剪为面积相等的两张纸片.

思 考 题 1.7

1. 函数在点 x_0 处有定义、极限存在、连续这三个概念之间的关系如何?

2. 如果函数 $f(x)$ 在点 x_0 处连续,问:$|f(x)|$ 在点 x_0 处是否连续?反过来结论又如何?

3. 设当 $x \to x_0$ 时,$u(x) \to a, v(x) \to b$,其中 $u(x) > 0, a > 0$. 证明:$\lim\limits_{x \to x_0} u(x)^{v(x)} = a^b$.

4. 举例说明,对于开区间内的连续函数,有界性定理不一定成立.

5. 判断下述命题是否正确:

如果函数 $f(x)$ 在闭区间 $[a,b]$ 上有定义,在开区间 (a,b) 内连续,且 $f(a) \cdot f(b) < 0$,那么 $f(x)$ 在开区间 (a,b) 内必有零点.

习 题 1.7

(A)

一、填空题:

(1) 函数 $y = \dfrac{1}{\sqrt{x^2 - 3x + 2}}$ 的连续区间是_____.

(2) $x = 0$ 是函数 $\dfrac{\sin x}{|x|}$ 的_____间断点;$x = 0$ 是函数 $(1+x)^{\frac{1}{x}}$ 的_____间断点;$x = 0$ 是函数 $e^{x + \frac{1}{x}}$ 的_____间断点.

二、研究函数 $f(x) = \begin{cases} x^2, & 0 \leqslant x \leqslant 1, \\ 2 - x, & 1 < x \leqslant 2 \end{cases}$ 的连续性,并画出该函数的图形.

三、求下列函数的间断点,并判断其类型,如果是可去间断点,则补充或改变函数的定义,使其在该点处连续:

(1) $y = \dfrac{x^2 - 1}{x^2 - 3x + 2}$;　　　　　(2) $y = \arctan \dfrac{1}{x}$;

(3) $y = e^{\frac{1}{x}}$;　　　　　(4) $y = \cos^2 \dfrac{1}{x}$.

四、求下列函数的连续区间和极限:

(1) $f(x) = \dfrac{1}{1 - \ln^2 x}$,并求 $\lim\limits_{x \to 0^+} f(x), \lim\limits_{x \to e} f(x)$ 及 $\lim\limits_{x \to e^2} f(x)$;

(2) $f(x) = \dfrac{x^3 + 3x^2 - x - 3}{x^2 + x - 6}$，并求 $\lim\limits_{x \to 0} f(x)$，$\lim\limits_{x \to -3} f(x)$ 及 $\lim\limits_{x \to 2} f(x)$.

五、求下列极限：

(1) $\lim\limits_{x \to a} \dfrac{\sin x - \sin \alpha}{x - \alpha}$；

(2) $\lim\limits_{x \to +\infty} \left(\sqrt{x^2 + x} - \sqrt{x^2 - x} \right)$.

六、设函数 $f(x) = \begin{cases} \mathrm{e}^x, & x < 0, \\ a + x, & x \geqslant 0, \end{cases}$ 试问：当 a 为何值时，$f(x)$ 为 $(-\infty, +\infty)$ 上的连续函数？

七、求下列极限：

(1) $\lim\limits_{x \to 0} \ln \dfrac{\sin x}{x}$；

(2) $\lim\limits_{x \to \infty} \left(1 + \dfrac{1}{x} \right)^{\frac{x}{2}}$；

(3) $\lim\limits_{x \to 0} \dfrac{\sqrt{1 + \tan x} - \sqrt{1 + \sin x}}{x \sqrt{1 + \sin^2 x} - x}$；

(4) $\lim\limits_{x \to +\infty} \arccos(\sqrt{x^2 + x} - x)$.

八、讨论函数 $f(x) = \lim\limits_{n \to \infty} \dfrac{1 - x^{2n}}{1 + x^{2n}} x$ 的连续性，若有间断点，判别其类型.

九、证明：

(1) 方程 $2^x = x^2$ 在开区间 $(-1, 1)$ 内必有实根；

(2) 方程 $x = a\sin x + b (a > 0, b > 0)$ 至少有一个正根，并且该正根不超过 $a + b$.

十、若函数 $f(x)$ 在闭区间 $[a, b]$ 上连续，$a < x_1 < x_2 < \cdots < x_n < b$，证明：在闭区间 $[x_1, x_n]$ 上必有一点 ξ，使得

$$f(\xi) = \frac{f(x_1) + f(x_2) + \cdots + f(x_n)}{n}.$$

（B）

一、确定函数 $f(x) = \dfrac{1}{1 - \mathrm{e}^{\frac{x}{1-x}}}$ 的间断点类型.

二、设函数 $f(x) = \dfrac{\mathrm{e}^x - b}{(x - a)(x - 1)}$ 有无穷间断点 $x = 0$ 及可去间断点 $x = 1$，试确定常数 a, b 的值.

三、试举出具有以下性质的函数 $f(x)$ 的例子：

$f(x)$ 在 $\mathbf{R}$ 上处处不连续，但 $|f(x)|$ 在 $\mathbf{R}$ 上处处连续.

四、若函数 $f(x)$ 在点 x_0 处连续，试问：$|f(x)|$，$f^2(x)$ 在点 x_0 处是否连续？反之，若 $|f(x)|$，$f^2(x)$ 在点 x_0 处连续，试问：$f(x)$ 在点 x_0 处是否连续？

五、设函数 $f(x)$ 在区间 $(-\infty, +\infty)$ 上有定义，对任何实数 x, y，有关系式 $f(x+y) = f(x) + f(y)$，且 $f(x)$ 在 $x = 0$ 处连续. 试证：函数 $f(x)$ 在区间 $(-\infty, +\infty)$ 上处处连续.

六、证明：任意奇次多项式必有实根.

七、设函数 $f(x)$ 在闭区间 $[a, b]$ 上连续，且 $f(x)$ 在 $[a, b]$ 上的函数值集合也是 $[a, b]$. 证明：至少存在一点 $x_0 \in [a, b]$，使得 $f(x_0) = x_0$，即 $f(x)$ 至少有一个不动点 x_0.

八、设函数 $f(x)$ 在闭区间 $[0, 2a]$ 上连续，且 $f(0) = f(2a)$. 证明：在闭区间 $[0, a]$ 上至少存在一点 ξ，使得 $f(\xi) = f(\xi + a)$.

九、设函数 $f(x)$ 在开区间 (a, b) 内为非负连续函数，$a < x_1 < x_2 < \cdots < x_n < b$. 证明：在开区间 (a, b) 内存在一点 ξ，使得

$$f(\xi) = \sqrt[n]{f(x_1) f(x_2) \cdots f(x_n)}.$$

第八节　应用实例

实例一：连续计息问题

例 1.8.1　某储户将 10 万元人民币以活期的形式存入银行，年利率为 5%．一般银行给储户一年结算一次，如果该银行在一年内可任意结算多次，设该储户的存款在一年内被等间隔地结算 n 次，每次结算后本息全部存入银行，试问：一年后该储户的本利和是多少？随着结算次数的无限增加，一年后该储户的本利和是否也会无限增大？

解　先看看几种简单的结算方式．

若一年结算一次，则一年后该储户的本利和为

$$10(1+0.05) = 10(\text{本金}) + 10 \times 0.05(\text{利息}) = 10.5(\text{万元}).$$

若每季度结算一次，则每季度的利率为 $\dfrac{0.05}{4}$．故第一季度后该储户的本利和为

$$10\left(1+\frac{0.05}{4}\right) = 10.125(\text{万元});$$

第二季度后该储户的本利和为

$$10\left(1+\frac{0.05}{4}\right)^2 \approx 10.2516(\text{万元});$$

第三季度后该储户的本利和为

$$10\left(1+\frac{0.05}{4}\right)^3 \approx 10.3797(\text{万元});$$

一年后该储户的本利和为

$$10\left(1+\frac{0.05}{4}\right)^4 \approx 10.5095(\text{万元}).$$

若每月结算一次，则每月的利率为 $\dfrac{0.05}{12}$．同理可知，一年后该储户的本利和为

$$10\left(1+\frac{0.05}{12}\right)^{12} \approx 10.5116(\text{万元}).$$

从前面的数据可以看出，随着一年内结算次数的增加，一年后的本利和也会相应地增大．那么，当一年内结算的次数无限增多时，一年后的本利和会不会也无限增大呢？这就是经济学中的连续计息问题．

回到例 1.8.1 所提出的问题．若一年内等间隔地结算 n 次，则一年后的本利和为 $10\left(1+\dfrac{0.05}{n}\right)^n$ 万元．那么，当结算次数无限增加，即 $n \to \infty$ 时，一年后的本利和为

$$\lim_{n \to \infty} 10\left(1+\frac{0.05}{n}\right)^n = 10 \lim_{n \to \infty}\left(1+\frac{0.05}{n}\right)^{\frac{n}{0.05}\cdot 0.05} = 10e^{0.05} \approx 10.5127(\text{万元}).$$

实例二：科克曲线

你能想象一条封闭的、具有无限长度的曲线，其包围的面积却是一个有限数的情景吗？

1904年,由瑞典数学家科克(Koch)构造的科克曲线就是这样一条十分有趣的曲线.它在任何一点处都连续,但是却处处"不可导"(指没有确定的切线方向).它的形成过程如下:

(1) 将一个边长为1的等边三角形(见图1-78(a))的每条边三等分,并均以中间的那条线段为底边向图形外作等边三角形,然后去掉底边,得到图1-78(b);

(2) 将图1-78(b)的每条边三等分,重复上述作图方法,得到图1-78(c);

(3) 再按上述方法无限多次继续作图下去,所得到的曲线就是科克曲线.

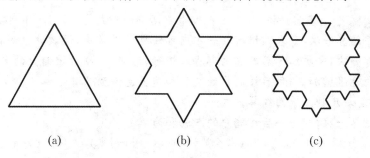

$$(a) \qquad\qquad (b) \qquad\qquad (c)$$

图 1-78

例 1.8.2 将图1-78(a),(b),(c)及后续所作图形依次记作 $M_1, M_2, M_3, \cdots, M_n, \cdots,$ 设 M_1 的边长为1.求:(1) M_n 的边数 a_n;(2) M_n 的周长 L_n 的极限;(3) M_n 的面积 S_n 的极限.

解 (1) 观察科克曲线的形成过程.每次变化后,原来等边三角形的一条边所形成的折线包括四条线段,因此新图形的边数是原图形的四倍,则 a_n 的递推公式为

$$a_n = 4a_{n-1} \quad (n \geqslant 2).$$

又已知 $a_1 = 3$,所以 M_n 的边数为 $a_n = 3 \cdot 4^{n-1}$,即 $\{a_n\}$ 为等比数列.

(2) 由题意知,各个图形的所有边长都相等,且长度变为原来的 $\dfrac{1}{3}$,因此边长 b_n 的递推公式为 $b_n = \dfrac{1}{3}b_{n-1}(n \geqslant 2)$.又已知 $b_1 = 1$,所以 $b_n = \left(\dfrac{1}{3}\right)^{n-1}$.故 M_n 的周长为

$$L_n = a_n b_n = 3\left(\frac{4}{3}\right)^{n-1},$$

可得

$$\lim_{n \to \infty} L_n = 3 \lim_{n \to \infty}\left(\frac{4}{3}\right)^{n-1} = +\infty.$$

(3) 当由 M_{n-1} 生成 M_n 时,每条边外多出一个面积为 $\dfrac{\sqrt{3}}{4}b_n^2$ 的小等边三角形,共有 a_{n-1} 个,则可得

$$S_n = S_{n-1} + \frac{\sqrt{3}}{4}a_{n-1}b_n^2 = S_{n-2} + \frac{\sqrt{3}}{4}a_{n-2}b_{n-1}^2 + \frac{\sqrt{3}}{4}a_{n-1}b_n^2$$

$$= \cdots = S_1 + \frac{\sqrt{3}}{4}a_1 b_2^2 + \frac{\sqrt{3}}{4}a_2 b_3^2 + \cdots + \frac{\sqrt{3}}{4}a_{n-1}b_n^2 \quad (n \geqslant 2).$$

又因 $S_1 = \dfrac{\sqrt{3}}{4}$,故

$$S_n = \frac{\sqrt{3}}{4}(1 + a_1 b_2^2 + a_2 b_3^2 + \cdots + a_{n-1} b_n^2)$$

$$= \frac{\sqrt{3}}{4}\left[1 + 3 \cdot \frac{1}{9} + 3 \cdot 4 \cdot \left(\frac{1}{9}\right)^2 + \cdots + 3 \cdot 4^{n-2} \cdot \left(\frac{1}{9}\right)^{n-1}\right]$$

$$= \frac{\sqrt{3}}{4} \cdot \frac{3}{4}\left[\frac{4}{3} + \frac{4}{9} + \left(\frac{4}{9}\right)^2 + \cdots + \left(\frac{4}{9}\right)^{n-1}\right]$$

$$= \frac{\sqrt{3}}{4} \cdot \frac{3}{4}\left[\frac{4}{3} + \frac{4}{9} \cdot \frac{1 - \left(\frac{4}{9}\right)^{n-1}}{1 - \frac{4}{9}}\right] = \frac{2\sqrt{3}}{5} - \frac{3\sqrt{3}}{20}\left(\frac{4}{9}\right)^{n-1},$$

因此
$$\lim_{n\to\infty} S_n = \lim_{n\to\infty}\left[\frac{2\sqrt{3}}{5} - \frac{3\sqrt{3}}{20}\left(\frac{4}{9}\right)^{n-1}\right] = \frac{2\sqrt{3}}{5}.$$

这就是科克曲线的非同寻常之处：它的面积是有限的，而周长却是无限的．科克曲线这一结果曾在 20 世纪初使得思考过这一问题的许多数学家感到困惑．20 世纪 70 年代以来，科学家们发现，这类曲线能应用于研究自然界中的许多现象，如地球大陆的海岸线、星球和星系在宇宙中的分布以及液体的紊流等．由此发展成为一门新的数学学科 —— 分形几何学．目前，分形几何学是非线性科学中的一个前沿课题，它在科学技术、经济学及其他领域中有着广泛的应用．

总习题一

一、设函数 $f(x) = \begin{cases} 0, & x \leqslant 0, \\ x, & x > 0, \end{cases} g(x) = \begin{cases} 0, & x \leqslant 0, \\ -x^2, & x > 0, \end{cases}$ 求 $f(f(x)), g(g(x)), f(g(x)), g(f(x))$.

二、求下列极限：

(1) $\lim\limits_{x\to\infty} \dfrac{(2x-1)^{30}(3x-2)^{20}}{(2x+1)^{50}}$；

(2) $\lim\limits_{x\to 4} \dfrac{\sqrt{2x+1}-3}{\sqrt{x-2}-\sqrt{2}}$；

(3) $\lim\limits_{x\to\infty} \left(\dfrac{2x+3}{2x+1}\right)^{x+1}$；

(4) $\lim\limits_{x\to\frac{\pi}{2}} (\sin x)^{\tan x}$；

(5) $\lim\limits_{x\to 0} \left(\dfrac{a^x + b^x + c^x}{3}\right)^{\frac{1}{x}}$，其中 $a, b, c > 0$；

(6) $\lim\limits_{x\to 0} \dfrac{5x + \sin^2 x - 2x^3}{\tan x + 4x^2}$；

(7) $\lim\limits_{x\to 0} \dfrac{\sqrt{1+\tan x} - \sqrt{1+\sin x}}{x(1-\cos x)}$；

(8) $\lim\limits_{x\to n}(x - [x])$.

三、试确定使得下列函数在 $x = 0$ 处连续的常数 α 的值：

(1) $f(x) = \begin{cases} x\sin\dfrac{1}{x}, & x > 0, \\ \alpha + x^2, & x \leqslant 0; \end{cases}$

(2) $f(x) = \begin{cases} \arctan\dfrac{1}{x}, & x < 0, \\ \alpha + \sqrt{x}, & x \geqslant 0; \end{cases}$

(3) $f(x) = \begin{cases} \dfrac{e^{\tan x} - 1}{\arcsin\dfrac{x}{2}}, & x > 0, \\ \alpha e^{2x}, & x \leqslant 0; \end{cases}$

(4) $f(x) = \begin{cases} (\cos x)^{-x^2}, & x \neq 0, \\ \alpha, & x = 0. \end{cases}$

四、讨论下列函数的连续性，若有间断点，则说明间断点的类型：

(1) $f(x) = \dfrac{x^2 - x - 2}{x^2 - 3x + 2}$；

(2) $f(x) = \begin{cases} e^{\frac{1}{x-1}}, & x > 0, \\ \ln(1+x), & -1 < x \leqslant 0; \end{cases}$

(3) $f(x) = \begin{cases} e^{-\frac{1}{x^2}}, & x \neq 0, \\ 2, & x = 0. \end{cases}$

五、证明：$\lim\limits_{n \to \infty} \left(\dfrac{1}{\sqrt{n^2+1}} + \dfrac{1}{\sqrt{n^2+2}} + \cdots + \dfrac{1}{\sqrt{n^2+n}} \right) = 1.$

六、设 $a > 0, x_1 > 0, x_{n+1} = \dfrac{1}{2}\left(x_n + \dfrac{a}{x_n} \right)(n = 1, 2, \cdots)$，求 $\lim\limits_{n \to \infty} x_n$.

七、证明：方程 $\sin x + x + 1 = 0$ 在开区间 $\left(-\dfrac{\pi}{2}, \dfrac{\pi}{2} \right)$ 内至少有一个根.

单元测试一

单项选择题(满分 100)：

1. (6 分) 函数 $f(x)$ 在点 x_0 处有定义是 $f(x)$ 当 $x \to x_0$ 时极限存在的(　　).
   (A) 必要但非充分条件　　　　　　(B) 充分但非必要条件
   (C) 充要条件　　　　　　　　　　(D) 既非充分又非必要条件

2. (6 分) $f(x_0^-)$ 与 $f(x_0^+)$ 都存在是函数 $f(x)$ 在点 x_0 处极限存在的(　　).
   (A) 必要但非充分条件　　　　　　(B) 充分但非必要条件
   (C) 充要条件　　　　　　　　　　(D) 既非充分又非必要条件

3. (6 分) 若 $f(x)$ 在点 x_0 处的极限存在,则(　　).
   (A) $f(x_0)$ 必存在,且等于极限值　　(B) $f(x_0)$ 存在,但不一定等于极限值
   (C) $f(x)$ 在点 x_0 处的函数值可以不存在　　(D) 如果 $f(x_0)$ 存在,则必等于极限值

4. (6 分) 设 $x_n = \dfrac{n}{2}\left[1 + (-1)^n \right]$,则(　　).
   (A) $\{x_n\}$ 有界　　　　　　　　(B) $\{x_n\}$ 无界
   (C) $\{x_n\}$ 单调增加　　　　　　(D) 当 $n \to \infty$ 时,x_n 为无穷大量

5. (6 分) 设函数 $f(x)$ 在 $(-\infty, +\infty)$ 上单调有界,$\{x_n\}$ 为数列,下列命题中正确的是(　　).
   (A) 若 $\{x_n\}$ 收敛,则 $\{f(x_n)\}$ 收敛　　(B) 若 $\{x_n\}$ 单调,则 $\{f(x_n)\}$ 收敛
   (C) 若 $\{f(x_n)\}$ 收敛,则 $\{x_n\}$ 收敛　　(D) 若 $\{f(x_n)\}$ 单调,则 $\{x_n\}$ 收敛

6. (6 分) $\lim\limits_{x \to 0}\left(x\sin\dfrac{1}{x} + \dfrac{1}{x}\sin x \right)$(　　).
   (A) 不存在　　(B) 为 0　　(C) 为 1　　(D) 为 2

7. (6 分) 下列各式中,正确的是(　　).
   (A) $\lim\limits_{x \to 0^+}\left(1 + \dfrac{1}{x} \right)^x = 1$　　(B) $\lim\limits_{x \to 0^+}\left(1 + \dfrac{1}{x} \right)^x = e$
   (C) $\lim\limits_{x \to \infty}\left(1 - \dfrac{1}{x} \right)^x = -e$　　(D) $\lim\limits_{x \to \infty}\left(1 + \dfrac{1}{x} \right)^{-x} = e$

8. (6 分) 如果当 $x \to 0$ 时,$e^{x\cos x^2} - e^x$ 与 x^n 是同阶无穷小量,则正整数 $n = $(　　).
   (A) 2　　(B) 3　　(C) 4　　(D) 5

9. (6 分) 设函数 $f(x) = \dfrac{x + \sin x}{x}$,$g(x) = \begin{cases} \dfrac{x + \sin x}{x}, & x \neq 0, \\ 2, & x = 0, \end{cases}$ 则下列说法中正确的是(　　).
   (A) $x = 0$ 是 $f(x)$ 的可去间断点,是 $g(x)$ 的连续点
   (B) $x = 0$ 是 $f(x)$ 和 $g(x)$ 的可去间断点
   (C) $x = 0$ 是 $f(x)$ 和 $g(x)$ 的连续点

(D) $x=0$ 是 $g(x)$ 的可去间断点,是 $f(x)$ 的连续点

10. (6分) $\lim\limits_{x\to 1}\dfrac{\sin(x-1)}{1-x^2}=$ (　　).

(A) 1　　　　　　(B) 0　　　　　　(C) $-\dfrac{1}{2}$　　　　　　(D) $\dfrac{1}{2}$

11. (6分) 下列各式中,极限存在的是(　　).

(A) $\lim\limits_{x\to 0}\cos x$　　(B) $\lim\limits_{x\to\infty}\arctan x$　　(C) $\lim\limits_{x\to\infty}\sin x$　　(D) $\lim\limits_{x\to +\infty}2^x$

12. (6分) 函数 $f(x)=\dfrac{|x|\sin(x-1)}{x(x-1)(x-2)}$ 在下列区间中有界的是(　　).

(A) $(0,1)$　　　　(B) $(1,2)$　　　　(C) $(0,2)$　　　　(D) $(2,3)$

13. (6分) 函数 $f(x)=\dfrac{x^3-x}{\sin \pi x}$ 的可去间断点的个数为(　　).

(A) 1　　　　　　(B) 2　　　　　　(C) 3　　　　　　(D) 无穷多

14. (6分) 函数 $f(x)=\lim\limits_{n\to\infty}\dfrac{1+x}{1+x^{2n}}$ 的间断点情况是(　　).

(A) 不存在间断点　　　　　　　　(B) 存在间断点 $x=1$

(C) 存在间断点 $x=0$　　　　　　(D) 存在间断点 $x=-1$

15. (4分) 下列各式中,极限等于1的是(　　).

(A) $\lim\limits_{x\to\infty}\dfrac{\sin x}{x}$　　(B) $\lim\limits_{x\to 0}\dfrac{\sin 2x}{x}$　　(C) $\lim\limits_{x\to 2\pi}\dfrac{\sin x}{x}$　　(D) $\lim\limits_{x\to\pi}\dfrac{\sin x}{\pi-x}$

16. (4分) 当 $x\to +\infty$ 时,函数 $f(x)=x\sin x$ 是(　　).

(A) 无穷大量　　(B) 无穷小量　　(C) 无界函数　　(D) 有界函数

17. (4分) 点 $x=0$ 是函数 $f(x)=\arctan\dfrac{1}{x}$ 的(　　).

(A) 可去间断点　　(B) 跳跃间断点　　(C) 振荡间断点　　(D) 无穷间断点

18. (4分) 下列结论中,正确的是(　　).

(A) 若 $\lim\limits_{x\to x_0}f(x)$ 存在,则 $f(x)$ 有界

(B) 若在点 x_0 的某个邻域内,有 $g(x)\leqslant f(x)\leqslant h(x)$,且 $\lim\limits_{x\to x_0}g(x)$ 和 $\lim\limits_{x\to x_0}h(x)$ 都存在,则 $\lim\limits_{x\to x_0}f(x)$ 也存在

(C) 若 $f(x)$ 在闭区间 $[a,b]$ 上连续,$f(a)\cdot f(b)<0$,则方程 $f(x)=0$ 在开区间 (a,b) 内有唯一的实根

(D) 当 $x\to\infty$ 时,$\alpha(x)=\dfrac{1}{x}$ 和 $\beta(x)=\dfrac{\sin x}{x}$ 都是无穷小量,但 $\alpha(x)$ 与 $\beta(x)$ 不能比较

本章参考答案

第二章

导数与微分

导数和微分是一元函数微分学中两个密切相关的基本概念,它们都是建立在函数极限的基础上的.导数的概念用于刻画瞬时的变化率,微分的概念用于描述瞬时的改变量,它们是研究运动和变化过程必不可少的工具.本章主要讨论导数和微分的概念及计算方法.

第一节 导数的概念

导数的概念和其他大部分数学概念一样,源于人类的实践和数学自身发展的需要.导数的思想最初是由法国数学家费马(Fermat)为研究极值问题而引入的,但历史上与导数概念的形成有密切关系的是以下两个问题:已知运动规律,求速度;已知曲线,求它的切线.这是由牛顿和莱布尼茨分别在研究力学和几何学过程中建立起来的.

下面以这两个问题为背景引入导数的概念.

一、两个经典问题

问题1 质点做自由落体运动的瞬时速度.

由物理学知识知道,当物体做匀速直线运动时,它在任意时刻的瞬时速度均为

$$v = \frac{经过的路程}{所花的时间} = \frac{s}{t}.$$

但当物体做变速直线运动时,上式只反映了物体在时间 t 内经过路程 s 的平均速度,而不能刻画任意时刻的瞬时速度.那么,如何求变速直线运动的瞬时速度呢?

考察质点的自由落体运动.真空中,质点在时刻 $t=0$ 到时刻 t 这一时间段内下落的路程 s 由公式 $s = \frac{1}{2}gt^2$(g 为重力加速度,一般取值为 $9.8\,\mathrm{m/s^2}$)来确定.试求 $t=1\,\mathrm{s}$ 这一时刻质点的瞬时速度.

当 Δt 很小时,从 $1\,\mathrm{s}$ 到 $1\,\mathrm{s}+\Delta t$ 这段时间内,质点运动的速度变化不大,可将质点在这段时间内的平均速度 $\frac{\Delta s}{\Delta t}$($\Delta s$ 为质点在这段时间内所经过的路程)作为它在 $t=1\,\mathrm{s}$ 时的瞬时速度的近似.事实上,通过如表 2-1 所示的一部分数据不难看出,平均速度 $\frac{\Delta s}{\Delta t}$ 随时间段 Δt 的变化

而变化,且当 Δt 越小时,$\dfrac{\Delta s}{\Delta t}$ 越接近于定值 $9.8\,\text{m/s}$.

表 2-1

$\Delta t/\text{s}$	$\Delta s/\text{m}$	$\dfrac{\Delta s}{\Delta t}\Big/(\text{m}\cdot\text{s}^{-1})$
0.1	1.029	10.29
0.01	0.098 49	9.849
0.001	0.009 804 9	9.804 9
0.000 1	0.000 980 049	9.800 49

因为 $\Delta s = \dfrac{1}{2}g(1+\Delta t)^2 - \dfrac{1}{2}g\cdot 1^2 = \dfrac{1}{2}g[2\Delta t + (\Delta t)^2]$,所以

$$\frac{\Delta s}{\Delta t} = \frac{1}{2}g(2+\Delta t).$$

而当 Δt 越来越接近于 0 时,$\dfrac{\Delta s}{\Delta t}$ 越来越接近于质点在 $t=1\,\text{s}$ 时的瞬时速度. 因此,现在对上式取 $\Delta t \to 0$ 的极限,则

$$\lim_{\Delta t\to 0}\frac{\Delta s}{\Delta t} = \lim_{\Delta t\to 0}\frac{1}{2}g(2+\Delta t) = 9.8\,\text{m/s}$$

就是质点在 $t=1\,\text{s}$ 时的瞬时速度.

一般地,设质点的运动规律是 $s=s(t)$,路程 s 在时刻 t 到时刻 $t+\Delta t(\Delta t$ 可正可负$)$ 的改变量为 $\Delta s = s(t+\Delta t) - s(t)$,则质点在该时间段内的平均速度为

$$\overline{v} = \frac{\Delta s}{\Delta t} = \frac{s(t+\Delta t) - s(t)}{\Delta t}.$$

对平均速度 $\overline{v}$ 取 $\Delta t \to 0$ 的极限,如果这个极限存在,记为 $v(t)$,即

$$v(t) = \lim_{\Delta t\to 0}\frac{\Delta s}{\Delta t} = \lim_{\Delta t\to 0}\frac{s(t+\Delta t) - s(t)}{\Delta t},$$

则称 $v(t)$ 为质点在时刻 t 的瞬时速度.

问题2 曲线上某一点处切线的斜率.

在 17 世纪,人们为了设计光学透镜和了解行星的运动方向,需要了解曲线的切线. 中学曾学过,圆的切线是只与圆相交于一点的直线(见图 2-1(a)),但是这种定义方式并不适用于一般曲线. 例如,图 2-1(b) 中的曲线 C 在点 P 处的切线 PT,除点 P 外它还与曲线 C 相交于点 Q.

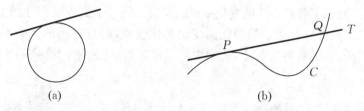

(a) (b)

图 2-1

历史上,人们对切线的认识经历了漫长的岁月. 在不断修正之后得到的定义是:**切线**是曲线上两点间的割线的极限位置.

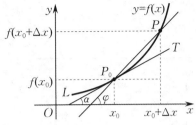

图 2-2

已知曲线 L 的方程为 $y = f(x)$,下面求曲线 L 在点 $P_0(x_0, f(x_0))$ 处的切线. 如图 2-2 所示,在点 $P_0(x_0, f(x_0))$ 附近取一点 $P(x_0 + \Delta x, f(x_0 + \Delta x))$,那么割线 P_0P 的斜率为

$$\overline{k} = \tan \varphi = \frac{f(x_0 + \Delta x) - f(x_0)}{\Delta x}.$$

当点 P 沿曲线 L 趋近于点 P_0 时,若割线 P_0P 有极限位置 P_0T,则称直线 P_0T 为曲线 L 在点 P_0 处的切线. 于是,曲线 L 在点 P_0 处的切线 P_0T 的斜率为

$$k = \lim_{\Delta x \to 0} \frac{f(x_0 + \Delta x) - f(x_0)}{\Delta x} = \lim_{\varphi \to a} \tan \varphi = \tan \alpha.$$

上述两个问题都使用了微积分的一个基本研究方法 —— **微元法**,其做法如下:

(1) 在微小局部"以均匀代替不均匀",求得所求量的近似值;

(2) 通过极限,将近似值转化为精确值.

在上述两个问题中,一个是物理学问题,另一个是几何学问题. 虽然它们的实际意义不同,但反映在数学上,它们的数学形式、本质是一样的,即都是特殊形式的函数的极限. 抛开它们的实际意义,就得到一个抽象的、适用性更广泛的函数导数的概念.

二、导数的定义

1. 函数在一点处的导数

定义 2.1.1 设函数 $y = f(x)$ 在点 x_0 的某个邻域内有定义. 若极限

$$\lim_{x \to x_0} \frac{f(x) - f(x_0)}{x - x_0} \tag{2.1.1}$$

存在,则称函数 $y = f(x)$ 在点 x_0 处**可导**,并称该极限值为 $y = f(x)$ 在点 x_0 处的**导数**,记作(拉格朗日记法)$f'(x_0)$ 或 $y' \big|_{x = x_0}$,又记作(莱布尼茨记法[①])$\frac{dy}{dx} \big|_{x = x_0}$ 或 $\frac{df(x)}{dx} \big|_{x = x_0}$.

定义 2.1.1' 令 $\Delta x = x - x_0, \Delta y = f(x_0 + \Delta x) - f(x_0)$,则定义 2.1.1 又可表示为

$$f'(x_0) = \frac{dy}{dx} \bigg|_{x = x_0} = \lim_{\Delta x \to 0} \frac{\Delta y}{\Delta x} = \lim_{\Delta x \to 0} \frac{f(x_0 + \Delta x) - f(x_0)}{\Delta x}. \tag{2.1.2}$$

若极限(2.1.1)或(2.1.2)不存在,则称函数 $f(x)$ 在点 x_0 处**不可导**. 特别地,如果不可导的原因是由于极限(2.1.1)或(2.1.2)为无穷大,则为了方便起见,也称函数 $f(x)$ 在点 x_0 处的导数为无穷大,记为 $f'(x_0) = \infty$.

注 导数是概括了各种各样的变化率概念而得出的一个更一般、更抽象的概念. 导数反映了因变量在某一点处随自变量的变化而变化的快慢程度,这方面的例子不胜枚举. 例如,物理学中光、热、磁、电的各种传导率,化学中扩散速度、反应速率,生物学中(种群)出生率、

---

① $\frac{dy}{dx}$ 是微积分创始人之一、德国数学家莱布尼茨引进的记号. 此记号可以令人很容易联想到导数的定义: $\frac{dy}{dx} = \lim_{\Delta x \to 0} \frac{\Delta y}{\Delta x}$;而且在引进微分概念之后,这个记号就直接表示了微分之商,使用起来有其特殊的便利. 因此,这个记号一直沿用至今.

死亡率、自然增长率等,这些变化率都可以用导数来加以刻画. 因此,变化率的计算与应用是函数研究中(从而也是微积分中)的一个基本问题,也是本章的主旨.

下面根据导数的定义求一些简单函数的导数.

例 2.1.1 求函数 $f(x) = x^3$ 在 $x = 1$ 处的导数.

解 $f'(1) = \lim\limits_{\Delta x \to 0} \dfrac{(1+\Delta x)^3 - 1^3}{\Delta x} = \lim\limits_{\Delta x \to 0}(3 + 3\Delta x + (\Delta x)^2) = 3.$

例 2.1.2 已知函数 $f(x) = \begin{cases} x^2 \sin \dfrac{1}{x}, & x \neq 0, \\ 0, & x = 0, \end{cases}$ 求 $f'(0)$.

解 $f'(0) = \lim\limits_{x \to 0} \dfrac{f(x) - f(0)}{x - 0} = \lim\limits_{x \to 0} x \sin \dfrac{1}{x} = 0.$

例 2.1.3 已知函数 $f(x) = \sqrt[3]{x-1}$,求 $f'(1)$.

解 $f'(1) = \lim\limits_{x \to 1} \dfrac{f(x) - f(1)}{x - 1} = \lim\limits_{x \to 1} \dfrac{\sqrt[3]{x-1}}{x - 1} = \lim\limits_{x \to 1} \dfrac{1}{\sqrt[3]{(x-1)^2}} = +\infty.$

例 2.1.4 设 $f'(x_0)$ 存在,求极限 $\lim\limits_{h \to 0} \dfrac{f(x_0 + h) - f(x_0 - h)}{2h}$.

解 $\lim\limits_{h \to 0} \dfrac{f(x_0 + h) - f(x_0 - h)}{2h} = \lim\limits_{h \to 0}\left[\dfrac{f(x_0 + h) - f(x_0)}{2h} + \dfrac{f(x_0 - h) - f(x_0)}{2(-h)} \right]$

$$= \frac{1}{2}f'(x_0) + \frac{1}{2}f'(x_0) = f'(x_0).$$

2. 导函数

定义 2.1.2 如果函数 $y = f(x)$ 在开区间 I 内的每一点处都可导,则称 $y = f(x)$ **在开区间 I 内可导**. 此时,$\forall x \in I$,都对应着 $y = f(x)$ 的一个确定的导数值,这样就构成 I 内的一个新函数,称之为原来函数 $y = f(x)$ 的**导函数**(简称为**导数**),记作

$$y', \quad f'(x), \quad \frac{\mathrm{d}y}{\mathrm{d}x} \quad \text{或} \quad \frac{\mathrm{d}f(x)}{\mathrm{d}x},$$

即 $$f'(x) = \lim\limits_{\Delta x \to 0} \frac{f(x + \Delta x) - f(x)}{\Delta x}, \quad x \in I.$$

注 用定义求导数时,只需将上式中的 x 看作固定常量即可.

例 2.1.5 求下列基本初等函数的导数(以下结果需熟记):

(1) 常量函数 $f(x) = C$,其中 C 为常数;

(2) 正弦函数 $f(x) = \sin x$,余弦函数 $g(x) = \cos x$;

(3) 对数函数 $f(x) = \log_a x, x > 0$,其中 $a > 0$ 且 $a \neq 1$;

(4) 幂函数 $f(x) = x^n (n \in \mathbf{N}^*)$;

(5) 指数函数 $f(x) = a^x$,其中 $a > 0$ 且 $a \neq 1$.

解 (1) 对于常量函数 $f(x) = C$,无论 Δx 如何变化,恒有

$$f(x + \Delta x) - f(x) = C - C = 0,$$

于是

$$f'(x) = \lim\limits_{\Delta x \to 0} \frac{f(x + \Delta x) - f(x)}{\Delta x} = \lim\limits_{\Delta x \to 0} \frac{C - C}{\Delta x} = 0, \quad \text{即} \quad (C)' = 0.$$

（2）易知

$$\frac{f(x+\Delta x)-f(x)}{\Delta x}=\frac{\sin(x+\Delta x)-\sin x}{\Delta x}=\frac{2\cos\left(x+\frac{\Delta x}{2}\right)\sin\frac{\Delta x}{2}}{\Delta x}.$$

利用余弦函数的连续性及第一个重要极限，得

$$f'(x)=\lim_{\Delta x\to 0}\frac{f(x+\Delta x)-f(x)}{\Delta x}=\lim_{\Delta x\to 0}\cos\left(x+\frac{\Delta x}{2}\right)\cdot\frac{\sin\frac{\Delta x}{2}}{\frac{\Delta x}{2}}=\cos x,$$

即$(\sin x)'=\cos x$. 同理可得$(\cos x)'=-\sin x$.

（3）易知

$$\frac{f(x+\Delta x)-f(x)}{\Delta x}=\frac{\log_a(x+\Delta x)-\log_a x}{\Delta x}=\log_a\left(1+\frac{\Delta x}{x}\right)^{\frac{1}{\Delta x}}.$$

利用对数函数的连续性及第二个重要极限，得

$$f'(x)=\lim_{\Delta x\to 0}\frac{f(x+\Delta x)-f(x)}{\Delta x}=\lim_{\Delta x\to 0}\frac{1}{x}\log_a\left(1+\frac{\Delta x}{x}\right)^{\frac{x}{\Delta x}}$$

$$=\frac{1}{x}\log_a\left[\lim_{\Delta x\to 0}\left(1+\frac{\Delta x}{x}\right)^{\frac{x}{\Delta x}}\right]=\frac{1}{x}\log_a e=\frac{1}{x\ln a},$$

即$(\log_a x)'=\frac{1}{x\ln a}$. 特别地，有$(\ln x)'=\frac{1}{x}$.

（4）易知

$$\frac{f(x+\Delta x)-f(x)}{\Delta x}=\frac{(x+\Delta x)^n-x^n}{\Delta x}=nx^{n-1}+\frac{n(n-1)}{2!}x^{n-2}\Delta x+\cdots+(\Delta x)^{n-1},$$

于是有

$$f'(x)=\lim_{\Delta x\to 0}\frac{f(x+\Delta x)-f(x)}{\Delta x}=nx^{n-1},$$

即$(x^n)'=nx^{n-1}(n\in\mathbf{N}^*)$.

（5）$f'(x)=\lim_{\Delta x\to 0}\frac{f(x+\Delta x)-f(x)}{\Delta x}=\lim_{\Delta x\to 0}\frac{a^{x+\Delta x}-a^x}{\Delta x}=a^x\lim_{\Delta x\to 0}\frac{a^{\Delta x}-1}{\Delta x}$.

又注意到，当$x\to 0$时，$e^x-1\sim 0$，故$a^{\Delta x}-1=e^{\Delta x\ln a}-1\sim\Delta x\ln a(\Delta x\to 0)$，于是

$$f'(x)=a^x\lim_{\Delta x\to 0}\frac{a^{\Delta x}-1}{\Delta x}=a^x\lim_{\Delta x\to 0}\frac{\Delta x\ln a}{\Delta x}=a^x\ln a,$$

即$(a^x)'=a^x\ln a$. 特别地，有$(e^x)'=e^x$.

注 （1）例2.1.5中用到了两个重要极限$\lim_{x\to 0}\frac{\sin x}{x}=1$和$\lim_{\varphi(x)\to\infty}\left(1+\frac{1}{\varphi(x)}\right)^{\varphi(x)}=e$.

（2）本章第二节（见例2.2.6）将证明，对于幂函数$y=x^\mu(\mu\in\mathbf{R})$，仍有$(x^\mu)'=\mu x^{\mu-1}$成立.

（3）例2.1.5(5)的结果表明，以e为底的指数函数的导数仍是它本身. 这个独特的性质使得自然指数函数$y=e^x$在微分方程中备受青睐.

例2.1.6 讨论函数$f(x)=|x|$在$x=0$处是否可导.

解 因为$\frac{f(x)-f(0)}{x-0}=\frac{|x|}{x}=\begin{cases}1,&x>0,\\-1,&x<0,\end{cases}$所以

$$\lim_{x \to 0^+} \frac{f(x) - f(0)}{x - 0} = 1, \quad \lim_{x \to 0^-} \frac{f(x) - f(0)}{x - 0} = -1,$$

从而 $\lim\limits_{x \to 0} \dfrac{f(x) - f(0)}{x - 0}$ 不存在. 故函数 $f(x) = |x|$ 在 $x = 0$ 处不可导.

注 由例 2.1.6 可知,不是所有的连续函数都可导. 类似于函数在某一点处有左、右极限的概念,如果要讨论函数在区间端点处的可导性,或者研究分段函数在分段点处的可导性,则需要定义函数的单侧导数.

三、单侧导数

定义 2.1.3 设函数 $f(x)$ 在点 x_0 及其右邻域 $(x_0, x_0 + \delta)$ 内有定义. 如果右极限

$$\lim_{x \to x_0^+} \frac{f(x) - f(x_0)}{x - x_0} = \lim_{\Delta x \to 0^+} \frac{f(x_0 + \Delta x) - f(x_0)}{\Delta x}$$

存在,则称之为 $f(x)$ 在点 x_0 处的**右导数**,记作 $f'_+(x_0)$. 类似地,设 $f(x)$ 在点 x_0 及其左邻域 $(x_0 - \delta, x_0)$ 内有定义. 如果左极限

$$\lim_{x \to x_0^-} \frac{f(x) - f(x_0)}{x - x_0} = \lim_{\Delta x \to 0^-} \frac{f(x_0 + \Delta x) - f(x_0)}{\Delta x}$$

存在,则称之为 $f(x)$ 在点 x_0 处的**左导数**,记作 $f'_-(x_0)$.

右导数和左导数统称为**单侧导数**.

由左、右极限与极限之间的关系容易得到左、右导数与导数之间具有如下关系.

定理 2.1.1 函数 $f(x)$ 在点 x_0 处可导,且 $f'(x_0) = a$ 的充要条件为 $f(x)$ 在点 x_0 处既有左导数,又有右导数,且 $f'_+(x_0) = f'_-(x_0) = a$.

例 2.1.7 设函数 $f(x) = \begin{cases} 1 - \cos x, & x \geq 0, \\ x, & x < 0, \end{cases}$ 讨论 $f(x)$ 在 $x = 0$ 处是否可导. 若可导,求其导数.

解 因为 $\dfrac{f(0 + \Delta x) - f(0)}{\Delta x} = \begin{cases} \dfrac{1 - \cos \Delta x}{\Delta x}, & \Delta x > 0, \\ 1, & \Delta x < 0, \end{cases}$ 所以

$$f'_+(0) = \lim_{\Delta x \to 0^+} \frac{1 - \cos \Delta x}{\Delta x} = \lim_{\Delta x \to 0^+} \frac{\frac{1}{2}(\Delta x)^2}{\Delta x} = \frac{1}{2} \lim_{\Delta x \to 0^+} \Delta x = 0, \quad f'_-(0) = \lim_{\Delta x \to 0^-} 1 = 1.$$

故由定理 2.1.1 可知,函数 $f(x)$ 在 $x = 0$ 处不可导.

例 2.1.8 设函数 $f(x) = \begin{cases} x^2, & x \leq x_0, \\ ax + b, & x > x_0, \end{cases}$ 问:当 a 和 b 分别取何值时,$f(x)$ 在点 x_0 处可导?

解 若 $f(x)$ 在点 x_0 处可导,则 $f(x)$ 在点 x_0 处连续,于是

$$f(x_0) = f(x_0^-) = f(x_0^+), \quad 即 \quad ax_0 + b = x_0^2.$$

因此

$$f'_+(x_0) = \lim_{x \to x_0^+} \frac{f(x) - f(x_0)}{x - x_0} = \lim_{x \to x_0^+} \frac{ax + b - x_0^2}{x - x_0} = \lim_{x \to x_0^+} \frac{ax + b - (ax_0 + b)}{x - x_0} = a.$$

又因为

$$f'_-(x_0) = \lim_{x \to x_0^-} \frac{f(x) - f(x_0)}{x - x_0} = \lim_{x \to x_0^-} \frac{x^2 - x_0^2}{x - x_0} = \lim_{x \to x_0^-}(x + x_0) = 2x_0,$$

所以 $a = 2x_0, b = -x_0^2$.

如果函数 $f(x)$ 在开区间 (a,b) 内可导,且 $f'_+(a)$ 及 $f'_-(b)$ 都存在,则称 $f(x)$ **在闭区间** $[a,b]$ **上可导**.

例 2.1.9 设函数 $f(x)$ 为 $(-\infty, +\infty)$ 上的偶函数,且 $f'(0)$ 存在,证明: $f'(0) = 0$.

分析 题中只假定 $f(x)$ 在 $x = 0$ 处可导,故只能从导数的定义出发证明 $f'(0) = 0$.

证 因为 $f'(0)$ 存在,所以 $f'(0) = f'_+(0) = f'_-(0)$. 而

$$f'_-(0) = \lim_{x \to 0^-} \frac{f(x) - f(0)}{x - 0} \xlongequal{\diamondsuit x = -t} \lim_{t \to 0^+} \frac{f(-t) - f(0)}{-t} = -\lim_{t \to 0^+} \frac{f(t) - f(0)}{t} = -f'_+(0),$$

故 $f'(0) = f'_-(0) = f'_+(0) = 0$.

四、导数的几何意义

由前面对切线问题的讨论及导数的定义可知,函数 $y = f(x)$ 在点 x_0 处的导数 $f'(x_0)$ 在几何上表示曲线 $y = f(x)$ 在点 $P_0(x_0, f(x_0))$ 处的切线 P_0T 的斜率,即

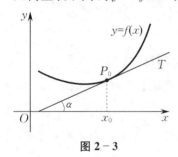

图 2-3

$$f'(x_0) = \tan \alpha,$$

其中 α 是切线 P_0T 的倾角,如图 2-3 所示.

于是,曲线 $y = f(x)$ 在点 $P_0(x_0, f(x_0))$ 处的切线方程为

$$y - f(x_0) = f'(x_0)(x - x_0).$$

曲线 $y = f(x)$ 在点 P_0 处的法线为过点 P_0 且与切线垂直的直线. 如果 $f'(x_0) \neq 0$,则曲线 $y = f(x)$ 在点 $P_0(x_0, f(x_0))$ 处的法线方程为

$$y - f(x_0) = -\frac{1}{f'(x_0)}(x - x_0).$$

例 2.1.10 求曲线 $y = x^3$ 在点 $(1,1)$ 处的切线方程与法线方程.

解 因为

$$\left.\frac{dy}{dx}\right|_{x=1} = \lim_{x \to 1} \frac{x^3 - 1}{x - 1} = \lim_{x \to 1}(x^2 + x + 1) = 3,$$

所以曲线 $y = x^3$ 在点 $(1,1)$ 处的切线方程为

$$y - 1 = 3(x - 1), \quad 即 \quad 3x - y - 2 = 0,$$

法线方程为

$$y - 1 = -\frac{1}{3}(x - 1), \quad 即 \quad x + 3y - 4 = 0.$$

五、函数连续与可导的关系

前面的例 2.1.6 已经说明,不是所有的连续函数都可导. 连续和可导都是用极限定义的概念,那么函数的连续性与可导性之间到底有什么联系呢?

先从几何直观上看. 如图 2-4(a) 所示的函数 $y = f(x)$ 在点 x_0 处不连续,且在点 x_0 处的导数 $f'(x_0)$ 也不存在;如图 2-4(b) 所示的函数 $y = f(x)$ 虽然在点 x_0 处的导数 $f'(x_0)$ 不

存在,但它在点 x_0 处连续. 一般地,有下面的定理.

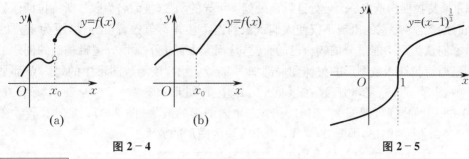

图 2－4   图 2－5

定理 2.1.2   若函数 $f(x)$ 在点 x_0 处可导,则 $f(x)$ 在点 x_0 处连续.

证   因为函数 $f(x)$ 在点 x_0 处可导,又 $\Delta y = \dfrac{\Delta y}{\Delta x} \cdot \Delta x (\Delta x \neq 0)$,由导数的定义知

$$\lim_{\Delta x \to 0} \Delta y = \lim_{\Delta x \to 0} \frac{\Delta y}{\Delta x} \cdot \Delta x = \lim_{\Delta x \to 0} \frac{\Delta y}{\Delta x} \cdot \lim_{\Delta x \to 0} \Delta x = f'(x_0) \cdot 0 = 0,$$

所以 $f(x)$ 在点 x_0 处连续.

值得注意的是,定理 2.1.2 的逆命题不成立. 例如,函数 $y = \sqrt[3]{x-1}$ 在 $x = 1$ 处连续,如图 2－5 所示,但由例 2.1.3 知,$y = \sqrt[3]{x-1}$ 在 $x = 1$ 处不可导(不可导的原因是导数为无穷大,这在几何上表现为:该函数的图形在点 $(1,0)$ 处具有垂直于 x 轴的切线). 又如,函数 $y = |x|$ 在 $x = 0$ 处连续,但由例 2.1.6 知,$y = |x|$ 在 $x = 0$ 处不可导.

一般地,如果曲线的连续点处出现"尖点"或切线为垂直于 x 轴的直线,则曲线在此连续点处不可导.

例 2.1.11   讨论函数 $f(x) = \begin{cases} x\sin\dfrac{1}{x}, & x \neq 0, \\ 0, & x = 0 \end{cases}$ 在 $x = 0$ 处的连续性与可导性.

解   因 $\lim\limits_{x \to 0} x\sin\dfrac{1}{x} = 0$,故 $\lim\limits_{x \to 0} f(x) = 0 = f(0)$,即 $f(x)$ 在 $x = 0$ 处连续. 又由于

$$\lim_{\Delta x \to 0} \frac{f(0 + \Delta x) - f(0)}{\Delta x} = \lim_{\Delta x \to 0} \frac{\Delta x \sin\dfrac{1}{\Delta x} - 0}{\Delta x} = \lim_{\Delta x \to 0} \sin\frac{1}{\Delta x}$$

不存在,因此 $f(x)$ 在 $x = 0$ 处不可导.

从几何上看,例 2.1.11 中函数 $f(x)$ 不可导的原因是它的图形在点 $x = 0$ 附近出现强烈的振荡,从而过坐标原点的附近的割线出现摆动,如图 2－6 所示,割线没有极限位置,因此切线不存在.

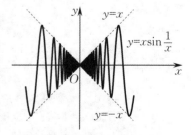

图 2－6

思考   怎样将例 2.1.11 中的函数 $f(x)$ 在 $x \neq 0$ 时的表达式稍做修改,使其在 $x = 0$ 处可导?

由上面的讨论可知,函数连续是函数可导的必要条件,但不是充分条件. 因此,如果函数在某点处不连续,则函数在该点处必不可导.

值得一提的是,在微积分理论尚不完善的时候,人们普遍认为连续函数除个别点外都是可

导的,当时的教科书甚至给出了"证明". 事实上,当时的证明都是凭直观得出的. 1872 年,德国数学家魏尔斯特拉斯构造出一个处处连续而处处不可导的函数(被命名为魏尔斯特拉斯函数),震惊了当时的数学界. 它的出现不仅使人们认识到连续性并不蕴含着可导性,更为重要的是它使数学家们认识到不能过分信赖自己的直觉,从而大大促进了微积分逻辑基础的创建工作.

魏尔斯特拉斯函数图形的整体和局部如图 2-7 所示,该函数图形中的每一点都是转折点,其中图 2-7(a) 表示函数在区间 $[0,1]$ 上的图形;图 2-7(b) 表示函数在区间 $[0.6,0.68]$ 上的图形,即图 2-7(a) 中小方块内图形的放大;图 2-7(c) 表示函数在区间 $[0.64,0.646]$ 上的图形,即图 2-7(b) 中小方块内图形的放大.

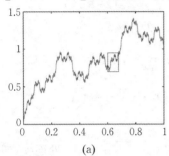 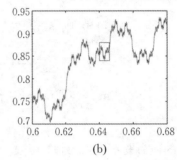 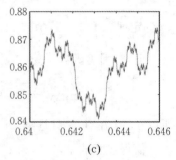

(a)　　　　　　　　　　　(b)　　　　　　　　　　　(c)

图 2-7

思考题 2.1

1. 若 $\lim\limits_{x \to a} \dfrac{f(x) - f(a)}{x - a} = A$,其中 A 为常数,试判断下列命题是否正确:

(1) $f(x)$ 在 $x = a$ 处可导;　　　　　　(2) $f(x)$ 在 $x = a$ 处连续;

(3) $f(x) - f(a) = A(x - a) + o(x - a)$.

2. 已知函数 $g(x)$ 在 $x = 2$ 处连续,$f(x) = (x - 2)g(x)$,求 $f'(2)$,并判断下述解法是否正确:因 $f'(x) = g(x) + (x - 2)g'(x)$,故 $f'(2) = g(2)$.

3. 如果函数 $f(x)$ 在点 x_0 处可导,问: $|f(x)|$ 在点 x_0 处是否可导?

4. 若曲线 $y = f(x)$ 在点 $(x_0, f(x_0))$ 处有切线,问:函数 $f(x)$ 在点 x_0 处是否可导?

5. 设有分段函数 $f(x) = \begin{cases} \varphi(x), & x \geqslant x_0, \\ \psi(x), & x < x_0, \end{cases}$ 其中函数 $\varphi(x)$ 和 $\psi(x)$ 均可导,问:

$$f'(x) = \begin{cases} \varphi'(x), & x \geqslant x_0, \\ \psi'(x), & x < x_0 \end{cases}$$

是否成立?为什么?

习 题 2.1

(A)

一、已知 $f'(a) = k$,求下列极限:

(1) $\lim\limits_{x \to 0} \dfrac{f(a - x) - f(a)}{x}$;　　　　　　(2) $\lim\limits_{x \to 0} \dfrac{f(a + x) - f(a - x)}{x}$.

二、讨论函数 $y = \begin{cases} x^2 \sin \dfrac{1}{x}, & x \neq 0, \\ 0, & x = 0 \end{cases}$ 在 $x = 0$ 处的连续性与可导性.

三、设函数 $f(x)=\begin{cases} x^2, & x\geqslant 1,\\ ax+b, & x<1 \end{cases}$ 在 $x=1$ 处可导,求 a,b 的值.

四、已知函数 $f(x)=\begin{cases} -x, & x<0,\\ x^2, & x\geqslant 0, \end{cases}$ 求 $f'_+(0)$ 及 $f'_-(0)$,并讨论 $f'(0)$ 是否存在.

五、求下列函数的导数:

(1) $f(x)=\begin{cases} \sin x, & x<0,\\ x, & x\geqslant 0; \end{cases}$ 　　　　(2) $f(x)=\max\{x^2,3\}$.

六、证明:双曲线 $xy=a^2$ 上任意一点处的切线与两坐标轴构成的三角形的面积都等于 $2a^2$.

(B)

一、设函数 $\varphi(x)$ 在 $x=a$ 处连续,又设 $f(x)=(x-a)\varphi(x)$,$g(x)=|x-a|\varphi(x)$,其中 a 为常数,试讨论 $f(x)$ 与 $g(x)$ 在 $x=a$ 处的可导性.

二、若 $\forall x,t\in\mathbf{R}$,均有 $|f(t)-f(x)|\leqslant M|t-x|^2$,其中 M 为常数,证明:$f'(x)=0$.

三、设 $f(0)=1,f'(0)=-1$,求 $\lim\limits_{x\to 1}\dfrac{f(\ln x)-1}{1-x}$.

四、设函数 $f(x)$ 可导,$F(x)=f(x)(1+|\sin x|)$.若函数 $F(x)$ 在 $x=0$ 处可导,则(　　).

(A) $f(0)=0$ 　　　　　　　　　(B) $f'(0)=0$

(C) $f(0)+f'(0)=0$ 　　　　　　(D) $f(0)-f'(0)=0$

五、设函数 $f(x)$ 在区间 $(-\infty,+\infty)$ 上有定义,且满足下述条件:$\forall x_1,x_2\in(-\infty,+\infty)$,均有等式 $f(x_1+x_2)=f(x_1)f(x_2)$ 成立,且 $f(0)=1,f'(0)=1$.证明:$\forall x\in(-\infty,+\infty)$,$f'(x)$ 均存在,且 $f'(x)=f(x)$.

第二节　求导法则

之前,根据导数的定义求出了一些简单函数的导数.对于一般函数的导数,如

$$y=\sqrt[3]{x}-\cos x-\ln x+3^x+\sin\frac{\pi}{5},\quad y=\sqrt{x}\sin x\ln x,\quad y=(2x^4+a^2)^{100},$$

虽然也可以用导数的定义来求导数,但这个过程比较烦琐.为了解决这一问题,本节将引入一些常见的求导法则,如导数的四则运算法则、反函数的求导法则、复合函数的求导法则等.利用这些求导法则,可以很快捷地求出一些初等函数的导数.

一、导数的四则运算法则

因为导数也是一类极限,所以由极限的四则运算法则可以得到导数的四则运算法则.

定理 2.2.1　如果函数 $u=u(x)$ 及 $v=v(x)$ 在点 x 处具有导数,那么它们的和、差、积、商(除分母为零的点外)都在点 x 处具有导数,并且

(1) $(u(x)\pm v(x))'=u'(x)\pm v'(x)$;

(2) $(u(x)v(x))'=u'(x)v(x)+u(x)v'(x)$;

(3) $\left(\dfrac{u(x)}{v(x)}\right)'=\dfrac{u'(x)v(x)-u(x)v'(x)}{v^2(x)}$,其中 $v(x)\neq 0$.

下面证明法则(2)和(3),法则(1)由读者自行证明.

证 （2）根据导数的定义，得

$$(u(x)v(x))' = \lim_{\Delta x \to 0} \frac{u(x+\Delta x)v(x+\Delta x) - u(x)v(x)}{\Delta x}.$$

又由于

$$\frac{u(x+\Delta x)v(x+\Delta x) - u(x)v(x)}{\Delta x}$$

$$= \frac{u(x+\Delta x)v(x+\Delta x) - u(x)v(x+\Delta x) + u(x)v(x+\Delta x) - u(x)v(x)}{\Delta x}$$

$$= \frac{(u(x+\Delta x) - u(x))v(x+\Delta x)}{\Delta x} + \frac{u(x)(v(x+\Delta x) - v(x))}{\Delta x},$$

因此

$$(u(x)v(x))' = \lim_{\Delta x \to 0} v(x+\Delta x) \cdot \lim_{\Delta x \to 0} \frac{u(x+\Delta x) - u(x)}{\Delta x} + u(x) \lim_{\Delta x \to 0} \frac{v(x+\Delta x) - v(x)}{\Delta x}$$

$$= u'(x)v(x) + u(x)v'(x).$$

上式中 $\lim\limits_{\Delta x \to 0} v(x+\Delta x) = v(x)$ 是由 $v(x)$ 在点 x 处的连续性得到的.

（3）因为 $\dfrac{u(x)}{v(x)} = u(x)\dfrac{1}{v(x)}$，所以根据法则（2）的结果，仅需给出 $\dfrac{1}{v(x)}$ 的求导公式：

$$\left(\frac{1}{v(x)}\right)' = \lim_{\Delta x \to 0} \frac{\dfrac{1}{v(x+\Delta x)} - \dfrac{1}{v(x)}}{\Delta x} = \lim_{\Delta x \to 0} \frac{v(x) - v(x+\Delta x)}{v(x+\Delta x)v(x)\Delta x}$$

$$= \frac{\lim\limits_{\Delta x \to 0} \dfrac{v(x) - v(x+\Delta x)}{\Delta x}}{\lim\limits_{\Delta x \to 0} v(x+\Delta x)v(x)} = -\frac{v'(x)}{v^2(x)}.$$

应用法则（2）的结果，即得

$$\left(\frac{u(x)}{v(x)}\right)' = \left(u(x)\frac{1}{v(x)}\right)' = \frac{u'(x)v(x) - u(x)v'(x)}{v^2(x)}.$$

定理 2.2.1 中的法则（1），（2）可推广到任意有限个可导函数的情形. 例如，

$$(u_1(x) \pm u_2(x) \pm \cdots \pm u_n(x))' = u'_1(x) \pm u'_2(x) \pm \cdots \pm u'_n(x),$$

$$(u_1(x) \cdot u_2(x) \cdots \cdot u_n(x))' = u'_1(x)u_2(x)\cdots u_n(x) + u_1(x)u'_2(x)\cdots u_n(x)$$

$$+ \cdots + u_1(x)u_2(x)\cdots u'_n(x).$$

特别地，在法则（2）中，如果 $v(x) = C$（C 为常数），则有 $(Cu(x))' = Cu'(x)$.

例 2.2.1 设函数 $y = \sqrt[3]{x} - \cos x - \ln x + 3^x + \sin\dfrac{\pi}{5}$，求 y'.

解 $y' = (x^{\frac{1}{3}})' - (\cos x)' - (\ln x)' + (3^x)' + \left(\sin\dfrac{\pi}{5}\right)' = \dfrac{1}{3\sqrt[3]{x^2}} + \sin x - \dfrac{1}{x} + 3^x \ln 3.$

例 2.2.2 设函数 $y = \sqrt{x}\sin x \ln x$，求 y'.

解 $y' = (x^{\frac{1}{2}})'\sin x \ln x + \sqrt{x}(\sin x)'\ln x + \sqrt{x}\sin x(\ln x)'$

$$= \frac{1}{2\sqrt{x}}\sin x \ln x + \sqrt{x}\cos x \ln x + \frac{1}{\sqrt{x}}\sin x.$$

例 2.2.3 求正切函数 $y = \tan x$ 和正割函数 $y = \sec x$ 的导数.

解 $(\tan x)' = \left(\dfrac{\sin x}{\cos x}\right)' = \dfrac{(\sin x)'\cos x - \sin x(\cos x)'}{\cos^2 x} = \dfrac{\cos^2 x + \sin^2 x}{\cos^2 x} = \sec^2 x,$

即 $(\tan x)' = \sec^2 x.$

$$(\sec x)' = \left(\dfrac{1}{\cos x}\right)' = \dfrac{(1)'\cos x - 1 \cdot (\cos x)'}{\cos^2 x} = \dfrac{\sin x}{\cos^2 x} = \sec x \tan x,$$

即 $(\sec x)' = \sec x \tan x.$

用类似的方法,还可求得余切函数及余割函数的导数公式分别为

$$(\cot x)' = -\csc^2 x, \quad (\csc x)' = -\csc x \cot x.$$

二、反函数的求导法则

前面知道,函数与其反函数在定义域、值域、图形等方面均有密切联系. 那么,它们的导数是否也有某种联系呢? 先从几何直观上进行考察.

设 $x = \varphi(y)$ 为函数 $y = f(x)$ 的反函数,在同一个直角坐标系下,它们表示同一条曲线(注意,函数 $y = \varphi(x)$ 与 $y = f(x)$ 的图形才是关于直线 $y = x$ 对称的).

如图 2-8 所示,若函数 $x = \varphi(y)$ 在点 y_0 处可导,则说明曲线 $x = \varphi(y)$ 在点 $P(x_0, y_0)$ 处的切线存在,且切线 PT 对 y 轴的斜率为 $\tan \alpha = \varphi'(y_0)$($\alpha$ 是按顺时针方向从 y 轴转往 PT 的夹角). 也就是说,曲线 $y = f(x)$ 在点 $P(x_0, y_0)$ 处的切线存在,则直接函数 $y = f(x)$ 在点 x_0 处可导(只要切线 PT 不垂直于 x 轴),且切线 PT 对 x 轴的斜率为 $\tan \beta = f'(x_0)$(β 是按逆时针方向从 x 轴转往 PT 的夹角).

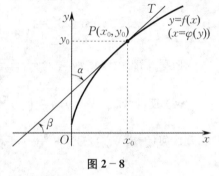

图 2-8

由图 2-8 可看出 $\alpha + \beta = \dfrac{\pi}{2}$,故

$$f'(x_0) = \tan \beta = \cot \alpha = \dfrac{1}{\tan \alpha} = \dfrac{1}{\varphi'(y_0)}.$$

把这种直观认识上升到理性层面,就得到下面的定理.

定理 2.2.2 如果函数 $x = \varphi(y)$ 在某区间 I_y 上严格单调、可导,且 $\varphi'(y) \neq 0$,那么它的反函数 $y = f(x)$ 在对应区间 $I_x = \{x \mid x = \varphi(y), y \in I_y\}$ 上也可导,并且

$$f'(x) = \dfrac{1}{\varphi'(y)} \quad \text{或} \quad \dfrac{\mathrm{d}y}{\mathrm{d}x} = \dfrac{1}{\dfrac{\mathrm{d}x}{\mathrm{d}y}}.$$

证 因为 $x = \varphi(y)$ 在 I_y 上严格单调、可导(从而连续),所以 $x = \varphi(y)$ 的反函数 $y = f(x)$ 存在,且 $f(x)$ 在 I_x 上也严格单调、连续.

任取 $x \in I_x$,给 x 以增量 $\Delta x (\Delta x \neq 0, x + \Delta x \in I_x)$,由 $y = f(x)$ 严格单调可知

$$\Delta y = f(x + \Delta x) - f(x) \neq 0,$$

于是

$$\dfrac{\Delta y}{\Delta x} = \dfrac{1}{\dfrac{\Delta x}{\Delta y}}.$$

由于 $y=f(x)$ 连续，故当 $\Delta x \to 0$ 时，必有 $\Delta y \to 0$，并注意到 $\varphi'(y) \neq 0$，从而有

$$f'(x) = \lim_{\Delta x \to 0} \frac{\Delta y}{\Delta x} = \lim_{\Delta y \to 0} \frac{1}{\dfrac{\Delta x}{\Delta y}} = \frac{1}{\varphi'(y)}.$$

定理 2.2.2 可简单地说成：反函数的导数等于直接函数的导数的倒数. 下面我们利用这个定理求反三角函数及指数函数的导数.

例 2.2.4 （1）求反正弦函数 $y = \arcsin x$ 和反余弦函数 $y = \arccos x$ 的导数；
（2）求反正切函数 $y = \arctan x$ 和反余切函数 $y = \operatorname{arccot} x$ 的导数.

解 （1）设函数 $x = \sin y, y \in \left[-\dfrac{\pi}{2}, \dfrac{\pi}{2}\right]$，则 $y = \arcsin x$ 是它的反函数. 由于函数 $x = \sin y$ 在开区间 $\left(-\dfrac{\pi}{2}, \dfrac{\pi}{2}\right)$ 内严格单调、可导，且

$$(\sin y)' = \cos y > 0, \quad y \in \left(-\frac{\pi}{2}, \frac{\pi}{2}\right),$$

因此由定理 2.2.2 知，在对应区间 $I_x = (-1, 1)$ 内有

$$(\arcsin x)' = \frac{1}{(\sin y)'} = \frac{1}{\cos y} = \frac{1}{\sqrt{1 - \sin^2 y}} = \frac{1}{\sqrt{1 - x^2}}.$$

同理可得 $(\arccos x)' = -\dfrac{1}{\sqrt{1 - x^2}}$.

（2）设函数 $x = \tan y, y \in \left(-\dfrac{\pi}{2}, \dfrac{\pi}{2}\right)$，则 $y = \arctan x$ 是它的反函数. 由于函数 $x = \tan y$ 在开区间 $\left(-\dfrac{\pi}{2}, \dfrac{\pi}{2}\right)$ 内严格单调、可导，且

$$(\tan y)' = \sec^2 y \neq 0, \quad y \in \left(-\frac{\pi}{2}, \frac{\pi}{2}\right),$$

因此由定理 2.2.2 知，在对应区间 $I_x = (-\infty, +\infty)$ 上有

$$(\arctan x)' = \frac{1}{(\tan y)'} = \frac{1}{\sec^2 y} = \frac{1}{1 + \tan^2 y} = \frac{1}{1 + x^2}.$$

同理可得 $(\operatorname{arccot} x)' = -\dfrac{1}{1 + x^2}$.

例 2.2.5 求指数函数 $y = a^x (a > 0$ 且 $a \neq 1)$ 的导数.

解 易知，$y = a^x, x \in (-\infty, +\infty)$ 是对数函数 $x = \log_a y, y \in (0, +\infty)$ 的反函数，故

$$(a^x)' = \frac{1}{(\log_a y)'} = \frac{1}{\dfrac{1}{y \ln a}} = y \ln a = a^x \ln a.$$

注 将例 2.2.5 与例 2.1.5 相比较可以看出，利用一些巧妙的求导方法求导数确实更加方便快捷.

三、复合函数的求导法则

之前的例题已将基本初等函数的导数大致求出，其结果可直接应用于解决相关问题. 那么，如何求由基本初等函数构成的较复杂的初等函数的导数呢？例如，如何求函数 $y = \sin 2x$

的导数？

事实上，根据三角函数的相关变换及导数的四则运算法则，有

$$y' = (\sin 2x)' = (2\sin x \cos x)' = 2(\cos^2 x - \sin^2 x) = 2\cos 2x.$$

在上述问题中，若设 $u = 2x$，则 $y = \sin u$，此时有

$$\frac{\mathrm{d}y}{\mathrm{d}u} = (\sin u)' = \cos u, \qquad \frac{\mathrm{d}u}{\mathrm{d}x} = (2x)' = 2.$$

可以发现，它们恰好满足等式

$$\frac{\mathrm{d}y}{\mathrm{d}x} = \frac{\mathrm{d}y}{\mathrm{d}u} \cdot \frac{\mathrm{d}u}{\mathrm{d}x}. \tag{2.2.1}$$

这个结果是不是巧合的？实际上，式(2.2.1)揭示了复合函数的求导法则，即如下定理.

定理 2.2.3 设函数 $u = g(x)$ 在点 x 处可导，函数 $y = f(u)$ 在对应的点 $u = g(x)$ 处可导，则复合函数 $y = f(g(x))$ 在点 x 处可导，且

$$\frac{\mathrm{d}y}{\mathrm{d}x} = f'(u)g'(x) \quad \text{或} \quad \frac{\mathrm{d}y}{\mathrm{d}x} = \frac{\mathrm{d}y}{\mathrm{d}u} \cdot \frac{\mathrm{d}u}{\mathrm{d}x}.$$

对定理进行简要证明.

证 由于函数 $u = g(x)$ 在点 x 处可导，故它在点 x 处连续，即当 $\Delta x \to 0$ 时，有 $\Delta u \to 0$. 因此，有

$$\frac{\mathrm{d}y}{\mathrm{d}x} = \lim_{\Delta x \to 0} \frac{\Delta y}{\Delta x} = \lim_{\Delta x \to 0} \frac{\Delta y}{\Delta u} \cdot \frac{\Delta u}{\Delta x} = \lim_{\Delta u \to 0} \frac{\Delta y}{\Delta u} \cdot \lim_{\Delta x \to 0} \frac{\Delta u}{\Delta x} = f'(u)g'(x).$$

上面的简要证明中，等式 $\dfrac{\Delta y}{\Delta x} = \dfrac{\Delta y}{\Delta u} \cdot \dfrac{\Delta u}{\Delta x}$ 在 $\Delta u \neq 0$ 的情况下是成立的，但实际中 Δu 可以等于零，所以必须考虑 $\Delta u = 0$ 的情形. 完整的证明应考虑以下两种情况：

(1) 如果在点 x 的某个邻域内，对任意的 $\Delta x (\neq 0)$，总有 $\Delta u = g(x + \Delta x) - g(x) \neq 0$，则

$$\frac{\Delta y}{\Delta x} = \frac{f(g(x + \Delta x)) - f(g(x))}{\Delta x} = \frac{f(g(x + \Delta x)) - f(g(x))}{g(x + \Delta x) - g(x)} \cdot \frac{g(x + \Delta x) - g(x)}{\Delta x}$$

$$= \frac{f(u + \Delta u) - f(u)}{\Delta u} \cdot \frac{g(x + \Delta x) - g(x)}{\Delta x},$$

因此 $\dfrac{\mathrm{d}y}{\mathrm{d}x} = \lim\limits_{\Delta x \to 0} \dfrac{\Delta y}{\Delta x} = \lim\limits_{\Delta u \to 0} \dfrac{f(u + \Delta u) - f(u)}{\Delta u} \cdot \lim\limits_{\Delta x \to 0} \dfrac{g(x + \Delta x) - g(x)}{\Delta x} = f'(u)g'(x).$

(2) 如果在点 x 的任一邻域内，$\Delta x (\neq 0)$ 所对应的 $\Delta u = 0$，此时有

$$\Delta y = f(u + \Delta u) - f(u) = f(u + 0) - f(u) = 0,$$

于是 $\dfrac{\mathrm{d}y}{\mathrm{d}x} = \lim\limits_{\Delta x \to 0} \dfrac{\Delta y}{\Delta x} = 0.$ 同时，$\dfrac{\mathrm{d}u}{\mathrm{d}x} = \lim\limits_{\Delta x \to 0} \dfrac{\Delta u}{\Delta x} = 0$，又 $\dfrac{\mathrm{d}y}{\mathrm{d}u}$ 存在，因此仍有 $\dfrac{\mathrm{d}y}{\mathrm{d}x} = \dfrac{\mathrm{d}y}{\mathrm{d}u} \cdot \dfrac{\mathrm{d}u}{\mathrm{d}x}.$

从上述定理的证明过程可以看出，对数学命题的推导或证明，通常可以从某种简单的特殊情形开始，先得出部分结果，并从中窥视问题的实质和主要困难所在，再进行一般性的处理. 这样做易于入手，有利于在不同的层次上加深对数学命题的理解.

注 (1) 复合函数的求导法则可叙述为：复合函数的导数等于外函数对中间变量的导数乘以中间变量对自变量的导数. 这一法则又称为**链式法则**，它可以用如图 2-9 所示的齿轮链来加深理解：当右侧的齿轮 A 转动(假设转动 x 圈)时，会带动中间的齿轮 B 转动(假设转动 u 圈)，从而引起连锁反应带动最左侧的齿轮 C 转动(假设转动 y 圈)，此时齿轮 C 随齿轮 A 转

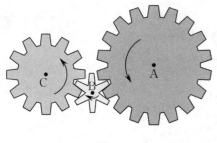

图 2-9

动,而转动的速度 $\dfrac{\mathrm{d}y}{\mathrm{d}x}$ 就等于齿轮 C 对齿轮 B 的转动速度 $\dfrac{\mathrm{d}y}{\mathrm{d}u}$ 乘以齿轮 B 对齿轮 A 的转动速度 $\dfrac{\mathrm{d}u}{\mathrm{d}x}$.

（2）链式法则可以推广到含有多个中间变量的情形. 例如,由函数 $y=f(u),u=\varphi(v),v=\psi(x)$ 构成的复合函数 $f(\varphi(\psi(x)))$ 对 x 的导数(假设下式中右端的三个导数均存在) 为

$$\frac{\mathrm{d}y}{\mathrm{d}x}=\frac{\mathrm{d}y}{\mathrm{d}u}\cdot\frac{\mathrm{d}u}{\mathrm{d}v}\cdot\frac{\mathrm{d}v}{\mathrm{d}x}.$$

（3）使用链式法则求导数的关键在于:首先弄清复合函数的复合关系,要善于将一个复合函数分解为若干个基本初等函数(或者它们的和、差、积、商),然后从外向内地逐层求导数,不能遗漏.

利用链式法则,我们能得到基本初等函数幂函数的导数公式.

例 2.2.6 设 $x>0$,证明幂函数的导数公式 $(x^{\mu})'=\mu x^{\mu-1}(\mu\in\mathbf{R})$.

证 已知 $x^{\mu}=\mathrm{e}^{\mu\ln x}$,引入中间变量 u 后,函数 $y=x^{\mu}$ 可以分解为 $y=\mathrm{e}^{u},u=\mu\ln x$. 因此,由链式法则得

$$\frac{\mathrm{d}y}{\mathrm{d}x}=\frac{\mathrm{d}y}{\mathrm{d}u}\cdot\frac{\mathrm{d}u}{\mathrm{d}x}=\mathrm{e}^{u}\cdot\mu\,\frac{1}{x}=\mathrm{e}^{\mu\ln x}\cdot\mu x^{-1}=\mu x^{\mu-1}.$$

例 2.2.7 求函数 $y=(2x^4+a^2)^{100}$ 的导数.

解 本例题若用牛顿二项展开式进行求导,则显然过于复杂,难以计算.下面用链式法则进行求导,令 $u=2x^4+a^2$,则 $y=u^{100}$,于是

$$\frac{\mathrm{d}y}{\mathrm{d}x}=\frac{\mathrm{d}y}{\mathrm{d}u}\cdot\frac{\mathrm{d}u}{\mathrm{d}x}=(u^{100})'(2x^4+a^2)'=100u^{99}\cdot 8x^3=800x^3(2x^4+a^2)^{99}.$$

例 2.2.8 求函数 $y=\ln\left(\tan\dfrac{x}{2}\right)$ 的导数.

解 由于函数 $y=\ln\left(\tan\dfrac{x}{2}\right)$ 可分解为 $y=\ln u,u=\tan v,v=\dfrac{x}{2}$,因此

$$\frac{\mathrm{d}y}{\mathrm{d}x}=\frac{\mathrm{d}y}{\mathrm{d}u}\cdot\frac{\mathrm{d}u}{\mathrm{d}v}\cdot\frac{\mathrm{d}v}{\mathrm{d}x}=\frac{1}{u}\cdot\sec^2 v\cdot\frac{1}{2}=\frac{1}{\tan\dfrac{x}{2}}\cdot\sec^2\frac{x}{2}\cdot\frac{1}{2}=\csc x.$$

例 2.2.9 求函数 $y=\mathrm{e}^{\sin^2\frac{1}{x}}$ 的导数.

解 将函数 $y=\mathrm{e}^{\sin^2\frac{1}{x}}$ 分解为 $y=\mathrm{e}^u,u=v^2,v=\sin w,w=\dfrac{1}{x}$,因此

$$\frac{\mathrm{d}y}{\mathrm{d}x}=\frac{\mathrm{d}y}{\mathrm{d}u}\cdot\frac{\mathrm{d}u}{\mathrm{d}v}\cdot\frac{\mathrm{d}v}{\mathrm{d}w}\cdot\frac{\mathrm{d}w}{\mathrm{d}x}=(\mathrm{e}^u)'\,(v^2)'\,(\sin w)'\left(\frac{1}{x}\right)'$$

$$=\mathrm{e}^u\cdot 2v\cdot\cos w\cdot\left(-\frac{1}{x^2}\right)=-\frac{1}{x^2}\mathrm{e}^{\sin^2\frac{1}{x}}\sin\frac{2}{x}.$$

一旦熟悉了链式法则,就可以不写出中间变量,使计算过程更简洁.例如,例 2.2.9 的计算过程可写成

$$(e^{\sin^2\frac{1}{x}})' = e^{\sin^2\frac{1}{x}} \cdot \left(\sin^2\frac{1}{x}\right)' = e^{\sin^2\frac{1}{x}} \cdot 2\sin\frac{1}{x}\cos\frac{1}{x} \cdot \left(\frac{1}{x}\right)' = -\frac{1}{x^2}e^{\sin^2\frac{1}{x}}\sin\frac{2}{x}.$$

例 2.2.10 求下列函数的导数：

(1) $y = \ln(\cos\sqrt{x})$; (2) $y = (\arcsin e^x)^3$.

解 (1) $[\ln(\cos\sqrt{x})]' = \frac{1}{\cos\sqrt{x}} \cdot (-\sin\sqrt{x}) \cdot (\sqrt{x})' = -\frac{\tan\sqrt{x}}{2\sqrt{x}}.$

(2) $[(\arcsin e^x)^3]' = 3(\arcsin e^x)^2 \cdot \frac{1}{\sqrt{1-(e^x)^2}} \cdot (e^x)' = \frac{3e^x(\arcsin e^x)^2}{\sqrt{1-e^{2x}}}.$

四、初等函数的求导公式

到目前为止，我们已经求出了基本初等函数的求导公式，并利用导数的四则运算法则、反函数的求导法则和复合函数的求导法则解决了初等函数的求导问题. 由于基本初等函数的求导公式经常会被用到，故要求熟练掌握它们，现将公式归纳如下：

(1) $(C)' = 0 \ (C \in \mathbf{R})$; (2) $(x^\mu)' = \mu x^{\mu-1} \ (\mu \in \mathbf{R})$;

(3) $(\sin x)' = \cos x$; (4) $(\cos x)' = -\sin x$;

(5) $(\tan x)' = \sec^2 x$; (6) $(\cot x)' = -\csc^2 x$;

(7) $(\sec x)' = \sec x\tan x$; (8) $(\csc x)' = -\csc x\cot x$;

(9) $(\arcsin x)' = -(\arccos x)' = \frac{1}{\sqrt{1-x^2}}$; (10) $(\arctan x)' = -(\text{arccot}\, x)' = \frac{1}{1+x^2}$;

(11) $(a^x)' = a^x\ln a\,(a>0\text{ 且 }a\neq1)$，特别地，$(e^x)' = e^x$;

(12) $(\log_a x)' = \frac{1}{x\ln a}\,(a>0\text{ 且 }a\neq1)$，特别地，$(\ln x)' = \frac{1}{x}$.

例 2.2.11 求 $(\ln|x|)', x\neq0$.

解 当 $x>0$ 时，$\ln|x| = \ln x$，因此

$$(\ln|x|)' = (\ln x)' = \frac{1}{x};$$

当 $x<0$ 时，$\ln|x| = \ln(-x)$，因此

$$(\ln|x|)' = [\ln(-x)]' = \frac{1}{-x} \cdot (-1) = \frac{1}{x}.$$

综上所述，$(\ln|x|)' = \frac{1}{x}, x\neq0.$

例 2.2.11 的结果很重要，是以后将要介绍的"对数求导法"的依据. 比较后发现，在对数函数中，自变量 x 有没有绝对值符号对求导结果没有影响，不过对函数定义域还是有影响的.

例 2.2.12 求下列函数的导数：

(1) $y = x^2\sin\frac{1}{x}$; (2) $y = \frac{x}{\sqrt{1-x^2}}$.

解 (1) $\left(x^2\sin\frac{1}{x}\right)' = (x^2)' \cdot \sin\frac{1}{x} + x^2 \cdot \left(\sin\frac{1}{x}\right)' = 2x\sin\frac{1}{x} + x^2 \cdot \cos\frac{1}{x} \cdot (x^{-1})'$

$$= 2x\sin\frac{1}{x} - x^2 \cdot \cos\frac{1}{x} \cdot (x^{-2}) = 2x\sin\frac{1}{x} - \cos\frac{1}{x}.$$

(2) $\left(\dfrac{x}{\sqrt{1-x^2}}\right)' = \dfrac{(x)' \cdot \sqrt{1-x^2} - x \cdot (\sqrt{1-x^2})'}{(\sqrt{1-x^2})^2} = \dfrac{\sqrt{1-x^2} - x \cdot \dfrac{-2x}{2\sqrt{1-x^2}}}{1-x^2}$

$$= \frac{1}{\sqrt{(1-x^2)^3}}.$$

例 2.2.13 已知函数 $f(u)$ 可导，求 $(f(\ln x))'$，$(f((x+a)^n))'$ 及 $((f(x+a))^n)'$.

解 要注意作为导数符号的"'"在不同位置表示对不同变量求导. 例如，$f'(\ln x)$ 表示对中间变量 $u = \ln x$ 求导，$(f(\ln x))'$ 表示对自变量 x 求导. 因此

$$(f(\ln x))' = f'(\ln x) \cdot (\ln x)' = \frac{1}{x}f'(\ln x),$$

$$(f((x+a)^n))' = f'((x+a)^n) \cdot [(x+a)^n]' = n(x+a)^{n-1}f'((x+a)^n),$$

$$((f(x+a))^n)' = n(f(x+a))^{n-1}f'(x+a).$$

虽然利用基本初等函数的求导公式和函数的求导法则可以对初等函数进行求导，但对于非初等函数或一些特殊的初等函数，仍然需要用导数的定义来求导.

例 2.2.14 设函数 $f(x) = \begin{cases} x^2\sin\dfrac{1}{x}, & x \neq 0, \\ 0, & x = 0, \end{cases}$ 证明：(1) $f(x)$ 在 $(-\infty, +\infty)$ 上可导；(2) $\lim\limits_{x\to 0}f'(x)$ 不存在.

证 (1) 当 $x \neq 0$ 时，$f'(x) = \left(x^2\sin\dfrac{1}{x}\right)' = 2x\sin\dfrac{1}{x} - \cos\dfrac{1}{x}$；

当 $x = 0$ 时，$f'(0) = \lim\limits_{x\to 0}\dfrac{f(x)-f(0)}{x} = \lim\limits_{x\to 0}\dfrac{x^2\sin\dfrac{1}{x}-0}{x} = \lim\limits_{x\to 0}x\sin\dfrac{1}{x} = 0.$

故 $f(x)$ 在 $(-\infty, +\infty)$ 上可导，且

$$f'(x) = \begin{cases} 2x\sin\dfrac{1}{x} - \cos\dfrac{1}{x}, & x \neq 0, \\ 0, & x = 0. \end{cases}$$

(2) $\lim\limits_{x\to 0}f'(x) = \lim\limits_{x\to 0}\left(2x\sin\dfrac{1}{x} - \cos\dfrac{1}{x}\right).$ 由于 $\lim\limits_{x\to 0}2x\sin\dfrac{1}{x} = 0$，而 $\lim\limits_{x\to 0}\cos\dfrac{1}{x}$ 不存在，所以 $\lim\limits_{x\to 0}f'(x)$ 不存在.

思 考 题 2.2

1. 判断下列说法是否正确：

(1) 若函数 $f(x), g(x)$ 在点 x_0 处都不可导，则函数 $f(x)+g(x)$ 在点 x_0 处也一定不可导；

(2) 若函数 $f(x)$ 在点 x_0 处可导，函数 $g(x)$ 在点 x_0 处不可导，则函数 $f(x)+g(x)$ 在点 x_0 处一定不可导.

2. (1) $f'(g(x))$ 与 $(f(g(x)))'$ 有何区别与联系？

(2) 设函数 $f(x) = x^2$，求 $f'(f(x))$，$(f(f(x)))'$.

3. 能否用下列方法证明复合函数求导的链式法则？为什么？

$$\frac{\mathrm{d}y}{\mathrm{d}x} = \lim_{\Delta x\to 0}\frac{\Delta y}{\Delta x} = \lim_{\Delta x\to 0}\frac{\Delta y}{\Delta u} \cdot \frac{\Delta u}{\Delta x} = \lim_{\Delta u\to 0}\frac{\Delta y}{\Delta u} \cdot \lim_{\Delta x\to 0}\frac{\Delta u}{\Delta x} = \frac{\mathrm{d}y}{\mathrm{d}u} \cdot \frac{\mathrm{d}u}{\mathrm{d}x}.$$

习 题 2.2

(A)

一、求下列函数的导数：

(1) $y = \dfrac{4}{x^5} + \dfrac{7}{x^4} - \dfrac{2}{x} + 12$；

(2) $y = 2\tan x + \sec x - 1$；

(3) $y = \dfrac{\ln x}{x}$；

(4) $s = \dfrac{1 + \sin t}{1 + \cos t}$.

二、若以初速度 v_0 竖直上抛一物体，其上升高度 s 与时间 t 的关系式是 $s = v_0 t - \dfrac{1}{2} gt^2$，求：

(1) 该物体的速度 v 与时间 t 的关系式；

(2) 该物体达到最高点的时刻.

三、写出曲线 $y = x - \dfrac{1}{x}$ 在其与 x 轴的交点处的切线方程.

四、求下列函数的导数：

(1) $y = \mathrm{e}^{-3x^2}$；

(2) $y = (\arcsin x)^2$.

五、求下列函数的导数：

(1) $y = \dfrac{1}{\sqrt{1 - x^2}}$；

(2) $y = \ln(x + \sqrt{a^2 + x^2})$；

(3) $y = \ln(\csc x - \cot x)$.

六、求下列函数的导数：

(1) $y = \sqrt{1 + \ln^2 x}$；

(2) $y = \arctan \dfrac{x+1}{x-1}$.

七、设函数 $f(x)$ 和 $g(x)$ 可导，且 $f^2(x) + g^2(x) \neq 0$，试求函数 $y = \sqrt{f^2(x) + g^2(x)}$ 的导数.

八、设函数 $f(x)$ 可导，求下列函数的导数：

(1) $y = f(x^2)$；

(2) $y = f(\sin^2 x) + f(\cos^2 x)$.

九、求下列函数的导数：

(1) $y = \sin^2 x \sin x^2$；

(2) $y = \dfrac{\mathrm{e}^t - \mathrm{e}^{-t}}{\mathrm{e}^t + \mathrm{e}^{-t}}$；

(3) $y = x \arcsin \dfrac{x}{2} + \sqrt{4 - x^2}$.

(B)

一、设函数 $f(x) = x(x+1)(x+2)\cdots(x+n)$，其中 $n \geqslant 2$，求 $f'(0)$.

二、设函数 $f(t) = \lim\limits_{x \to \infty} t \left(1 + \dfrac{1}{x}\right)^{2tx}$，求 $f'(t)$.

三、已知可导函数 $f(x)$ 表示的曲线在点 $(0,1)$ 处的切线斜率为 $\dfrac{1}{2}$，求 $\lim\limits_{x \to 0} \dfrac{f^2(x) - 1}{x}$.

四、设函数 $f(x) = \begin{cases} x \arctan \dfrac{1}{x^2}, & x \neq 0, \\ 0, & x = 0, \end{cases}$ 讨论 $f'(x)$ 在 $x = 0$ 处的连续性.

五、设函数 $f(x) > 0, g(x) > 0, g(x) \neq 1$，且 $f(x), g(x)$ 可导，$y = \log_{g(x)} f(x)$，求 y'.

六、已知函数 $y = f(x)$ 的导数 $f'(x) = \dfrac{2x+1}{(1 + x + x^2)^2}$，且 $f(-1) = 1$，求 $y = f(x)$ 的反函数 $x = \varphi(y)$ 的导数 $\varphi'(1)$.

第三节 高 阶 导 数

在研究曲线的弯曲情况或变速直线运动中速度的变化情况时，会遇到函数的导数对自变量的变化率.

设一物体做变速直线运动，则其瞬时速度 $v(t)$ 就是路程函数 $s=s(t)$ 对时间 t 的导数，故 $v(t)=s'(t)$. 根据物理学知识，速度函数 $v(t)$ 对时间 t 的变化率就是加速度 $a(t)$，即 $a(t)$ 是 $v(t)$ 对时间 t 的导数，故 $a(t)=v'(t)=(s'(t))'$. 于是，加速度 $a(t)$ 就是路程函数 $s(t)$ 对时间 t 的导数的导数. 这样就有了高阶导数的概念.

一、高阶导数的概念

定义 2.3.1　如果函数 $y=f(x)$ 的导数 $f'(x)$ 在点 x 处可导，即

$$\lim_{\Delta x \to 0}\frac{f'(x+\Delta x)-f'(x)}{\Delta x}$$

存在，则称 $y=f(x)$ 在点 x 处**二阶可导**，并称此极限值为函数 $y=f(x)$ 在点 x 处的**二阶导数**，记为 $f''(x)$，y'' 或 $\dfrac{\mathrm{d}^2 y}{\mathrm{d}x^2}$，即

$$f''(x)=(f'(x))',\quad y''=(y')'\quad \text{或}\quad \frac{\mathrm{d}^2 y}{\mathrm{d}x^2}=\frac{\mathrm{d}}{\mathrm{d}x}\left(\frac{\mathrm{d}y}{\mathrm{d}x}\right).$$

类似地，函数 $y=f(x)$ 的二阶导数的导数称为 $y=f(x)$ 的**三阶导数**，记为 $f'''(x)$，y''' 或 $\dfrac{\mathrm{d}^3 y}{\mathrm{d}x^3}$. 一般地，函数 $y=f(x)$ 的 $n-1$ 阶导数的导数称为 $y=f(x)$ 的 n **阶导数**，记为 $f^{(n)}(x)$，$y^{(n)}$ 或 $\dfrac{\mathrm{d}^n y}{\mathrm{d}x^n}$，即

$$f^{(n)}(x)=(f^{(n-1)}(x))',\quad y^{(n)}=(y^{(n-1)})'\quad \text{或}\quad \frac{\mathrm{d}^n y}{\mathrm{d}x^n}=\frac{\mathrm{d}}{\mathrm{d}x}\left(\frac{\mathrm{d}^{n-1} y}{\mathrm{d}x^{n-1}}\right).$$

注　（1）若函数 $f(x)$ 具有 n 阶导数，则称 $f(x)$ n **阶可导**.

（2）二阶和二阶以上的导数统称为**高阶导数**. 相应地，$f(x)$ 称为**零阶导数**，记作 $f^{(0)}(x)$，即 $f(x)=f^{(0)}(x)$；$f'(x)$ 称为**一阶导数**.

显然，计算函数 $f(x)$ 的高阶导数只需对 $f(x)$ 施行一连串的求导运算即可.

例 2.3.1　设函数 $y=f(x)=\arctan x$，求 $f'''(0)$.

解　因为

$$f'(x)=\frac{1}{1+x^2},\quad f''(x)=\frac{-2x}{(1+x^2)^2},\quad f'''(x)=\left[\frac{-2x}{(1+x^2)^2}\right]'=\frac{2(3x^2-1)}{(1+x^2)^3},$$

所以 $f'''(0)=\dfrac{2(3x^2-1)}{(1+x^2)^3}\bigg|_{x=0}=-2.$

许多实际问题都涉及高阶导数. 例如，求自感电动势时，要用到电流 i 对时间 t 的变化率 $\dfrac{\mathrm{d}i}{\mathrm{d}t}$，而电流 $i(t)$ 又等于通过导体截面的电荷量 $q(t)$ 的导数 $\dfrac{\mathrm{d}q}{\mathrm{d}t}$，故实际上将用到二阶导数 $\dfrac{\mathrm{d}^2 q}{\mathrm{d}t^2}$.

几何学上研究曲线的弯曲方向和弯曲程度时,也要用到二阶导数. 我们知道,直线的一般解析式为 $f(x) = ax + b$, 即线性函数. 它的一阶导数为 $f'(x) = a$, 二阶导数为 $f''(x) = 0$. 因此,当 $f''(x) \neq 0$ 时, $f(x)$ 的图形就不是直线. 这个事实启发我们, 在某种意义下可以用二阶导数 $f''(x)$ 的大小去度量函数 $f(x)$ 的图形在点 x 处的弯曲程度.

例如,函数 $y = f(x) = r - \sqrt{r^2 - x^2} \ (-r < x < r)$ 的图形是半径为 $r(r > 0)$ 的半圆弧, 如图 2-10 所示, $r_2 > r_1$, r 的值越大,该半圆弧靠近 x 轴的部分就越多. 而这个函数的一阶、二阶导数分别为

$$f'(x) = \frac{x}{\sqrt{r^2 - x^2}}, \quad f''(x) = \frac{r^2}{(r^2 - x^2)^{\frac{3}{2}}},$$

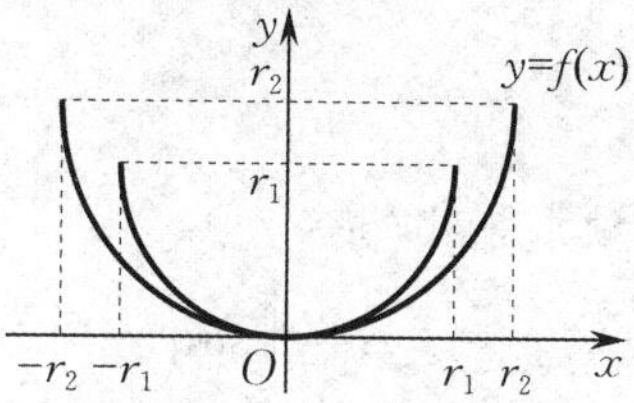

图 2-10

因此 $f''(0) = \dfrac{r^2}{(r^2)^{\frac{3}{2}}} = \dfrac{1}{r}$. 可见, r 的值越大, $f''(0)$ 的值越小. 在这种情形中, $f''(0)$ 很小表示函数 $f(x)$ 的图形在点 $x = 0$ 附近接近于直线.

二、几个初等函数的高阶导数

例 2.3.2　求幂函数 $y = x^n (n \in \mathbf{N}^*)$ 的 n 阶导数.

解　$y' = nx^{n-1}$, $y'' = n(n-1)x^{n-2}$, 用数学归纳法可以证明, 当 $k \leqslant n$ 时, 有

$$y^{(k)} = n(n-1)\cdots(n-k+1)x^{n-k},$$

最后得 $y^{(n)} = n!$. 当 $k > n$ 时, $y^{(k)} = 0$.

由例 2.3.2 可知, n 次多项式

$$P_n(x) = a_0 + a_1 x + a_2 x^2 + \cdots + a_n x^n \quad (a_n \neq 0)$$

的各阶导数分别为

$$P'_n(x) = a_1 + 2a_2 x + \cdots + na_n x^{n-1},$$
$$P''_n(x) = 2a_2 + 6a_3 x + \cdots + n(n-1)a_n x^{n-2},$$
$$\cdots\cdots$$
$$P_n^{(n)}(x) = n!a_n,$$
$$P_n^{(n+1)}(x) = P_n^{(n+2)}(x) = \cdots = 0.$$

令 $x = 0$, 得

$$P_n(0) = a_0, \quad P'_n(0) = a_1, \quad P''_n(0) = 2a_2, \quad \cdots, \quad P_n^{(n)}(0) = n!a_n,$$

因此有

$$P_n(x) = P_n(0) + \frac{1}{1!}P'_n(0)x + \frac{1}{2!}P''_n(0)x^2 + \cdots + \frac{1}{n!}P_n^{(n)}(0)x^n = \sum_{k=0}^{n} \frac{1}{k!}P_n^{(k)}(0)x^k.$$

例 2.3.3　求正弦函数 $y = \sin x$ 和余弦函数 $y = \cos x$ 的 n 阶导数.

解　对于函数 $y = \sin x$, 为求 $y^{(n)}$, 一般情况下是先求出前几阶导数, 然后从中找出规律, 最后归纳出一般表达式. 经计算, 得

$$y' = \cos x, \quad y'' = -\sin x, \quad y''' = -\cos x, \quad y^{(4)} = \sin x.$$

可见,函数 $y = \sin x$ 在经历四次求导运算后回到自身, 又从五阶导数开始新一轮的循环. 故

可得 $y = \sin x$ 的各阶导数的一般表达式为

$$y^{(2n-1)} = (-1)^{n-1}\cos x, \quad y^{(2n)} = (-1)^n \sin x, \quad n = 1, 2, \cdots.$$

这样的归纳结果需要用两个式子给出，下面尝试用一个式子给出.

我们知道，$\cos x$ 可以通过 $\sin x$ 表示，即 $\cos x = \sin\left(x + \dfrac{\pi}{2}\right)$，故

$$y' = \cos x = \sin\left(x + \frac{\pi}{2}\right).$$

继续求导数，得

$$y'' = \left[\sin\left(x + \frac{\pi}{2}\right)\right]' = \cos\left(x + \frac{\pi}{2}\right) = \sin\left(x + \frac{\pi}{2} + \frac{\pi}{2}\right) = \sin(x + \pi),$$

$$y''' = \left[\sin(x + \pi)\right]' = \cos(x + \pi) = \sin\left(x + \frac{3\pi}{2}\right).$$

用数学归纳法可以证明

$$y^{(n)} = (\sin x)^{(n)} = \sin\left(x + \frac{n\pi}{2}\right).$$

类似地，有 $(\cos x)^{(n)} = \cos\left(x + \dfrac{n\pi}{2}\right)$.

例 2.3.4 求指数函数 $y = a^x (a > 0$ 且 $a \neq 1)$ 的 n 阶导数.

解 $y' = a^x \ln a, y'' = a^x (\ln a)^2$，利用数学归纳法可得

$$y^{(n)} = (a^x)^{(n)} = a^x (\ln a)^n.$$

特别地，$(\mathrm{e}^x)^{(n)} = \mathrm{e}^x$.

从以上几个例子可以看出，求函数的高阶导数的基本方法是：首先求出它的前几阶导数，然后找出规律，最后运用数学归纳法得到 n 阶导数公式.

利用数学归纳法，还可以得到下面一般的 n 阶导数公式.

三、高阶导数的运算法则

设函数 $u = u(x)$ 及 $v = v(x)$ 都在点 x 处具有 n 阶导数，容易验证下面的公式：

(1) $(u(x) \pm v(x))^{(n)} = u^{(n)}(x) \pm v^{(n)}(x)$;

(2) $(Cu(x))^{(n)} = Cu^{(n)}(x)$，其中 C 是常数.

函数 $u(x)$ 与 $v(x)$ 的乘积 $u(x)v(x)$ 的 n 阶导数公式比较复杂，下面进行推导（这里将 $u(x), v(x)$ 分别简记作 u, v）：

$$(uv)' = u'v + uv';$$

$$(uv)'' = u''v + 2u'v' + uv'';$$

$$(uv)''' = u'''v + 3u''v' + 3u'v'' + uv''';$$

$$(uv)^{(4)} = u^{(4)}v + 4u'''v' + 6u''v'' + 4u'v''' + uv^{(4)}.$$

如果用 $u^{(0)}$ 代替 $u, v^{(0)}$ 代替 v，则这些导数公式与牛顿二项展开式很相似. 例如，

$$(uv)''' = u'''v^{(0)} + 3u''v' + 3u'v'' + u^{(0)}v''',$$

$$(u + v)^3 = u^3 v^0 + 3u^2 v + 3uv^2 + u^0 v^3.$$

根据牛顿二项展开式 $(u + v)^n = \sum\limits_{k=0}^{n} C_n^k u^k v^{n-k}$，自然可猜到

$$(uv)^{(n)} = \sum_{k=0}^{n} C_n^k u^{(k)} v^{(n-k)}.$$

这个公式称为乘积函数求导的**莱布尼茨公式**,利用数学归纳法可以证明这个公式,该证明留给读者自行完成.

例 2.3.5 设函数 $y = x^2 \sin x$,求 $y^{(80)}$.

分析 由莱布尼茨公式可知,$y^{(80)}$ 的展开式中有81项,且各项涉及所给函数中每个乘积因子从1阶到80阶的导数.若把所给函数中每个乘积因子的各阶导数都计算出来,则显然太过复杂.像这样的高阶导数的计算,通常都有特点或规律,可以简化其计算过程.

就本例来说,乘积因子 $u(x) = x^2$ 有特点:$u^{(n)}(x) = 0 (n > 2)$,因此只需计算 $y^{(80)}$ 的展开式中与 $u^{(n)}(x) \neq 0 (n \leq 2)$ 相对应的项,即乘积因子 $v(x) = \sin x$ 的三个高阶导数 $v^{(80)}(x), v^{(79)}(x), v^{(78)}(x)$ 即可.

解 令 $u(x) = x^2, v(x) = \sin x$,则 $y^{(80)} = \sum_{k=0}^{80} C_{80}^k u^{(k)}(x) v^{(80-k)}(x)$.因为当 $k > 2$ 时,$u^{(k)}(x) = 0$,故

$$y^{(80)} = \sum_{k=0}^{2} C_{80}^k u^{(k)}(x) v^{(80-k)}(x)$$

$$= u(x)v^{(80)}(x) + 80u'(x)v^{(80-1)}(x) + \frac{80(80-1)}{2} u''(x) v^{(80-2)}(x)$$

$$= x^2 \sin\left(x + \frac{80\pi}{2}\right) + 80 \cdot 2x \sin\left(x + \frac{79\pi}{2}\right) + \frac{80(80-1)}{2} \cdot 2 \sin\left(x + \frac{78\pi}{2}\right)$$

$$= x^2 \sin x - 160x \cos x - 6\,320 \sin x.$$

由例 2.3.5 可知,当 $u(x)$ 和 $v(x)$ 中有一个为低次多项式时,用莱布尼茨公式求 $u(x)v(x)$ 的 n 阶导数比较简便.

思考题 2.3

1. 设导函数 $g'(x)$ 连续,$f(x) = (x-a)^2 g(x)$,求 $f''(a)$.

2. 设函数 $y = f(x^2)$,其中函数 $f(u)$ 具有二阶导数.判断以下求 $\frac{d^2 y}{dx^2}$ 的方法是否正确:

$$\frac{dy}{dx} = 2xf'(x^2), \quad \frac{d^2 y}{dx^2} = 2f'(x^2) + 2xf''(x^2).$$

习题 2.3

(A)

一、求下列函数的二阶导数:

(1) $y = 2x^2 + \ln x$; (2) $y = (1+x^2)\arctan x$.

二、若二阶导数 $f''(x)$ 存在,求下列函数的二阶导数 $\frac{d^2 y}{dx^2}$:

(1) $y = f(x^2)$; (2) $y = \ln(f(x))$.

三、已知某一物体的运动规律为 $s = A\sin\omega t$,其中 A, ω 是常数.求该物体运动的加速度,并证明:$\frac{d^2 s}{dt^2} + \omega^2 s = 0$.

四、求下列函数的 n 阶导数：

(1) $y = \sin^2 x$；　　　　　　(2) $y = x\ln x$；　　　　　　(3) $y = \dfrac{1}{2x+3}$.

五、求下列函数所指定阶的导数：

(1) $y = \mathrm{e}^x \cos x$，求 $y^{(4)}$；　　　　　　(2) $y = x^2 \mathrm{e}^{-x}$，求 $y^{(10)}$；

(3) $y = x^2 \sin 2x$，求 $y^{(50)}$.

（B）

一、设函数 $y = (x-1)(x-2)\cdots(x-99)$，求 $y^{(99)}$.

二、已知函数 $f(x)$ 具有任意阶导数，且 $f'(x) = f^2(x)$，试求 $f^{(n)}(x)$（$n > 2$）.

三、已知函数 $f(x) = \begin{cases} x^5 \sin \dfrac{1}{x}, & x \neq 0, \\ 0, & x = 0, \end{cases}$ 问：$f(x)$ 在 $x = 0$ 处最高有几阶导数？为什么？

四、设 n 次多项式 $P_n(x) = a_0 + a_1(x-x_0) + a_2(x-x_0)^2 + \cdots + a_n(x-x_0)^n$（$a_n \neq 0$），其中 $x_0 \in \mathbf{R}$，

证明：$P_n(x) = P_n(x_0) + \dfrac{P'_n(x_0)}{1!}(x-x_0) + \dfrac{P''_n(x_0)}{2!}(x-x_0)^2 + \cdots + \dfrac{P_n^{(n)}(x_0)}{n!}(x-x_0)^n$.

五、证明：$(\sin^4 x + \cos^4 x)^{(n)} = 4^{n-1} \cos\left(4x + \dfrac{n\pi}{2}\right)$.

六、试从等式 $\dfrac{\mathrm{d}x}{\mathrm{d}y} = \dfrac{1}{y'}$ 推导出 $\dfrac{\mathrm{d}^2 x}{\mathrm{d}y^2} = -\dfrac{y''}{(y')^3}$ 及 $\dfrac{\mathrm{d}^3 x}{\mathrm{d}y^3} = \dfrac{3(y'')^2 - y'y'''}{(y')^5}$.

第四节　隐函数和参数方程所确定的函数的导数

一、隐函数的导数

　　表示函数关系的形式有多种，我们经常遇到的是用 $y = f(x)$ 这种形式表示的函数，其特点为函数 y 是直接用自变量 x 的关系式表示的，如 $y = x^2 + 1$，$y = \ln x + \mathrm{e}^x$ 等，这样的函数称为**显函数**. 如果函数与自变量的关系是由方程所确定的，如开普勒（Kepler）方程 $y - \varepsilon \sin y = t$（$0 < \varepsilon < 1$）所确定的函数 y 与自变量 t 的关系（这个函数关系隐含在该方程中），这样的函数称为**隐函数**①.

　　有些隐函数可以转化为显函数（称为隐函数的显化）. 例如，方程 $x^2 - y - 4 = 0$ 所确定的隐函数，可以转化为显函数 $y = x^2 - 4$. 而有些隐函数很难或不能化为显函数，典型的例子就是开普勒方程 $y - \varepsilon \sin y = t$（$0 < \varepsilon < 1$）所确定的隐函数. 从天体力学的角度讲，$y$ 是 t 的函数，但却无法给出 y 的显式表达式. 像这样的例子，自然界还有很多. 在了解或研究这些实际问题时，通常需要去了解这些隐函数的连续性和可微性等性质. 那么，无法显化的隐函数怎样求出其导数呢？

　　下面通过几个例子来进行说明.

---

　　①　在满足一定条件的情况下（我们将在下册学习多元函数的微积分学时再来详细探讨这些条件），方程 $F(x,y) = 0$ 可以确定一个 y 关于 x 的隐函数 $y = y(x)$.

例 2.4.1 　求方程 $x^2 + y^2 = 4$ 所确定的隐函数的导数.

解　注意到原方程确定 y 是 x 的函数,即原方程可写为 $x^2 + (y(x))^2 = 4$. 在此等式两边同时对 x 求导数,得

$$2x + 2yy' = 0,$$

解得 $y' = -\dfrac{x}{y}$.

注　在例 2.4.1 中,因为 y 是 x 的函数,所以 y^2 就是 x 的复合函数,于是 $(y^2)' = 2yy'$. 例如,设函数 $y = \sin x$,则 $(y^2)' = 2yy' = 2\sin x(\sin x)' = \sin 2x$.

例 2.4.2 　求开普勒方程 $y - \varepsilon\sin y = t\,(0 < \varepsilon < 1)$ 所确定的隐函数的导数.

解　在原方程两边同时对 t 求导数,得

$$y' - \varepsilon\cos y \cdot y' = 1,$$

解得 $y' = \dfrac{1}{1 - \varepsilon\cos y}$.

例 2.4.3 　证明:过椭圆 $\dfrac{x^2}{a^2} + \dfrac{y^2}{b^2} = 1$ 上一点 $M(x_0, y_0)\,(y_0 \neq 0)$ 的切线方程为

$$\frac{x_0 x}{a^2} + \frac{y_0 y}{b^2} = 1.$$

证　在椭圆方程两边同时对 x 求导数,得

$$\frac{2x}{a^2} + \frac{2y}{b^2}y' = 0,$$

解得 $y' = -\dfrac{b^2 x}{a^2 y}$,即椭圆在点 $M(x_0, y_0)$ 处的切线斜率为

$$k = y'\Big|_{(x_0, y_0)} = -\frac{b^2 x_0}{a^2 y_0}.$$

应用直线的点斜式方程,即得椭圆在点 $M(x_0, y_0)$ 处的切线方程为

$$y - y_0 = -\frac{b^2 x_0}{a^2 y_0}(x - x_0),$$

化简得

$$\frac{x_0 x}{a^2} + \frac{y_0 y}{b^2} = 1.$$

下面研究曲线族的正交问题. 如果两条曲线在它们的交点处的切线互相垂直,则称**这两条曲线是正交的**. 如果一个曲线族中每条曲线都与另一个曲线族中所有与它相交的曲线是正交的,则称**这两个曲线族是正交的**或互为正交轨线. 正交轨线在很多物理现象中都有出现. 例如,静电场中的电场线与等电位线正交,热力学中的等温线与热流线正交,等等.

例 2.4.4 　证明:两相交的双曲线族 $xy = C\,(C \neq 0)$ 和 $x^2 - y^2 = k\,(k \neq 0)$ 互为正交轨线.

解　设双曲线 $xy = C$ 与 $x^2 - y^2 = k$ 的交点为 (x_0, y_0). 在方程 $xy = C$ 两边同时对 x 求导数,得

$$y + x\frac{\mathrm{d}y}{\mathrm{d}x} = 0, \quad \text{即} \quad \frac{\mathrm{d}y}{\mathrm{d}x} = -\frac{y}{x}.$$

因此,双曲线 $xy = C$ 在点 (x_0, y_0) 处的切线斜率为

$$k_1 = \frac{dy}{dx}\bigg|_{(x_0, y_0)} = -\frac{y_0}{x_0}.$$

在方程 $x^2 - y^2 = k$ 两边同时对 x 求导数,得

$$2x - 2y\frac{dy}{dx} = 0, \quad 即 \quad \frac{dy}{dx} = \frac{x}{y}.$$

所以,双曲线 $x^2 - y^2 = k$ 在点 (x_0, y_0) 处的切线斜率为

$$k_2 = \frac{dy}{dx}\bigg|_{(x_0, y_0)} = \frac{x_0}{y_0}.$$

可见,$k_1 k_2 = -1$,故题设两个双曲线族互为正交轨线.

在实际问题中,若一质点沿曲线 $L: y = f(x)$ 做曲线运动,则考察此运动在某点 $M(x_0, f(x_0))$ 处的局部情形时,可用圆周曲线来代替该点附近的曲线弧,这样就可以用圆周运动的知识来分析质点在该点处的曲线运动. 那么,什么样的圆周曲线在点 M 处更接近于曲线 L 呢?下面我们结合例子来研究这个问题.

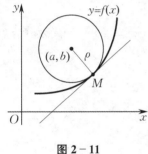

图 2−11

例 2.4.5 设函数 $y = f(x)$ 在点 x_0 处有二阶导数,且满足 $y_0' = f'(x_0)$,$y_0'' = f''(x_0) \neq 0$. 求一个过点 $M(x_0, y_0)$ 的圆 $(x-a)^2 + (y-b)^2 = \rho^2 (\rho > 0)$,使得它在点 M 处与函数 $y = f(x)$ 具有相同的一阶和二阶导数,如图 2−11 所示. 此时,称该圆为曲线 $y = f(x)$ 在点 M 处的**曲率圆**,其中 ρ 称为**曲率半径**,点 (a, b) 称为**曲率中心**.

解 在方程 $(x-a)^2 + (y-b)^2 = \rho^2$ 两边同时对 x 求一阶和二阶导数,得

$$(x-a) + (y-b)y' = 0,$$
$$1 + (y')^2 + (y-b)y'' = 0.$$

要求曲率圆,则需要求出三个参数 a, b, ρ 的值. 已知它们满足以下三点:

(1) $(x_0 - a)^2 + (y_0 - b)^2 = \rho^2$;

(2) $(x_0 - a) + (y_0 - b)y_0' = 0$;

(3) $1 + (y_0')^2 + (y_0 - b)y_0'' = 0$.

由此解得

$$a = x_0 - y_0'\frac{1 + (y_0')^2}{y_0''}, \quad b = y_0 + \frac{1 + (y_0')^2}{y_0''}, \quad \rho = \frac{[1 + (y_0')^2]^{\frac{3}{2}}}{|y_0''|}.$$

将它们代入方程 $(x-a)^2 + (y-b)^2 = \rho^2$ 即得所求的圆.

注 工程学中常用曲线在某点处的曲率圆来近似代替该点附近的曲线弧(称为**曲线的二次近似**). 有关此方面的详细内容见第三章第三节.

例 2.4.6 设函数 $y = f(x)$ 有二阶导数,$f'(x) \neq 0$,求 $\frac{d^2 x}{dy^2}$.

分析 将 $y = f(x)$ 看作隐函数,其中 y 为自变量,x 为因变量.

解 在 $y = f(x)$ 两边同时对 y 求导数,得

$$1 = f'(x) \cdot \frac{dx}{dy}, \quad 即 \quad \frac{dx}{dy} = \frac{1}{f'(x)}.$$

在上面左边的等式两边继续对 y 求导数,得

$$0 = f''(x) \cdot \left(\frac{\mathrm{d}x}{\mathrm{d}y}\right)^2 + f'(x) \cdot \frac{\mathrm{d}^2 x}{\mathrm{d}y^2}, \quad \text{即} \quad \frac{\mathrm{d}^2 x}{\mathrm{d}y^2} = -\frac{f''(x)}{(f'(x))^3}.$$

二、对数求导法

下面结合例子来研究一种特殊的求导方法 —— 对数求导法.

例 2.4.7 求函数 $y = (\tan x)^{\sin x}, 0 < x < \frac{\pi}{2}$ 的导数.

解 根据对数能把积商化为对数之和差、幂指函数化为指数与底数的对数之积的特点,在函数 $y = (\tan x)^{\sin x}$ 两边同时取对数,得

$$\ln y = \sin x \cdot \ln(\tan x).$$

再在上式两边同时对 x 求导数,得

$$\frac{1}{y} \cdot y' = \cos x \cdot \ln(\tan x) + \sin x \cdot \frac{1}{\tan x} \cdot \sec^2 x,$$

故

$$y' = (\tan x)^{\sin x} \left[\cos x \cdot \ln(\tan x) + \sec x\right].$$

注 例 2.4.7 也可以将 $y = (\tan x)^{\sin x}$ 转化为 $y = \mathrm{e}^{\sin x \cdot \ln(\tan x)}$,则

$$y' = \left[\mathrm{e}^{\sin x \cdot \ln(\tan x)}\right]' = \mathrm{e}^{\sin x \cdot \ln(\tan x)} \cdot \left[\sin x \cdot \ln(\tan x)\right]'$$

$$= \mathrm{e}^{\sin x \cdot \ln(\tan x)} \cdot \left[\cos x \cdot \ln(\tan x) + \sin x \cdot \frac{1}{\tan x} \cdot \sec^2 x\right]$$

$$= (\tan x)^{\sin x} \left[\cos x \cdot \ln(\tan x) + \sec x\right].$$

为了求隐函数的导数 y',可以先在隐函数表达式两边同时取对数,再用隐函数的求导方法得到 y',这种求导方法称为**对数求导法**.

对幂指函数 $y = u(x)^{v(x)} (u(x) > 0)$、多项乘积函数或带有乘方、开方的函数求导数时,用对数求导法比较简便.

例 2.4.8 设函数 $y = \sqrt{\mathrm{e}^{\frac{1}{x}} \sqrt{x \sqrt{\sin x}}}, 0 < x < \pi$,求 y'.

解 将所给函数改写为 $y = \mathrm{e}^{\frac{1}{2x}} x^{\frac{1}{4}} (\sin x)^{\frac{1}{8}}$,在该等式两边同时取对数,得

$$\ln y = \frac{1}{2x} + \frac{1}{4}\ln x + \frac{1}{8}\ln(\sin x).$$

在上式两边同时对 x 求导数,得

$$\frac{1}{y} \cdot y' = -\frac{1}{2x^2} + \frac{1}{4x} + \frac{1}{8}\cot x,$$

故

$$y' = \sqrt{\mathrm{e}^{\frac{1}{x}} \sqrt{x \sqrt{\sin x}}} \left(-\frac{1}{2x^2} + \frac{1}{4x} + \frac{1}{8}\cot x\right).$$

注 例 2.4.8 如果用链式法则求解,则计算过程将会很复杂.

例 2.4.7 和例 2.4.8 中的函数取对数后,原表达式中的乘除运算化为加减运算,幂指函数化为乘积函数,这样大大降低了运算量. 因此,在隐函数的求导运算中,对数求导法非常实用.

例 2.4.9 设函数 $y = (3x-1)^{\frac{5}{3}} \sqrt{\frac{x-1}{x-2}}$,求 y'.

解 先取所给函数的绝对值,再取对数,得

$$\ln|y| = \frac{5}{3}\ln|3x-1| + \frac{1}{2}\ln|x-1| - \frac{1}{2}\ln|x-2|.$$

在上式两边同时对 x 求导数,应用链式法则以及例 2.2.11 的结果,得

$$\frac{1}{y} \cdot y' = \frac{5}{3} \cdot \frac{3}{3x-1} + \frac{1}{2} \cdot \frac{1}{x-1} - \frac{1}{2} \cdot \frac{1}{x-2},$$

故

$$y' = \frac{1}{2}(3x-1)^{\frac{5}{3}}\sqrt{\frac{x-1}{x-2}}\left(\frac{10}{3x-1} + \frac{1}{x-1} - \frac{1}{x-2}\right).$$

三、参数方程所确定的函数的导数

在几何学、物理学和其他应用科学中,有时用参数方程

$$\begin{cases} x = \varphi(t), \\ y = \psi(t), \end{cases} \quad \alpha \leqslant t \leqslant \beta \tag{2.4.1}$$

表示曲线或质点运动的轨迹.

为了求曲线的切线斜率或质点运动的速度,需要求相应函数的导数. 由于从参数方程中消去参数 t 有时会有困难,因此需要找到一种方法能直接由参数方程求出它所确定的函数的导数.

若函数 $x = \varphi(t)$ 和 $y = \psi(t)$ 都可导,且 $x = \varphi(t)$ 单调,$\varphi'(t) \neq 0$,则 $x = \varphi(t)$ 存在可导的反函数 $t = \varphi^{-1}(x)$,且由反函数的求导法则可知,它们的导数有如下关系:

$$\frac{\mathrm{d}t}{\mathrm{d}x} = \frac{1}{\frac{\mathrm{d}x}{\mathrm{d}t}}.$$

这样,参数方程(2.4.1)所确定的函数可看作由函数 $y = \psi(t), t = \varphi^{-1}(x)$ 所构成的复合函数 $y = \psi(\varphi^{-1}(x))$,则由复合函数的求导法则可知,它的导数为

$$\frac{\mathrm{d}y}{\mathrm{d}x} = \frac{\mathrm{d}y}{\mathrm{d}t} \cdot \frac{\mathrm{d}t}{\mathrm{d}x} = \frac{\mathrm{d}y}{\mathrm{d}t} \cdot \frac{1}{\frac{\mathrm{d}x}{\mathrm{d}t}} = \frac{\psi'(t)}{\varphi'(t)}①,$$

即

$$\frac{\mathrm{d}y}{\mathrm{d}x} = \frac{\psi'(t)}{\varphi'(t)} \quad \text{或} \quad \frac{\mathrm{d}y}{\mathrm{d}x} = \frac{\mathrm{d}y}{\mathrm{d}t}\Big/\frac{\mathrm{d}x}{\mathrm{d}t}.$$

例 2.4.10 求摆线 $\begin{cases} x = a(t - \sin t), \\ y = a(1 - \cos t) \end{cases}$ $(a > 0)$(见图 2-12) 在 $t = \frac{\pi}{2}$ 时对应点处的切线方程.

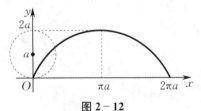

图 2-12

解 由于 $\dfrac{\mathrm{d}y}{\mathrm{d}x} = \dfrac{\mathrm{d}y}{\mathrm{d}t}\Big/\dfrac{\mathrm{d}x}{\mathrm{d}t} = \dfrac{\sin t}{1 - \cos t}$,因此所求切线的斜率为

$$\frac{\mathrm{d}y}{\mathrm{d}x}\Big|_{t=\frac{\pi}{2}} = 1.$$

而切点的坐标为 $x_0 = a\left(\dfrac{\pi}{2} - 1\right), y_0 = a$,故所求切线方程为

$$y - a = 1 \cdot \left[x - a\left(\frac{\pi}{2} - 1\right)\right], \quad \text{即} \quad x - y = a\left(\frac{\pi}{2} - 2\right).$$

---

① y 作为 x 的函数,$\dfrac{\mathrm{d}y}{\mathrm{d}x}$ 应表示为 $\begin{cases} x = \varphi(t), \\ \dfrac{\mathrm{d}y}{\mathrm{d}x} = \dfrac{\psi'(t)}{\varphi'(t)}, \end{cases}$ 但为了方便起见,通常把 $x = \varphi(t)$ 省去.

例 2.4.11 设炮弹弹头的初速度为 v_0,沿着与地面成 $\alpha \left(0 < \alpha < \dfrac{\pi}{2}\right)$ 角的方向抛射出去,求弹头在时刻 t 的运动速度和运动方向(忽略空气阻力及风向等因素).

解 建立直角坐标系,如图 2-13 所示,则弹头运动曲线的参数方程为

$$\begin{cases} x = v_0 t\cos \alpha, \\ y = v_0 t\sin \alpha - \dfrac{1}{2}gt^2. \end{cases}$$

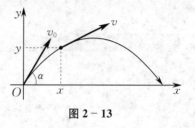

图 2-13

可见,弹头在时刻 t 的水平、垂直分速度分别为

$$\frac{\mathrm{d}x}{\mathrm{d}t} = v_0 \cos \alpha, \qquad \frac{\mathrm{d}y}{\mathrm{d}t} = v_0 \sin \alpha - gt.$$

故弹头在时刻 t 的运动速度的大小为

$$v = \sqrt{\left(\frac{\mathrm{d}x}{\mathrm{d}t}\right)^2 + \left(\frac{\mathrm{d}y}{\mathrm{d}t}\right)^2} = \sqrt{(v_0 \cos \alpha)^2 + (v_0 \sin \alpha - gt)^2},$$

运动方向即为运动轨迹的切线方向. 设弹头在时刻 t 的运动方向与地面的夹角为 φ,则

$$\tan \varphi = \frac{\mathrm{d}y}{\mathrm{d}x} = \frac{\mathrm{d}y}{\mathrm{d}t} \Big/ \frac{\mathrm{d}x}{\mathrm{d}t} = \frac{v_0 \sin \alpha - gt}{v_0 \cos \alpha}.$$

下面讨论参数方程(2.4.1)所确定的函数的二阶导数. 设函数 $x = \varphi(t)$ 和 $y = \psi(t)$ 具有二阶导数,则由 $x = \varphi(t), \dfrac{\mathrm{d}y}{\mathrm{d}x} = \dfrac{\psi'(t)}{\varphi'(t)}$ 得

$$\frac{\mathrm{d}^2 y}{\mathrm{d}x^2} = \frac{\mathrm{d}}{\mathrm{d}x}\left(\frac{\mathrm{d}y}{\mathrm{d}x}\right) = \frac{\mathrm{d}}{\mathrm{d}t}\left(\frac{\psi'(t)}{\varphi'(t)}\right) \cdot \frac{\mathrm{d}t}{\mathrm{d}x} = \frac{\psi''(t)\varphi'(t) - \psi'(t)\varphi''(t)}{(\varphi'(t))^2} \cdot \frac{1}{\varphi'(t)},$$

即

$$\frac{\mathrm{d}^2 y}{\mathrm{d}x^2} = \frac{\psi''(t)\varphi'(t) - \psi'(t)\varphi''(t)}{(\varphi'(t))^3}.$$

无须死记参数方程所确定的函数的二阶导数公式. 实际上,掌握了推导公式的方法,结论自然可得.

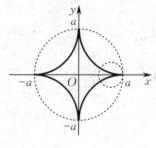

图 2-14

例 2.4.12 设参数方程 $\begin{cases} x = a\cos^3 \theta, \\ y = a\sin^3 \theta \end{cases} (a > 0)$,求 $\dfrac{\mathrm{d}^2 y}{\mathrm{d}x^2}$.

解 由于

$$\frac{\mathrm{d}y}{\mathrm{d}x} = \frac{(a\sin^3 \theta)'}{(a\cos^3 \theta)'} = \frac{3a\sin^2 \theta \cos \theta}{3a\cos^2 \theta(-\sin \theta)} = -\tan \theta,$$

因此

$$\frac{\mathrm{d}^2 y}{\mathrm{d}x^2} = \frac{\mathrm{d}}{\mathrm{d}x}\left(\frac{\mathrm{d}y}{\mathrm{d}x}\right) = \frac{(-\tan \theta)'}{(a\cos^3 \theta)'} = \frac{-\sec^2 \theta}{3a\cos^2 \theta(-\sin \theta)} = \frac{1}{3a}\sec^4 \theta \csc \theta.$$

注 例 2.4.12 中参数方程所表示的曲线称为星形线[①],如图 2-14 所示.

思考题 2.4

1. 如何求函数 $y = x^{x^x}$,$x > 0$ 的导数?

---

① 当动圆沿着另一个定圆圆周内部滚动时(两圆位于同一平面上且动圆半径为定圆半径的四分之一),动圆圆周上一点的轨迹即为**星形线**.

2. 判断下列解题方法是否正确：

(1) 设参数方程 $\begin{cases} x = \varphi(t), \\ y = \psi(t), \end{cases}$ 因为 $\dfrac{\mathrm{d}y}{\mathrm{d}x} = \dfrac{\psi'(t)}{\varphi'(t)}(\varphi'(t) \neq 0)$，所以 $\dfrac{\mathrm{d}^2 y}{\mathrm{d}x^2} = \dfrac{\psi''(t)}{\varphi''(t)}$；

(2) 设参数方程 $\begin{cases} x = \mathrm{e}^{2t}, \\ y = \mathrm{e}^{4t}, \end{cases}$ 因为 $\dfrac{\mathrm{d}y}{\mathrm{d}x} = \dfrac{(\mathrm{e}^{4t})'}{(\mathrm{e}^{2t})'} = \dfrac{4\mathrm{e}^{4t}}{2\mathrm{e}^{2t}} = 2\mathrm{e}^{2t}$，所以 $\dfrac{\mathrm{d}^2 y}{\mathrm{d}x^2} = (2\mathrm{e}^{2t})' = 4\mathrm{e}^{2t}$.

习题 2.4

(A)

一、求曲线 $x^{\frac{2}{3}} + y^{\frac{2}{3}} = a^{\frac{2}{3}}$ 在点 $\left(\dfrac{\sqrt{2}}{4}a, \dfrac{\sqrt{2}}{4}a\right)$ 处的切线方程和法线方程.

二、求方程 $b^2 x^2 + a^2 y^2 = a^2 b^2$ 所确定的隐函数的二阶导数 $\dfrac{\mathrm{d}^2 y}{\mathrm{d}x^2}$.

三、用对数求导法求下列函数的导数：

(1) $y = \left(\dfrac{x}{1+x}\right)^x$； (2) $y = \sqrt[5]{\dfrac{x-5}{\sqrt[5]{x^2+2}}}$.

四、求参数方程 $\begin{cases} x = at^2, \\ y = bt^3 \end{cases}$ 所确定的函数的导数 $\dfrac{\mathrm{d}y}{\mathrm{d}x}$.

五、设参数方程 $\begin{cases} x = \mathrm{e}^t \sin t, \\ y = \mathrm{e}^t \cos t, \end{cases}$ 当 $t = \dfrac{\pi}{3}$ 时，求 $\dfrac{\mathrm{d}y}{\mathrm{d}x}$ 的值.

六、求参数方程 $\begin{cases} x = f'(t), \\ y = tf'(t) - f(t) \end{cases}$ 所确定的函数的二阶导数 $\dfrac{\mathrm{d}^2 y}{\mathrm{d}x^2}$，其中 $f''(t)$ 存在且不为零.

(B)

一、已知函数 $y = y(x)$ 由方程 $\mathrm{e}^y + 6xy + x^2 - 1 = 0$ 所确定，求 $y''(0)$.

二、设函数 $y = y(x)$ 由参数方程 $\begin{cases} x = \arctan t, \\ 2y - ty^2 + \mathrm{e}^t = 5 \end{cases}$ 所确定，求 $\dfrac{\mathrm{d}y}{\mathrm{d}x}\Big|_{t=0}$.

三、设函数 $y = f(x+y)$，其中 f 具有二阶导数，且其一阶导数不等于 1，求 $\dfrac{\mathrm{d}^2 y}{\mathrm{d}x^2}$.

四、设函数 $y = (\arcsin x)^2$，证明：$(1-x^2)y''' - 3xy'' - y' = 0$.

五、已知 $f(x)$ 是周期为 5 的连续函数，它在 $x = 0$ 的某个邻域内满足关系式

$$f(1+\sin x) - 3f(1-\sin x) = 8x + \alpha(x),$$

其中 $\alpha(x)$ 是 x 的高阶无穷小（当 $x \to 0$ 时），且 $f(x)$ 在 $x = 1$ 处可导. 求曲线 $y = f(x)$ 在点 $(6, f(6))$ 处的切线方程.

第五节　微　　分

在学习了导数之后，本节将要介绍与导数密切相关但又有本质区别的一个重要概念 —— 微分.

一、概念的引出

在理论研究和工程计算中，常常会遇到这样一类近似计算问题：当自变量在点 x 处有微

小增量 Δx 时,求函数 $f(x)$ 相应的增量

$$\Delta y = f(x + \Delta x) - f(x).$$

这个问题初看起来很容易,然而,对于较复杂的函数 $f(x)$,其增量 Δy 的值不易求出. 例如函数 $y = x^n (n \in \mathbf{N}^*)$,对应于自变量增量 Δx,有

$$\Delta y = nx^{n-1}\Delta x + \frac{n(n-1)}{2}x^{n-2}(\Delta x)^2 + \cdots + (\Delta x)^n,$$

其计算显然比较复杂. 因此,有必要寻找函数增量 Δy 的一个既简单又有一定精确度的近似计算公式. 微分就是在这种背景下产生的一个概念.

为了了解函数增量 Δy 对自变量增量 Δx 的关系,先考察下面的例子.

例 2.5.1 如图 2-15 所示,一块正方形金属薄片受温度变化的影响,其边长由 x_0 变到 $x_0 + \Delta x$(Δx 非常小),问:此薄片的面积改变了多少?

解 设该金属薄片的边长为 x,面积为 S,则 $S = x^2$. 当边长 x 有增量 Δx 时,该金属薄片的面积增量为

$$\Delta S = (x_0 + \Delta x)^2 - x_0^2 = 2x_0\Delta x + (\Delta x)^2.$$

例 2.5.1 的结果表明,ΔS 包含两个部分:第一部分是 $2x_0\Delta x$,即图 2-15 中两个长为 x_0,宽为 Δx 的长方形面积之和,它是 Δx 的线性函数,而且是 ΔS 的主要部分;第二部分是 $(\Delta x)^2$,即图 2-15 中边长为 Δx 的正方形的面积,它是 ΔS 的次要部分,且当 $\Delta x \to 0$ 时,它是 Δx 的高阶无穷小量.

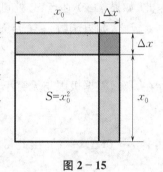

图 2-15

由此可见,如果边长的改变很微小,即 $|\Delta x|$ 很小,则可以将第二部分 $(\Delta x)^2$ 忽略掉,而用第一部分 $2x_0\Delta x$ 近似地表示 ΔS,即 $\Delta S \approx 2x_0\Delta x$,这样做所产生的误差很小(误差为 $(\Delta x)^2$). 例如,当 $x_0 = 1, \Delta x = 0.01$ 时,

$$\Delta S = 2 \times 0.01 + 0.0001 = 0.02 + 0.0001, \quad 即 \quad \Delta S \approx 0.02.$$

实际上,上述结论具有一般性. 设函数 $y = f(x)$ 在点 x_0 处可导,则有

$$f'(x_0) = \lim_{\Delta x \to 0} \frac{\Delta y}{\Delta x}.$$

利用第一章讲过的极限与无穷小量之间的关系,上式可写为

$$\Delta y = f'(x_0)\Delta x + o(\Delta x).$$

可见,函数在点 x_0 处的增量 Δy 也分成了两个部分:Δx 的线性部分 $f'(x_0)\Delta x$ 与 Δx 的高阶无穷小量部分 $o(\Delta x)$. 当自变量增量 Δx 充分小时,函数增量 Δy 可由第一部分近似代替,即

$$\Delta y \approx f'(x_0)\Delta x.$$

将上述问题一般化,就有下面的定义.

二、微分的定义

定义 2.5.1 设函数 $y = f(x)$ 在某区间上有定义,点 x_0 及点 $x_0 + \Delta x$ 在该区间上. 如果函数的增量 $\Delta y = f(x_0 + \Delta x) - f(x_0)$ 可表示为

$$\Delta y = A\Delta x + o(\Delta x),$$

其中 A 是不依赖于 Δx 的常数,那么称函数 $y = f(x)$ 在点 x_0 处**可微**,而 $A\Delta x$ 称为函数 $y = f(x)$ 在点 x_0 处相应于自变量增量 Δx 的**微分**,记作 dy 或 $df(x)$,即

$$dy = A\Delta x.$$

那么,什么条件下函数 $y = f(x)$ 在点 x_0 处可微,其中的常数 A 代表着什么意义?

从例2.5.1中可以发现,$\Delta S \approx 2x_0\Delta x$ 中的 $2x_0$ 恰好是面积函数 $S = x^2$ 在点 x_0 处的导数. 这是偶然的结果,还是必然的结果呢?下面详细讨论这个问题.

三、微分与导数的关系

设函数 $y = f(x)$ 在点 x_0 处可微,则按定义有

$$\Delta y = A\Delta x + o(\Delta x),$$

其中 A 是不依赖于 Δx 的常数. 上式两边同时除以 Δx,并取极限得

$$f'(x_0) = \lim_{\Delta x \to 0}\frac{\Delta y}{\Delta x} = \lim_{\Delta x \to 0}\left(A + \frac{o(\Delta x)}{\Delta x}\right) = A.$$

因此,如果 $f(x)$ 在点 x_0 处可微,则 $f(x)$ 在点 x_0 处也一定可导,且 $f'(x_0) = A$.

反之,如果函数 $y = f(x)$ 在点 x_0 处可导,即

$$\lim_{\Delta x \to 0}\frac{\Delta y}{\Delta x} = f'(x_0)$$

存在,那么根据极限与无穷小量的关系,上式可写成

$$\frac{\Delta y}{\Delta x} = f'(x_0) + \alpha,$$

其中 $\alpha \to 0(\Delta x \to 0)$. 由此得

$$\Delta y = f'(x_0)\Delta x + \alpha\Delta x.$$

因 $f'(x_0)$ 不依赖于 Δx,故上式相当于 $\Delta y = A\Delta x + o(\Delta x)$,其中 $A = f'(x_0)$ 是常数,$o(\Delta x) = \alpha\Delta x$. 所以,$y = f(x)$ 在点 x_0 处可微.

通过以上分析可知,函数 $y = f(x)$ 在点 x_0 处可微与其在点 x_0 处可导是等价的. 故得下面的定理.

定理 2.5.1(函数可微的条件) 函数 $y = f(x)$ 在点 x_0 处可微的充要条件是 $y = f(x)$ 在点 x_0 处可导. 当 $y = f(x)$ 在点 x_0 处可微时,其微分一定是 $dy = f'(x_0)\Delta x$.

由定理2.5.1可知,函数 $y = f(x)$ 在任一点 x 处的微分为(假设 $f(x)$ 在该点处可微)

$$dy = f'(x)\Delta x.$$

例如,$d(\cos x) = (\cos x)'\Delta x = -\sin x\Delta x$,$d(e^x) = (e^x)'\Delta x = e^x\Delta x$.

例 2.5.2 求函数 $y = x^4$ 在 $x = 1$ 处当 $\Delta x = 0.1, 0.01$ 时的增量和微分.

解 因为

$$\Delta y = (x + \Delta x)^4 - x^4 = 4x^3\Delta x + 6x^2(\Delta x)^2 + 4x(\Delta x)^3 + (\Delta x)^4,$$

$$dy = y'\Delta x = 4x^3\Delta x,$$

所以当 $\Delta x = 0.1$ 时,

$$\Delta y = 4 \times 0.1 + 6 \times 0.1^2 + 4 \times 0.1^3 + 0.1^4 = 0.464\,1,$$

$$dy = 4 \times 0.1 = 0.4, \quad \Delta y - dy = 0.064;$$

当 $\Delta x = 0.01$ 时，

$$\Delta y = 4 \times 0.01 + 6 \times 0.01^2 + 4 \times 0.01^3 + 0.01^4 = 0.040\,604\,01,$$
$$\mathrm{d}y = 4 \times 0.01 = 0.04, \quad \Delta y - \mathrm{d}y = 0.000\,604\,01.$$

比较例 2.5.2 中增量和微分的计算可见，若用微分代替增量，则可以简化计算，其误差也较小，且 $|\Delta x|$ 越小，误差就越小.

特别地，当 $y = x$ 时，$\mathrm{d}y = \mathrm{d}x = (x)'\Delta x = \Delta x$，所以通常把自变量 x 的增量 Δx 也称为**自变量的微分**，记作 $\mathrm{d}x$，即 $\mathrm{d}x = \Delta x$. 故函数 $y = f(x)$ 的微分又可记作

$$\mathrm{d}y = f'(x)\mathrm{d}x,$$

于是有
$$\frac{\mathrm{d}y}{\mathrm{d}x} = f'(x).$$

这就是说，函数的导数等于函数的微分 $\mathrm{d}y$ 与自变量的微分 $\mathrm{d}x$ 之商. 因此，导数也称为**微商**.

四、微分的几何意义

由导数的几何意义可以给出微分的几何意义. 如图 2-16 所示，函数 $y = f(x)$ 的图形是一条曲线，对其上任一点 $M(x_0, y_0)$，当 x_0 有微小增量 Δx 时，有对应点 $N(x_0 + \Delta x, y_0 + \Delta y)$，其中 $MQ = \Delta x$，$NQ = \Delta y$，$PQ = MQ \cdot \tan \alpha = \Delta x \cdot f'(x_0)$，这表明 PQ 就是 $y = f(x)$ 在点 x_0 处的微分，即 $PQ = \mathrm{d}y$. 所以，当 Δy 是曲线 $y = f(x)$ 上点的纵坐标增量时，$\mathrm{d}y$ 就是曲线在该点处的切线上相应点的纵坐标增量，这就是微分的几何意义.

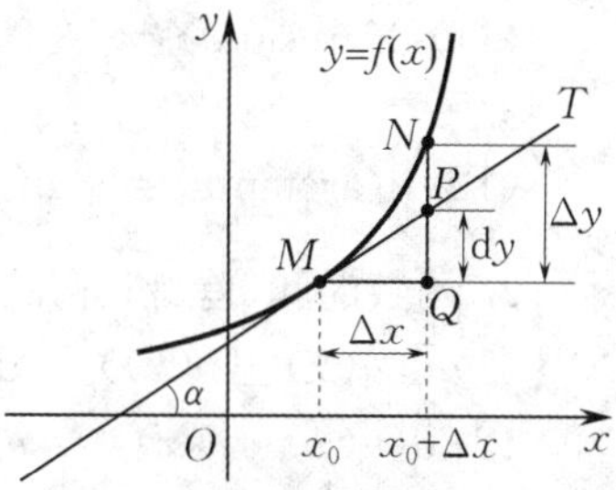

由图 2-16 还可看出，当 $\Delta x \to 0$ 时，

$$\Delta y - \mathrm{d}y = NP = o(\Delta x).$$

图 2-16

因此，当 $|\Delta x|$ 很小时，用微分 $\mathrm{d}y$ 近似代替 Δy，本质上就是在点 M 附近用切线段近似代替曲线段. 例如，如图 2-17 所示，对于可微函数 $y = x^2$，其在点 $(1,1)$ 附近的图形和它在点 $(1,1)$ 处的切线几乎是重合的. 因此，在局部范围内，曲线 $y = x^2$ 的几何性态就像一条直线.

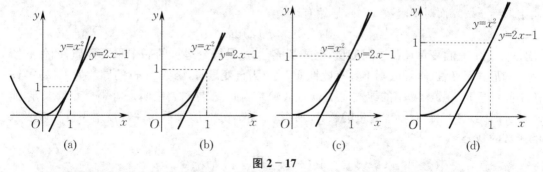

图 2-17

需要强调的是，在微小局部用线性函数近似代替给定的非线性函数，或者在几何学上用切线段代替曲线段（称为"以直代曲"）是微分学的基本思想之一，通常称之为非线性函数的局部线性化. 这种思想方法被广泛应用于自然科学与工程问题的研究中.

五、微分运算法则

微分这个概念具有双重意义：它既表示一个与增量有关的特殊的量，又表示一种与求导运算密切相关的运算．从函数的微分表达式 $dy = f'(x)dx$ 可以看出，要计算函数的微分，只需计算函数的导数，再乘以自变量的微分 dx 即可．所以，从导数的基本公式和运算法则就可以得到微分的基本公式和运算法则．

1. 基本初等函数的微分公式

(1) $d(C) = 0 \ (C \in \mathbf{R})$；

(2) $d(x^\mu) = \mu x^{\mu-1} dx \ (\mu \in \mathbf{R})$；

(3) $d(\sin x) = \cos x dx$；

(4) $d(\cos x) = -\sin x dx$；

(5) $d(\tan x) = \sec^2 x dx$；

(6) $d(\cot x) = -\csc^2 x dx$；

(7) $d(\sec x) = \sec x \tan x dx$；

(8) $d(\csc x) = -\csc x \cot x dx$；

(9) $d(a^x) = a^x \ln a dx \,(a > 0 \text{ 且 } a \neq 1)$，特别地，$d(e^x) = e^x dx$；

(10) $d(\log_a x) = \dfrac{1}{x \ln a} dx \,(a > 0 \text{ 且 } a \neq 1)$，特别地，$d(\ln x) = \dfrac{1}{x} dx$；

(11) $d(\arcsin x) = -d(\arccos x) = \dfrac{dx}{\sqrt{1-x^2}}$；

(12) $d(\arctan x) = -d(\text{arccot} x) = \dfrac{dx}{1+x^2}$．

2. 函数的和、差、积、商的微分法则

(1) $d(u(x) \pm v(x)) = du(x) \pm dv(x)$；

(2) $d(u(x) \cdot v(x)) = v(x)du(x) + u(x)dv(x)$；

(3) $d\left(\dfrac{u(x)}{v(x)}\right) = \dfrac{v(x)du(x) - u(x)dv(x)}{v^2(x)}$，其中 $v(x) \neq 0$．

3. 复合函数的微分法则

我们有

$$d(f(g(x))) = f'(u)g'(x)dx = f'(u)du, \tag{2.5.1}$$

其中 $u = g(x)$．而对于函数 $f(u)$，显然有

$$df(u) = f'(u)du.$$

因此，不论 u 是自变量还是中间变量，上式都成立．这是微分运算的一个重要性质，叫作**一阶微分的形式不变性**（求导法则不具有此性质，当 u 为自变量时，函数 $f(u)$ 的导数为 $f'(u)$；当 u 为中间变量时，函数 $f(u)$ 的导数为 $f'(u)g'(x)$）．因此，求导时要指明是对哪个变量求导，而求微分时无须指出是对哪个变量的微分．所以，一阶微分的形式不变性常被用于计算较复杂的函数的微分．

例 2.5.3 （1）求函数 $y = \ln(x + \sqrt{x^2 + 1})$ 的微分；

（2）利用微分求方程 $4x^2 - xy - y^2 = 0$ 所确定的隐函数 $y = y(x)$ 的导数．

解 （1）$dy = \dfrac{d(x + \sqrt{x^2+1})}{x + \sqrt{x^2+1}} = \dfrac{dx + d(\sqrt{x^2+1})}{x + \sqrt{x^2+1}} = \dfrac{1}{x + \sqrt{x^2+1}}\left(dx + \dfrac{d(x^2+1)}{2\sqrt{x^2+1}}\right)$

$= \dfrac{1}{x + \sqrt{x^2+1}}\left(1 + \dfrac{x}{\sqrt{x^2+1}}\right)dx = \dfrac{dx}{\sqrt{x^2+1}}$．

(2) 在原方程两边同时求微分,得

$$d(4x^2 - xy - y^2) = 0.$$

利用微分运算法则和一阶微分的形式不变性,得

$$8x dx - (y dx + x dy) - 2y dy = 0, \quad 即 \quad (x+2y)dy = (8x-y)dx.$$

当 $x + 2y \neq 0$ 时,可得

$$y' = \frac{8x - y}{x + 2y}.$$

注 在例 2.5.3(2) 中,也可先对方程两边直接求导数,再利用导数求得隐函数的微分(请读者自行完成).

利用一阶微分的形式不变性,可把自变量、因变量平等看待,因此利用微分计算隐函数的导数较为直接简单,不需要绑定函数关系,也不需要使用复合函数的求导法则.

例 2.5.4 设方程 $\dfrac{y}{x} = e^{y^2} \sqrt{\dfrac{x+y}{x-y}}$ 可确定隐函数 $y = f(x)$,求 y'.

解 运用对数求导法.先在原方程两边同时取绝对值,再两边同时取对数,得

$$\ln|y| - \ln|x| = y^2 + \frac{1}{2}(\ln|x+y| - \ln|x-y|).$$

对上式两边同时求微分,得

$$\frac{1}{y}dy - \frac{1}{x}dx = 2y dy + \frac{dx + dy}{2(x+y)} - \frac{dx - dy}{2(x-y)},$$

因此

$$\frac{dy}{dx} = \frac{\dfrac{1}{x} + \dfrac{1}{2(x+y)} - \dfrac{1}{2(x-y)}}{\dfrac{1}{y} - 2y - \dfrac{1}{2(x+y)} - \dfrac{1}{2(x-y)}}.$$

例 2.5.5 在下列括号中填入适当的函数,使得等式成立:

(1) $d(\quad) = \dfrac{1}{\sqrt{x}}dx$; (2) $d(\quad) = \sec^2 3x dx.$

解 (1) 因为 $d(\sqrt{x}) = \dfrac{1}{2\sqrt{x}}dx$,所以 $\dfrac{1}{\sqrt{x}}dx = d(2\sqrt{x})$.因此

$$d(2\sqrt{x} + C) = \frac{1}{\sqrt{x}}dx \quad (C \text{ 为任意常数}).$$

(2) 因为 $d(\tan 3x) = 3\sec^2 3x dx$,所以 $\sec^2 3x dx = d\left(\dfrac{1}{3}\tan 3x\right)$.因此

$$d\left(\frac{1}{3}\tan 3x + C\right) = \sec^2 3x dx \quad (C \text{ 为任意常数}).$$

注 一阶微分的形式不变性在后面将要介绍的积分方程和微分方程中常常用到.

六、微分在近似计算中的应用

1. 函数的近似计算

在工程问题中经常会遇到一些复杂的函数表达式,且所需的计算结果允许有适当的误差.在这种情况下,可以考虑利用微分做近似计算.

设函数 $y = f(x)$ 在点 x_0 处可微，当 x 在点 x_0 处有增量 Δx 时，y 将产生一个增量
$$\Delta y = f(x_0 + \Delta x) - f(x_0).$$
当 $|\Delta x|$ 很微小而 Δy 很难计算时，可以用 $\mathrm{d}y$ 近似代替 Δy，即 $\Delta y \approx \mathrm{d}y = f'(x_0)\Delta x$，从而
$$f(x_0 + \Delta x) \approx f(x_0) + f'(x_0)\Delta x.$$
令 $x = x_0 + \Delta x$，即 $\Delta x = x - x_0$，那么有
$$f(x) \approx f(x_0) + f'(x_0)(x - x_0).$$
这就是函数 $f(x)$ 的**局部线性逼近**. 因此，当 $|\Delta x|$ 很微小且 $f(x_0)$，$f'(x_0)$ 比较容易计算时，可以通过上式得到 $f(x)$ 的近似值.

例 2.5.6 利用微分计算 $\sin 29°$ 的近似值.

解 先把 $29°$ 化为弧度，得 $29° = \dfrac{\pi}{6} - \dfrac{\pi}{180}$. 再利用微分做近似计算，有

$$\sin 29° = \sin\left(\frac{\pi}{6} - \frac{\pi}{180}\right) \approx \sin\frac{\pi}{6} + (\sin x)'\Big|_{x=\frac{\pi}{6}} \cdot \left(-\frac{\pi}{180}\right)$$

$$= \sin\frac{\pi}{6} - \left(\cos\frac{\pi}{6}\right) \cdot \frac{\pi}{180} = \frac{1}{2} - \frac{\sqrt{3}}{2} \cdot \frac{\pi}{180}$$

$$\approx 0.5 - 0.015\,1 = 0.484\,9.$$

注 例 2.5.6 中相当于用曲线 $y = \sin x$ 在 $x = 30°$ 处的切线上 $x = 29°$ 时的纵坐标代替该曲线上 $x = 29°$ 时的纵坐标. 而由计算器得出的结果是 $\sin 29° \approx 0.484\,8$，故例 2.5.6 的计算结果与实际结果的差别仅发生在小数点后的第四位上.

事实上，做近似计算时必须把角度的单位化为弧度，因为只有当 x 以弧度为单位时，才有 $(\sin x)' = \cos x$. 若 x 以度为单位，则 $(\sin x)' = \dfrac{\pi}{180}\cos x \neq \cos x$.

例 2.5.7 设某扩音器插头为圆柱体，截面半径 r 为 $0.15\,\text{cm}$，长度 l 为 $4\,\text{cm}$. 现为了提高它的导电性，把该圆柱体的侧面镀上一层厚为 $0.001\,\text{cm}$ 的铜，问：大约需要多少铜（已知铜的密度是 $8.9\,\text{g/cm}^3$）？

解 镀铜前圆柱体的体积为 $V = \pi r^2 l$，镀铜后圆柱体的半径 r 增加 $\Delta r = 0.001\,\text{cm}$，圆柱体的体积 V 相应增加 ΔV. 因此，所镀铜的体积大约为
$$\Delta V \approx \mathrm{d}V = 2\pi r l\,\Delta r = 2\pi \times 0.15 \times 4 \times 0.001\,\text{cm}^3 \approx 0.003\,77\,\text{cm}^3.$$
而铜的密度为 $8.9\,\text{g/cm}^3$，故需要的铜约为
$$0.003\,77 \times 8.9 = 0.033\,553\ (\text{g}).$$

在近似关系式 $f(x) \approx f(x_0) + f'(x_0)(x - x_0)$ 中，取 $x_0 = 0$ 时，记 Δx 为 x，则可得到当 $|x|$ 很小时的近似关系式
$$f(x) \approx f(0) + f'(0)x.$$
由这个关系式可以得到下列常用的近似公式（假定 $|x|$ 很小）：

(1) $\ln(1+x) \approx x$；　　　　　　　　　　(2) $\sin x \approx x$；

(3) $\tan x \approx x$；　　　　　　　　　　　(4) $\mathrm{e}^x \approx 1+x$；

(5) $\sqrt[n]{1+x} \approx 1 + \dfrac{1}{n}x$.

证 只证明 (1) 和 (5)，其他从略.

(1) 设函数 $f(x) = \ln(1+x)$，则 $f'(x) = \dfrac{1}{1+x}$，于是有

$$f(0) = 0, \quad f'(0) = 1.$$

代入 $f(x) \approx f(0) + f'(0)x$，得（见图 2-18）

$$\ln(1+x) \approx x.$$

(5) 设函数 $f(x) = \sqrt[n]{1+x}$，则

$$f(0) = 1, \quad f'(0) = \frac{1}{n}(1+x)^{\frac{1}{n}-1}\bigg|_{x=0} = \frac{1}{n}.$$

代入 $f(x) \approx f(0) + f'(0)x$，得

$$\sqrt[n]{1+x} \approx 1 + \frac{1}{n}x.$$

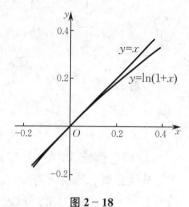

图 2-18

例 2.5.8 ▌ 计算 $\sqrt{1.05}$ 的近似值.

解　已知当 $|x|$ 很小时，有 $\sqrt{1+x} \approx 1 + \dfrac{1}{2}x$，故

$$\sqrt{1.05} = \sqrt{1+0.05} \approx 1 + \frac{1}{2} \times 0.05 = 1.025.$$

注　例 2.5.8 用计算器直接计算得到的结果是 $\sqrt{1.05} \approx 1.024\,70$. 可见，例 2.5.8 中结果的误差小于 10^{-3}.

近似公式 $\sqrt{1+x} \approx 1 + \dfrac{x}{2}$ 的部分取值如表 2-2 所示.

表 2-2

近似值	误差
$\sqrt{1.2} \approx 1 + \dfrac{0.2}{2} = 1.10$	$< 10^{-2}$
$\sqrt{1.05} \approx 1 + \dfrac{0.05}{2} = 1.025$	$< 10^{-3}$
$\sqrt{1.005} \approx 1 + \dfrac{0.005}{2} = 1.002\,50$	$< 10^{-5}$

从表 2-2 可以看出，当 x 的值与 0 的差距越大时，误差会加大.

例 2.5.9 ▌ 计算 $\sin 18°$ 的近似值.

解　已知当 $|x|$ 很小时，有 $\sin x \approx x$（x 以弧度为单位），故

$$\sin 18° = \sin \frac{\pi}{10} \approx \frac{\pi}{10} \approx 0.314.$$

注　例 2.5.9 用计算器直接计算得到的结果是 $\sin 18° \approx 0.309$. 可见，例 2.5.9 中结果的误差小于 10^{-2}.

用上述这种方法做近似计算（称之为**一次近似**）比较粗略. 这种方法一般要求 $|x|$ 很小，那么如何衡量这个"很小"？此外，对这种"近似"所带来的误差没有可靠的控制. 因此，微分用于近似计算有待进一步发展. 一方面，向着提高近似度方向发展，达到任意 n 次近似的精确程度；另一方面，要提供估计误差的方法. 这将在下册的泰勒公式中给出进一步介绍.

例 2.5.10 ▌ 在电阻电容串联电路中，当开关 K 合上时，直流电源对电容器充电，如图 2-19 所示. 充电过程中，电容器上电压的变化规律为

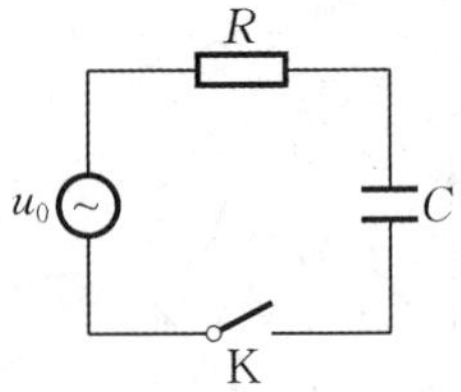

图 2-19

$$U(t) = u_0(1 - e^{-\frac{t}{RC}}).$$

证明：当电阻 R 与电容 C 的乘积 RC 比 t 大得多时，$U(t)$ 可以用时间 t 的线性函数近似表示为 $U(t) \approx \dfrac{u_0}{RC} t$.

证 已知当 $|x|$ 很小时，有 $e^x \approx 1 + x$，故

$$e^{-\frac{t}{RC}} \approx 1 - \frac{t}{RC} \quad \left(\text{当} \frac{t}{RC} \text{很小时}\right).$$

因此

$$U(t) = u_0(1 - e^{-\frac{t}{RC}}) \approx u_0\left[1 - \left(1 - \frac{t}{RC}\right)\right] = \frac{u_0}{RC}t.$$

*2. 误差估计

从微分概念的引入可知，应用微分来估计误差是非常方便快捷的. 在实际应用中，往往需要先测量一个量 x，然后通过函数关系 $y = f(x)$（设 $f(x)$ 可微）计算出另一个量 y. 由于仪器的精度问题，测得的 x_0 通常是真值 x 的一个近似值，从而计算得到的 $y_0 = f(x_0)$（称为**间接测量值**）也是真值 y 的一个近似值.

根据测量仪器本身的精度，可以知道 $|x - x_0|$ 的一个上界，这个上界称为 x 的**最大绝对误差限**（简称绝对误差），记为 δ_x；而 $\dfrac{\delta_x}{|x_0|}$ 称为 x 的**相对误差**. 相应地，y 产生的误差 $\Delta y = |f(x) - f(x_0)|$ 也有一个上界，这个上界称为 y 的**绝对误差**，记为 δ_y；而 $\dfrac{\delta_y}{|f(x_0)|}$ 称为 y 的**相对误差**.

在实际问题中，高阶无穷小量总是可以忽略不计. 因此，我们可以用 $\mathrm{d}y$ 代替 Δy 来估计变量 y 的绝对误差，即

$$|\Delta y| \approx |\mathrm{d}y| = |f'(x_0)\mathrm{d}x| = |f'(x_0)\Delta x| \leqslant |f'(x_0)|\delta_x.$$

同样，可估计变量 y 的相对误差为

$$\frac{|\Delta y|}{|f(x_0)|} \approx \frac{|\mathrm{d}y|}{|f(x_0)|} = \frac{|f'(x_0)|}{|f(x_0)|}|\mathrm{d}x| = \frac{|f'(x_0)|}{|f(x_0)|}|\Delta x| \leqslant \frac{|f'(x_0)|}{|f(x_0)|}\delta_x.$$

例 2.5.11 假设测量某圆半径 r 的绝对误差为 $0.1\,\mathrm{cm}$，r 的测量值为 $11.5\,\mathrm{cm}$. 问：圆面积 S 的绝对误差和相对误差各是多少？

解 圆面积 $S(r) = \pi r^2$，则 $S'(r) = 2\pi r$. 由于 $r_0 = 11.5\,\mathrm{cm}$，$\delta_r = 0.1\,\mathrm{cm}$，故 S 的绝对误差和相对误差分别为

$$\delta_S = S'(r_0) \cdot \delta_r = 2\pi \times 11.5 \times 0.1\,\mathrm{cm}^2 \approx 7.23\,\mathrm{cm}^2,$$

$$\frac{\delta_S}{|S(r_0)|} = \frac{S'(r_0)}{S(r_0)} \cdot \delta_r = \frac{2}{11.5} \times 0.1 \approx 1.74\%.$$

注 相对误差通常用百分数表示.

思考题 2.5

1. 函数的微分与函数的增量有什么关系？

2. 因为函数 $f(x)$ 在点 x_0 处的可微性与可导性是等价的，所以有人说"微分就是导数，导数就是微分"，这种说法对吗？

习 题 2.5

(A)

一、填空题：

(1) 设函数 $y = x^3 - x$，则在 $x = 2$ 处，当 $\Delta x = 0.1$ 时，$\Delta y = $ _____，$\mathrm{d}y = $ _____.

(2) 将适当的函数填入下列括号内，使得等式成立：

① $\mathrm{d}($ 　　 $) = 2\mathrm{d}x$；

② $\mathrm{d}($ 　　 $) = 3x\mathrm{d}x$；

③ $\mathrm{d}($ 　　 $) = \cos t\mathrm{d}t$；

④ $\mathrm{d}($ 　　 $) = \sin \omega x\mathrm{d}x$，其中 $\omega \neq 0$；

⑤ $\mathrm{d}($ 　　 $) = \dfrac{\mathrm{d}x}{1+x}$；

⑥ $\mathrm{d}($ 　　 $) = \mathrm{e}^{-2x}\mathrm{d}x$；

⑦ $\mathrm{d}($ 　　 $) = \dfrac{\mathrm{d}x}{\sqrt{x}}$；

⑧ $\mathrm{d}($ 　　 $) = \sec^2 3x\mathrm{d}x$.

二、求下列函数的微分：

(1) $y = \dfrac{x}{\sqrt{x^2+1}}$；

(2) $y = \mathrm{e}^{-x}\cos(3-x)$；

(3) $y = \tan^2(1+2x^2)$；

(4) $s = A\sin(\omega t + \varphi)$，其中 A, ω, φ 是常数.

三、设函数 $y = f(x)$ 的图形如图 $2-20$ 所示，试在图中标出 $y = f(x)$ 在点 x_0 处的 $\mathrm{d}y$，Δy 及 $\Delta y - \mathrm{d}y$，并说明其正负性.

四、利用一阶微分的形式不变性，求下列函数的微分(假设 f 和 φ 均为可微函数)：

(1) $y = f(x^3 + \varphi(x^4))$；

(2) $y = f(1-2x) + 3\sin f(x)$.

五、水管壁的正截面是一个圆环，如图 $2-21$ 所示，设它的内半径为 R_0，壁厚为 h. 利用微分来计算这个截面圆环的面积的近似值.

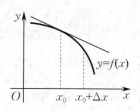

图 2 - 20

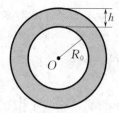

图 2 - 21

六、求下列各式的近似值：

(1) $\cos 29°$；

(2) $\sqrt[6]{65}$.

七、当 $|x|$ 很小时，证明近似公式：$\ln(1+x) \approx x$，并计算 $\ln 1.002$ 的近似值.

(B)

一、设函数 $y = f(x)$ 在 $x = a$ 处连续，且 $\lim\limits_{x \to a} \dfrac{f(x)}{x-a} = A$，其中 A 是常数，求 $\mathrm{d}y\Big|_{x=a}$.

二、设函数 $f(u) = \lim\limits_{x \to \infty} u\left(\dfrac{x+u}{x-u}\right)^x$ $(u \neq 0)$，求 $\mathrm{d}f(u)$.

三、求参数方程 $\begin{cases} x = 3t^2 + 2t + 3, \\ \mathrm{e}^y\sin t - y + 1 = 0 \end{cases}$ 所确定的函数 $y = f(x)$ 的微分 $\mathrm{d}y$.

四、设某一曲线既可用参数方程 $\begin{cases} x = x(t), \\ y = y(t) \end{cases}$ 表示，又可用极坐标 $\rho = \rho(\theta)$ 表示，证明：

$$(\mathrm{d}x)^2 + (\mathrm{d}y)^2 = (\rho\mathrm{d}\theta)^2 + (\mathrm{d}\rho)^2.$$

五、下面两种求 $\sqrt[3]{131}$ 的近似值的解法中,哪一种解法是错误的?为什么?

(1) $\sqrt[3]{131} = \sqrt[3]{1+130} \approx 1 + \dfrac{130}{3} = 44.3$;

(2) $\sqrt[3]{131} = \sqrt[3]{6+5^3} = \sqrt[3]{5^3\left(1+\dfrac{6}{5^3}\right)} = 5 \times \sqrt[3]{1+\dfrac{6}{5^3}} \approx 5 \times \left(1 + \dfrac{1}{3} \times \dfrac{6}{5^3}\right) = 5.08$.

第六节　应用实例

实例一：相关变化率

假设在某一变化过程中同时出现两个变量 x 与 y,它们之间具有某种确定的依赖关系,可用 $y = f(x)$ 或 $F(x,y) = 0$ 表示. 如果变量 x 与 y 都是另一变量 t(如时间) 的可导函数,那么变化率 $\dfrac{\mathrm{d}x}{\mathrm{d}t}$ 与 $\dfrac{\mathrm{d}y}{\mathrm{d}t}$ 之间一般也存在着一定的关系. 这两个相互依赖的变化率称为**相关变化率**.

解决相关变化率问题的步骤如下:

(1) 建立变量 x 与 y 之间的关系式 $F(x,y) = 0$;

(2) 在(1)中所得关系式的两边同时对 t 求导数,得到 $\dfrac{\mathrm{d}x}{\mathrm{d}t}$ 与 $\dfrac{\mathrm{d}y}{\mathrm{d}t}$ 的关系,进而由已知的一个求另外一个.

例 2.6.1 如图 2-22 所示,以 $4\,\mathrm{m}^3/\mathrm{s}$ 的速度向一个深为 $8\,\mathrm{m}$、上顶直径为 $8\,\mathrm{m}$ 的正圆锥体容器中注水,求水深 $5\,\mathrm{m}$ 时水表面上升的速度.

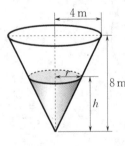

图 2-22

解 用 V, h, r 分别表示时刻 t 容器中水的体积、水的深度与水面半径. 已知 $\dfrac{\mathrm{d}V}{\mathrm{d}t} = 4\,\mathrm{m}^3/\mathrm{s}$,要求 $h = 5\,\mathrm{m}$ 时水表面上升的速度 $\dfrac{\mathrm{d}h}{\mathrm{d}t}$. 建立 V 与 h 的关系,由体积公式有 $V = \dfrac{1}{3}\pi r^2 h$. 由已知条件有 $r = \dfrac{h}{2}$,代入上式,得

$$V = \frac{1}{3}\pi\left(\frac{h}{2}\right)^2 h = \frac{\pi}{12}h^3.$$

在上式两边同时对 t 求导数,得

$$\frac{\mathrm{d}V}{\mathrm{d}t} = \frac{\pi}{4}h^2\frac{\mathrm{d}h}{\mathrm{d}t}, \quad \text{即} \quad \frac{\mathrm{d}h}{\mathrm{d}t} = \frac{4}{\pi h^2}\cdot\frac{\mathrm{d}V}{\mathrm{d}t}.$$

将 $h = 5\,\mathrm{m}, \dfrac{\mathrm{d}V}{\mathrm{d}t} = 4\,\mathrm{m}^3/\mathrm{s}$ 代入,得

$$\left.\frac{\mathrm{d}h}{\mathrm{d}t}\right|_{h=5\,\mathrm{m}} = \frac{16}{25\pi}\,\mathrm{m/s} \approx 0.204\,\mathrm{m/s}.$$

实例二：飞机降落曲线问题

例 2.6.2 已知水平飞行的飞机降落曲线是一条三次曲线,如图 2-23 所示. 在整个降落过程中,飞机的水平速度保持为常数 u,出于安全考虑,飞机垂直加速度的最大绝对值

不得超过$\dfrac{g}{10}$(g 为重力加速度),否则乘客会感到不舒服.已知飞机飞行高度为常数 h(飞临机场上空时),且飞机要在跑道上点 O 处着陆,请找出所允许的开始下降点 x_0 的最小值.

解 首先,确定飞机降落曲线的方程.设飞机降落曲线方程为 $y = ax^3 + bx^2 + cx + d$,则由题设有 $y(0) = 0$,$y(x_0) = h$.由于曲线是光滑的,故 $y(x)$ 具有连续的一阶导数.因为在点 x_0 处开始下降,在点 O 处着陆,所以 $y(x)$ 还要满足 $y'(0) = 0$,$y'(x_0) = 0$.

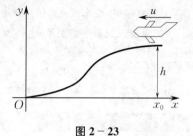

图 2−23

将上述的四个条件代入 y 的表达式,得

$$\begin{cases} y(0) = d = 0, \\ y'(0) = c = 0, \\ y(x_0) = ax_0^3 + bx_0^2 + cx_0 + d = h, \\ y'(x_0) = 3ax_0^2 + 2bx_0 + c = 0, \end{cases}$$

解得 $a = -\dfrac{2h}{x_0^3}$,$b = \dfrac{3h}{x_0^2}$,$c = 0$,$d = 0$,故飞机降落曲线方程为

$$y = -\frac{h}{x_0^2}\left(\frac{2}{x_0}x^3 - 3x^2\right).$$

其次,找出最小的开始下降点 x_0.易知,飞机的垂直速度是 y 关于时间 t 的导数

$$\frac{\mathrm{d}y}{\mathrm{d}t} = -\frac{h}{x_0^2}\left(\frac{6}{x_0}x^2 - 6x\right)\frac{\mathrm{d}x}{\mathrm{d}t},$$

其中$\dfrac{\mathrm{d}x}{\mathrm{d}t}$ 是飞机的水平速度,即$\dfrac{\mathrm{d}x}{\mathrm{d}t} = u$,因此

$$\frac{\mathrm{d}y}{\mathrm{d}t} = -\frac{6hu}{x_0^2}\left(\frac{x^2}{x_0} - x\right),$$

从而飞机的垂直加速度为

$$\frac{\mathrm{d}^2 y}{\mathrm{d}t^2} = -\frac{6hu}{x_0^2}\left(\frac{2x}{x_0} - 1\right)\frac{\mathrm{d}x}{\mathrm{d}t} = -\frac{6hu^2}{x_0^2}\left(\frac{2x}{x_0} - 1\right).$$

记 $a(x) = \dfrac{\mathrm{d}^2 y}{\mathrm{d}t^2}$,则

$$|a(x)| = \frac{6hu^2}{x_0^2}\left|\frac{2x}{x_0} - 1\right|, \quad x \in [0, x_0],$$

因此飞机的垂直加速度的最大绝对值为

$$\max_{x \in [0, x_0]}\{|a(x)|\} = \frac{6hu^2}{x_0^2}.$$

题意要求$\dfrac{6hu^2}{x_0^2} \leqslant \dfrac{g}{10}$,则 $x_0 \geqslant u\sqrt{\dfrac{60h}{g}}$,即所允许的点 x_0 的最小值为 $u\sqrt{\dfrac{60h}{g}}$.

在例 2.6.2 中,若 $u = 540$ km/h,$h = 1\,000$ m,$g = 9.8$ m/s^2,则

$$x_0 \geqslant \frac{540 \times 1\,000}{3\,600}\sqrt{\frac{60 \times 1\,000}{9.8}} \text{ m} \approx 11\,737 \text{ m},$$

即飞机所需的降落距离不得小于 11 737 m.

习 题 2.6

一、设一气球从距离观察员 500 m 的水平位置离开地面垂直上升,其速度为 140 m/min. 试问:当气球的高度为 500 m 时,观察员视线的仰角增加率是多少?

二、设有一底圆半径为 R cm,高为 h cm 的圆锥容器,今以 25 cm³/s 的速度自顶部向该容器内注水,试求当该容器内水位等于锥高的一半时水面上升的速度.

三、甲船以 6 km/h 的速度向东行驶,乙船以 8 km/h 的速度向南行驶,中午十二点乙船位于甲船之北 16 km 处,求下午一点两船相离的速度.

总 习 题 二

一、设有一根细棒,取棒的一端作为坐标原点,棒上任一点的坐标为 x,于是分布在区间 $[0,x]$ 上的细棒质量 m 是 x 的函数 $m = m(x)$. 试问:应怎样确定细棒在点 x_0 处的线密度(对于均匀细棒来说,单位长度细棒的质量叫作此细棒的线密度)?

二、讨论函数 $f(x) = \begin{cases} \sin x, & x < 0, \\ \ln(1+x), & x \geqslant 0 \end{cases}$ 在 $x = 0$ 处 $f'_+(0), f'_-(0)$ 及 $f'(0)$ 是否存在.

三、讨论函数 $f(x) = \begin{cases} x\sin\dfrac{1}{x}, & x \neq 0, \\ 0, & x = 0 \end{cases}$ 在 $x = 0$ 处的连续性与可导性.

四、求下列函数的导数:

(1) $y = \ln(e^x + \sqrt{1 + e^{2x}})$;　　　　　　(2) $y = x^a + a^x + x^x + a^a, x > 0$,其中 $a > 0$ 且 $a \neq 1$;

(3) $y = \sin^n x \cdot \cos nx$;

(4) $y = \sqrt{\left(\dfrac{b}{a}\right)^x \left(\dfrac{a}{x}\right)^b \left(\dfrac{x}{b}\right)^a}, x > 0$,其中 $a > 0, b > 0$ 且 $\dfrac{b}{a} \neq 1$.

五、设函数 $y = y(x)$ 由方程 $e^y + xy = e$ 所确定,求 $y''(0)$.

六、求参数方程 $\begin{cases} x = a(\cos t + t\sin t), \\ y = a(\sin t - t\cos t) \end{cases}$ $(a > 0)$ 所确定的函数的一阶导数 $\dfrac{dy}{dx}$ 及二阶导数 $\dfrac{d^2 y}{dx^2}$.

七、求曲线 $\begin{cases} x = 2e^t, \\ y = e^{-t} \end{cases}$ 在 $t = 0$ 时对应点处的切线方程及法线方程.

单元测试二

单项选择题(满分 100):

1. (7 分) 函数 $y = f(x)$ 在点 x_0 处的左导数 $f'_-(x_0)$ 和右导数 $f'_+(x_0)$ 都存在是 $f(x)$ 在点 x_0 处可导的(　　).

　　(A) 充要条件　　　　　　　　　　(B) 充分但非必要条件

　　(C) 必要但非充分条件　　　　　　(D) 既非充分又非必要条件

2. (7 分) 函数 $f(x) = |\sin x|$ 在 $x = 0$ 处(　　).

　　(A) 可导　　　　(B) 连续但不可导　　　　(C) 不连续　　　　(D) 极限不存在

3. (7 分) 函数 $f(x) = \sqrt[3]{x}$ 在 $x = 0$ 处(　　).

　　(A) 不连续　　　　　　　　　　(B) 连续,但其图形无切线

　　(C) 其图形有切线　　　　　　　(D) 可微

4. (7 分) 设函数 $f(x)$ 对其定义域上任一点 x 均满足 $f(x+1) = mf(x)$,且 $f'(0) = n$,那么(　　).

(A) $f'(1)$ 不存在   (B) $f'(1) = m$ (C) $f'(1) = n$ (D) $f'(1) = mn$

5. (7分) 设函数 $f(x) = (x-a)\varphi(x)$,其中函数 $\varphi(x)$ 在 $x = a$ 处连续,则( ).

   (A) $f'(x) = \varphi(x)$ (B) $f'(x) = \varphi(x) + (x-a)\varphi'(x)$

   (C) $f'(a) = \varphi(a)$ (D) $f'(a) = \varphi'(a)$

6. (7分) 初等函数在其定义区间上( ).

   (A) 可导   (B) 连续   (C) 有界   (D) 不可导

7. (7分) 设函数 $f(x)$ 在点 x_0 处可导,$g(x)$ 在点 x_0 处不可导,则( ).

   (A) $f(x) + g(x)$ 在点 x_0 处可导   (B) $f(x)g(x)$ 在点 x_0 处不可导

   (C) $f(x) - g(x)$ 在点 x_0 处不可导   (D) $\dfrac{f(x)}{g(x)}$ 在点 x_0 处可导

8. (7分) 设曲线 $y = e^{1-x^2}$ 与直线 $x = -1$ 相交于点 P,则该曲线在点 P 处的切线方程为( ).

   (A) $2x - y - 2 = 0$ (B) $2x + y + 1 = 0$ (C) $2x + y - 3 = 0$ (D) $2x - y + 3 = 0$

9. (7分) 设函数 $f(x) = \begin{cases} e^{ax}, & x \leqslant 0, \\ b(1-x^2), & x > 0 \end{cases}$ 处处可导,则( ).

   (A) $a = b = 1$ (B) $a = -2, b = -1$ (C) $a = 0, b = 1$ (D) $a = 2, b = 1$

10. (7分) 若函数 $f(x)$ 在点 x 处可微,则 $\lim\limits_{\Delta x \to 0} \dfrac{\Delta y - \mathrm{d}y}{\Delta x}$ 的值为( ).

   (A) 1   (B) 0   (C) -1 (D) 不确定

11. (5分) 下列各式中正确的是( ).

   (A) $x\mathrm{d}x = \mathrm{d}(x^2)$ (B) $\cos 2x\mathrm{d}x = \mathrm{d}(\sin 2x)$

   (C) $\mathrm{d}x = -\mathrm{d}(5-x)$ (D) $\mathrm{d}(x^2) = (\mathrm{d}x)^2$

12. (5分) 设函数 $y = f(x)$ 具有二阶导数,且 $f'(x) > 0$,$f''(x) > 0$,Δx 为自变量 x 在点 x_0 处的增量,Δy 与 $\mathrm{d}y$ 分别为 $f(x)$ 在点 x_0 处对应的增量与微分.若 $\Delta x > 0$,则( ).

   (A) $0 < \mathrm{d}y < \Delta y$ (B) $0 < \Delta y < \mathrm{d}y$ (C) $\Delta y < \mathrm{d}y < 0$ (D) $\mathrm{d}y < \Delta y < 0$

13. (5分) 设函数 $y = x\ln x$,则 $y^{(10)} = ($).

   (A) $-\dfrac{1}{x^9}$ (B) $\dfrac{1}{x^9}$ (C) $\dfrac{8!}{x^9}$ (D) $-\dfrac{8!}{x^9}$

14. (5分) 若函数 $f(u)$ 可导,且 $y = f(2^x)$,则 $\mathrm{d}y = ($).

   (A) $f'(2^x)\mathrm{d}x$ (B) $f'(2^x)\mathrm{d}(2^x)$ (C) $(f(2^x))'\mathrm{d}(2^x)$ (D) $f'(2^x)2^x\mathrm{d}x$

15. (5分) 设函数 $y = y(x)$ 由方程 $x^{y^2} + y^2\ln x + 4 = 0$ 确定,则 $\dfrac{\mathrm{d}y}{\mathrm{d}x} = ($).

   (A) $\dfrac{-y}{2(x^{y^2} \cdot y^2 + x\ln x)}$ (B) $\dfrac{y}{2x\ln x}$

   (C) $\dfrac{-y}{2x\ln x}$ (D) $\dfrac{-y}{2x\ln x(x^{y^2} + 1)}$

16. (5分) 设周期函数 $f(x)$ 在 $(-\infty, +\infty)$ 上可导,周期为 3.若 $\lim\limits_{x \to 0} \dfrac{f(1-x) - f(1)}{2x} = -1$,则曲线 $y = f(x)$ 在点 $(4, f(4))$ 处的切线斜率为( ).

   (A) 2   (B) 1   (C) -1 (D) -2

本章参考答案

第 三 章
▮▮ 微分中值定理与导数的应用

本章内容是第二章内容的延续,主要是利用导数与微分这两个概念来分析和研究函数及其图形的某些几何性态,并利用这些知识解决一些实际问题. 为此,先介绍微分中值定理,它是联系导数和函数的纽带,是用导数研究函数性态的理论基础,从而也成为导数应用的理论基础.

微分中值定理一般由三个定理组成,本章将介绍并证明这三个定理中的罗尔(Rolle)中值定理和拉格朗日中值定理,随后以它们为基础介绍导数的几个重要应用.

第一节　微分中值定理

导数的应用是微分学的重点内容,为了将导数的概念和计算方法等知识更好地应用到具体问题中,必须建立二者之间相互联系的桥梁和纽带,即微分中值定理.

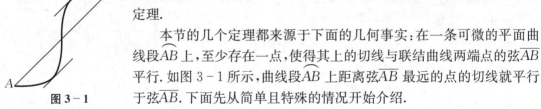

图 3-1

本节的几个定理都来源于下面的几何事实:在一条可微的平面曲线段 $\overgroup{AB}$ 上,至少存在一点,使得其上的切线与联结曲线两端点的弦 $\overline{AB}$ 平行. 如图 3-1 所示,曲线段 $\overgroup{AB}$ 上距离弦 $\overline{AB}$ 最远的点的切线就平行于弦 $\overline{AB}$. 下面先从简单且特殊的情况开始介绍.

一、罗尔中值定理

定理 3.1.1（罗尔中值定理）　如果函数 $y = f(x)$ 在闭区间 $[a,b]$ 上连续,在开区间 (a,b) 内可导,且在区间端点处的函数值相等,即 $f(a) = f(b)$,那么在开区间 (a,b) 内至少存在一点 ξ,使得 $f'(\xi) = 0$.

证　由于函数 $y = f(x)$ 在 $[a,b]$ 上连续,故根据最值定理,函数 $f(x)$ 在 $[a,b]$ 上必有最大值 M 和最小值 m. 显然,$M \geqslant m$,下面分 $M = m$ 和 $M > m$ 两种情况讨论:

(1) 若 $M = m$,则 $y = f(x)$ 在 $[a,b]$ 上恒为常数,故任取一点 $\xi \in (a,b)$,都有 $f'(\xi) = 0$.

(2) 若 $M > m$,则根据 $f(a) = f(b)$ 可知,M 和 m 中至少有一个不在闭区间 $[a,b]$ 的端点处取得. 不妨设 $M \neq f(a)$,那么在 (a,b) 内至少存在一点 ξ,使得 $f(\xi) = M$. 因此

$$f'_+(\xi) = \lim_{\Delta x \to 0^+} \frac{f(\xi + \Delta x) - f(\xi)}{\Delta x} = \lim_{\Delta x \to 0^+} \frac{f(\xi + \Delta x) - M}{\Delta x} \leqslant 0,$$

$$f'_-(\xi) = \lim_{\Delta x \to 0^-} \frac{f(\xi + \Delta x) - f(\xi)}{\Delta x} = \lim_{\Delta x \to 0^-} \frac{f(\xi + \Delta x) - M}{\Delta x} \geqslant 0.$$

又 $f'(\xi) = f'_+(\xi) = f'_-(\xi)$,故 $f'(\xi) = 0$.

注 罗尔中值定理并没有要求函数 $f(x)$ 在闭区间端点处可导,仅要求 $f(x)$ 在闭区间端点处连续. 例如,函数 $f(x) = \sqrt{1-x^2}$ 在 $[-1,1]$ 上满足罗尔中值定理的条件,因此结论成立,尽管它在端点 $x = -1$ 和 $x = 1$ 处不可导,如图 3-2 所示.

罗尔中值定理的几何意义如图 3-3 所示,若连续曲线 $y = f(x)$ 在开区间 (a,b) 内每一点处都存在不垂直于 x 轴的切线,并且端点 A,B 处的纵坐标相等,即联结两端点的直线 AB 平行于 x 轴,则该曲线上至少存在一点 $C(\xi, f(\xi))$,使得 $f'(\xi) = 0$,即曲线 $y = f(x)$ 在点 C 处的切线与 x 轴平行.

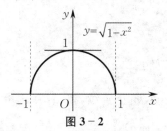

图 3-2

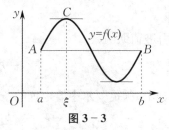

图 3-3

罗尔中值定理也可用来判断一个方程 $g(x) = 0$ 的根的存在性. 若函数 $\varphi(x)$ 在闭区间 $[a,b]$ 上满足罗尔中值定理的条件,且 $\varphi'(x) = g(x)$,则方程 $g(x) = 0$ 在开区间 (a,b) 内必有根. 具体应用可见例 3.1.2.

二、拉格朗日中值定理

罗尔中值定理中的条件 $f(a) = f(b)$ 比较特殊,一般的函数很难满足这个条件,这样就限制了罗尔中值定理的应用范围. 如果取消这个条件,那么这个曲线上是否仍然存在一点 C,使得点 C 处的切线平行于弦 $\overline{AB}$ 呢?下面的拉格朗日中值定理回答了这一问题.

定理 3.1.2 (拉格朗日中值定理) 如果函数 $y = f(x)$ 在闭区间 $[a,b]$ 上连续,在开区间 (a,b) 内可导,那么在 (a,b) 内至少存在一点 ξ,使得

$$\frac{f(b) - f(a)}{b - a} = f'(\xi). \tag{3.1.1}$$

下面分析定理 3.1.2 的几何意义. 如图 3-4 所示,定理条件"函数 $y = f(x)$ 在 $[a,b]$ 上连续,在 (a,b) 内可导"说明,函数 $f(x)$ 的图形是一条连续曲线(设为 $\overset{\frown}{AB}$),并且除端点外处处具有不垂直于 x 轴的切线;而结论

$$\frac{f(b) - f(a)}{b - a} = f'(\xi)$$

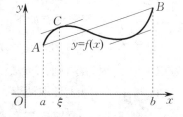

图 3-4

表示,弦 $\overline{AB}$ 的斜率 $\dfrac{f(b) - f(a)}{b - a}$ 等于曲线 $y = f(x)$ 在点 C

处的切线斜率 $f'(\xi)$. 因此,拉格朗日中值定理的几何意义是:如果在函数 $y = f(x)$ 的图形(曲线弧 $\overset{\frown}{AB}$)上除端点外处处具有不垂直于 x 轴的切线,那么在该曲线弧上至少有一点 C,使

得该曲线弧在点 C 处的切线平行于弦 $\overline{AB}$.

显然，罗尔中值定理是拉格朗日中值定理的特殊情形，拉格朗日中值定理是罗尔中值定理的推广. 从上述两个定理的关系自然想到利用罗尔中值定理来证明拉格朗日中值定理.

分析　拉格朗日中值定理要求证明：方程

$$f'(x) - \frac{f(b) - f(a)}{b - a} = 0$$

在 (a, b) 内有解. 上式可以写成

$$\left(f(x) - \frac{f(b) - f(a)}{b - a} x \right)' = 0,$$

故令函数 $\varphi(x) = f(x) - \dfrac{f(b) - f(a)}{b - a} x$，则问题就转化为证明：函数 $\varphi(x)$ 在 $[a, b]$ 上满足罗尔中值定理.

证　引进辅助函数

$$\varphi(x) = f(x) - \frac{f(b) - f(a)}{b - a} x.$$

显然，函数 $\varphi(x)$ 满足罗尔中值定理的条件，即 $\varphi(x)$ 在 $[a, b]$ 上连续，在 (a, b) 内可导，且

$$\varphi(a) = \frac{bf(a) - af(b)}{b - a} = \varphi(b),$$

故根据罗尔中值定理可知，在 (a, b) 内至少存在一点 ξ，使得

$$\varphi'(\xi) = 0, \quad 即 \quad f'(\xi) - \frac{f(b) - f(a)}{b - a} = 0.$$

由此得　　　$\dfrac{f(b) - f(a)}{b - a} = f'(\xi)$　或　$f(b) - f(a) = f'(\xi)(b - a).$

从上面的证明过程不难发现，辅助函数的选取不是唯一的. 例如，由于

$$\left[f(x) - f(a) - \frac{f(b) - f(a)}{b - a}(x - a) \right]' \bigg|_{x = \xi} = f'(\xi) - \frac{f(b) - f(a)}{b - a},$$

因此也可以选取辅助函数

$$F(x) = f(x) - f(a) - \frac{f(b) - f(a)}{b - a}(x - a)$$

来证明这个定理. 具体的证明过程作为练习留给读者自行完成.

此外，式(3.1.1) 在 $b < a$ 的情况下也成立.

拉格朗日中值定理有如下两个重要推论，今后在积分学中会经常用到.

推论 3.1.1　若函数 $y = f(x)$ 在闭区间 $[a, b]$ 上连续，在开区间 (a, b) 内可导，且其导数在 (a, b) 内恒为零，则在 $[a, b]$ 上恒有 $f(x) = C$（C 为常数）.

证　在 $[a, b]$ 上任取两点 x_1, x_2，设 $x_1 < x_2$，则由拉格朗日中值定理得

$$f(x_2) - f(x_1) = f'(\xi)(x_2 - x_1) \quad (x_1 < \xi < x_2).$$

由已知条件得 $f'(\xi) = 0$，故 $f(x_2) - f(x_1) = 0$，即 $f(x_2) = f(x_1)$. 因为 x_1, x_2 是闭区间 $[a, b]$ 上的任意两点，所以 $f(x)$ 在闭区间 $[a, b]$ 上的函数值总是相等的，即 $f(x) = C, x \in [a, b]$.

从推论 3.1.1 可以看出，导数为零的函数是常量函数. 这一结论具有重要的理论意义.

推论 3.1.2 如果函数 $\varphi(x)$ 与 $\psi(x)$ 在闭区间 $[a,b]$ 上都连续,在开区间 (a,b) 内都可导,且 $\varphi'(x) = \psi'(x)$,则 $\varphi(x)$ 与 $\psi(x)$ 在 $[a,b]$ 上最多只相差一个常数.

证 作辅助函数 $g(x) = \varphi(x) - \psi(x)$,则 $g(x)$ 在 $[a,b]$ 上连续,在 (a,b) 内可导,且 $g'(x) = \varphi'(x) - \psi'(x) = 0$. 由推论 3.1.1 可知,在 $[a,b]$ 上 $g(x) = C$,即 $\varphi(x) - \psi(x) = C$,$x \in [a,b]$.

推论 3.1.2 对第四章讨论"原函数"很重要. 如果两个函数的导数相同,那么这两个函数之间只可能相差一个常数. 例如,已知 $f'(x) = \sin x$,则可以推出 $f(x) = -\cos x + C$(C 为任意常数).

例 3.1.1 证明:$\arcsin x + \arccos x = \dfrac{\pi}{2}$,$x \in [-1,1]$.

证 设函数 $f(x) = \arcsin x + \arccos x$. 显然,$f(x)$ 在 $[-1,1]$ 上连续,在 $(-1,1)$ 内可导,且

$$f'(x) = \frac{1}{\sqrt{1-x^2}} + \frac{-1}{\sqrt{1-x^2}} = 0, \quad x \in (-1,1),$$

于是由推论 3.1.1 知,$f(x) = C$(C 为常数). 又

$$f(0) = \arcsin 0 + \arccos 0 = \frac{\pi}{2},$$

故 $C = \dfrac{\pi}{2}$,即当 $x \in [-1,1]$ 时,$\arcsin x + \arccos x = \dfrac{\pi}{2}$.

例 3.1.1 的结论具有如下几何解释:设 $\sin \alpha = x$,则 $\alpha = \arcsin x$. 作直角三角形如图 3-5 所示,可见 $\cos \beta = x$,即 $\beta = \arccos x$,又 $\alpha + \beta = \dfrac{\pi}{2}$,从而

$$\arcsin x + \arccos x = \frac{\pi}{2}.$$

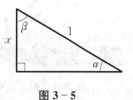

图 3-5

三、微分中值定理的初步应用

微分中值定理的应用十分广泛,这里主要介绍利用微分中值定理判定方程有根,以及证明不等式的例子.

例 3.1.2 设 a_0, a_1, a_2 和 a_3 为常数. 若方程 $a_0 x^4 + a_1 x^3 + a_2 x^2 + a_3 x = 0$ 有一个正根 $x = x_0$,证明:方程 $4a_0 x^3 + 3a_1 x^2 + 2a_2 x + a_3 = 0$ 必有一个小于 x_0 的正根.

分析 该问题等价于证明:存在 $\xi \in (0, x_0)$,使得 $(a_0 x^4 + a_1 x^3 + a_2 x^2 + a_3 x)'\big|_{x=\xi} = 0$.

证 设函数 $f(x) = a_0 x^4 + a_1 x^3 + a_2 x^2 + a_3 x$,则 $f(x)$ 在闭区间 $[0, x_0]$ 上连续,在开区间 $(0, x_0)$ 内可导,且 $f(0) = f(x_0) = 0$. 根据罗尔中值定理可知,至少存在一点 $\xi \in (0, x_0)$,使得 $f'(\xi) = 0$. 因为 $f'(x) = 4a_0 x^3 + 3a_1 x^2 + 2a_2 x + a_3$,所以方程

$$4a_0 x^3 + 3a_1 x^2 + 2a_2 x + a_3 = 0$$

存在小于 x_0 的正根 ξ.

例 3.1.3 证明:当 $a > b > 0$ 时,有 $\dfrac{a-b}{a} < \ln \dfrac{a}{b} < \dfrac{a-b}{b}$.

分析 考虑用拉格朗日中值定理证明. 为此, 将结论转化为拉格朗日中值定理的形式, 即

$$\frac{1}{a} < \frac{\ln a - \ln b}{a - b} < \frac{1}{b}.$$

显然, 应取函数 $f(x) = \ln x, x \in [b, a]$.

证 设函数 $f(x) = \ln x, x \in [b, a]$. 显然, $f(x)$ 在 $[b, a]$ 上满足拉格朗日中值定理的条件, 从而存在 $\xi \in (b, a)$, 使得

$$\frac{f(a) - f(b)}{a - b} = f'(\xi), \quad 即 \quad \frac{\ln a - \ln b}{a - b} = (\ln x)' \Big|_{x = \xi} = \frac{1}{\xi}.$$

由于 $0 < b < \xi < a$, 因此有

$$\frac{1}{a} < \frac{1}{\xi} < \frac{1}{b}, \quad 即 \quad \frac{1}{a} < \frac{\ln a - \ln b}{a - b} < \frac{1}{b}.$$

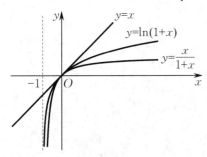

图 3-6

注 (1) 拉格朗日中值定理只能肯定点 ξ 的存在性, 并没有给出点 ξ 的具体数值, 但这并不影响定理的理论价值. 例 3.1.3 中不等式的证明就很好地运用了拉格朗日中值定理.

(2) 若取 $a = 1 + x, b = 1$, 则例 3.1.3 中的不等式变为

$$\frac{x}{1 + x} < \ln(1 + x) < x \quad (x > 0).$$

图 3-6 中的三条曲线反映了上述不等式, 这样的不等式同样可以用微分中值定理证明.

思考题 3.1

1. 试举例说明罗尔中值定理的条件缺一不可.

2. 试举例说明拉格朗日中值定理的条件缺一不可.

3. 一位小车司机在某高速公路收费处领到一张超速行驶的罚款单, 理由是该高速公路限速为 120 km/h, 而该小车在 2 h 内连续行驶了 260 km 的路程. 试用微分中值定理解释这张罚单的合理性.

习题 3.1

(A)

一、证明: 对函数 $y = px^2 + qx + r(p \neq 0)$ 应用拉格朗日中值定理时所求得的点 ξ 总是位于区间的正中间.

二、证明下列恒等式:

(1) $\arctan x + \operatorname{arccot} x = \dfrac{\pi}{2}$; \qquad (2) $\sin^4 x + \cos^4 x = \dfrac{\cos 4x}{4} + \dfrac{3}{4}$.

三、不求出函数 $f(x) = (x-1)(x-2)(x-3)$ 的导数, 说明方程 $f'(x) = 0$ 有几个实根, 并分别指出它们所在的区间.

四、若函数 $f(x)$ 在开区间 (a, b) 内具有二阶导数, 且 $f(x_1) = f(x_2) = f(x_3)$, 其中 $a < x_1 < x_2 < x_3 < b$, 证明: 在 (x_1, x_3) 内至少有一点 ξ, 使得 $f''(\xi) = 0$.

五、试用拉格朗日中值定理证明: 当 $a > b > 0$ 时, 有

$$nb^{n-1}(a - b) < a^n - b^n < na^{n-1}(a - b) \quad (n = 2, 3, \cdots).$$

（B）

一、求 $\lim\limits_{n\to\infty}n^2\left(\arctan\dfrac{\alpha}{n}-\arctan\dfrac{\alpha}{n+1}\right).$

二、已知函数 $f(x)$ 在 $(-\infty,+\infty)$ 上可导，且

$$\lim_{x\to\infty}f'(x)=\mathrm{e},\quad \lim_{x\to\infty}\left(\frac{x+c}{x-c}\right)^x=\lim_{x\to\infty}\left(f(x)-f(x-1)\right),$$

求常数 c 的值.

三、设函数 $f(x)$ 在闭区间 $[a,b]$ 上满足 $f''(x)>0$，证明：存在唯一的 $c(a<c<b)$，使得

$$f'(c)=\frac{f(b)-f(a)}{b-a}.$$

四、设函数 $f(x)$ 在 $(a,+\infty)$ 上可导，且极限 $\lim\limits_{x\to+\infty}f(x)$ 与 $\lim\limits_{x\to+\infty}f'(x)$ 都存在，证明：$\lim\limits_{x\to+\infty}f'(x)=0.$

五、设函数 $f(x)$ 在闭区间 $[a,b]$ 上连续，在开区间 (a,b) 内可导，$f(x)$ 在 (a,b) 内至少有一个零点，且 $|f'(x)|\leqslant M$，证明：$|f(a)|+|f(b)|\leqslant M(b-a).$

第二节 　 洛必达法则

设 $\lim\limits_{x\to x_0}f(x)=\lim\limits_{x\to x_0}g(x)=0$，且在点 x_0 的某个去心邻域 $\mathring{U}(x_0)$ 内，恒有 $g(x)\neq 0$，此时，并不能统一判定极限 $\lim\limits_{x\to x_0}\dfrac{f(x)}{g(x)}$ 是否存在. 同样，在 $\lim\limits_{x\to x_0}f(x)=\lim\limits_{x\to x_0}g(x)=\infty$ 的情形下也是如此.

对于这两种类型的未定式，它们的极限值可能存在，也可能不存在. 即使它们的极限存在，也会由于分母 $g(x)$ 的极限为零或无穷大而不能直接利用商的极限运算法则来求. 因此，必须寻找一种适合它们自身特性的求极限的方法. 本节将给出求这两类极限的一个既简便又重要的方法 —— 洛必达法则. 上述未定式考虑的是 $x\to x_0$ 的情况，实际上，其他极限过程（如 $x\to x_0^+,x\to x_0^-,x\to\infty,x\to+\infty,x\to-\infty$）也有这些未定式的问题.

本节中的定理证明将在下册中给出.

一、直观描述

设 $\lim\limits_{x\to x_0}f(x)=\lim\limits_{x\to x_0}g(x)=0$，极限 $\lim\limits_{x\to x_0}\dfrac{f(x)}{g(x)}$ 为 $\dfrac{0}{0}$ 型未定式，为计算 $\lim\limits_{x\to x_0}\dfrac{f(x)}{g(x)}$，先从几何角度寻找解决途径.

如图 3－7 所示，对于函数 $y=f(x)$ 和 $y=g(x)$，均有 $\Delta y=\mathrm{d}y+o(\Delta x)$，即

$$M_1P=N_1P+o(\Delta x),\quad M_2P=N_2P+o(\Delta x),$$

从而

$$\frac{f(x)}{g(x)}=\frac{M_1P}{M_2P}=\frac{N_1P+o(\Delta x)}{N_2P+o(\Delta x)}=\frac{\dfrac{N_1P}{\Delta x}+\dfrac{o(\Delta x)}{\Delta x}}{\dfrac{N_2P}{\Delta x}+\dfrac{o(\Delta x)}{\Delta x}}.$$

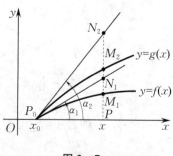

图 3－7

而
$$\frac{\dfrac{N_1P}{\Delta x}}{\dfrac{N_2P}{\Delta x}} = \frac{\tan \alpha_1}{\tan \alpha_2} = \frac{f'(x_0)}{g'(x_0)},$$

因此从几何直观上可以得出

$$\lim_{x \to x_0} \frac{f(x)}{g(x)} = \lim_{x \to x_0} \frac{f'(x)}{g'(x)}.$$

二、$\dfrac{0}{0}$ 型未定式

上面的直观分析都是在较宽松的条件下进行的，所得的结果正是洛必达法则关于 $\dfrac{0}{0}$ 型未定式的结论.

定理 3.2.1（洛必达法则）　若函数 $f(x), g(x)$ 满足：

(1) $\lim\limits_{x \to x_0} f(x) = \lim\limits_{x \to x_0} g(x) = 0$,

(2) 在点 x_0 的某个去心邻域内，$f'(x)$ 及 $g'(x)$ 都存在，且 $g'(x) \neq 0$,

(3) $\lim\limits_{x \to x_0} \dfrac{f'(x)}{g'(x)} = A(A$ 为有限值或无穷大),

则有
$$\lim_{x \to x_0} \frac{f(x)}{g(x)} = \lim_{x \to x_0} \frac{f'(x)}{g'(x)} = A.$$

注　(1) 如果 $\lim\limits_{x \to x_0} \dfrac{f'(x)}{g'(x)}$ 仍为 $\dfrac{0}{0}$ 型未定式，且此时 $f'(x), g'(x)$ 仍能满足定理3.2.1的条件，则可以继续重复使用洛必达法则.

(2) 洛必达法则对于 $x \to x_0^+, x \to x_0^-, x \to \infty, x \to +\infty$ 和 $x \to -\infty$ 时的 $\dfrac{0}{0}$ 型未定式同样适用.

例 3.2.1　求 $\lim\limits_{x \to 1} \dfrac{\ln x}{(x-1)^2}$.

解　此题属于 $\dfrac{0}{0}$ 型未定式，且符合洛必达法则的条件，则有

$$\lim_{x \to 1} \frac{\ln x}{(x-1)^2} = \lim_{x \to 1} \frac{\dfrac{1}{x}}{2(x-1)} = \lim_{x \to 1} \frac{1}{2x(x-1)} = \infty.$$

例 3.2.2　求 $\lim\limits_{x \to 0} \dfrac{x - \sin x}{x^3}$.

解　此题属于 $\dfrac{0}{0}$ 型未定式，且符合洛必达法则的条件，则有

$$\lim_{x \to 0} \frac{x - \sin x}{x^3} = \lim_{x \to 0} \frac{1 - \cos x}{3x^2} = \lim_{x \to 0} \frac{\sin x}{6x} = \frac{1}{6}.$$

思考　能否用洛必达法则证明重要极限 $\lim\limits_{x \to 0} \dfrac{\sin x}{x} = 1$ 呢？

三、$\dfrac{\infty}{\infty}$ 型未定式

定理 3.2.2（洛必达法则）　若函数 $f(x), g(x)$ 满足：

(1) $\lim\limits_{x \to x_0} f(x) = \lim\limits_{x \to x_0} g(x) = \infty$,

(2) 在点 x_0 的某个去心邻域内，$f'(x)$ 及 $g'(x)$ 都存在，且 $g'(x) \neq 0$,

(3) $\lim\limits_{x \to x_0} \dfrac{f'(x)}{g'(x)} = A$（$A$ 为有限值或无穷大），

则有

$$\lim_{x \to x_0} \frac{f(x)}{g(x)} = \lim_{x \to x_0} \frac{f'(x)}{g'(x)} = A.$$

与定理 3.2.1 一样，洛必达法则对于 $x \to x_0^+, x \to x_0^-, x \to \infty, x \to +\infty$ 和 $x \to -\infty$ 时的 $\dfrac{\infty}{\infty}$ 型未定式也同样适用.

例 3.2.3　求 $\lim\limits_{x \to +\infty} \dfrac{\ln x}{x^\alpha}$ $(\alpha > 0)$.

解　此题属于 $\dfrac{\infty}{\infty}$ 型未定式，应用洛必达法则，有

$$\lim_{x \to +\infty} \frac{\ln x}{x^\alpha} = \lim_{x \to +\infty} \frac{\dfrac{1}{x}}{\alpha x^{\alpha-1}} = \lim_{x \to +\infty} \frac{1}{\alpha x^\alpha} = 0.$$

例 3.2.4　求 $\lim\limits_{x \to +\infty} \dfrac{x^\alpha}{e^{\lambda x}}$ $(\alpha > 0, \lambda > 0)$.

解　此题属于 $\dfrac{\infty}{\infty}$ 型未定式，由洛必达法则得

$$\lim_{x \to +\infty} \frac{x^\alpha}{e^{\lambda x}} = \lim_{x \to +\infty} \frac{\alpha x^{\alpha-1}}{\lambda e^{\lambda x}}.$$

若 $0 < \alpha \leqslant 1$，则上式为零；若 $\alpha > 1$，则上式右端仍是 $\dfrac{\infty}{\infty}$ 型未定式，由于这时总存在自然数 n，使得 $n-1 < \alpha \leqslant n$，故连续使用洛必达法则 n 次，得

$$\lim_{x \to +\infty} \frac{x^\alpha}{e^{\lambda x}} = \lim_{x \to +\infty} \frac{\alpha x^{\alpha-1}}{\lambda e^{\lambda x}} = \lim_{x \to +\infty} \frac{\alpha(\alpha-1)x^{\alpha-2}}{\lambda^2 e^{\lambda x}} = \cdots$$

$$\xrightarrow{\text{第} n \text{次}} \lim_{x \to +\infty} \frac{\alpha(\alpha-1)\cdots(\alpha-n+1)x^{\alpha-n}}{\lambda^n e^{\lambda x}} = 0.$$

例 3.2.4 的结果表明，当 $x \to +\infty$ 时，任何幂函数的无穷大量 x^α（无论正数 α 多么大），与任何指数函数的无穷大量 $e^{\lambda x}$ $(\lambda > 0)$ 比较，都是"微不足道"的.

尽管对数函数 $\ln x$、幂函数 $x^\alpha (\alpha > 0)$、指数函数 $e^{\lambda x} (\lambda > 0)$ 均为当 $x \to +\infty$ 时的无穷大量，但例 3.2.3 和例 3.2.4 表明，这三个函数增大的"速度"是不同的. $\ln x$ 为"对数增长"，x^α $(\alpha > 0)$ 为"多项式增长"，$e^{\lambda x} (\lambda > 0)$ 为"指数增长"，其中指数增长的增长速度远远超过多项式增长的增长速度，而后者又远远超过对数增长的增长速度. 例如，地球相对于人而言是无穷大量，但它相对于银河系来说又只能算是无穷小量.

表 3-1 列出了 x 分别取 $10, 100, 1\,000$ 时，函数 $\ln x, \sqrt{x}, x\ln x, x^2$ 和 e^x 相应的函数值. 从

此表可以看出，当 x 增大时这几个函数增大的"速度"快慢情况.

表 3−1

x	10	100	1 000
$\ln x$	2.3	4.6	6.9
$\sqrt{x}$	3.2	10	31.6
$x\ln x$	23	461	6 908
x^2	100	10 000	10^6
e^x	2.20×10^4	2.69×10^{43}	1.97×10^{434}

事实上，这一系列无穷大量有一个排序：当 $x\to+\infty$ 时，有（假设 $0<\alpha_1<\alpha_2$）

$$\cdots<^{①}\ln(\ln x)<\ln x<x^{\alpha_1}<x^{\alpha_2}<e^x<e^{e^x}<\cdots.$$

四、其他类型的未定式

未定式除了上面讨论的两种类型外，还有 $0\cdot\infty,\infty-\infty,0^0,1^\infty,\infty^0$ 等类型②. 求这些未定式时，我们可以先通过适当的变形将之化成 $\dfrac{0}{0}$ 或 $\dfrac{\infty}{\infty}$ 型未定式，再利用洛必达法则.

1. $0\cdot\infty,\infty-\infty$ 型未定式

例 3.2.5　求 $\lim\limits_{x\to0^+}x^n\ln x\ (n>0)$.

解　此题属于 $0\cdot\infty$ 型未定式，它可变形为

$$\lim_{x\to0^+}x^n\ln x=\lim_{x\to0^+}\frac{\ln x}{x^{-n}}.$$

当 $x\to0^+$ 时，上式右端属于 $\dfrac{\infty}{\infty}$ 型未定式，应用洛必达法则，有

$$\lim_{x\to0^+}x^n\ln x=\lim_{x\to0^+}\frac{\ln x}{x^{-n}}=\lim_{x\to0^+}\frac{x^{-1}}{-nx^{-n-1}}=\lim_{x\to0^+}\frac{-x^n}{n}=0.$$

例 3.2.6　求 $\lim\limits_{x\to1}\left(\dfrac{x}{1-x}-\dfrac{1}{\ln x}\right)$.

解　此题属于 $\infty-\infty$ 型未定式，它可变形为

$$\lim_{x\to1}\left(\frac{x}{1-x}-\frac{1}{\ln x}\right)=\lim_{x\to1}\frac{x\ln x-(1-x)}{(1-x)\ln x}.$$

当 $x\to1$ 时，上式右端属于 $\dfrac{0}{0}$ 型未定式，应用洛必达法则，有

$$\lim_{x\to1}\left(\frac{x}{1-x}-\frac{1}{\ln x}\right)=\lim_{x\to1}\frac{x\ln x-(1-x)}{(1-x)\ln x}=\lim_{x\to1}\frac{\ln x+2}{\frac{1-x}{x}-\ln x}=\infty.$$

2. $0^0,1^\infty,\infty^0$ 型未定式

将 $0^0,1^\infty,\infty^0$ 型未定式分别转换为 $e^{0\cdot\ln0},e^{\infty\cdot\ln1},e^{0\cdot\ln\infty}$ 的形式，而 $0\cdot\ln0,\infty\cdot\ln1$，

---

① 若在某个变化过程中，无穷大量 z 与 y 之比 $\dfrac{z}{y}$ 仍为无穷大量，则称 z 的阶大于 y 的阶，并用 $y\prec z$ 表示.

② 这些记号没有数字意义，它们是各种类型未定式的简短表达式.

$0 \cdot \ln \infty$ 均属于 $0 \cdot \infty$ 型未定式.

例 3.2.7 求 $\lim\limits_{x \to +\infty} \left(\dfrac{2}{\pi} \arctan x \right)^x$.

解 此题属于 1^∞ 型未定式. 因 $\left(\dfrac{2}{\pi} \arctan x \right)^x = \mathrm{e}^{x \ln \left(\frac{2}{\pi} \arctan x \right)}$, 故应用洛必达法则, 有

$$\text{原式} = \lim_{x \to +\infty} \mathrm{e}^{x \ln \left(\frac{2}{\pi} \arctan x \right)} = \mathrm{e}^{\lim\limits_{x \to +\infty} \frac{\ln \frac{2}{\pi} + \ln(\arctan x)}{\frac{1}{x}}} = \mathrm{e}^{\lim\limits_{x \to +\infty} \frac{\frac{1}{\arctan x} \cdot \frac{1}{1+x^2}}{-\frac{1}{x^2}}} = \mathrm{e}^{-\lim\limits_{x \to +\infty} \frac{1}{\arctan x} \cdot \frac{x^2}{1+x^2}} = \mathrm{e}^{-\frac{2}{\pi}}.$$

3. 综合练习

例 3.2.8 求 $\lim\limits_{n \to \infty} \sqrt[n]{n}$ (n 为正整数).

解 此题属于 ∞^0 型未定式. 因 n 不是连续变量, 故不能直接用洛必达法则. 考虑函数极限

$$\lim_{x \to +\infty} x^{\frac{1}{x}} = \lim_{x \to +\infty} \mathrm{e}^{\frac{1}{x} \ln x} = \mathrm{e}^{\lim\limits_{x \to +\infty} \frac{\ln x}{x}} = \mathrm{e}^{\lim\limits_{x \to +\infty} \frac{1}{x}} = \mathrm{e}^0 = 1,$$

从而由海涅定理知

$$\lim_{n \to \infty} \sqrt[n]{n} = \lim_{n \to \infty} n^{\frac{1}{n}} = \lim_{x \to +\infty} x^{\frac{1}{x}} = 1.$$

例 3.2.9 求 $\lim\limits_{x \to 0} \dfrac{\tan x - x}{x^2 \sin x}$.

解 洛必达法则不是万能的, 如果执着于洛必达法则, 则本题很难求出结果. 例如,

$$\lim_{x \to 0} \frac{\tan x - x}{x^2 \sin x} = \lim_{x \to 0} \frac{\sec^2 x - 1}{2x \sin x + x^2 \cos x} = \lim_{x \to 0} \frac{2 \sec^2 x \tan x}{2 \sin x + 4x \cos x - x^2 \sin x} = \cdots.$$

注意到此题的分母是两种函数的乘积, 求导后反而变得更复杂. 实际上, 如果先利用等价无穷小量 $\sin x \sim x$ (当 $x \to 0$ 时) 替代, 则运算会简便很多, 此时有

$$\lim_{x \to 0} \frac{\tan x - x}{x^2 \sin x} = \lim_{x \to 0} \frac{\tan x - x}{x^3} \xlongequal{\text{洛必达法则}} \lim_{x \to 0} \frac{\sec^2 x - 1}{3x^2} = \lim_{x \to 0} \frac{\tan^2 x}{3x^2} = \frac{1}{3}.$$

从以上例子可以看出, 虽然洛必达法则是求未定式的一种有效方法, 但未定式种类很多, 只使用一种方法并不一定能完全奏效, 最好与其他求极限的方法结合起来使用. 例如, 能化简时应尽可能先化简, 可利用等价无穷小量替代或重要极限时应尽可能利用.

例如求极限 $\lim\limits_{x \to 0} \dfrac{x^{100}(\mathrm{e}^x - \mathrm{e}^{-x})}{(1 + 6x)^2 \sin^{101} x}$, 如果直接应用洛必达法则, 则不容易求出结果. 实际上, 可先将极限拆分化简, 再利用洛必达法则, 即

$$\lim_{x \to 0} \frac{x^{100}(\mathrm{e}^x - \mathrm{e}^{-x})}{(1 + 6x)^2 \sin^{101} x} = \lim_{x \to 0} \frac{1}{(1 + 6x)^2} \cdot \lim_{x \to 0} \left(\frac{x}{\sin x} \right)^{100} \cdot \lim_{x \to 0} \frac{\mathrm{e}^x - \mathrm{e}^{-x}}{\sin x}$$

$$= 1 \cdot 1 \cdot \lim_{x \to 0} \frac{\mathrm{e}^x - \mathrm{e}^{-x}}{\sin x} \xlongequal{\text{洛必达法则}} \lim_{x \to 0} \frac{\mathrm{e}^x + \mathrm{e}^{-x}}{\cos x} = 2.$$

由此可见, 多种方法结合才能更便捷地解决问题.

注 本节定理给出的是求未定式的一种方法, 当定理条件满足时, 所求的极限存在 (或为无穷大量), 但当定理条件不满足时, 所求极限却未必不存在, 即当 $\lim\limits_{x \to x_0} \dfrac{f'(x)}{g'(x)}$ 不存在时, $\lim\limits_{x \to x_0} \dfrac{f(x)}{g(x)}$ 有可能存在. 对于 $x \to x_0^+$, $x \to x_0^-$, $x \to \infty$, $x \to +\infty$ 和 $x \to -\infty$ 时的极限亦是如此.

例如, 对 $\lim\limits_{x \to 0} \dfrac{x^2 \sin \frac{1}{x}}{\sin x}$ 的分子、分母分别求导, 得

$$\lim_{x \to 0} \frac{2x\sin\dfrac{1}{x} - \cos\dfrac{1}{x}}{\cos x},$$

而极限$\lim\limits_{x\to 0}\cos\dfrac{1}{x}$不存在，因此求导后的极限不存在. 但实际上，原极限可由如下方法求得（利用$\sin x \sim x$）：

$$\lim_{x \to 0} \frac{x^2\sin\dfrac{1}{x}}{\sin x} = \lim_{x \to 0} x\sin\frac{1}{x} = 0.$$

思考题 3.2

1. 下面的计算错在哪里？应该如何纠正？为什么？

$$\lim_{x \to +\infty} \frac{2x - \cos x}{2x + \cos x} = \lim_{x \to +\infty} \frac{2 + \sin x}{2 - \sin x} = \lim_{x \to +\infty} \frac{\cos x}{-\cos x} = -1.$$

2. 设$\lim\limits_{x \to x_0} \dfrac{f(x)}{g(x)}$是$\dfrac{0}{0}$型或$\dfrac{\infty}{\infty}$型未定式. 如果$\lim\limits_{x \to x_0} \dfrac{f'(x)}{g'(x)}$不存在，也不为无穷大，试问：$\lim\limits_{x \to x_0} \dfrac{f(x)}{g(x)}$是否也一定不存在？请举例说明.

3. 数列极限可以直接用洛必达法则吗？求数列极限$\lim\limits_{n \to \infty} \dfrac{\ln n}{\sqrt{n}}$.

4. 使用洛必达法则可以很快求得：

$$\lim_{x \to 0} \frac{\sin x}{x} = \lim_{x \to 0} \frac{\cos x}{1} = 1,$$

$$\lim_{x \to \infty} \left(1 + \frac{1}{x}\right)^x = e^{\lim\limits_{x \to \infty} \frac{\ln\left(1 + \frac{1}{x}\right)}{\frac{1}{x}}} = e^{\lim\limits_{x \to \infty} \frac{\frac{1}{1 + x^{-1}} \cdot \left(\frac{1}{x}\right)'}{\left(\frac{1}{x}\right)'}} = e^{\lim\limits_{x \to \infty} \frac{x}{1 + x}} = e^1 = e.$$

如果以此替代两个重要极限的证明，岂不更简单吗？

习题 3.2

(A)

一、用洛必达法则求下列极限：

(1) $\lim\limits_{x \to 0} \dfrac{\ln(1 + x)}{x}$;

(2) $\lim\limits_{x \to 0^+} \dfrac{\ln(\tan 7x)}{\ln(\tan 2x)}$;

(3) $\lim\limits_{x \to 0} \dfrac{\ln(1 + x^2)}{\sec x - \cos x}$;

(4) $\lim\limits_{x \to 1} \left(\dfrac{2}{x^2 - 1} - \dfrac{1}{x - 1}\right)$;

(5) $\lim\limits_{x \to \infty} \left(1 + \dfrac{a}{x}\right)^x$;

(6) $\lim\limits_{x \to a} \dfrac{\sin x - \sin a}{x - a}$;

(7) $\lim\limits_{x \to 0^+} x^{\sin x}$;

(8) $\lim\limits_{x \to 0^+} \left(\dfrac{1}{x}\right)^{\tan x}$;

(9) $\lim\limits_{x \to 0} \left(\dfrac{\sin x}{x}\right)^{\frac{1}{1 - \cos x}}$.

二、验证：极限$\lim\limits_{x \to \infty} \dfrac{x + \sin x}{x}$存在，但不能用洛必达法则求出.

(B)

一、设$x \to 0$时，$e^{\tan x} - e^x$与x^n是同阶无穷小量，求n的值.

二、求下列极限：

(1) $\lim\limits_{x \to 0^+} \dfrac{e^{-\frac{1}{x}}}{x}$;

(2) $\lim\limits_{x \to 0} \dfrac{\tan^3 2x}{x^4}\left(1 - \dfrac{x}{e^x - 1}\right)$;

(3) $\lim\limits_{x \to 0} \dfrac{(1 + x)^{\frac{1}{x}} - e}{x}$.

三、对充分大的一切x，五个函数$1\,000^x$，e^{3x}，$\log_{10} x^{1\,000}$，$e^{\frac{1}{1\,000}x^2}$，$x^{10^{10}}$中最大的是哪一个？

四、证明：$x = 0$ 是函数 $y = \left[\dfrac{(1+x)^{\frac{1}{x}}}{e}\right]^{\frac{1}{x}}$ 的可去间断点.

五、设函数 $f(x)$ 在 $(-\infty, +\infty)$ 上二阶可导，且 $f(0) = 0, g(x) = \begin{cases} \dfrac{f(x)}{x}, & x \neq 0, \\ f'(0), & x = 0, \end{cases}$ 求 $g'(x)$.

六、设 $f(0) = 0, f'(0) = 2, f''(0) = 6$，求 $\lim\limits_{x \to 0} \dfrac{f(x) - 2x}{x^2}$.

第三节　函数几何性态的研究

有了微分中值定理，就可以利用导数来研究函数在区间上的几何性态. 本节主要介绍微分学在研究函数的单调性与极值、曲线的凹凸性与拐点、函数图形的描绘，以及曲率（曲线弯曲程度的定量描述）等方面的应用.

一、函数单调性的判定

第一章介绍过函数在区间上单调的概念，但直接利用定义来判断函数的单调性比较复杂. 例如，函数 $y = \arctan x - \dfrac{1}{2}\ln(1 + x^2)$ 的单调性就很难通过定义来判断.

本节将利用导数来对函数的单调性进行研究. 如果函数 $y = f(x)$ 在闭区间 $[a, b]$ 上单调增加（或单调减少），那么它的图形是一条沿 x 轴正向上升（或下降）的曲线，如图 $3-8$(a)（或图 $3-8$(b)）所示.

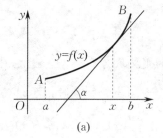
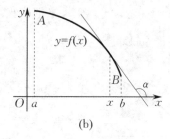

(a)　　　　　　　　　　　　(b)

图 $3-8$

由图 $3-8$(a) 可以看出，当函数 $y = f(x)$ 在 $[a, b]$ 上单调增加时，其曲线上任一点处的切线的倾角 α 都是锐角，因此它们的斜率都是正值. 此时，由导数的几何意义知道，函数 $f(x)$ 在任一点处的导数都是正值，即 $f'(x) > 0$.

同样，如图 $3-8$(b) 所示，当函数 $y = f(x)$ 在 $[a, b]$ 上单调减少时，其曲线上任一点处的切线的倾角 α 都是钝角，因此函数 $f(x)$ 在任一点处的导数（切线的斜率）都是负值，即 $f'(x) < 0$.

由此可见，函数的单调性与导数的符号有着密切的联系. 那么，能否用导数的符号来判定函数的单调性呢？下面我们给出利用导数的符号来判断函数单调性的定理.

定理 3.3.1（函数单调性的判定方法）　设函数 $y = f(x)$ 在闭区间 $[a, b]$ 上连续，在开

区间 (a,b) 内可导，则 $y=f(x)$ 在闭区间 $[a,b]$ 上单调增加（或单调减少）的充要条件是 $f'(x)\geqslant 0$（或 $f'(x)\leqslant 0$），$x\in(a,b)$.

证　必要性　设 $y=f(x)$ 在 $[a,b]$ 上单调增加，则对任意 $x,x+\Delta x\in(a,b)$，无论 $\Delta x>0$，还是 $\Delta x<0$，总有 $\dfrac{f(x+\Delta x)-f(x)}{\Delta x}\geqslant 0$. 于是 $f'(x)=\lim\limits_{\Delta x\to 0}\dfrac{f(x+\Delta x)-f(x)}{\Delta x}\geqslant 0$.

充分性　在 $[a,b]$ 上任取两点 x_1,x_2，且 $x_1<x_2$，在 $[x_1,x_2]$ 上应用拉格朗日中值定理，得
$$f(x_2)-f(x_1)=f'(\xi)(x_2-x_1)\quad(x_1<\xi<x_2).$$
已知 $f'(\xi)\geqslant 0$，$x_2-x_1>0$，故 $f(x_2)\geqslant f(x_1)$，即 $y=f(x)$ 在 $[a,b]$ 上单调增加.

同理可证 $y=f(x)$ 在 $[a,b]$ 上单调减少的情形.

注　（1）如果把定理 3.3.1 中的有限闭区间换成其他类型的区间（包括无限区间），结论依然成立.

（2）若函数在某区间 I 内连续，且除个别离散点外，导数处处同号，则区间 I 仍为该函数的单调区间.

（3）函数 $y=f(x)$ 在闭区间 $[a,b]$ 上严格单调增加（或严格单调减少）的充要条件是 $f'(x)\geqslant 0$（或 $f'(x)\leqslant 0$），$x\in(a,b)$，而且在该区间上的任何子区间上 $f'(x)$ 都不恒等于 0.

例 3.3.1　讨论函数 $f(x)=\arctan x-\dfrac{1}{2}\ln(1+x^2)$ 的单调性.

解　函数 $f(x)$ 的定义域为 $(-\infty,+\infty)$，且
$$f'(x)=\frac{1}{1+x^2}-\frac{2x}{2(1+x^2)}=\frac{1-x}{1+x^2}.$$
因此，当 $x\in(-\infty,1)$ 时，$f'(x)>0$，故 $f(x)$ 在 $(-\infty,1]$ 上单调增加；当 $x\in(1,+\infty)$ 时，$f'(x)<0$，故 $f(x)$ 在 $[1,+\infty)$ 上单调减少.

例 3.3.2　讨论函数 $f(x)=\sqrt[3]{x^2}$ 的单调性.

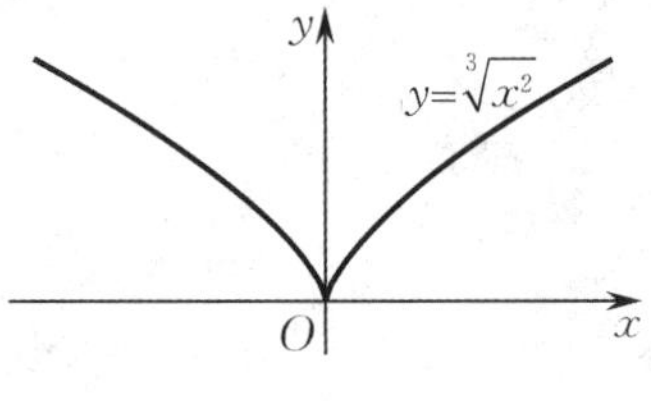

图 3-9

解　函数 $f(x)$ 的定义域为 $(-\infty,+\infty)$，如图 3-9 所示.

当 $x\neq 0$ 时，$f'(x)=\dfrac{2}{3\sqrt[3]{x}}$；当 $x=0$ 时，$f'(x)$ 不存在.

当 $x\in(-\infty,0)$ 时，$f'(x)<0$，从而 $f(x)$ 在 $(-\infty,0]$ 上单调减少；当 $x\in(0,+\infty)$ 时，$f'(x)>0$，从而 $f(x)$ 在 $[0,+\infty)$ 上单调增加.

如果函数 $f(x)$ 在定义区间上连续，$f'(x)$ 在除有限个导数不存在的点外处处存在且连续，那么只要用方程 $f'(x)=0$ 的根及 $f'(x)$ 不存在的点来划分 $f(x)$ 的定义区间，就能保证 $f'(x)$ 在各个部分区间内保持固定符号，因而函数 $f(x)$ 在每个部分区间上都是单调的. 这些部分区间称为 $f(x)$ 的**单调区间**，其中 $f(x)$ 单调增加的区间称为**单调增加区间**，$f(x)$ 单调减少的区间称为**单调减少区间**.

例 3.3.3　设函数 $f(x)=x^3-x$，讨论 $f(x)$ 的单调区间.

解　由于
$$f'(x)=3x^2-1=(\sqrt{3}x+1)(\sqrt{3}x-1),$$

令 $f'(x)=0$，得 $x_1=-\dfrac{1}{\sqrt{3}}$，$x_2=\dfrac{1}{\sqrt{3}}$．用这两个点将 $f(x)$ 的定义域分成三个部分区间，列表分析（见表 3-2）．

表 3-2

x	$\left(-\infty,-\dfrac{1}{\sqrt{3}}\right)$	$-\dfrac{1}{\sqrt{3}}$	$\left(-\dfrac{1}{\sqrt{3}},\dfrac{1}{\sqrt{3}}\right)$	$\dfrac{1}{\sqrt{3}}$	$\left(\dfrac{1}{\sqrt{3}},+\infty\right)$
$f'(x)$	$+$	0	$-$	0	$+$
$f(x)$ 的几何性态	↗		↘		↗

这里，用记号"↗"表示函数是单调增加的，用"↘"表示函数是单调减少的．

由表 3-2 可见，$f(x)$ 的单调增加区间为 $\left(-\infty,-\dfrac{1}{\sqrt{3}}\right]$ 和 $\left[\dfrac{1}{\sqrt{3}},+\infty\right)$，单调减少区间为 $\left[-\dfrac{1}{\sqrt{3}},\dfrac{1}{\sqrt{3}}\right]$，如图 3-10 所示．

利用单调性也可以证明不等式，证明的关键在于引入一个适当的函数．

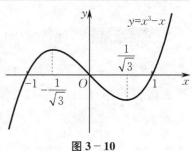

图 3-10

例 3.3.4　证明：$e^{\pi} > \pi^{e}$．

分析　利用单调性证明不等式，关键在于引入一个适当的函数，将不等式两边转化为该函数在两个点处的函数值，从而利用函数的单调性对它们进行比较．例如，对本例做如下等价变形：$e^{\pi} > \pi^{e} \Longleftrightarrow \pi\ln e > e\ln \pi \Longleftrightarrow \dfrac{\ln e}{e} > \dfrac{\ln \pi}{\pi}$，由此可以看出证明的思路．

证　令函数 $f(x)=\dfrac{\ln x}{x}$，$x\in(0,+\infty)$，则 $f'(x)=\dfrac{1-\ln x}{x^2}$，故当 $0 < x < e$ 时，$f'(x) > 0$；当 $x > e$ 时，$f'(x) < 0$．注意到 $\pi > e$，显然在 $(e,+\infty)$ 上，$f(x)$ 严格单调减少，因此 $f(e) > f(\pi)$．再根据等价变形即可知，$e^{\pi} > \pi^{e}$．

二、曲线的凹凸性与拐点

研究函数的单调性，对于了解函数的性态、描绘函数的图形起到了重要作用．但是仅依赖于单调性，并不能比较准确地描绘出函数的图形．例如，某种耐用消费品的销售曲线 $y=f(x)$ 如图 3-11 所示，其中 y 表示销售总量，x 表示时间．图形显示曲线始终是上升的，但在不同时间段，上升情况有所区别．在 $(0,x_0)$ 内，曲线形状是凹的，上升的趋势逐渐加快；而在 $(x_0,+\infty)$ 上，曲线形状是凸的，上升的趋势逐渐放慢．可见，点 $P(x_0,f(x_0))$ 是曲线上升趋势由快转向慢的转折点．

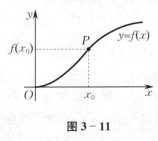

图 3-11

为了区分这两种增长，引入曲线的凹凸性这个概念．

1. 曲线的凹凸性

从几何学的角度观察，对于上升趋势逐渐加快的曲线，如图 3-12(a) 所示，如果在该曲线弧上任取两点，则联结这两点间的弦总位于这两点弧段的上方；而对于上升趋势逐渐放慢的曲线，则正好相反,如图 3-12(b) 所示. 曲线的这种性质就是凹凸性. 下面利用联结曲线弧上任意两点的弦的中点与曲线弧上相应点(具有相同横坐标的点) 的位置关系给出曲线的凹凸性的一般定义.

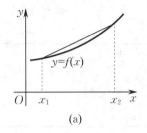 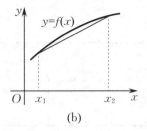

(a)   (b)

图 3-12

定义 3.3.1   设函数 $f(x)$ 在区间 I 上连续. 对 I 上任意两点 $x_1, x_2 (x_1 \neq x_2)$,如果恒有

$$f\left(\frac{x_1 + x_2}{2}\right) < \frac{f(x_1) + f(x_2)}{2},$$

那么称 $f(x)$ 在 I 上的图形是**凹的**(或凹弧);如果恒有

$$f\left(\frac{x_1 + x_2}{2}\right) > \frac{f(x_1) + f(x_2)}{2},$$

那么称 $f(x)$ 在 I 上的图形是**凸的**(或凸弧).

    注   (1) 凹的曲线也称为**上凹的**或**下凸的**,凸的曲线也称为**下凹的**或**上凸的**.

    (2) 定义 3.3.1 实际上是严格意义上的函数图形的凹凸性定义. 若将定义中的不等号改为"$\leqslant$(或 $\geqslant$)",则 $f(x)$ 在 I 上的图形是非严格意义上的凹弧(或凸弧). 本书如未做特殊说明,所论及的凹弧(或凸弧)都是严格意义上的.

    与单调性相似,用定义判断曲线的凹凸性不方便,但可以用二阶导数的符号来判断曲线的凹凸性,如图 3-13 所示. 现仅就 I 是闭区间的情形来叙述结论,当 I 不是闭区间时,可以类似证明.

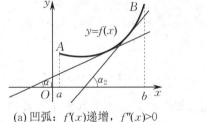 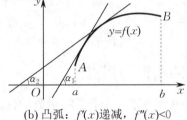

(a) 凹弧: $f'(x)$ 递增,$f''(x) > 0$ (b) 凸弧: $f'(x)$ 递减,$f''(x) < 0$

图 3-13

定理 3.3.2   设函数 $f(x)$ 在 $[a,b]$ 上连续,在 (a,b) 内具有一阶和二阶导数. 若在 (a,b) 内 $f''(x) > 0$(或 $f''(x) < 0$),则 $f(x)$ 在 $[a,b]$ 上的图形是凹的(或凸的).

    注   类似于单调性判别定理 3.3.1,这里 $f''(x) > 0$(或 $f''(x) < 0$)可以写成为 $f''(x) \geqslant 0$(或 $f''(x) \leqslant 0$),只要使等号成立的点不构成区间,则结论仍为 $f(x)$ 在 $[a,b]$ 上的图形是严格意义上凹的(或凸的).

例 3.3.5   判断曲线 $y = \dfrac{1}{x}$ 的凹凸性.

    解   因为函数 $y = \dfrac{1}{x}$ 的定义域为 $(-\infty, 0)$ 及 $(0, +\infty)$,且

$$y' = -\frac{1}{x^2}, \quad y'' = \frac{2}{x^3},$$

所以当 $x < 0$ 时, $y'' < 0$, 曲线 $y = \frac{1}{x}$ 是凸的; 当 $x > 0$ 时, $y'' > 0$, 曲线 $y = \frac{1}{x}$ 是凹的.

2. 曲线的拐点

有时函数曲线在定义区间上的凹凸性不是固定不变的, 可能在某些点的左右两侧曲线的凹凸性不同. 例如, 汽车在急弯很多的曲线公路上行驶时, 需要不断改变方向盘的转角, 在经过这种公路上的某些点时, 方向盘要由顺时针转动改变为逆时针转动, 或由逆时针转动改变为顺时针转动, 这些点就称为曲线公路上的拐点. 一般地, 连续曲线上凹弧与凸弧的分段点称为该曲线的**拐点**.

对于二阶可导的函数来说, 函数曲线在拐点的左右两侧的凹凸性将会发生变化. 根据凹凸性与二阶导数的关系, 我们能用二阶导数的符号来判别某点是否为拐点, 即如下定理.

定理 3.3.3 如果函数 $y = f(x)$ 在点 x_0 的某个邻域内存在二阶导数, 且 $f''(x_0) = 0$, 在点 x_0 的左右两侧 $f''(x)$ 的符号相反, 则点 $M(x_0, f(x_0))$ 为曲线 $y = f(x)$ 的拐点.

对于二阶可导的函数 $f(x)$, 由定理 3.3.3 可知, 使得 $f''(x) = 0$ 的点 x_0 所对应的点 $(x_0, f(x_0))$ 有可能是曲线 $y = f(x)$ 的拐点. 此外, 如果 $f(x)$ 在点 x_0 处的二阶导数不存在, 但在点 x_0 的左右两侧 $f''(x)$ 的符号相反, 则点 $(x_0, f(x_0))$ 也是曲线 $y = f(x)$ 的拐点. 例如, 如图 3-14 所示的函数 $y = \sqrt[3]{x}$ 在 $x = 0$ 处的二阶导数不存在, 但它在 $x = 0$ 的左右两侧的二阶导数 y'' 的符号相反, 由此可见, $(0,0)$ 是曲线 $y = \sqrt[3]{x}$ 的拐点.

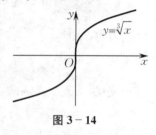

图 3-14

因此, 可按如下步骤来求曲线 $y = f(x)$ 的拐点:

(1) 求 $f''(x)$;

(2) 求方程 $f''(x) = 0$ 的实根和 $f''(x)$ 不存在的点, 不妨设为 x_0;

(3) 对于 (2) 中求得的每一个点 x_0, 检查 $f''(x)$ 在点 x_0 的左右两侧的符号. 如果 $f''(x)$ 在点 x_0 的左右两侧分别保持一定的符号, 那么当两侧 $f''(x)$ 的符号相反时, 点 $(x_0, f(x_0))$ 是曲线的拐点; 当两侧 $f''(x)$ 的符号相同时, 点 $(x_0, f(x_0))$ 不是曲线的拐点.

例 3.3.6 求曲线 $y = x\mathrm{e}^x$ 的拐点.

解 $y'' = (2+x)\mathrm{e}^x$. 当 $x > -2$ 时, $y'' > 0$, 曲线是凹的; 当 $x < -2$ 时, $y'' < 0$, 曲线是凸的. 故在点 $x = -2$ 的左右两侧, 曲线的凹凸性不同, 因此 $(-2, -2\mathrm{e}^{-2})$ 是曲线的拐点.

例 3.3.7 求曲线 $y = \sqrt[3]{x}$ 的拐点.

解 函数 $y = \sqrt[3]{x}$ 在 $(-\infty, +\infty)$ 上连续, 当 $x \neq 0$ 时,

$$y' = \frac{1}{3 \cdot \sqrt[3]{x^2}}, \quad y'' = -\frac{2}{9x \cdot \sqrt[3]{x^2}}.$$

当 $x = 0$ 时, y', y'' 都不存在, 故把 $(-\infty, +\infty)$ 分成 $(-\infty, 0]$, $[0, +\infty)$ 两部分.

在 $(-\infty, 0)$ 上 $y'' > 0$, 因此在 $(-\infty, 0]$ 上曲线是凹的; 在 $(0, +\infty)$ 上 $y'' < 0$, 因此在 $[0, +\infty)$ 上曲线是凸的. 经上述分析可知, $(0,0)$ 是曲线的拐点.

例 3.3.8 求曲线 $y = 3x^4 - 4x^3 + 1$ 的拐点.

解 函数 $y = 3x^4 - 4x^3 + 1$ 的定义域为 $(-\infty, +\infty)$,

$$y' = 12x^3 - 12x^2, \quad y'' = 36x^2 - 24x = 36x\left(x - \frac{2}{3}\right).$$

令 $y'' = 0$, 求得 $x_1 = 0, x_2 = \dfrac{2}{3}$. $x_1 = 0$ 及 $x_2 = \dfrac{2}{3}$ 把定义域分成

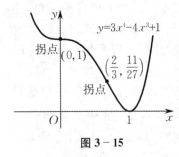

图 3-15

$$(-\infty, 0], \quad \left[0, \frac{2}{3}\right], \quad \left[\frac{2}{3}, +\infty\right).$$

在 $(-\infty, 0)$ 上 $y'' > 0$, 因此在 $(-\infty, 0]$ 上曲线是凹的; 在 $\left(0, \dfrac{2}{3}\right)$ 内 $y'' < 0$, 因此在 $\left[0, \dfrac{2}{3}\right]$ 上曲线是凸的; 在 $\left(\dfrac{2}{3}, +\infty\right)$ 上 $y'' > 0$, 因此在 $\left[\dfrac{2}{3}, +\infty\right)$ 上曲线是凹的. 故 $(0, 1), \left(\dfrac{2}{3}, \dfrac{11}{27}\right)$ 是曲线的拐点, 如图 3-15 所示.

例 3.3.9 证明不等式: $2\arctan\dfrac{a+b}{2} \geqslant \arctan a + \arctan b$, 其中 a, b 均为正数.

分析 将原不等式改写为

$$\arctan\frac{a+b}{2} \geqslant \frac{\arctan a + \arctan b}{2}.$$

可以发现, 上式正是判断函数 $y = \arctan x$ 的图形的凹凸性的标准形式. 因此, 只需证明函数 $y = \arctan x (x > 0)$ 的图形是凸的即可.

证 当 $a = b$ 时, 不等式中的等号显然成立.

当 $a \neq b$ 时, 记 $y = \arctan x (x > 0)$, 则

$$y'' = -\frac{2x}{(1+x^2)^2} < 0 \quad (x > 0).$$

因此, $y = \arctan x$ 在 $x > 0$ 时的图形是凸的, 即

$$\arctan\frac{a+b}{2} > \frac{\arctan a + \arctan b}{2}.$$

注 至此, 我们已经学习了证明不等式的三种方法: 利用微分中值定理、函数的单调性和函数图形的凹凸性, 这些方法都必须熟练掌握.

三、函数的极值

导数概念还涉及另一类重要的实际问题就是寻求函数的极值和最值. 例如, 在一定的发射速度下, 对于怎样的发射角, 大炮的射程可以达到最大? 在 17 世纪初期, 伽利略(Galilei)断定在真空中达到最大射程的发射角是 $45°$, 他还求出了在不同发射角下炮弹所能达到的最大高度. 在天文学中研究行星运动时也会遇到计算函数最大、最小值的问题. 例如, 行星到太阳的最近距离和最远距离. 这类问题在数学上统称为**最值问题**.

根据连续函数的性质, 若函数 $f(x)$ 在闭区间 $[a, b]$ 上连续, 则 $f(x)$ 在 $[a, b]$ 上一定有最大、最小值, 这对求函数的最大、最小值提供了强有力的保证. 那么, 如何求最值呢? 本章第四节将给出详细回答. 实际上, 最值可能在闭区间端点处取得, 也可能在闭区间内部取得, 如

图 3-16 所示.

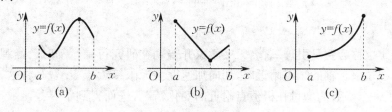

图 3-16

若最值点在闭区间内部取得,则此时的最值点实际上就是极值点. 由此引出极值的概念.

1. 极值的定义

函数的极值点描述了函数在局部范围内的变化情况,是揭示函数性态的关键点之一,在应用上具有重要意义. 下面将对其做出一般性的讨论.

定义 3.3.2 设函数 $f(x)$ 在开区间 (a,b) 内有定义,x_0 是开区间 (a,b) 内的一点. 如果存在点 x_0 的某个去心邻域,对于该邻域内的任意一点 x,都有

$$f(x) \leqslant f(x_0) \quad (\text{或 } f(x) \geqslant f(x_0))$$

成立,则称 $f(x_0)$ 为函数 $f(x)$ 的一个**极大值**(或**极小值**),点 x_0 称为函数 $f(x)$ 的一个**极大值点**(或**极小值点**).

函数的极大值与极小值统称为函数的**极值**,极大值点与极小值点统称为**极值点**.

由定义可知,极值是局部性概念,是在一点的邻域内比较函数值的大小而产生的. 因此,对于一个定义在 (a,b) 内的函数,极值可能有很多个,且某一点取得的极大值可能会比另一点取得的极小值还要小. 例如,如图 3-17 所示的函数 $f(x)$ 在点 x_1,x_2,x_4 处取得极小值,在点 x_3,x_5 处取得极大值,而 $f(x)$ 在点 x_5 处取得的极大值比 $f(x)$ 在点 x_2 处取得的极小值还要小.

2. 极值点的必要条件

直观上看,图 3-17 所示的函数 $f(x)$ 在其极值点处的切线(如果存在的话,如 x_2,x_3,x_4)都是水平的,即函数 $f(x)$ 在这些点处的导数均为零. 若考虑物体的抛射运动,则物体在到达最高处的速度为零. 若把这些几何现象和物理现象用数学语言描述出来,就得到下面的定理.

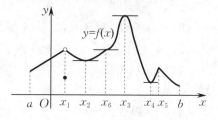

图 3-17

定理 3.3.4(**必要条件**) 设函数 $f(x)$ 在点 x_0 处可导,且在点 x_0 处取得极值,那么函数 $f(x)$ 在点 x_0 处的导数为零,即 $f'(x_0) = 0$.

证 不妨设 $f(x_0)$ 为函数 $f(x)$ 的一个极小值(极大值的情形可类似证明).

根据极小值的定义,对于点 x_0 的某个去心邻域内的任意一点 x,均有 $f(x) \geqslant f(x_0)$ 成立. 于是,当 $x < x_0$ 时,$\dfrac{f(x)-f(x_0)}{x-x_0} \leqslant 0$,因此

$$f'_-(x_0) = \lim_{x \to x_0^-} \frac{f(x)-f(x_0)}{x-x_0} \leqslant 0;$$

当 $x > x_0$ 时,$\dfrac{f(x)-f(x_0)}{x-x_0} \geqslant 0$,因此

$$f'_+(x_0) = \lim_{x \to x_0^+} \frac{f(x) - f(x_0)}{x - x_0} \geqslant 0.$$

而 $f'(x_0) = f'_-(x_0) = f'_+(x_0)$，故 $f'(x_0) = 0$.

定理 3.3.4 也称为**费马引理**. 著名天文学家开普勒在研究行星运动时已经观测到，行星运动到它的椭圆轨道长轴的端点附近时，切向加速度会无限接近于零. 费马将这一事实上升到理论，分析了一个函数的增量在极值点附近的变化情况，进而得到了寻找函数极值的一种方法.

使得 $f'(x) = 0$ 的点 x_0 称为函数 $f(x)$ 的**驻点**.

注 （1）可导函数 $f(x)$ 的极值点必定是它的驻点. 但反过来，驻点却不一定是极值点（如图 3-17 中的点 x_6）.

（2）对于导数不存在的点，函数也可能取得极值（如图 3-17 中的点 x_1 和点 x_5）.

（3）由定理 3.3.4 可知，若 x_0 既不是函数的驻点也不是导数不存在的点，则 x_0 一定不是函数的极值点. 因此，函数在区间内部的极值点只可能是它的驻点或导数不存在的点（这些点统称为函数的**临界点**，但是临界点不一定是函数的极值点）. 仅按定义对其进行判断是比较麻烦的，因此有必要寻找一种更合适的判定方法.

3. 极值点的充分条件

从图 3-16 中可以看出，函数的极值点和单调性有密切关系.

定理 3.3.5 （第一充分条件） 设函数 $f(x)$ 在点 x_0 处连续，且在点 x_0 的某个去心邻域 $\mathring{U}(x_0, \delta)$ 内可导.

（1）若在 $(x_0 - \delta, x_0)$ 内 $f'(x) > 0$，而在 $(x_0, x_0 + \delta)$ 内 $f'(x) < 0$，则 x_0 为 $f(x)$ 的极大值点；

（2）若在 $(x_0 - \delta, x_0)$ 内 $f'(x) < 0$，而在 $(x_0, x_0 + \delta)$ 内 $f'(x) > 0$，则 x_0 为 $f(x)$ 的极小值点；

（3）若 $f'(x)$ 在 $\mathring{U}(x_0, \delta)$ 内不变号，则 x_0 不是 $f(x)$ 的极值点.

证 （1）因为在 $(x_0 - \delta, x_0)$ 内 $f'(x) > 0$，所以 $f(x)$ 在 $(x_0 - \delta, x_0)$ 内单调增加；又因为在 $(x_0, x_0 + \delta)$ 内 $f'(x) < 0$，所以 $f(x)$ 在 $(x_0, x_0 + \delta)$ 内单调减少. 而 $f(x)$ 在点 x_0 处连续，因此 x_0 必是 $f(x)$ 的极大值点.

（2），（3）可类似论证.

根据上面的两个定理，求连续函数 $f(x)$ 在开区间 (a, b) 内的极值的一般步骤如下：

（1）求出 $f(x)$ 在区间 (a, b) 内的所有临界点（驻点或导数不存在的点）；

（2）对于每一个临界点，考察其左右两侧邻近 $f'(x)$ 的符号变化情况，确定其是否为 $f(x)$ 的极值点，并判断其是极大值点还是极小值点；

（3）求出 $f(x)$ 在极值点处的极值.

例 3.3.10 求函数 $f(x) = 2x^3 - 3x^2 + 5$ 的极值.

解 $f'(x) = 6x^2 - 6x = 6x(x-1)$，令 $f'(x) = 0$，得驻点 $x_1 = 0$，$x_2 = 1$，它们是 $f(x)$ 可能取得极值的点.

讨论 x 由左到右经过 $x_1 = 0$，$x_2 = 1$ 时 $f'(x)$ 的符号. $f(x)$ 的定义域为 $(-\infty, +\infty)$，则 $x_1 = 0$，$x_2 = 1$ 将定义域划分为 $(-\infty, 0]$，$[0, 1]$ 和 $[1, +\infty)$. 列表分析（见表 3-3）.

表 3-3

x	$(-\infty,0)$	0	$(0,1)$	1	$(1,+\infty)$
$f'(x)$	$+$	0	$-$	0	$+$
$f(x)$ 的几何性态	↗	极大值点	↘	极小值点	↗

因此,$f(x)$ 在 $x=0$ 处取得极大值 $f(0)=5$,在 $x=1$ 处取得极小值 $f(1)=4$.

注　定理 3.3.5 中的判别条件是充分而非必要条件. 例如,对于函数

$$f(x)=\begin{cases}\left|2x+x\sin\dfrac{1}{x}\right|, & x\neq 0,\\ 0, & x=0,\end{cases}$$

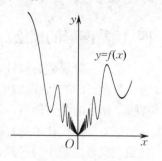

图 3-18

显然 $x=0$ 是其极小值点(因为当 $x\neq 0$ 时,$f(x)$ 恒为正值),但是当 $x\to 0$ 时,函数是无限振荡的,而且在任意以 $x=0$ 为端点的区间上导数有正有负,即函数不单调,如图 3-18 所示.

当 x_0 为函数 $f(x)$ 的驻点且 $f''(x_0)\neq 0$ 时,可用下面的判别法判断 x_0 是否为 $f(x)$ 的极值点.

定理 3.3.6 (第二充分条件)　设函数 $f(x)$ 在点 x_0 处具有二阶导数. 若 $f'(x_0)=0,f''(x_0)\neq 0$,那么

(1) 当 $f''(x_0)<0$ 时,函数 $f(x)$ 在点 x_0 处取得极大值;

(2) 当 $f''(x_0)>0$ 时,函数 $f(x)$ 在点 x_0 处取得极小值;

(3) 当 $f''(x_0)=0$ 时,不能确定函数 $f(x_0)$ 在点 x_0 处是否取得极值.

证　(1) 由于 $f''(x_0)<0$,故按二阶导数的定义,有

$$f''(x_0)=\lim_{x\to x_0}\frac{f'(x)-f'(x_0)}{x-x_0}<0.$$

根据函数极限的局部保号性,当 x 在点 x_0 的足够小的去心邻域内时,有

$$\frac{f'(x)-f'(x_0)}{x-x_0}<0.$$

于是,由 $f'(x_0)=0$ 得 $\dfrac{f'(x)}{x-x_0}<0$. 因此,当 $x-x_0<0$,即 $x<x_0$ 时,$f'(x)>0$;当 $x-x_0>0$,即 $x>x_0$ 时,$f'(x)<0$. 根据定理 3.3.5 知,$f(x)$ 在点 x_0 处取得极大值.

(2) 证明过程与(1) 类似,留给读者自行证明.

(3) 可举反例证明,如图 3-19 所示,函数 $f(x)=x^3$ 满足 $f'(0)=f''(0)=0$,而 $x=0$ 不是极值点;函数 $f(x)=x^4$ 满足 $f'(0)=f''(0)=0$,而 $x=0$ 是极小值点;函数 $f(x)=-x^4$ 满足 $f'(0)=f''(0)=0$,而 $x=0$ 是极大值点.

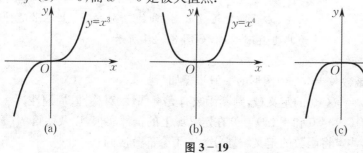

图 3-19

例 3.3.11 求函数 $y = x^3 + 3x^2 - 1$ 的极值.

解 $y' = 3x^2 + 6x = 3x(x+2)$, $y'' = 6x + 6 = 6(x+1)$, 由 $y' = 0$ 得驻点 $x_1 = -2$, $x_2 = 0$. 因为

$$y''\Big|_{x=-2} = -6 < 0, \quad y''\Big|_{x=0} = 6 > 0,$$

所以 $y\Big|_{x=-2} = (-2)^3 + 3 \times (-2)^2 - 1 = 3$ 是极大值, $y\Big|_{x=0} = -1$ 是极小值.

四、函数图形的描绘

借助一阶导数的符号, 可以确定函数的单调区间、极值点; 借助二阶导数的符号, 可以确定函数图形的凹凸性及拐点. 在知道了函数图形的升降、凹凸, 以及极值点、拐点后, 就大致掌握了函数的几何性态, 可以比较准确地画出函数的图形.

随着计算机技术的发展, 借助各种数学软件, 可以方便地画出各种函数的图形. 但是, 如何识别机器作图中的误差, 如何掌握图形上的关键点, 如何选择作图的范围等问题还需要进行合理的人工调整, 故仍然需要人们具备运用微分学的知识描绘函数图形的基本能力. 下面将利用一些实例说明函数图形的描绘.

为了使函数的几何图形尽可能精确, 特别是曲线在无穷远处的形态, 下面需要引进曲线的渐近线的概念.

1. 渐近线

定义 3.3.3 (1) 对于给定的函数 $y = f(x)$, 若

$$\lim_{x \to +\infty} f(x) = b \quad \text{或} \quad \lim_{x \to -\infty} f(x) = b \quad (b \text{ 为常数}),$$

则 $y = b$ 是曲线 $y = f(x)$ 的一条**水平渐近线**.

(2) 对于给定的函数 $y = f(x)$, 若

$$\lim_{x \to x_0^+} f(x) = \infty \quad \text{或} \quad \lim_{x \to x_0^-} f(x) = \infty \quad (x_0 \text{ 为常数}),$$

则 $x = x_0$ 是曲线 $y = f(x)$ 的一条**垂直渐近线**.

例 3.3.12 求曲线 $y = \dfrac{x+1}{x-2}$ 的水平渐近线和垂直渐近线.

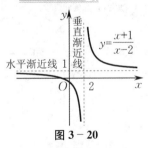

图 3-20

解 因为 $\lim\limits_{x \to \infty} \dfrac{x+1}{x-2} = 1$, 所以当曲线向左右两端无限延伸时, 均无限靠近直线 $y = 1$, 即 $y = 1$ 为其水平渐近线.

又因为 $\lim\limits_{x \to 2^-} \dfrac{x+1}{x-2} = -\infty$, $\lim\limits_{x \to 2^+} \dfrac{x+1}{x-2} = +\infty$, 所以当 x 分别从左、右两侧趋近于 2 时, 曲线分别向下、上无限延伸, 即 $x = 2$ 为其垂直渐近线, 如图 3-20 所示.

2. 函数图形的描绘

利用导数描绘函数 $y = f(x)$ 图形的一般步骤如下:

(1) 确定函数 $y = f(x)$ 的定义域, 判断函数有无奇偶性、对称性、周期性;

(2) 求出方程 $f'(x) = 0$ 和 $f''(x) = 0$ 在定义域上的全部实根, 以及使得 $f'(x)$ 和 $f''(x)$ 不存在的点, 利用这些点将函数的定义域划分为若干个部分区间;

(3) 列表分析, 根据各个部分区间上 $f'(x)$ 和 $f''(x)$ 的符号来确定函数 $f(x)$ 的单调性和极值点, 以及函数图形的凹凸性和拐点;

(4) 确定函数 $f(x)$ 图形的水平、垂直渐近线, 以及其他变化趋势;

(5) 描出曲线上极值点对应的点和拐点, 以及曲线与坐标轴的交点, 并适当补充一些其他点, 根据上述确定的几何性态, 用平滑曲线联结这些点, 从而画出函数的图形.

例 3.3.13 描绘函数 $y = e^{-x^2}$ 的图形.

解 (1) 函数的定义域为 $(-\infty, +\infty)$, 且它是偶函数. 因此, 只需画出 $[0, +\infty)$ 上的函数图形, 再关于 y 轴对称, 即可得全部的函数图形.

(2) $y' = -2x e^{-x^2}$, $y'' = 2(2x^2 - 1) e^{-x^2}$. 令 $y' = 0$, 得 $x = 0$; 令 $y'' = 0$, 得 $x = \dfrac{\sqrt{2}}{2} \in [0, +\infty)$.

(3) 列表分析 (见表 3-4).

表 3-4

x	0	$\left(0, \dfrac{\sqrt{2}}{2}\right)$	$\dfrac{\sqrt{2}}{2}$	$\left(\dfrac{\sqrt{2}}{2}, +\infty\right)$
y'	0	$-$		$-$
y''	$-$	$-$	0	$+$
y 的几何性态	极大值点	$\searrow$, 凸	拐点	$\searrow$, 凹

(4) 当 $x \to +\infty$ 时, 有 $y \to 0$, 故函数图形有水平渐近线 $y = 0$.

(5) 画出函数在 $[0, +\infty)$ 上的图形, 并利用对称性画出全部图形, 如图 3-21 所示.

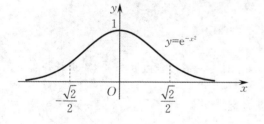

图 3-21

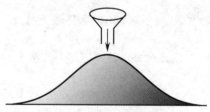

图 3-22

例 3.3.13 中的函数图形称为**概率曲线**, 它在概率论中很重要. 可以做个实验, 在立着的平面上放一个漏斗向下漏沙子, 则沙子在下面堆成一堆, 沙堆边缘的曲线即是概率曲线, 如图 3-22 所示.

例 3.3.14 描绘函数 $y = \dfrac{x}{(1-x^2)^2}$ 的图形.

解 (1) 函数的定义域为 $x \neq -1$ 及 $x \neq 1$, 且它是奇函数. 因此, 只需画出 $[0, +\infty)$ 上的函数图形, 再关于坐标原点对称, 即可得全部的函数图形.

(2) $y' = \dfrac{3x^2 + 1}{(1-x^2)^3} \neq 0$, $y'' = \dfrac{12x(x^2+1)}{(1-x^2)^4}$. 令 $y'' = 0$, 得 $x = 0$.

(3) 列表分析 (见表 3-5).

表 3 – 5

x	0	(0,1)	1	$(1, +\infty)$
y'	+	+	∞	−
y''	0	+	∞	+
y 的几何性态	拐点	↗,凹	间断点	↘,凹

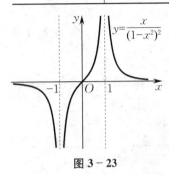

图 3 – 23

(4) 因为 $\lim\limits_{x \to \infty} y = 0$,所以函数图形有水平渐近线 $y = 0$.又易知函数图形有垂直渐近线 $x = -1, x = 1$.

(5) 画出函数在 $[0, +\infty)$ 上的图形,并利用对称性画出全部图形,如图 3 – 23 所示.

例 3. 3. 15 在极坐标下描绘函数 $\rho(\theta) = \sin 3\theta$ 的图形①.

解 由于 $\rho(\theta) = \rho\left(\theta + \dfrac{2\pi}{3}\right)$,故 $\rho(\theta) = \sin 3\theta$ 是以 $\dfrac{2\pi}{3}$ 为周期的周期函数,其定义域为 $\left\{0 \leqslant \theta \leqslant \dfrac{\pi}{3}\right\} \cup \left\{\dfrac{2\pi}{3} \leqslant \theta \leqslant \pi\right\} \cup \left\{\dfrac{4\pi}{3} \leqslant \theta \leqslant \dfrac{5\pi}{3}\right\}$.

当 $0 \leqslant \theta \leqslant \dfrac{\pi}{3}$ 时,有

$$\rho'(\theta) = 3\cos 3\theta \begin{cases} > 0, & 0 \leqslant \theta < \dfrac{\pi}{6}, \\ < 0, & \dfrac{\pi}{6} < \theta \leqslant \dfrac{\pi}{3}, \end{cases}$$

即当 $\theta = \dfrac{\pi}{6}$ 时,$\rho(\theta)$ 取得极大值 1.

因为对每个 $0 \leqslant \theta \leqslant \dfrac{\pi}{6}$,总有 $\sin 3\left(\dfrac{\pi}{6} + \theta\right) = \sin 3\left(\dfrac{\pi}{6} - \theta\right)$,所以 $\theta = \dfrac{\pi}{6}$ 是其对称轴.

又当 $\theta = 0$ 或 $\dfrac{\pi}{3}$ 时,$\rho(\theta) = 0$,说明曲线在极点自交.

因此,当 θ 从 0 变到 $\dfrac{\pi}{6}$ 时,$\rho(\theta)$ 从 0 增加到 1;当 θ 从 $\dfrac{\pi}{6}$ 变到 $\dfrac{\pi}{3}$ 时,$\rho(\theta)$ 从 1 减小到 0.

综上所述,画出函数的图形如图 3 – 24 所示.

图 3 – 24

五、曲率 —— 曲线弯曲程度的定量描述

1. 曲率的概念

此前学习了平面曲线的弯曲方向(凹或凸),但没有考虑曲线的弯曲程度. 实际上,在工程技术中,常常需要研究平面曲线的弯曲程度. 例如,在设计铁路轨道时,拐弯处的弯曲程度不能过大,否则火车在行进时容易出现危险;在材料力学中,梁在外力(载荷)作用下会产生

---

① 为简明过程,下面的讨论只限于 $\rho \geqslant 0$ 的情形,去掉这个限制,其结果是一样的.

弯曲变形,弯曲变形发生到一定程度,梁就有可能发生断裂;光学仪器的制造要精密计算镜面的弯曲程度;等等.所有这些都要求对曲线的"弯曲程度"有一个准确的度量.下面将讨论如何用数量来描述曲线的弯曲程度,这就是曲率的概念.那么,曲线的弯曲程度具体与哪些因素有关呢?

直线没有弯曲,所以认为它在每一点处的曲率都为 0.对于曲线,如图 3-25(a) 所示,一般情形下当点 A 沿着曲线移动到点 B 时,点 A 对应的曲线的切线 τ_A 也随之移动到点 B 处的切线 τ_B,则称切线 τ_A 移动到切线 τ_B 时所转动的夹角 $\Delta\alpha_1$ 为曲线弧 $\overset{\frown}{AB}$ 的**切线方向变化角**,也称为曲线弧 $\overset{\frown}{AB}$ 的**切线的转动角**.

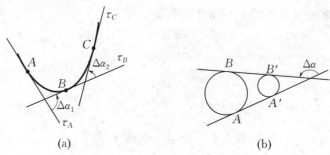

图 3 − 25

从图 3-25(a) 中可看出,曲线弧 $\overset{\frown}{AB}$ 弯曲得较厉害,其转动角 $\Delta\alpha_1$ 较大;曲线弧 $\overset{\frown}{BC}$ 较平坦,其转动角 $\Delta\alpha_2$ 较小.这说明曲线的弯曲程度与切线的转动角的大小有关,且成正比关系.

但是,仅由曲线的切线的转动角的大小还不能完全反映曲线的弯曲程度.例如,如图 3-25(b) 所示,两圆的公切线所组成的转动角,即两圆弧 $\overset{\frown}{AB}$ 与 $\overset{\frown}{A'B'}$ 对应的切线的转动角相同,但明显可见,小圆(弧长小) 弯曲得较厉害,这说明弧长的大小也影响弯曲程度.

从上面的分析可见,曲线的弯曲程度不仅与其切线方向变化的角度有关,而且与所考察的曲线段的长度有关.

按上面的分析,现引入描述曲线弯曲程度的曲率概念.

如图 3-26 所示,设曲线 C 是光滑的[①],在曲线 C 上选定一点 M_0 作为度量弧 s 的基点.若曲线上点 M 对应的弧长为 s,切线的倾角为 α,曲线上另外一点 M' 对应的弧长为 $s+\Delta s$,切线的倾角为 $\alpha+\Delta\alpha$,则弧段 $\overset{\frown}{MM'}$ 的长度为 $|\Delta s|$,当动点从 M 移动到 M' 时,切线转过的角度为 $|\Delta\alpha|$.

图 3 − 26

用比值 $\left|\dfrac{\Delta\alpha}{\Delta s}\right|$ 来表示弧段 $\overset{\frown}{MM'}$ 的**平均弯曲程度**,称为**平均曲率**,记作 $\overline{K}$,即 $\overline{K}=\left|\dfrac{\Delta\alpha}{\Delta s}\right|$.也就是说,这里是用单位弧段上切线转过的角度的大小来表达弧段 $\overset{\frown}{MM'}$ 的平均弯曲程度.

如何描述曲线弧上一点的弯曲程度呢?类似于从平均速度引进瞬时速度的方法,当 $\Delta s\to 0$,即 $M'\to M$ 时,上述平均曲率的极限就称为曲线 C 在点 M 处的**曲率**,记作 K,即

$$K=\lim_{\Delta s\to 0}\left|\frac{\Delta\alpha}{\Delta s}\right|.$$

---

① 如果连续曲线上每一点处都有切线,且当切点连续变动时,切线也连续转动,则称此曲线为**光滑曲线**.

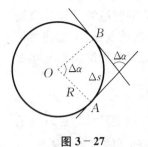

图 3 - 27

在 $\lim\limits_{\Delta s \to 0} \left| \dfrac{\Delta \alpha}{\Delta s} \right| = \left| \dfrac{\mathrm{d}\alpha}{\mathrm{d}s} \right|$ 存在的条件下，曲率 K 也可以表示为

$$K = \left| \frac{\mathrm{d}\alpha}{\mathrm{d}s} \right|.$$

对于半径为 R 的圆周来说，如图 3 - 27 所示，由于 $\Delta s = R\Delta \alpha$，所以圆周上任意一点处的曲率都相等，且曲率为

$$K = \lim\limits_{\Delta s \to 0} \left| \frac{\Delta \alpha}{\Delta s} \right| = \left| \frac{\mathrm{d}\alpha}{\mathrm{d}s} \right| = \frac{1}{R}.$$

2. 曲率的计算公式

下面根据曲率的定义导出便于实际计算曲率的公式.

对于曲线弧 $y = y(x)(a \leqslant x \leqslant b)$，如图 3 - 28 所示，由于

$$y'(x) = \tan \alpha, \quad \alpha = \arctan y'(x),$$

因此若二阶导数 y'' 存在，则

$$\mathrm{d}\alpha = \frac{y''}{1 + (y')^2} \mathrm{d}x.$$

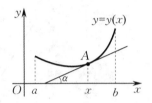

图 3 - 28

注意到 $\mathrm{d}s = \sqrt{1 + (y')^2} \, \mathrm{d}x^{①}$，则弧上点 $A(x, y(x))$ 处的曲率为

$$K = \left| \frac{\mathrm{d}\alpha}{\mathrm{d}s} \right| = \frac{|y''|}{[1 + (y')^2]^{\frac{3}{2}}}. \tag{3.3.1}$$

若曲线由参数方程 $\begin{cases} x = \varphi(t) \\ y = \psi(t) \end{cases}$ 给出，则可利用参数方程所确定的函数的求导法求出 y' 及 y''，即

$$y' = \frac{\psi'(t)}{\varphi'(t)},$$

$$y'' = \frac{\mathrm{d}}{\mathrm{d}x}(y') = \frac{\mathrm{d}}{\mathrm{d}x}\left(\frac{\psi'(t)}{\varphi'(t)}\right) = \frac{\mathrm{d}}{\mathrm{d}t}\left(\frac{\psi'(t)}{\varphi'(t)}\right) \bigg/ \frac{\mathrm{d}x}{\mathrm{d}t} = \frac{\psi''(t)\varphi'(t) - \psi'(t)\varphi''(t)}{(\varphi'(t))^3}.$$

代入式(3.3.1)，得

$$K = \frac{|\varphi'(t)\psi''(t) - \varphi''(t)\psi'(t)|}{[(\varphi'(t))^2 + (\psi'(t))^2]^{\frac{3}{2}}}.$$

3. 曲率圆与曲率半径

有了曲率的概念和计算公式，曲线上任一点处的弯曲程度就可以用一个数表达出来，但是没有一个直观可见的几何解释. 如果知道某个圆的曲率是 $\dfrac{1}{3}$，则可知此圆的半径是 3，即可把该圆画出来，其弯曲程度随之也能直观可见. 更一般地，设曲线在某点处的曲率为 K，则曲线在该点处的弯曲程度和以 $\dfrac{1}{K}$ 为半径的圆相同. 因此，用具有相同曲率的圆去刻画曲线在某点处的弯曲程度会给人以更直观的认识.

设曲线 $y = f(x)$ 在点 $M(x, y)$ 处的曲率为 $K(K \neq 0)$. 在点 M 处的曲线的法线上凹的

---

① 见第五章第四节的弧微分公式.

一侧取一点 D,使得 $|DM| = \dfrac{1}{K} = \rho$,然后以 D 为圆心、以 ρ 为半径

作圆,如图 3-29 所示,这个圆叫作曲线 $y = f(x)$ 在点 M 处的**曲率圆**,曲率圆的圆心 D 叫作曲线 $y = f(x)$ 在点 M 处的**曲率中心**,曲率圆的半径 ρ 叫作曲线 $y = f(x)$ 在点 M 处的**曲率半径**.

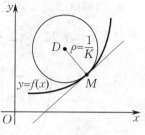

图 3-29

由于半径为 R 的圆周上的任意一点处的曲率 K 均为 $\dfrac{1}{R}$,因此曲线在某点处的曲率圆与它本身在该点处具有相同的曲率和切线,且在该点邻近有相同的凹向. 故在实际问题中,对于某点处邻近的曲线弧,常用其在该点处的曲率圆的对应圆弧来近似代替,以使问题简化,如前面第二章第四节中的例 2.4.5.

例 3.3.16 在如图 3-30 所示的直角坐标系下,设某飞机沿抛物线 $y = \dfrac{x^2}{4\,000}$(单位:m) 俯冲飞行,在坐标原点 O 处速度为 $v = 400$ m/s,飞行员体重为 $m = 70$ kg,求飞机俯冲到坐标原点 O 时,飞行员对椅子的压力 Q(设重力加速度 g 为 9.8 m/s²).

解 因为在坐标原点 O 处,可用对应的曲率圆来近似代替抛物线 $y = \dfrac{x^2}{4\,000}$,所以可视飞

行员在坐标原点 O 处做匀速圆周运动. 而抛物线 $y = \dfrac{x^2}{4\,000}$ 在坐标原点 O 处的曲率为

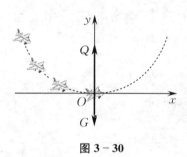

图 3-30

$$K = \frac{|y''|}{[1 + (y')^2]^{\frac{3}{2}}}\bigg|_{x=0} = \frac{1}{2\,000},$$

故对应的曲率圆的半径为

$$\rho = \frac{1}{K} = 2\,000 \text{ m}.$$

根据物理学知识,飞行员做匀速圆周运动所需的向心力为

$$F = \frac{mv^2}{\rho} = \frac{70 \times 400^2}{2\,000} \text{ N} = 5\,600 \text{ N}.$$

而飞行员本身的重力为 $G = mg = 70 \times 9.8$ N $= 686$ N,于是椅子对飞行员的支撑力,即飞行员对椅子的压力为

$$Q = G + F = (686 + 5\,600) \text{ N} = 6\,286 \text{ N}.$$

曲线在点 M 处的曲率 K($K \neq 0$)与曲线在点 M 处的曲率半径 ρ 有如下关系:

$$\rho = \frac{1}{K}, \quad \text{即} \quad K = \frac{1}{\rho}.$$

也就是说,曲线上一点处的曲率半径与曲线在该点处的曲率互为倒数.

由此可见,当曲线上一点处的曲率半径比较大时,曲线在该点处的曲率比较小,即曲线在该点附近比较平坦;当曲线上一点处的曲率半径比较小时,曲线在该点处的曲率比较大,即曲线在该点附近的弯曲程度较高.

例 3.3.17 抛物线 $y = ax^2$ 上哪一点处的曲率最大?

解 由 $y = ax^2$ 得 $y' = 2ax$,$y'' = 2a$. 代入式(3.3.1),得曲率和曲率半径分别为

$$K = \frac{|2a|}{(1 + 4a^2x^2)^{\frac{3}{2}}}, \quad R = \frac{1}{K} = \frac{(1 + 4a^2x^2)^{\frac{3}{2}}}{|2a|}.$$

可见,抛物线上离顶点越远,曲率越小,而曲率半径越大.因此,该抛物线在坐标原点 $O(0,0)$ 处有最大曲率 $K=|2a|$ 和最小曲率半径 $R=\dfrac{1}{|2a|}$,如图 3-31 所示.

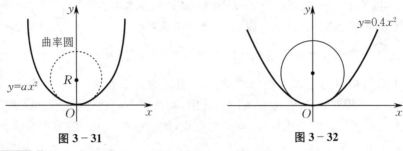

图 3-31   图 3-32

例 3.3.18 设工件内表面的截线为抛物线 $y=0.4x^2$,如图 3-32 所示.现在要用砂轮磨削其内表面,问:用直径多大的砂轮才比较合适?

解 为了在磨削时不使砂轮与工件接触处附近的那部分工件磨去太多,砂轮的半径应不大于曲线上各点处曲率半径中的最小值.由例 3.3.17 知,抛物线在其顶点处的曲率最大.也就是说,抛物线在其顶点处的曲率半径最小.因此,只要求出抛物线 $y=0.4x^2$ 在其顶点 $O(0,0)$ 处的曲率半径即可.

由 $y'=0.8x,y''=0.8$ 得 $y'\big|_{x=0}=0,y''\big|_{x=0}=0.8$.代入式(3.3.1),得曲率为 $K=0.8$.因此,该抛物线在其顶点处的曲率半径为

$$\rho=\frac{1}{K}=1.25,$$

所以选用砂轮的半径不得超过 1.25 单位长,即直径不超过 2.5 单位长.

思 考 题 3.3

1. 设函数 $f(x)$ 在 (a,b) 内二阶可导,且 $f''(x_0)=0$,其中 $x_0\in(a,b)$,问:$(x_0,f(x_0))$ 是否一定为曲线 $f(x)$ 的拐点?请举例说明.

2. 请举例说明导数为零的点不一定是极值点.

3. 临界点有哪几种?如何判定临界点是否为极值点?

4. 直线 $x=0,y=0$ 是否都是曲线 $y=\dfrac{\sin x}{x}$ 的渐近线?

习 题 3.3

(A)

一、证明:方程 $\sin x=x$ 只有一个实根.

二、讨论下列函数图形的拐点及凹凸性:

(1) $y=(x+1)^4+e^x$;   (2) $y=\ln(x^2+1)$.

三、试确定曲线 $y=ax^3+bx^2+cx+d$ 中的常数 a,b,c,d 取何值时,可使点 $(-2,44)$ 在该曲线上,且 $x=-2$ 为该曲线的驻点,$(1,-10)$ 为该曲线的拐点.

四、求下列函数的极值:

(1) $y=x-\ln(1+x)$;   (2) $y=2-(x-1)^{\frac{2}{3}}$.

五、设函数 $y = ax^3 + bx^2 + cx + d$ 满足条件 $b^2 - 3ac < 0$,证明:这个函数没有极值.

六、问:a 为何值时,函数 $f(x) = a\sin x + \dfrac{1}{3}\sin 3x$ 在 $x = \dfrac{\pi}{3}$ 处取得极值?它是极大值还是极小值?并求此极值.

七、描绘下列函数的图形:

(1) $y = \dfrac{1}{5}(x^4 - 6x^2 + 8x + 7)$;　　　　　(2) $y = e^{-(x-1)^2}$.

八、求抛物线 $y = x^2 - 4x + 3$ 在其顶点处的曲率及曲率半径.

九、曲线 $y = \ln x$ 上哪一点处的曲率半径最小?求出该点处的曲率半径.

十、汽车连同载重共 5 吨,设它在抛物线拱桥上行驶,速度为 $21.6\ \text{km/h}$,桥的跨度为 $10\ \text{m}$,拱的矢高为 $0.25\ \text{m}$,如图 3-33 所示.求汽车越过桥顶时对桥的压力.

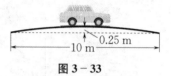

图 3-33

(B)

一、证明:当 $x > 4$ 时,$2^x > x^2$.

二、设函数 $f_n(x) = x^n + x^{n-1} + \cdots + x^2 + x$. 试证明:对于任意正整数 $n > 1$,方程 $f_n(x) = 1$ 均有唯一正根.

三、设函数 $f(x)$ 在 $(-\infty, +\infty)$ 上二次可导,且 $f(0) < 0, f''(x) > 0$,证明:函数 $\dfrac{f(x)}{x}$ 在 $(-\infty, 0)$ 和 $(0, +\infty)$ 上都是单调增加的.

四、设函数 $y = y(x)$ 由参数方程 $\begin{cases} x = t^3 + 3t + 1, \\ y = t^3 - 3t + 1 \end{cases}$ 所确定.

(1) 讨论曲线 $y = y(x)$ 的凹凸性;

(2) 求曲线 $y = y(x)$ 在 $t = 1$ 对应点处的曲率.

五、设 $f(0) = 0, \lim\limits_{x \to 0} \dfrac{f(x)}{x^2} = 2$,证明:$f'(0) = 0$,且 $f(x)$ 在 $x = 0$ 处取得极小值.

六、设常数 $k > 0$,求函数 $f(x) = \ln x - \dfrac{x}{e} + k$ 在 $(0, +\infty)$ 上的零点个数.

七、求摆线 $L: x = a(t - \sin t), y = a(1 - \cos t)\ (0 < t < 2\pi, a > 0)$ 上任意一点处的曲率,并问:当 t 为何值时,曲率最小?

第四节　最值问题

在工程技术及科学实验中,常常需要解决在一定条件下,怎样才能使得用料最省、成本最低、产量最多及效率最高等问题. 例如,生产易拉罐时,要考虑在一定容积下,如何确定它的底半径和高,才能使得用料最省?又如,将一根圆木锯成矩形横梁时,怎样选择矩形的长和宽,才能使得横梁的强度最大?这类问题在数学上可归结为"最大、最小值问题",即前面第三节已经提到过的最值问题.

我们已经知道,最值可能在区间端点处取得,也可能在区间内部取得. 若在区间内部取得,则最值点必为极值点. 因此,求最值的方法就是:先求出所有极值,然后与区间端点处的函数值进行比较即可.

由于极值是在临界点中产生的,因此求函数 $y=f(x)$ 在闭区间 $[a,b]$ 上的最值的方法如下:

设函数 $f(x)$ 在 (a,b) 内的临界点为 $x_1,x_2,\cdots,x_n$,则

$$\max_{x\in[a,b]}f(x)=\max\{f(a),f(x_1),f(x_2),\cdots,f(x_n),f(b)\},$$
$$\min_{x\in[a,b]}f(x)=\min\{f(a),f(x_1),f(x_2),\cdots,f(x_n),f(b)\}.$$

特别地,如果函数 $f(x)$ 在一个区间(有限或无限,开或闭)内可导,且只有一个极值点 x_0,那么当 $f(x_0)$ 是极大值时,$f(x_0)$ 就是 $f(x)$ 在该区间上的最大值,如图 3-34(a) 所示;当 $f(x_0)$ 是极小值时,$f(x_0)$ 就是 $f(x)$ 在该区间上的最小值,如图 3-34(b) 所示.

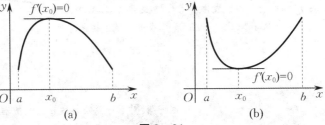

(a)   (b)

图 3-34

例 3.4.1 求函数 $f(x)=2x^2-x^4$ 在 $[-2,\sqrt{2}]$ 上的最大值和最小值.

解 $f'(x)=4x-4x^3=4x(1-x^2)$,令 $f'(x)=0$,得 $x_1=-1,x_2=0,x_3=1$. 由于

$$f(-1)=1,\quad f(0)=0,\quad f(1)=1,\quad f(-2)=-8,\quad f(\sqrt{2})=0,$$

故比较可知,$f(x)$ 在 $x=-2$ 处取得最小值 -8,在 $x=\pm1$ 处取得最大值 1.

例 3.4.2 (阻抗匹配问题) 设有如图 3-35 所示的闭合电路,它由电动势 E、内阻 r 和纯电阻负载 R 构成.若 E 和 r 是已知常数,问:R 为何值时,该闭合电路中电流的电功率最大?

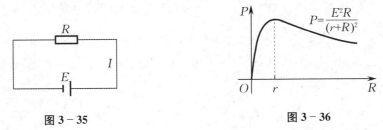

图 3-35   图 3-36

解 根据电学的知识,闭合电路中电流的电功率为 $P=I^2R$(I 为电流强度).而根据闭合电路的欧姆定律,电流强度 $I=\dfrac{E}{r+R}$,因此电功率为

$$P=\frac{E^2R}{(r+R)^2},$$

其中 R 为变量.令 $P'=0$,即

$$P'=\frac{E^2\cdot(r+R)^2-E^2R\cdot2(r+R)}{(r+R)^4}=\frac{E^2(r-R)}{(r+R)^3}=0,$$

得唯一可能的极值点 $R=r$.可以肯定的是,对某一 R 值,电功率 P 能达到最大.因此,当 $R=r$ 时,电功率取到最大值 $P_{\max}=\dfrac{E^2}{4r}$,如图 3-36 所示.

例 3.4.3　把边长为 a 的正方形纸板的四个角剪去四个相同的小正方形,如图 3-37(a) 所示,并折成一个无盖的盒子,如图 3-37(b) 所示,问:怎样做才能使盒子的容积最大?

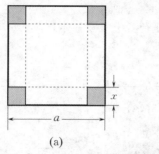 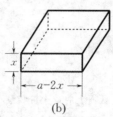

(a) (b)

图 3-37

解　设剪去的小正方形的边长为 x,则盒子的容积为

$$V = x(a-2x)^2 \quad \left(0 < x < \frac{a}{2}\right).$$

对 V 求导数,得

$$V' = (a-2x)^2 - 4x(a-2x) = (a-2x)(a-6x),$$

令 $V' = 0$,得驻点 $x = \frac{a}{6}$,其中 $x = \frac{a}{2}$ 不合题意,故舍去. 因此,V 在开区间 $\left(0, \frac{a}{2}\right)$ 内只有一个驻点 $x = \frac{a}{6}$. 可以肯定的是,所做的纸盒一定有最大容积,故当剪去边长为 $\frac{a}{6}$ 的小正方形时,做成的纸盒的容积最大.

例 3.4.4　由材料力学的知识可知,横截面为矩形的横梁的强度是

$$\varepsilon = kxh^2 \quad (k \text{ 为比例系数}, x \text{ 为矩形的宽}, h \text{ 为矩形的长}).$$

今要将一根横截面直径为 d 的圆木切成横截面为矩形且有最大强度的横梁,问:矩形的长与宽之比应该是多少?

解　如图 3-38(a) 所示,因为 $h^2 = d^2 - x^2$,故 $\varepsilon = kx(d^2 - x^2)(0 < x < d)$. 令 $\varepsilon' = 0$,即

$$\varepsilon' = k[(d^2 - x^2) - 2x^2] = k(d^2 - 3x^2) = 0,$$

得开区间 $(0, d)$ 内的唯一驻点 $x = \frac{d}{\sqrt{3}}$. 根据问题的实际意义,使得横梁的强度最大的横截面一定存在. 因此,当矩形的宽 $x = \frac{d}{\sqrt{3}}$ 时,强度 ε 取得最大值,此时有

$$h = \sqrt{d^2 - x^2} = \sqrt{d^2 - \left(\frac{d}{\sqrt{3}}\right)^2} = \frac{\sqrt{2}}{\sqrt{3}}d,$$

所以矩形的长与宽之比为 $\frac{h}{x} = \sqrt{2}$.

在实际工作中,技术人员是按下面的几何方法设计的: 如图 3-38(b) 所示,先把圆木的横截面(圆)的直径 AB 分成等宽的三等份,再分别自分点 C 和 D 向相反方向作直径

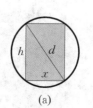 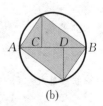

(a) (b)

图 3-38

AB 的垂线，交圆周后以交点为顶点作矩形．这个矩形的长边与短边的比值就是 $\sqrt{2}$．

思 考 题 3.4

1. 最值点一定是极值点吗？为什么？

2. 若 $f(a)$ 是函数 $f(x)$ 在闭区间 $[a,b]$ 上的最大值或最小值，且 $f'_+(a)$ 存在，那么是否一定有 $f'_+(a) = 0$？

习 题 3.4

(A)

一、求下列函数在指定区间上的最大值和最小值：

(1) $y = 2x^3 - 3x^2$，$-1 \leqslant x \leqslant 4$；　　　　(2) $y = x + \sqrt{1-x}$，$-5 \leqslant x \leqslant 1$．

二、若紧挨着某车间的一面墙壁要盖一间长方形小屋，现有存砖只够砌 20 m 长的墙壁，问：应围成怎样的长方形，才能使这间小屋的面积最大？

三、要造一圆柱形油罐，体积为 V，问：底半径 r 和高 h 分别为多少时，才能使该油罐的表面积最小？这时底直径与高的比值是多少？

四、从一块半径为 R 的圆铁片上挖去一个扇形做成一个漏斗，如图 $3-39$ 所示．问：留下的扇形的中心角 φ 取多大时，做成的漏斗的容积最大？

五、工厂铁路线上 AB 段的距离为 100 km，C 处距 A 处 20 km，且 AC 垂直于 AB，如图 $3-40$ 所示．为了运输需要，要在 AB 线上选定一点 D 向 C 处修筑一条公路．已知铁路上每千米货运的运费与公路上每千米货运的运费之比为 $3:5$．为了使货物从 B 处运到 C 处的运费最省，问：点 D 应选在何处？

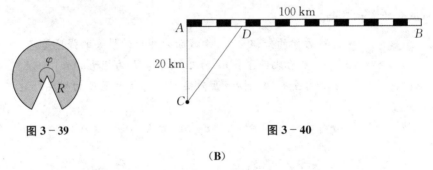

图 $3-39$　　　　　　　　　　　　　　图 $3-40$

(B)

一、生产易拉罐饮料，其容积 V 一定，为了安全，顶盖的厚度是罐身（侧面与底部）厚度的三倍（罐身为整块材料，顶盖另装），问：如何确定它的底半径和高，才能使罐身用料最省？

二、用仪器测量某零件的长度 n 次，得到 n 个略有差别的数 $a_1, a_2, \cdots, a_n$．试证明：用算术平均值 $\bar{x} = \dfrac{1}{n} \sum_{i=1}^{n} a_i$ 作为该零件长度 x 的近似值，能使

$$f(x) = (x - a_1)^2 + (x - a_2)^2 + \cdots + (x - a_n)^2$$

达到最小.

三、某种疾病的传播模型为 $f(t) = \dfrac{p}{1 + ce^{-t}}$，其中 p 是总人口数，c 是固定常数，$f(t)$ 是到时刻 t 时，感染该病的总人数．求传播速率最大时，感染该病的总人数．

四、在直角坐标系下,一弓箭手从坐标原点处射出的箭的轨迹方程为

$$y = kx - \frac{k^3+2}{300}x^2 \quad (单位:m),$$

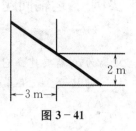

其中 x 是箭离坐标原点的水平距离(x 轴为地平线),y 是相应的高度,正数 k 是轨迹曲线在坐标原点处的切线斜率. 问:(1) k 取何值时,箭的水平射程最大?(2) k 取何值时,箭射中 30 m 远处直立墙面的高度最大?

五、宽为 2 m 的分支渠道垂直地流向宽为 3 m 的主渠道,如图 3-41 所示. 若在其中漂运一块原木,问:能通过的原木的最大长度是多少?

图 3-41

第五节　应 用 实 例

实例一:火车弯道问题的设计

例 3.5.1 设一火车路线由直道转入半径为 R 的圆弧弯道. 如果将直道和圆弧弯道直接对接,则尽管轨道是光滑连接的,但是由于直线的曲率半径为无穷大,因而接头处的曲率会突然变化,这样可能会导致火车产生剧烈震动,甚至发生事故. 为了保证火车安全平缓地过渡,必须让轨道的曲率半径 R 连续变化. 因此,设计人员在直道和圆弧弯道之间接入一缓冲段,如图 3-42 所示. 火车轨道从直道进入半径为 R 的圆弧弯道之前,必须经过一段缓冲轨道(用虚线表示),使得曲率由零连续地变到 $\frac{1}{R}$,以保证火车行驶安全$\left(使火车的向心加速度 a = \frac{v^2}{R} 不发生跳跃式的突变\right)$. 已知该缓冲曲线段的方程为三次抛物线 $y = \frac{x^3}{6Rl}$,其中 l 是缓冲曲线段的曲线长度. 求此缓冲曲线段的曲率.

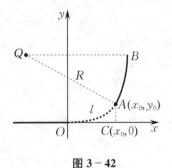

图 3-42

解 由题意知,在图 3-42 中,$\overset{\frown}{AB}$ 是半径为 R 的圆弧弯道,$\overset{\frown}{OA}$ 为缓冲轨道,且 $\overset{\frown}{OA}$ 的弧长为 l. 对于曲线段 $\overset{\frown}{OA}$,用曲率公式求得其曲率为

$$K = \frac{8R^2l^2x}{(4R^2l^2+x^4)^{\frac{3}{2}}}.$$

当 x 从 0 变为 x_0 时,曲率 K 从 0 连续地变为

$$K_0 = \frac{8R^2l^2x_0}{(4R^2l^2+x_0^4)^{\frac{3}{2}}} = \frac{1}{R} \cdot \frac{8l^2x_0}{\left(4l^2+\frac{x_0^4}{R^2}\right)^{\frac{3}{2}}}.$$

可见,当 $x_0 \approx l$,且 $\frac{x_0}{R}$ 很小时,有 $K_0 \approx \frac{1}{R}$. 此时曲线段 $\overset{\frown}{OA}$ 的曲率从 0 渐渐增加到接近于 $\frac{1}{R}$,从而起到缓冲作用.

注 我国铁路自 1997 年来已先后进行了六次大提速,出于安全考虑,火车提速前和提速后对弯道的曲率半径都有明确要求.

实例二：运输问题

例 3.5.2 设海岛 A 与陆地城市 B 到海岸线的距离分别为 a 与 b，它们之间的水平距离为 d，需要建立它们之间的运输线．若海上轮船的速度为 v_1，陆地汽车的速度为 v_2，试问：转运站 P 设立在海岸线何处，才能使运输时间最短？

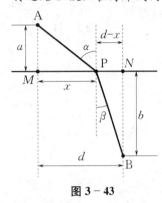

图 3 - 43

解 首先，假设海岸线是直线 MN，如图 $3-43$ 所示，则 A 与 B 到海岸线的距离分别为它们到直线 MN 的距离．

其次，建立数学模型．设线段 MP 的距离为 x，则海上运输所需时间为

$$t_1 = \frac{|AP|}{v_1} = \frac{\sqrt{a^2 + x^2}}{v_1},$$

陆地运输所需时间为

$$t_2 = \frac{|PB|}{v_2} = \frac{\sqrt{b^2 + (d-x)^2}}{v_2}.$$

因此，问题的目标函数为

$$t = t_1 + t_2 = \frac{\sqrt{a^2 + x^2}}{v_1} + \frac{\sqrt{b^2 + (d-x)^2}}{v_2}, \quad x \in [0, d].$$

最后，求目标函数的最小值点．对目标函数求导数，得

$$\frac{\mathrm{d}t}{\mathrm{d}x} = \frac{x}{v_1 \sqrt{a^2 + x^2}} - \frac{d-x}{v_2 \sqrt{b^2 + (d-x)^2}}. \tag{3.5.1}$$

下面说明目标函数在 $[0, d]$ 上有唯一的驻点．对目标函数求二阶导数，得

$$\frac{\mathrm{d}^2 t}{\mathrm{d}x^2} = \frac{a^2}{v_1 (a^2 + x^2)^{\frac{3}{2}}} + \frac{b^2}{v_2 \left[b^2 + (d-x)^2\right]^{\frac{3}{2}}}.$$

显然 $\dfrac{\mathrm{d}^2 t}{\mathrm{d}x^2} > 0$，所以 $\dfrac{\mathrm{d}t}{\mathrm{d}x}$ 单调增加，且

$$\left.\frac{\mathrm{d}t}{\mathrm{d}x}\right|_{x=0} = -\frac{d}{v_2 \sqrt{b^2 + d^2}} < 0, \quad \left.\frac{\mathrm{d}t}{\mathrm{d}x}\right|_{x=d} = \frac{d}{v_1 \sqrt{a^2 + d^2}} > 0.$$

根据零点定理，必存在唯一的 $\xi \in (0, d)$，使得 $\left.\dfrac{\mathrm{d}t}{\mathrm{d}x}\right|_{x=\xi} = 0$，即 $x = \xi$ 是目标函数的唯一驻点．

根据导数 $\dfrac{\mathrm{d}t}{\mathrm{d}x}$ 的正负情况可知，点 $x = \xi$ 为目标函数的极小值点．结合问题的实际意义可知，它就是目标函数的最小值点．

由于直接从 $\dfrac{\mathrm{d}t}{\mathrm{d}x} = 0$ 求驻点 $x = \xi$ 比较麻烦，故引入两个辅助角 α, β（见图 $3-43$），由此可知

$$\sin \alpha = \frac{x}{\sqrt{a^2 + x^2}}, \quad \sin \beta = \frac{d-x}{\sqrt{b^2 + (d-x)^2}}.$$

将其代入式 $(3.5.1)$，并令 $\dfrac{\mathrm{d}t}{\mathrm{d}x} = 0$，得

$$\frac{\sin \alpha}{v_1} - \frac{\sin \beta}{v_2} = 0, \quad 即 \quad \frac{\sin \alpha}{v_1} = \frac{\sin \beta}{v_2}.$$

这说明,当转运站 P 的位置满足等式 $\dfrac{\sin\alpha}{v_1}=\dfrac{\sin\beta}{v_2}$ 时,从海岛 A 到陆地城市 B 的运输时间最短.

等式 $\dfrac{\sin\alpha}{v_1}=\dfrac{\sin\beta}{v_2}$ 也是光学中的折射定理. 根据光学中的费马原理,光线在两点之间传播必取时间最短的路线. 若光线在两种不同介质中的传播速度分别为 v_1 与 v_2,则同样经过上述推导可知,光线在点 A 处从一种介质传播到另一种介质中的点 B 处所用时间最短的路线由等式

$$\frac{\sin\alpha}{v_1}=\frac{\sin\beta}{v_2}$$

确定,其中 α 为光线的入射角,β 为光线的折射角.

由于在海上与陆地上的两种不同的运输速度相当于光线在两种不同介质中的传播速度,因而例 3.5.2 所得的结论也与光的折射定理相同. 这说明有很多属于不同学科领域的问题,虽然它们的具体意义不同,但在数量关系上却可以用同一数学模型来描述(见第六章第八节的最速降线问题).

总习题三

一、设 $\lim\limits_{x\to\infty}f'(x)=k$,求 $\lim\limits_{x\to\infty}(f(x+a)-f(x))$.

二、设函数 $f(x)$ 在闭区间 $[0,a]$ 上连续,在开区间 $(0,a)$ 内可导,且 $f(a)=0$,证明:存在一点 $\xi\in(0,a)$,使得 $f(\xi)+\xi f'(\xi)=0$.

三、求下列极限:

(1) $\lim\limits_{x\to0}\left[\dfrac{1}{\ln(1+x)}-\dfrac{1}{x}\right]$; (2) $\lim\limits_{x\to0}\dfrac{\mathrm{e}^x-\mathrm{e}^{\sin x}}{x-\sin x}$;

(3) $\lim\limits_{x\to\infty}\left(\dfrac{a_1^{\frac{1}{x}}+a_2^{\frac{1}{x}}+\cdots+a_n^{\frac{1}{x}}}{n}\right)^{nx}$,其中 $a_1,a_2,\cdots,a_n$ 均大于零.

四、证明下列不等式:

(1) $\dfrac{1}{1+n}<\ln\left(1+\dfrac{1}{n}\right)<\dfrac{1}{n}(n\in\mathbf{N}^*)$; (2) $\ln(1+x)>\dfrac{\arctan x}{1+x}(x>0)$;

(3) $\dfrac{1}{2}(x^n+y^n)>\left(\dfrac{x+y}{2}\right)^n(x>0,y>0,x\neq y,n=2,3,\cdots)$.

五、证明:多项式函数 $f(x)=x^3-3x+a$ 在 $[0,1]$ 上不可能有两个零点.

六、问:a,b,c 分别为何值时,点 $(-1,1)$ 是曲线 $y=x^3+ax^2+bx+c$ 的拐点,且 $x=-1$ 是驻点?

七、设函数 $y=y(x)$ 由方程 $y\ln y-x+y=0$ 所确定,试判断曲线 $y=y(x)$ 在点 $(1,1)$ 附近的凹凸性.

八、设函数 $f(x)=\begin{cases}x^{2x}, & x>0,\\ x+2, & x\leqslant0,\end{cases}$ 求 $f(x)$ 的极值.

九、求椭圆 $x^2-xy+y^2=3$ 上纵坐标最大和最小的点.

十、求数列 $\{\sqrt[n]{n}\}$ 的最大项.

十一、证明:方程 $x^3-5x-2=0$ 只有一个正根.

单元测试三

单项选择题(满分 100):

1. (7 分) 下列函数中,满足罗尔中值定理条件的是( ).

    (A) $f(x) = 1 - \sqrt[3]{x^2}, x \in [-1,1]$ (B) $f(x) = (x-4)^2, x \in [0,8]$

    (C) $f(x) = x^3, x \in [-1,3]$ (D) $f(x) = \begin{cases} x^2 \sin \dfrac{1}{x}, & x \neq 0, \\ 0, & x = 0, \end{cases} x \in [-1,1]$

2. (7 分) 设函数 $y = f(x)$ 在闭区间 $[a,b]$ 上连续,在开区间 (a,b) 内可导,$a < x_1 < x_2 < b$,则下列说法中不一定成立的是( ).

    (A) 存在 $\xi \in (a,b)$,使得 $f(b) - f(a) = f'(\xi)(b-a)$

    (B) 存在 $\xi \in (x_1, x_2)$,使得 $f(b) - f(a) = f'(\xi)(b-a)$

    (C) 存在 $\xi \in (a,b)$,使得 $f(a) - f(b) = f'(\xi)(a-b)$

    (D) 存在 $\xi \in (x_1, x_2)$,使得 $f(x_2) - f(x_1) = f'(\xi)(x_2 - x_1)$

3. (7 分) 函数 $y = \sqrt{x} - 1$ 在闭区间 $[1,4]$ 上应用拉格朗日中值定理,结论中的点 $\xi = ($).

    (A) 0   (B) 2   (C) $\dfrac{9}{4}$ (D) 3

4. (7 分) 设 $f(x), g(x)$ 是大于零的可导函数,且 $f'(x)g(x) - f(x)g'(x) < 0$,则当 $a < x < b$ 时,有( ).

    (A) $f(x)g(b) > f(b)g(x)$ (B) $f(x)g(a) > f(a)g(x)$

    (C) $f(x)g(x) > f(b)g(b)$ (D) $f(x)g(x) > f(a)g(a)$

5. (7 分) 设函数 $f(x)$ 在点 x_0 处取得极大值,则( ).

    (A) $f'(x_0) = 0$ (B) $f''(x_0) < 0$

    (C) $f'(x_0) = 0$ 且 $f''(x_0) < 0$ (D) $f'(x_0) = 0$ 或 $f'(x_0)$ 不存在

6. (7 分) 若在区间 I 上,$f'(x) > 0, f''(x) < 0$,则曲线 $y = f(x)$ 在 I 上( ).

    (A) 单调减少且为凹弧   (B) 单调减少且为凸弧

    (C) 单调增加且为凹弧   (D) 单调增加且为凸弧

7. (7 分) 点 $x = 0$ 是函数 $y = x^4$ 的( ).

    (A) 驻点但非极值点   (B) 拐点

    (C) 驻点及拐点   (D) 驻点及极值点

8. (7 分) 以下结论中正确的是( ).

    (A) 若 x_0 为函数 $y = f(x)$ 的驻点,则 x_0 必为 $y = f(x)$ 的极值点

    (B) 函数 $y = f(x)$ 的导数不存在的点一定不是 $y = f(x)$ 的极值点

    (C) 若函数 $y = f(x)$ 在点 x_0 处取得极值,且 $f'(x_0)$ 存在,则必有 $f'(x_0) = 0$

    (D) 若函数 $y = f(x)$ 在点 x_0 处连续,则 $f'(x_0)$ 一定存在

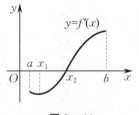

图 3-44

9. (7 分) 设函数 $y = f(x)$ 在闭区间 $[a,b]$ 上有定义,其导数 $f'(x)$ 的图形如图 3-44 所示,则( ).

    (A) x_1, x_2 都是极值点

    (B) $(x_1, f(x_1)), (x_2, f(x_2))$ 都是拐点

    (C) x_1 是极值点,$(x_2, f(x_2))$ 是拐点

    (D) $(x_1, f(x_1))$ 是拐点,x_2 是极值点

10. (7 分) 设 $f(x) = -f(-x)$. 若在 $(0, +\infty)$ 上 $f'(x) > 0, f''(x) > 0$,

则在$(-\infty,0)$上,有( ).

(A) $f'(x)<0,f''(x)<0$ (B) $f'(x)<0,f''(x)>0$

(C) $f'(x)>0,f''(x)<0$ (D) $f'(x)>0,f''(x)>0$

11. (5分) $\lim\limits_{x\to 0}\dfrac{1+x-e^x}{\ln(1+x^2)}=$ ( ).

(A) $-\dfrac{1}{2}$ (B) $\dfrac{1}{2}$ (C) 1 (D) -1

12. (5分) 设在$[0,1]$上$f''(x)>0$,则下列不等式正确的是( ).

(A) $f'(1)>f'(0)>f(1)-f(0)$ (B) $f'(1)>f(1)-f(0)>f'(0)$

(C) $f(1)-f(0)>f'(1)>f'(0)$ (D) $f'(1)>f(0)-f(1)>f'(0)$

13. (5分) 以下运算过程中正确运用洛必达法则的是( ).

(A) $\lim\limits_{n\to\infty}\sqrt[n]{n}=e^{\lim\limits_{n\to\infty}\frac{\ln n}{n}}=e^{\lim\limits_{n\to\infty}\frac{1}{n}}=1$

(B) $\lim\limits_{x\to 0}\dfrac{x+\sin x}{x-\sin x}=\lim\limits_{x\to 0}\dfrac{1+\cos x}{1-\cos x}=\infty$

(C) $\lim\limits_{x\to 0}\dfrac{x^2\sin\dfrac{1}{x}}{\sin x}=\lim\limits_{x\to 0}\dfrac{2x\sin\dfrac{1}{x}-\cos\dfrac{1}{x}}{\cos x}$ 不存在

(D) $\lim\limits_{x\to 0}\dfrac{x}{e^x}=\lim\limits_{x\to 0}\dfrac{1}{e^x}=1$

14. (5分) 设函数$f(x)=\ln^{10}x,g(x)=x,h(x)=e^{\frac{x}{10}}$,则当$x$充分大时,有( ).

(A) $g(x)<h(x)<f(x)$ (B) $h(x)<g(x)<f(x)$

(C) $f(x)<g(x)<h(x)$ (D) $g(x)<f(x)<h(x)$

15. (5分) 已知函数$y=f(x)$对一切x满足$xf''(x)+3x(f'(x))^2=1-e^{-x}$. 若$f'(x_0)=0(x_0\neq 0)$,则( ).

(A) $f(x_0)$是$f(x)$的极大值

(B) $f(x_0)$是$f(x)$的极小值

(C) $(x_0,f(x_0))$是曲线$y=f(x)$的拐点

(D) $f(x_0)$不是$f(x)$的极值,点$(x_0,f(x_0))$也不是曲线$y=f(x)$的拐点

16. (5分) 已知函数$f(x)$在$x=0$的某个邻域内连续,且$f(0)=0,\lim\limits_{x\to 0}\dfrac{f(x)}{1-\cos x}=2$,则$f(x)$在$x=0$处( ).

(A) 不可导   (B) 可导,且$f'(0)\neq 0$

(C) 取得极大值   (D) 取得极小值

本章参考答案

第四章

不定积分

前面几章讨论了求已知函数的导数、微分等问题,这些统称为**微分问题**. 从本章开始,将讨论微分问题的逆问题,即**积分问题**. 积分学包括不定积分和定积分两部分. 本章主要研究不定积分,第五章将讨论定积分. 本章的主要内容有:不定积分的概念与性质;不定积分的基本积分法;有理函数和可化为有理函数的不定积分. 本章内容与第二章内容是相互对应的.

第一节　不定积分的概念与性质

在第二章中,我们已经学习了由已知函数求其导数(或微分)的问题. 但是,在科学技术和经济应用的许多实际问题中,常常还需要解决与其相反的问题,即已知一个函数的导数(或微分),求出这个函数. 这种由函数的已知导数(或微分)去求原来的函数的运算,称为**不定积分**,这是积分学的基本问题之一.

例如,在研究物体的直线运动时,已知路程 s 与时间 t 的关系 $s=s(t)$,求 s 关于 t 的导数,可得到速度 $v(t)$. 与其相反的问题是,已知速度 $v(t)$,求经过的路程 $s(t)$,即从 $s'(t)=v(t)$ 中求出 $s(t)$. 这就是一个求不定积分的问题.

又如,曲线 $y=x^2+1$ 在任意一点 x 处的切线斜率是函数在该点处的导数值,即 $k=y'=2x$. 与其相反的问题是,已知某曲线在任意一点 x 处的切线斜率为 $2x$,求该曲线的方程. 这也是一个求不定积分的问题.

一、原函数与不定积分的概念

定义 4.1.1　若在某个区间 I 上,函数 $F(x)$ 与 $f(x)$ 满足关系式
$$F'(x)=f(x) \quad 或 \quad \mathrm{d}F(x)=f(x)\mathrm{d}x,$$
则称 $F(x)$ 为 $f(x)$ 在 I 上的一个**原函数**.

显然,由导数(或微分)求原函数的运算是一种逆向思维. 例如,$(x^2)'=2x$,故 x^2 是 $2x$ 在 **R** 上的一个原函数;而 $(e^{2x})'=2e^{2x}$,故 e^{2x} 是 $2e^{2x}$ 在 **R** 上的一个原函数;由于 $(x^2+1)'=2x$,$(x^2-\sqrt{2})'=2x$,因此 x^2+1 和 $x^2-\sqrt{2}$ 都是 $2x$ 的原函数.

于是,容易产生下面三个问题:

(1) 函数 $f(x)$ 应具备什么样的条件才能保证它存在原函数?

(2) 如果函数 $f(x)$ 存在原函数,那么它的原函数有几个?相互之间有什么关系?

（3）对于给定的函数 $f(x)$，如何求它的原函数？

下面的定理给出了第一个问题的答案.

定理 4.1.1 （原函数存在定理） 如果函数 $f(x)$ 在某区间 I 上连续，则 $f(x)$ 在 I 上一定存在原函数.

定理 4.1.1 的证明将在第五章第二节中给出. 在下面的讨论中，假定所考察的函数均是连续的. 第二个问题的答案本质上在第三章中已经给出，总结如下.

定理 4.1.2 （原函数族定理） 如果 $F(x)$ 是函数 $f(x)$ 的一个原函数，则 $f(x)$ 有无穷多个原函数，且 $F(x)+C$（C 为任意常数）就是 $f(x)$ 的所有原函数（称为**原函数族**）.

证 因为 $F(x)$ 是 $f(x)$ 的一个原函数，所以有 $F'(x)=f(x)$，从而

$$(F(x)+C)'=F'(x)+C'=f(x).$$

这说明，对任意的常数 C，$F(x)+C$ 都是 $f(x)$ 的原函数，即 $f(x)$ 有无穷多个原函数.

如果 $F(x)$ 和 $G(x)$ 是 $f(x)$ 的两个不同的原函数，则有 $F'(x)=f(x)$ 和 $G'(x)=f(x)$，从而有

$$(F(x)-G(x))'=F'(x)-G'(x)=f(x)-f(x)=0.$$

根据拉格朗日中值定理的推论 3.1.1，有 $F(x)-G(x)=C$，即 $F(x)=G(x)+C$（C 为常数）. 因此，$f(x)$ 的任意两个原函数之间至多相差一个常数，即 $f(x)$ 的所有原函数可表示成

$$F(x)+C \quad （C \text{ 为任意常数}）.$$

下面引入不定积分的概念.

定义 4.1.2 若 $F(x)$ 是函数 $f(x)$ 的一个原函数，则把 $f(x)$ 的全体原函数 $F(x)+C$ 称为 $f(x)$ 的**不定积分**，记作 $\int f(x)\mathrm{d}x$，即

$$\int f(x)\mathrm{d}x = F(x)+C \quad （C \text{ 为任意常数}），$$

其中 $\int$ 称为**积分号**①，$f(x)$ 称为**被积函数**，$f(x)\mathrm{d}x$ 称为**被积表达式**，x 称为**积分变量**.

例 4.1.1 求不定积分 $\int \sec^2 x\mathrm{d}x$.

解 因为 $(\tan x)'=\sec^2 x$，所以

$$\int \sec^2 x\mathrm{d}x = \tan x + C.$$

例 4.1.2 求不定积分 $\int \dfrac{1}{x}\mathrm{d}x$（$x\neq 0$）.

解 当 $x>0$ 时，$(\ln x)'=\dfrac{1}{x}$，则

---

① 积分号"$\int$"是德国数学家莱布尼茨创造的，它是一个拉长了的字母"s"（"求和"的英文单词"sum"的第一个字母），从而表现了积分运算与求和运算的密切关系，具有启发性. 正由于此，这个记号一直沿用至今. 好的数学记号能推动数学的传播和发展，莱布尼茨发明的导数记号和积分记号就是例子.

$$\int \frac{\mathrm{d}x}{x} = \ln x + C \quad (x > 0);$$

当 $x < 0$ 时，$[\ln(-x)]' = \frac{1}{-x} \cdot (-1) = \frac{1}{x}$，则

$$\int \frac{\mathrm{d}x}{x} = \ln(-x) + C \quad (x < 0).$$

而由绝对值的性质有

$$\ln|x| = \begin{cases} \ln x, & x > 0, \\ \ln(-x), & x < 0, \end{cases}$$

综上可得

$$\int \frac{\mathrm{d}x}{x} = \ln|x| + C \quad (x \neq 0).$$

例 4.1.3 求平面上经过点 $(0,2)$，且在任意一点处的切线斜率都是该点横坐标的 3 倍的曲线方程.

解 设曲线方程为 $y = f(x)$，则由导数的几何意义有 $y' = 3x$. 因为 $\left(\frac{3}{2}x^2\right)' = 3x$，即 $\frac{3}{2}x^2$ 是 $3x$ 的一个原函数，所以

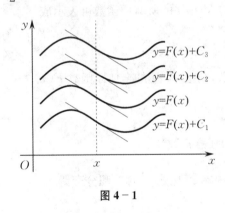

图 4-1

$$f(x) = \int 3x\mathrm{d}x = \frac{3}{2}x^2 + C.$$

又由于曲线经过点 $(0,2)$，代入上式解得 $C = 2$，因此所求曲线方程为 $y = \frac{3}{2}x^2 + 2$.

不定积分的几何意义是：不定积分 $\int f(x)\mathrm{d}x$ 是函数 $f(x)$ 的全体原函数，即导数等于 $f(x)$ 的所有函数. 这些函数的几何图形称为 $f(x)$ 的**积分曲线族**，积分曲线族中的任意一条都可以由另一条沿 y 轴向上或向下平移得到，如图 4-1 所示.

二、不定积分的基本公式

现在解决第三个问题，即如何求出不定积分 $\int f(x)\mathrm{d}x$？这是积分法所要解决的问题，其基本解决思路是：先求出一些较简单的初等函数的原函数，得出一个"基本积分表"；然后建立若干个积分规则，利用这些规则将要计算的不定积分转化为基本积分表中某些不定积分的组合.

由求导数与求不定积分的互逆关系，可以得到基本的不定积分公式. 下面我们把一些基本的不定积分公式列成一个表，这个表通常叫作**基本积分表**：

(1) $\int 0\mathrm{d}x = C$;　　　　　　　　　(2) $\int x^{\alpha}\mathrm{d}x = \frac{x^{\alpha+1}}{\alpha+1} + C \ (\alpha \neq -1)$;

(3) $\displaystyle\int \frac{\mathrm{d}x}{x} = \ln|x| + C;$　　　　　　(4) $\displaystyle\int \cos x \mathrm{d}x = \sin x + C;$

(5) $\displaystyle\int \sin x \mathrm{d}x = -\cos x + C;$　　　　　(6) $\displaystyle\int \frac{\mathrm{d}x}{\sin^2 x} = \int \csc^2 x \mathrm{d}x = -\cot x + C;$

(7) $\displaystyle\int \frac{\mathrm{d}x}{\cos^2 x} = \int \sec^2 x \mathrm{d}x = \tan x + C;$　　　(8) $\displaystyle\int \sec x \tan x \mathrm{d}x = \sec x + C;$

(9) $\displaystyle\int \csc x \cot x \mathrm{d}x = -\csc x + C;$

(10) $\displaystyle\int a^x \mathrm{d}x = \frac{a^x}{\ln a} + C (a > 0 \text{ 且 } a \neq 1)$，特别地，$\displaystyle\int e^x \mathrm{d}x = e^x + C;$

(11) $\displaystyle\int \frac{\mathrm{d}x}{1+x^2} = \arctan x + C = -\operatorname{arccot} x + C;$

(12) $\displaystyle\int \frac{\mathrm{d}x}{\sqrt{1-x^2}} = \arcsin x + C = -\arccos x + C.$

三、不定积分的性质

性质 4.1.1（互逆性质）　(1) $\left(\displaystyle\int f(x)\mathrm{d}x\right)' = f(x)$ 或 $\mathrm{d}\displaystyle\int f(x)\mathrm{d}x = f(x)\mathrm{d}x$，即对一个函数先进行积分运算，再进行求导或微分运算，两者的作用相互抵消，得到的是这个函数本身；

(2) $\displaystyle\int F'(x)\mathrm{d}x = F(x) + C$ 或 $\displaystyle\int \mathrm{d}F(x) = F(x) + C$，即对一个函数先进行求导或微分运算，再进行积分运算，得到的是这个函数本身加上任意常数 C.

证　(1) 设 $F(x)$ 为函数 $f(x)$ 的一个原函数，即 $F'(x) = f(x)$，于是有

$$\int f(x)\mathrm{d}x = F(x) + C. \tag{4.1.1}$$

对式 (4.1.1) 两边同时求导数，得

$$\left(\int f(x)\mathrm{d}x\right)' = (F(x)+C)' = F'(x) = f(x).$$

对式 (4.1.1) 两边同时求微分，得

$$\mathrm{d}\int f(x)\mathrm{d}x = \mathrm{d}(F(x)+C) = \mathrm{d}F(x) = f(x)\mathrm{d}x.$$

(2) 请读者自行证明.

性质 4.1.1 表明，如果不考虑任意常数 C，则积分记号"$\displaystyle\int$"和微分记号"d"是一对互逆的运算符号. 由一阶微分的形式不变性可知，不定积分也有形式不变性，即不管 x 是自变量还是中间变量，都有

$$\int \mathrm{d}F(x) = F(x) + C.$$

这一点是将来求解可分离变量的微分方程的理论依据，也是在积分运算过程中实行变量代换的理论依据.

例 4.1.4　求下列各式的结果：

(1) $\left[\int \mathrm{e}^x \sin(\ln x)\mathrm{d}x\right]'$; (2) $\int \left(\mathrm{e}^{-\frac{t^2}{2}}\right)' \mathrm{d}t$;

(3) $\mathrm{d}\left[\int (\arctan x)^2 \mathrm{d}x\right]$; (4) $\int \mathrm{d}\left(\int \mathrm{d}f(x)\right)$.

解 (1) $\left[\int \mathrm{e}^x \sin(\ln x)\mathrm{d}x\right]' = \mathrm{e}^x \sin(\ln x)$.

(2) $\int \left(\mathrm{e}^{-\frac{t^2}{2}}\right)' \mathrm{d}t = \mathrm{e}^{-\frac{t^2}{2}} + C$.

(3) $\mathrm{d}\left[\int (\arctan x)^2 \mathrm{d}x\right] = (\arctan x)^2 \mathrm{d}x$.

(4) 由不定积分的性质知，$\int \mathrm{d}f(x) = f(x) + C$，故 $\mathrm{d}\left(\int \mathrm{d}f(x)\right) = \mathrm{d}f(x)$，从而

$$\int \mathrm{d}\left(\int \mathrm{d}f(x)\right) = \int \mathrm{d}f(x) = f(x) + C.$$

性质 4.1.2（线性性质） (1) $\int kf(x)\mathrm{d}x = k\int f(x)\mathrm{d}x$，其中 $k \neq 0$，即非零常系数可以移到积分号之前；

(2) $\int (f(x) \pm g(x))\mathrm{d}x = \int f(x)\mathrm{d}x \pm \int g(x)\mathrm{d}x$，即两个函数代数和的不定积分等于各个函数的不定积分的代数和. 这一结论可以推广到任意有限多个函数的代数和的情形，即

$$\int (f_1(x) \pm f_2(x) \pm \cdots \pm f_n(x))\mathrm{d}x = \int f_1(x)\mathrm{d}x \pm \int f_2(x)\mathrm{d}x \pm \cdots \pm \int f_n(x)\mathrm{d}x.$$

证 (1) $\left(k\int f(x)\mathrm{d}x\right)' = k\left(\int f(x)\mathrm{d}x\right)' = kf(x) = \left(\int kf(x)\mathrm{d}x\right)'$.

(2) 请读者自行证明.

注 (1) $\int f(x)g(x)\mathrm{d}x \neq \int f(x)\mathrm{d}x \cdot \int g(x)\mathrm{d}x$；(2) $\int \dfrac{f(x)}{g(x)}\mathrm{d}x \neq \dfrac{\int f(x)\mathrm{d}x}{\int g(x)\mathrm{d}x}$.

例 4.1.5 求不定积分 $\int (a_n x^n + a_{n-1}x^{n-1} + \cdots + a_0)\mathrm{d}x$.

解 由不定积分的线性性质，有

$$\int (a_n x^n + a_{n-1}x^{n-1} + \cdots + a_0)\mathrm{d}x = a_n \int x^n \mathrm{d}x + a_{n-1}\int x^{n-1}\mathrm{d}x + \cdots + a_0\int \mathrm{d}x$$

$$= \frac{a_n}{n+1}x^{n+1} + \frac{a_{n-1}}{n}x^n + \cdots + a_0 x + C.$$

注 检验不定积分的结果是否正确，只要对结果求导数，看它的导数是否等于被积函数即可. 例如，在例 4.1.5 中，因为有

$$\left(\frac{a_n}{n+1}x^{n+1} + \frac{a_{n-1}}{n}x^n + \cdots + a_0 x + C\right)' = a_n x^n + a_{n-1}x^{n-1} + \cdots + a_0,$$

所以可知所求结果是正确的.

例 4.1.6 求不定积分 $\int \left(\cos \pi - 7\sqrt{x\sqrt{x}} + \dfrac{5}{\sqrt[3]{x}}\right)\mathrm{d}x$.

解 $\int \left(\cos \pi - 7\sqrt{x\sqrt{x}} + \dfrac{5}{\sqrt[3]{x}}\right)\mathrm{d}x = \cos \pi \int \mathrm{d}x - 7\int x^{\frac{3}{4}}\mathrm{d}x + 5\int x^{-\frac{1}{3}}\mathrm{d}x$

$$= -x - 4x^{\frac{7}{4}} + \frac{15}{2}x^{\frac{2}{3}} + C.$$

有些函数看上去不能利用基本积分表和性质直接进行积分,但经过化简或恒等变形后,也可以直接进行积分.

例 4.1.7 ▌ 求不定积分:(1) $\displaystyle\int \frac{(x+1)^2}{x(x^2+1)}\mathrm{d}x$;(2) $\displaystyle\int \frac{x^4+1}{x^2+1}\mathrm{d}x$.

解　(1)先把被积函数变形,再利用基本积分表中的积分公式逐项积分.具体过程如下:

$$\int \frac{(x+1)^2}{x(x^2+1)}\mathrm{d}x = \int \frac{x^2+1+2x}{x(x^2+1)}\mathrm{d}x = \int \left(\frac{1}{x} + \frac{2}{1+x^2}\right)\mathrm{d}x = \ln|x| + 2\arctan x + C.$$

(2)被积函数为假分式,它可化为多项式与真分式之和①.一般有两种方法:加项减项法或多项式的除法.具体过程如下:

$$\int \frac{x^4+1}{x^2+1}\mathrm{d}x = \int \frac{(x^4-1)+2}{x^2+1}\mathrm{d}x = \int \left[(x^2-1) + \frac{2}{x^2+1}\right]\mathrm{d}x$$

$$= \frac{1}{3}x^3 - x + 2\arctan x + C.$$

由于在不定积分的性质中,不存在乘法法则,只有加法法则,因此遇到乘积的不定积分时,首先应该想到能否积化和差.

例 4.1.8 ▌ 求不定积分 $\displaystyle\int \tan^2 x\,\mathrm{d}x$.

解　$\displaystyle\int \tan^2 x\,\mathrm{d}x = \int (\sec^2 x - 1)\mathrm{d}x = \int \sec^2 x\,\mathrm{d}x - \int \mathrm{d}x = \tan x - x + C.$

例 4.1.9 ▌ 求不定积分 $\displaystyle\int \frac{\mathrm{d}x}{\sin^2 x\cos^2 x}$.

解　$\displaystyle\int \frac{\mathrm{d}x}{\sin^2 x\cos^2 x} = \int \frac{\sin^2 x + \cos^2 x}{\sin^2 x\cos^2 x}\mathrm{d}x = \int \left(\frac{1}{\cos^2 x} + \frac{1}{\sin^2 x}\right)\mathrm{d}x = \tan x - \cot x + C.$

有关三角函数的恒等变形比较灵活,应熟练掌握常用的三角恒等变换公式,如倍角公式、降幂公式等.同样的方法可以用来求不定积分 $\displaystyle\int \frac{\cos 2x}{\sin^2 x\cos^2 x}\mathrm{d}x$,请读者自行完成.

例 4.1.10 ▌ 设 $f'(\tan^2 x) = \sec^2 x$,且 $f(0) = 1$,求 $f(x)$.

解　令 $t = \tan^2 x$,由于 $\sec^2 x = \tan^2 x + 1$,则 $f'(t) = t + 1$,于是

$$f(t) = \int f'(t)\mathrm{d}t = \frac{1}{2}t^2 + t + C.$$

又 $f(0) = 1$,故 $C = 1$,即

$$f(x) = \frac{1}{2}x^2 + x + 1.$$

思 考 题 4.1 ▌

1. 微分运算与不定积分运算是互逆的,这种说法对吗?

---

① 真分式与假分式的概念将在本章第三节中进行介绍.

2. 符号函数 $f(x) = \begin{cases} 1, & x > 0, \\ 0, & x = 0, \\ -1, & x < 0 \end{cases}$ 在 $(-\infty, +\infty)$ 上是否存在原函数?为什么?

3. 原函数是否一定是连续函数?为什么?

4. 在不定积分的性质 $\int kf(x)\mathrm{d}x = k \int f(x)\mathrm{d}x$ 中,为何要求 $k \neq 0$?

习 题 4.1

(A)

一、填空题:

(1) $\dfrac{\mathrm{d}}{\mathrm{d}x}\int f(x)\mathrm{d}x = $ _____ ,$\mathrm{d}\left(\int f(x)\mathrm{d}x\right) = $ _____ ,$\int F'(x)\mathrm{d}x = $ _____ ,

$\int \mathrm{d}F(x) = $ _____ .

(2) 若 $F(x)$ 和 $G(x)$ 都是函数 $f(x)$ 的原函数,则 $F'(x) - G'(x) = $ _____ .

二、已知 $\cos x$ 的原函数是 $f(x)$,$F'(x) = f(x)$,求 $F(x)$.

三、已知 $\int f(x)\mathrm{d}x = (x^2 - 1)\mathrm{e}^{-x} + C$,求 $f(x)$.

四、已知 $x + \dfrac{1}{x}$ 是 $f(x)$ 的一个原函数,求 $\int xf(x)\mathrm{d}x$.

五、求下列不定积分:

(1) $\int (\sqrt{x} + 1)(\sqrt{x^3} - 1)\mathrm{d}x$;   (2) $\int \dfrac{3x^4 + 3x^2 + 1}{x^2 + 1}\mathrm{d}x$;   (3) $\int 3^x \mathrm{e}^x \mathrm{d}x$;

(4) $\int \left(\dfrac{3}{1 + x^2} - \dfrac{2}{\sqrt{1 - x^2}}\right)\mathrm{d}x$;   (5) $\int \left(2\mathrm{e}^x + \dfrac{3}{x}\right)\mathrm{d}x$;   (6) $\int \cos^2 \dfrac{x}{2}\mathrm{d}x$;

(7) $\int \csc x(\csc x + \cot x)\mathrm{d}x$;   (8) $\int \dfrac{\cos 2x}{\cos x - \sin x}\mathrm{d}x$;   (9) $\int \dfrac{\mathrm{d}x}{\sin x \cos^2 x}$.

六、已知一曲线通过点 $(\mathrm{e}^2, 3)$,且在任意一点处的切线斜率等于该点横坐标的倒数,求该曲线的方程.

七、设一物体由静止开始运动,经 t s 后的速度是 $3t^2$ m/s,问:

(1) 3 s 后该物体离开出发点的距离是多少?

(2) 该物体走完 360 m 的路程需要多长时间?

(B)

一、证明:$\arcsin(2x - 1)$,$\arccos(1 - 2x)$ 和 $2\arctan\sqrt{\dfrac{x}{1 - x}}$ 都是函数 $\dfrac{1}{\sqrt{x - x^2}}$ 的原函数.

二、设函数 $f(x)$ 存在原函数,求 $\int \mathrm{e}^x(f(x) + f'(x))\mathrm{d}x$.

三、设 $F(x)$ 是函数 $f(x)$ 的原函数,且当 $x \geqslant 0$ 时有 $f(x)F(x) = \sin^2 2x$,又 $F(0) = 1$,$F(x) \geqslant 0$,求 $f(x)$.

四、设函数 $f(x)$ 满足 $f(0) = 2$,$f(-2) = 0$,$f(x)$ 在 $x = -1$,$x = 5$ 处取得极值,且 $f(x)$ 的导数是 x 的二次函数,求 $f(x)$.

五、求分段函数 $f(x) = \begin{cases} \mathrm{e}^x, & x \geqslant 0, \\ 1 + x, & x < 0 \end{cases}$ 的不定积分.

第二节　不定积分的基本积分法

因微分与不定积分互为逆运算,故可以从微分运算法则推导出对应的不定积分运算法则,即所谓的**基本积分法**.下面将根据复合函数的求导法则和乘积的求导公式推导出相应的基本积分法.

一、换元积分法

1. 第一类换元积分法(凑微分法)

利用基本积分表和性质可以计算的不定积分只是一小部分,有的函数虽简单,但无论对它如何变形都难以利用基本积分表计算.例如求$\int (2x-1)^{100}\mathrm{d}x$,若按牛顿二项展开式把$(2x-1)^{100}$展开,再逐项积分,则计算过程将会十分烦琐.联想到基本积分表中有

$$\int u^{100}\mathrm{d}u = \frac{1}{101}u^{101}+C,$$

为了应用这个公式,可进行如下变换:

$$\int (2x-1)^{100}\mathrm{d}x = \frac{1}{2}\int (2x-1)^{100}\mathrm{d}(2x-1)\xrightarrow{\text{令}\,u=2x-1}\frac{1}{2}\int u^{100}\mathrm{d}u$$

$$= \frac{1}{2}\cdot\frac{1}{101}u^{101}+C\xrightarrow{\text{将}\,u=2x-1\,\text{回代}}\frac{1}{202}(2x-1)^{101}+C.$$

因为$\left[\frac{1}{202}(2x-1)^{101}+C\right]' = (2x-1)^{100}$,所以所求结果是正确的.

此解法的要点是通过变量代换$u=2x-1$把对原来变量x的不定积分转化为对新变量u的不定积分.一般地,有如下定理.

$\boxed{\text{定理 4. 2. 1}}$(第一类换元积分法)　若$\int f(u)\mathrm{d}u = F(u)+C$,函数$u=\varphi(x)$可微,则

$$\int f(\varphi(x))\varphi'(x)\mathrm{d}x = F(\varphi(x))+C.$$

这种积分方法称为**第一类换元积分法**.

证　由复合函数的求导法则可知

$$(F(\varphi(x)))' = F'(\varphi(x))\varphi'(x) = f(\varphi(x))\varphi'(x),$$

故

$$\int f(\varphi(x))\varphi'(x)\mathrm{d}x = F(\varphi(x))+C.$$

从以上证明能看出,第一类换元积分法主要是把复合函数的求导法则反过来用于求不定积分.例如,

$$\mathrm{d}(\sin 2x)\xrightarrow{\text{令}\,u=2x}\mathrm{d}(\sin u) = \cos u\mathrm{d}u\xrightarrow{\text{将}\,u=2x\,\text{回代}}\cos 2x\mathrm{d}(2x) = 2\cos 2x\mathrm{d}x,$$

而

$$\int 2\cos 2x\mathrm{d}x = \int \cos 2x\mathrm{d}(2x)\xrightarrow{\text{令}\,u=2x}\int \cos u\mathrm{d}u = \int \mathrm{d}(\sin u)$$

$$= \sin u+C\xrightarrow{\text{将}\,u=2x\,\text{回代}}\sin 2x+C.$$

第一类换元积分法又称为**凑微分法**，这是因为

$$\int f(\varphi(x))\varphi'(x)\mathrm{d}x = \int f(\varphi(x))\mathrm{d}\varphi(x) = F(\varphi(x)) + C$$

中用到了微分公式 $\varphi'(x)\mathrm{d}x = \mathrm{d}\varphi(x)$. 在计算中，凑微分这一步至关重要.

例 4.2.1 设 $\int f(u)\mathrm{d}u = F(u) + C$，试求 $\int f(ax)\mathrm{d}x$，其中常数 $a \neq 0$.

解 利用 $\mathrm{d}x = \dfrac{1}{a}\mathrm{d}(ax)$，得

$$\int f(ax)\mathrm{d}x = \frac{1}{a}\int f(ax)\mathrm{d}(ax) \xup001=\frac{\,\text{令}\,u=ax\,}{} \frac{1}{a}\int f(u)\mathrm{d}u$$

$$= \frac{1}{a}F(u) + C = \frac{1}{a}F(ax) + C.$$

注 由例 4.2.1 的结果可以得到

$$\int \sin ax\,\mathrm{d}x = -\frac{1}{a}\cos ax + C \quad (a \neq 0),$$

$$\int \cos ax\,\mathrm{d}x = \frac{1}{a}\sin ax + C \quad (a \neq 0),$$

$$\int \frac{\mathrm{d}x}{a^2 + x^2} = \frac{1}{a}\int \frac{\mathrm{d}\left(\dfrac{x}{a}\right)}{1 + \dfrac{x^2}{a^2}} = \frac{1}{a}\arctan \frac{x}{a} + C \quad (a \neq 0),$$

$$\int \frac{\mathrm{d}x}{\sqrt{a^2 - x^2}} = \int \frac{\mathrm{d}\left(\dfrac{x}{a}\right)}{\sqrt{1 - \dfrac{x^2}{a^2}}} = \arcsin \frac{x}{a} + C \quad (a > 0).$$

例 4.2.2 设 $\int f(u)\mathrm{d}u = F(u) + C$，试求 $\int f(x+a)\mathrm{d}x$，其中 a 为常数.

解 令 $u = x + a$，则

$$\int f(x+a)\mathrm{d}x = \int f(u)\mathrm{d}u = F(u) + C = F(x+a) + C.$$

注 由例 4.2.2 的结果可以得到

$$\int \sin(x+a)\mathrm{d}x = -\cos(x+a) + C,$$

$$\int \cos(x+a)\mathrm{d}x = \sin(x+a) + C,$$

$$\int \mathrm{e}^{x+a}\mathrm{d}x = \mathrm{e}^{x+a} + C,$$

$$\int \frac{\mathrm{d}x}{x+a} = \ln|x+a| + C.$$

例 4.2.3 求不定积分 $\int \tan x\,\mathrm{d}x$.

解
$$\int \tan x\,\mathrm{d}x = \int \frac{\sin x}{\cos x}\mathrm{d}x = \int \frac{(-\cos x)'}{\cos x}\mathrm{d}x \xup001=\frac{\,\text{令}\,u=\cos x\,}{} -\int \frac{\mathrm{d}u}{u}$$

$$= -\ln|u| + C = -\ln|\cos x| + C.$$

类似地,可得

$$\int \cot x \mathrm{d}x = \ln |\sin x| + C.$$

熟练掌握第一类换元积分法之后,变换式 $u = \varphi(x)$ 可以不写出来.

例 4.2.4 求不定积分 $\int \dfrac{\mathrm{d}x}{x^2 - a^2}$ $(a \neq 0)$.

解 利用平方差公式 $x^2 - a^2 = (x+a)(x-a)$,得

$$\frac{1}{x^2 - a^2} = \frac{1}{(x+a)(x-a)} = \frac{1}{2a} \cdot \frac{(x+a) - (x-a)}{(x+a)(x-a)}.$$

因此,有

$$\int \frac{\mathrm{d}x}{x^2 - a^2} = \frac{1}{2a} \int \left(\frac{1}{x-a} - \frac{1}{x+a} \right) \mathrm{d}x = \frac{1}{2a} \int \frac{\mathrm{d}(x-a)}{x-a} - \frac{1}{2a} \int \frac{\mathrm{d}(x+a)}{x+a}$$

$$= \frac{1}{2a} \ln |x-a| - \frac{1}{2a} \ln |x+a| + C = \frac{1}{2a} \ln \left| \frac{x-a}{x+a} \right| + C.$$

例 4.2.5 求不定积分 $\int \sec x \mathrm{d}x$.

解 方法一 $\int \sec x \mathrm{d}x = \int \dfrac{\mathrm{d}x}{\cos x} = \int \dfrac{\cos x \mathrm{d}x}{\cos^2 x} = \int \dfrac{\mathrm{d}(\sin x)}{1 - \sin^2 x}$

$$= \frac{1}{2} \ln \left| \frac{\sin x + 1}{\sin x - 1} \right| + C.$$

此方法利用了例 4.2.4 的结果.

方法二 $\int \sec x \mathrm{d}x = \int \sec x \cdot 1 \mathrm{d}x = \int \sec x \cdot \dfrac{\sec x + \tan x}{\sec x + \tan x} \mathrm{d}x = \int \dfrac{\mathrm{d}(\sec x + \tan x)}{\sec x + \tan x}$

$$= \ln |\sec x + \tan x| + C.$$

思考 为什么这两种解法会得到不同的结果?如何解释?

注 利用例 4.2.5 的结果,可以得到

$$\int \csc x \mathrm{d}x = \int \sec \left(x - \frac{\pi}{2} \right) \mathrm{d}x = \int \sec \left(x - \frac{\pi}{2} \right) \mathrm{d} \left(x - \frac{\pi}{2} \right)$$

$$= \ln \left| \sec \left(x - \frac{\pi}{2} \right) + \tan \left(x - \frac{\pi}{2} \right) \right| + C$$

$$= \ln |\csc x - \cot x| + C.$$

以上三例可看作同一类型的不定积分,即

$$\int \frac{f'(x)}{f(x)} \mathrm{d}x = \int \frac{\mathrm{d}f(x)}{f(x)} = \ln |f(x)| + C.$$

例 4.2.6 求下列不定积分:

(1) $\int \dfrac{\ln x}{x} \mathrm{d}x$;

(2) $\int \dfrac{\mathrm{d}x}{x \ln x \ln(\ln x)}$.

解 (1) 因 $\dfrac{1}{x} \mathrm{d}x = \mathrm{d}(\ln x)$,故 $\int \dfrac{\ln x}{x} \mathrm{d}x = \int \ln x \mathrm{d}(\ln x) = \dfrac{1}{2} \ln^2 x + C.$

(2) $\int \dfrac{\mathrm{d}x}{x \ln x \ln(\ln x)} = \int \dfrac{\mathrm{d}(\ln x)}{\ln x \ln(\ln x)} \xlongequal{\diamondsuit u = \ln x} \int \dfrac{\mathrm{d}u}{u \ln u}$

$$= \int \frac{\mathrm{d}(\ln u)}{\ln u} = \ln|\ln u| + C = \ln|\ln(\ln x)| + C.$$

总结第一类换元积分法：当 $\int g(x)\mathrm{d}x$ 比较难求出时，设法将 $g(x)\mathrm{d}x$ 凑成 $f(\varphi(x))\varphi'(x)\mathrm{d}x$ 的形式，以便选取变量代换 $u = \varphi(x)$，将原不定积分化为容易求的不定积分 $\int f(u)\mathrm{d}u$，即

$$\int g(x)\mathrm{d}x \xenrightarrow{凑微分} \int f(\varphi(x))\varphi'(x)\mathrm{d}x \xenrightarrow{令 u = \varphi(x)} \int f(u)\mathrm{d}u$$
$$= F(u) + C = F(\varphi(x)) + C.$$

例 4.2.7 求不定积分 $\int \sin^2 x\cos^3 x\mathrm{d}x$.

解 $\int \sin^2 x\cos^3 x\mathrm{d}x = \int \sin^2 x\cos^2 x \cdot \cos x\mathrm{d}x = \int \sin^2 x(1 - \sin^2 x)\mathrm{d}(\sin x)$
$$= \frac{1}{3}\sin^3 x - \frac{1}{5}\sin^5 x + C.$$

一般地，对于不定积分 $\int \sin^m x\cos^n x\mathrm{d}x$，当 m,n 中有奇数时，可从奇数次幂的因子中分离出一个 $\sin x$ 或 $\cos x$ 来，与 $\mathrm{d}x$ 一起凑成 $\sin x\mathrm{d}x = \mathrm{d}(-\cos x)$ 或 $\cos x\mathrm{d}x = \mathrm{d}(\sin x)$，再将分离后的偶数次幂的因子用 $1 - \cos^2 x$ 或 $1 - \sin^2 x$ 来表示；当 m,n 都是偶数时，可用三角公式

$$\sin^2 x = \frac{1}{2}(1 - \cos 2x), \quad \cos^2 x = \frac{1}{2}(1 + \cos 2x), \quad 2\sin x\cos x = \sin 2x$$

等将被积函数中的幂次降低，再求不定积分.

例 4.2.8 求不定积分 $\int \sin^4 x\cos^2 x\mathrm{d}x$.

解 $\int \sin^4 x\cos^2 x\mathrm{d}x = \int (\sin x\cos x)^2 \sin^2 x\mathrm{d}x = \int \left(\frac{\sin 2x}{2}\right)^2 \sin^2 x\mathrm{d}x$
$$= \frac{1}{8}\int \sin^2 2x(1 - \cos 2x)\mathrm{d}x = \frac{1}{8}\int (\sin^2 2x - \sin^2 2x\cos 2x)\mathrm{d}x$$
$$= \frac{1}{8}\int \frac{1}{2}(1 - \cos 4x)\mathrm{d}x - \frac{1}{16}\int \sin^2 2x\mathrm{d}(\sin 2x)$$
$$= \frac{x}{16} - \frac{1}{64}\sin 4x - \frac{1}{48}\sin^3 2x + C.$$

例 4.2.9 求不定积分 $\int \cos 3x\cos 2x\mathrm{d}x$.

分析 注意到被积函数是两个三角函数相乘，故应使用积化和差公式进行降次.

解 利用积化和差公式 $\cos A\cos B = \frac{1}{2}(\cos(A - B) + \cos(A + B))$，得

$$\cos 3x\cos 2x = \frac{1}{2}(\cos x + \cos 5x).$$

于是

$$\int \cos 3x\cos 2x\mathrm{d}x = \frac{1}{2}\int (\cos x + \cos 5x)\mathrm{d}x = \frac{1}{2}\sin x + \frac{1}{10}\sin 5x + C.$$

显然，$\int \sin\alpha x\cos\beta x\,\mathrm{d}x$ 或 $\int \sin\alpha x\sin\beta x\,\mathrm{d}x(\alpha\neq\pm\beta)$ 等不定积分可用积化和差公式求解.

例 4.2.10 求下列不定积分：

(1) $\int \sec^4 x\,\mathrm{d}x$；　　　　　　　　　　　　(2) $\int \tan^3 x\,\mathrm{d}x$.

解 (1) $\int \sec^4 x\,\mathrm{d}x = \int(\tan^2 x+1)\mathrm{d}(\tan x)=\dfrac{1}{3}\tan^3 x+\tan x+C$.

(2) $\int \tan^3 x\,\mathrm{d}x = \int(\sec^2 x-1)\tan x\,\mathrm{d}x=\int \tan x\,\mathrm{d}(\tan x)-\int \tan x\,\mathrm{d}x$

$$=\frac{1}{2}\tan^2 x+\ln|\cos x|+C.$$

例 4.2.11 求下列不定积分：

(1) $\int \dfrac{\mathrm{d}x}{x^2+px+q}$；　　　　　　　　　　(2) $\int \dfrac{x^2-x+1}{x^2+x+1}\mathrm{d}x$.

解 (1) 分以下三种情形：

① 若 $x^2+px+q=(x-\alpha)(x-\beta)(\alpha\neq\beta)$，则

$$\int \frac{\mathrm{d}x}{x^2+px+q}=\int\frac{\mathrm{d}x}{(x-\alpha)(x-\beta)}=\frac{1}{\alpha-\beta}\int\frac{(x-\beta)-(x-\alpha)}{(x-\alpha)(x-\beta)}\mathrm{d}x$$

$$=\frac{1}{\alpha-\beta}\int\left(\frac{1}{x-\alpha}-\frac{1}{x-\beta}\right)\mathrm{d}x=\frac{1}{\alpha-\beta}\ln\left|\frac{x-\alpha}{x-\beta}\right|+C;$$

② 若 $x^2+px+q=(x-\alpha)^2$，则

$$\int \frac{\mathrm{d}x}{x^2+px+q}=\int\frac{\mathrm{d}x}{(x-\alpha)^2}=-\frac{1}{x-\alpha}+C;$$

③ 若 $x^2+px+q=(x-\alpha)^2+\beta^2(\beta\neq 0)$，则

$$\int \frac{\mathrm{d}x}{x^2+px+q}=\int\frac{\mathrm{d}(x-\alpha)}{(x-\alpha)^2+\beta^2}=\frac{1}{\beta}\arctan\frac{x-\alpha}{\beta}+C.$$

(2) 把被积函数恒等变形为

$$\frac{x^2-x+1}{x^2+x+1}=\frac{x^2+x+1-2x}{x^2+x+1}=1-\frac{2x}{x^2+x+1}=1-\frac{2x+1-1}{x^2+x+1},$$

因此

$$\int \frac{x^2-x+1}{x^2+x+1}\mathrm{d}x=x-\int\frac{2x+1}{x^2+x+1}\mathrm{d}x+\int\frac{\mathrm{d}x}{x^2+x+1}$$

$$=x-\int\frac{\mathrm{d}(x^2+x+1)}{x^2+x+1}+\int\frac{\mathrm{d}\left(x+\dfrac{1}{2}\right)}{\left(x+\dfrac{1}{2}\right)^2+\dfrac{3}{4}}$$

$$=x-\ln(x^2+x+1)+\frac{2}{\sqrt{3}}\arctan\frac{2x+1}{\sqrt{3}}+C.$$

2. 第二类换元积分法

第二类换元积分法是第一类换元积分法的相反情形.

在第一类换元积分法中，令 $u=\varphi(x)$，把 $\int f(\varphi(x))\varphi'(x)\mathrm{d}x$ 化成 $\int f(u)\mathrm{d}u$ 的形式后再直

接积分. 然而在实际应用中, 有些不定积分（如含有根式的不定积分）需要做出与上述相反的变换, 即令 $x = \psi(t)$, 把 $\int f(x)\mathrm{d}x$ 化成 $\int f(\psi(t))\psi'(t)\mathrm{d}t$ 的形式后再进行积分运算. 这就是所谓的第二类换元积分法.

定理 4.2.2（第二类换元积分法） 设函数 $x = \psi(t)$ 单调可导, 且 $\psi'(t) \neq 0$. 如果函数 $f(\psi(t))\psi'(t)$ 具有原函数 $F(t)$, 则有

$$\int f(x)\mathrm{d}x \xequal{\text{令 }x=\psi(t)} \int f(\psi(t))\psi'(t)\mathrm{d}t = F(t) + C \xequal{\text{令 }t=\psi^{-1}(x)} F(\psi^{-1}(x)) + C,$$

其中 ψ^{-1} 是 ψ 的反函数. 这种积分方法称为**第二类换元积分法**.

证 在 $\psi'(t) \neq 0$ 的条件下, 必有 $\psi'(t) > 0$ 或 $\psi'(t) < 0$, 因此 $x = \psi(t)$ 是严格单调函数, 从而函数 $x = \psi(t)$ 存在反函数 $t = \psi^{-1}(x)$. 于是

$$\frac{\mathrm{d}}{\mathrm{d}x}F(\psi^{-1}(x)) = \frac{\mathrm{d}}{\mathrm{d}x}F(t) = \frac{\mathrm{d}F(t)}{\mathrm{d}t} \cdot \frac{\mathrm{d}t}{\mathrm{d}x} = \frac{\mathrm{d}F(t)}{\mathrm{d}t} \cdot \frac{1}{\frac{\mathrm{d}x}{\mathrm{d}t}} = f(\psi(t)) \cdot \psi'(t) \cdot \frac{1}{\psi'(t)} = f(x),$$

故 $$\int f(x)\mathrm{d}x = F(\psi^{-1}(x)) + C.$$

注 在第二类换元积分法中, 为保证反函数 $t = \psi^{-1}(x)$ 存在, 往往取 $x = \psi(t)$ 为单调函数.

第一类换元积分法和第二类换元积分法, 其本质上都是通过改变积分变量而使被积函数变得容易积分. 两者的区别主要在于积分变量 x 所处"地位"不同, 第一类换元积分法是令 $u = \varphi(x)$, 其中 x 是自变量, 引入的新变量 u 是函数; 而第二类换元积分法是令 $x = \psi(t)$, 其中 x 是函数, 引入的新变量 t 是自变量.

下面是利用第二类换元积分法求不定积分的例子.

例 4.2.12 求不定积分 $\int \sqrt{a^2 - x^2}\,\mathrm{d}x$ $(a > 0)$.

解 为了消去被积函数中的根式, 令 $x = a\sin t, t \in \left(-\frac{\pi}{2}, \frac{\pi}{2}\right)$. 变量 t 的范围之所以取开区间 $\left(-\frac{\pi}{2}, \frac{\pi}{2}\right)$, 是因为 $x = a\sin t$ 在这个范围内具有反函数. 此时, 有

$$\int \sqrt{a^2 - x^2}\,\mathrm{d}x = a^2 \int \cos^2 t\,\mathrm{d}t = a^2 \int \frac{1 + \cos 2t}{2}\mathrm{d}t = a^2\left(\frac{1}{2}t + \frac{1}{4}\sin 2t\right) + C.$$

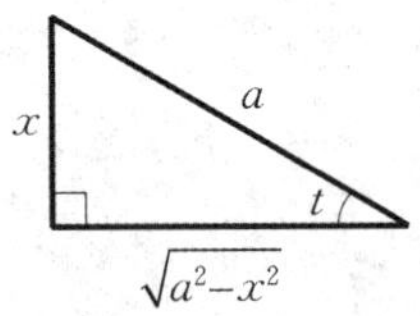

为了将变量 t 还原成 x, 根据 $x = a\sin t$ 作一辅助直角三角形（见图 4-2）, 则

$$t = \arcsin\frac{x}{a}, \quad \sin t = \frac{x}{a}, \quad \cos t = \frac{\sqrt{a^2 - x^2}}{a},$$

图 4-2

从而

$$\int \sqrt{a^2 - x^2}\,\mathrm{d}x = \frac{a^2}{2}\arcsin\frac{x}{a} + \frac{x}{2}\sqrt{a^2 - x^2} + C.$$

注 t 的取值范围很重要, 它所起的作用是为了保证反函数的存在.

例 4.2.13 求不定积分 $\int \frac{\mathrm{d}x}{\sqrt{x^2 - a^2}}$ $(a > 0)$.

分析 只需讨论 $x > a$ 的情形. 当 $x < -a$ 时, 可通过变换 $x = -u$ 转化为前述情形.

解 利用公式 $\sec^2 t - 1 = \tan^2 t$ 可消去被积函数中的根式. 令 $x = a\sec t, t \in \left(0, \dfrac{\pi}{2}\right)$, 则

$$\int \frac{\mathrm{d}x}{\sqrt{x^2 - a^2}} = \int \frac{a\sec t\tan t\mathrm{d}t}{a\tan t} = \int \sec t\mathrm{d}t = \ln|\sec t + \tan t| + C.$$

根据 $x = a\sec t$ 作一辅助直角三角形, 如图 4-3 所示, 则有

$$\int \frac{\mathrm{d}x}{\sqrt{x^2 - a^2}} = \ln\left|\frac{x}{a} + \frac{\sqrt{x^2 - a^2}}{a}\right| + C_1$$

$$= \ln|x + \sqrt{x^2 - a^2}| + C \quad (C = C_1 - \ln a).$$

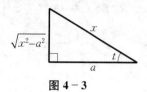

图 4-3

思考 请读者自行验证上式对 $x < -a$ 的情形亦适用.

例 4.2.14 求 $\displaystyle\int \frac{\mathrm{d}x}{(x^2 + a^2)^2}$ $(a \neq 0)$.

解 利用公式 $1 + \tan^2 t = \sec^2 t$ 可化简被积函数. 令 $x = a\tan t, t \in \left(-\dfrac{\pi}{2}, \dfrac{\pi}{2}\right)$, 则

$$\int \frac{\mathrm{d}x}{(x^2 + a^2)^2} = \int \frac{a\sec^2 t}{a^4\sec^4 t}\mathrm{d}t = \frac{1}{a^3}\int \frac{1 + \cos 2t}{2}\mathrm{d}t = \frac{1}{a^3}\left(\frac{1}{2}t + \frac{1}{4}\sin 2t\right) + C$$

$$= \frac{1}{2a^3}\left(\arctan\frac{x}{a} + \sin t\cos t\right) + C.$$

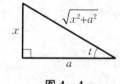

图 4-4

根据 $x = a\tan t$ 作一辅助直角三角形, 如图 4-4 所示, 则有

$$\int \frac{\mathrm{d}x}{(x^2 + a^2)^2} = \frac{1}{2a^3}\left(\arctan\frac{x}{a} + \frac{x}{\sqrt{a^2 + x^2}} \cdot \frac{a}{\sqrt{a^2 + x^2}}\right) + C$$

$$= \frac{1}{2a^3}\left(\arctan\frac{x}{a} + \frac{ax}{a^2 + x^2}\right) + C.$$

总结以上三例可知, 第二类换元积分法有如下规律:

(1) 当被积函数中含有 $\sqrt{a^2 - x^2}$ 时, 令 $x = a\sin t, t \in \left(-\dfrac{\pi}{2}, \dfrac{\pi}{2}\right)$;

(2) 当被积函数中含有 $\sqrt{a^2 + x^2}$ 时, 令 $x = a\tan t, t \in \left(-\dfrac{\pi}{2}, \dfrac{\pi}{2}\right)$;

(3) 当被积函数中含有 $\sqrt{x^2 - a^2}$ 时, 令 $x = a\sec t, t \in \left(0, \dfrac{\pi}{2}\right)$.

这三种变换称为**三角代换法**, 其实质是将含根式的不定积分化为含三角函数有理式的不定积分.

注 不定积分中为了消掉根式是否采用三角代换法并不是绝对的, 需根据被积函数的情况而定.

例 4.2.15 求 $\displaystyle\int \frac{x^3}{\sqrt{1 + x^2}}\mathrm{d}x$.

解 方法一 由于分子中 x 的幂次是奇数, 故可以将 $1 + x^2$ 视作整体, 设法将分子部分凑成 $\mathrm{d}(1 + x^2)$:

$$\int \frac{x^3}{\sqrt{1 + x^2}}\mathrm{d}x = \int \frac{x^2}{2\sqrt{1 + x^2}}\mathrm{d}(1 + x^2) = \int \frac{1 + x^2 - 1}{2\sqrt{1 + x^2}}\mathrm{d}(1 + x^2)$$

$$= \frac{1}{2}\int \left(\sqrt{1 + x^2} - \frac{1}{\sqrt{1 + x^2}}\right)\mathrm{d}(1 + x^2)$$

$$= \frac{1}{3}(1+x^2)^{\frac{3}{2}} - (1+x^2)^{\frac{1}{2}} + C.$$

方法二 注意到被积函数中含有 $\sqrt{a^2+x^2}$ 的形式,故可考虑用三角代换法.

令 $x = \tan t, t \in \left(-\frac{\pi}{2}, \frac{\pi}{2}\right)$,则 $\mathrm{d}x = \sec^2 t \mathrm{d}t$,代入原式可得

$$\int \frac{x^3}{\sqrt{1+x^2}} \mathrm{d}x = \int \frac{\tan^3 t}{\sec t} \cdot \sec^2 t \mathrm{d}t = \int \tan^2 t \mathrm{d}(\sec t) = \int (\sec^2 t - 1) \mathrm{d}(\sec t)$$

$$= \frac{1}{3}\sec^3 t - \sec t + C.$$

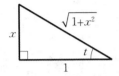

图 4-5

根据 $x = \tan t$ 作一辅助直角三角形,如图 4-5 所示,则有

$$\int \frac{x^3}{\sqrt{1+x^2}} \mathrm{d}x = \frac{1}{3}(1+x^2)^{\frac{3}{2}} - (1+x^2)^{\frac{1}{2}} + C.$$

注 例 4.2.15 也可以做变量代换 $t = \sqrt{1+x^2}$,效果与方法一类似.

当分母的次数较高时,可采用**倒代换** $x = \frac{1}{t}$.

例 4.2.16 求 $\int \frac{\mathrm{d}x}{x^4 \sqrt{x^2+1}}$.

解 **方法一** 本题分母中 x 的幂次较高,可令 $x = \frac{1}{t}$,将分母中的因子 x^4 转移到分子

中.此时,$\mathrm{d}x = -\frac{1}{t^2}\mathrm{d}t$,则当 $x > 0$ 时(此时 $t > 0$),有

$$\int \frac{\mathrm{d}x}{x^4 \sqrt{x^2+1}} = -\int \frac{t^3}{\sqrt{1+t^2}} \mathrm{d}t = -\frac{1}{2} \int \frac{(t^2+1)-1}{\sqrt{1+t^2}} \mathrm{d}(t^2+1)$$

$$= -\frac{1}{2} \int \left(\sqrt{1+t^2} - \frac{1}{\sqrt{1+t^2}}\right) \mathrm{d}(t^2+1)$$

$$= -\frac{1}{2}\left[\frac{2}{3}(t^2+1)^{\frac{3}{2}} - 2(1+t^2)^{\frac{1}{2}}\right] + C$$

$$= -\frac{\sqrt{(1+x^2)^3}}{3x^3} + \frac{\sqrt{1+x^2}}{x} + C.$$

可以验证,当 $x < 0$ 时(此时 $t < 0$),有相同的结果.

方法二 本题也可以用三角代换法,令 $x = \tan t, t \in \left(-\frac{\pi}{2}, \frac{\pi}{2}\right)$,则 $\mathrm{d}x = \sec^2 t \mathrm{d}t$,于是有

$$\int \frac{\mathrm{d}x}{x^4 \sqrt{x^2+1}} = \int \frac{\sec^2 t}{\tan^4 t \sec t} \mathrm{d}t = \int \frac{\cos^3 t}{\sin^4 t} \mathrm{d}t = \int \frac{1-\sin^2 t}{\sin^4 t} \mathrm{d}(\sin t)$$

$$= \int \frac{\mathrm{d}(\sin t)}{\sin^4 t} - \int \frac{\mathrm{d}(\sin t)}{\sin^2 t} = -\frac{1}{3}(\sin t)^{-3} + \frac{1}{\sin t} + C.$$

根据 $x = \tan t$ 作一辅助直角三角形(见图 4-5),则有

$$\int \frac{\mathrm{d}x}{x^4 \sqrt{x^2+1}} = -\frac{\sqrt{(1+x^2)^3}}{3x^3} + \frac{\sqrt{1+x^2}}{x} + C.$$

为了方便使用前面例题中出现的常用不定积分,现将它们补充到基本积分表中(设常数

$a > 0$)：

(13) $\displaystyle\int \tan x \mathrm{d}x = -\ln|\cos x| + C$; (14) $\displaystyle\int \cot x \mathrm{d}x = \ln|\sin x| + C$;

(15) $\displaystyle\int \sec x \mathrm{d}x = \ln|\sec x + \tan x| + C$; (16) $\displaystyle\int \csc x \mathrm{d}x = \ln|\csc x - \cot x| + C$;

(17) $\displaystyle\int \frac{\mathrm{d}x}{a^2 + x^2} = \frac{1}{a}\arctan\frac{x}{a} + C$; (18) $\displaystyle\int \frac{\mathrm{d}x}{x^2 - a^2} = \frac{1}{2a}\ln\left|\frac{x-a}{x+a}\right| + C$;

(19) $\displaystyle\int \frac{\mathrm{d}x}{\sqrt{a^2 - x^2}} = \arcsin\frac{x}{a} + C$; (20) $\displaystyle\int \frac{\mathrm{d}x}{\sqrt{x^2 \pm a^2}} = \ln|x + \sqrt{x^2 \pm a^2}| + C$.

二、分部积分法

由于不定积分的性质中没有乘法法则，所以，如果遇到乘积的不定积分，一般会先尝试积化和差，但这不是万能的. 例如，

$$\int x\cos x \mathrm{d}x, \quad \int x^2 \mathrm{e}^{-x} \mathrm{d}x, \quad \int x^3 \ln x \mathrm{d}x,$$

这类不定积分的特点是被积函数都是由两种不同类型的函数相乘所得，无法将其化为有限代数和的形式. 因此，必须探索新的方法.

由于求不定积分运算是求导运算的逆运算，因此可以从相应的求导运算中，即乘积的求导法则中寻找思路. 由微分的乘法法则有

$$\mathrm{d}(uv) = v\mathrm{d}u + u\mathrm{d}v,$$

对上式两边同时积分，得 $uv = \displaystyle\int u\mathrm{d}v + \int v\mathrm{d}u$，移项得

$$\int u\mathrm{d}v = uv - \int v\mathrm{d}u \quad \text{或} \quad \int uv'\mathrm{d}x = uv - \int u'v\mathrm{d}x. \tag{4.2.1}$$

式(4.2.1) 称为**分部积分公式**. 单从形式上看，此公式似乎也比较复杂. 然而，当求 $\displaystyle\int u\mathrm{d}v$ 比较困难，而求 $\displaystyle\int v\mathrm{d}u$ 比较容易时，分部积分公式就可以发挥十分重要的作用.

例 4.2.17   求 $I = \displaystyle\int x\cos x \mathrm{d}x$.

分析   有两种选取方式，即 $I = \displaystyle\int \underset{u}{x} \cdot \underset{v'}{\cos x}\, \mathrm{d}x$ 和 $I = \displaystyle\int \underset{u}{\cos x} \cdot \underset{v'}{x}\, \mathrm{d}x$. 下面按这两种选取方式进行试解.

解   **方法一** $\displaystyle\int x\cos x \mathrm{d}x = \int \underset{u}{x}\, \underset{\mathrm{d}v}{\mathrm{d}(\sin x)} = \underset{u\cdot v}{x\sin x} - \int \underset{v}{\sin x}\, \underset{\mathrm{d}u}{\mathrm{d}x} = x\sin x + \cos x + C.$

可见，$\displaystyle\int x\cos x \mathrm{d}x$ 很难直接求出，但用了分部积分公式后产生的 $\displaystyle\int \sin x \mathrm{d}x$ 很容易求出.

方法二 $\displaystyle\int x\cos x \mathrm{d}x = \int \underset{u}{\cos x}\, \underset{\mathrm{d}v}{\mathrm{d}\left(\frac{x^2}{2}\right)} = \underset{u\cdot v}{\cos x \cdot \frac{x^2}{2}} - \int \underset{v}{\frac{x^2}{2}}\, \underset{\mathrm{d}u}{\mathrm{d}(\cos x)}$

$$= \frac{x^2}{2}\cos x + \frac{1}{2}\int x^2 \sin x \mathrm{d}x.$$

可见,方法二中产生的不定积分$\int x^2 \sin x \mathrm{d}x$更复杂了,故方法二已经没有再继续计算下去的必要了.

从例 4.2.17 中可以看出,分部积分法的关键是选取适当的函数 u 和 v'. 例如,当遇到被积函数是幂函数与三角函数的乘积时,应选取三角函数作为 v'. 这是因为,若选取幂函数为 v',则使用分部积分法后,反而会提升被积函数中幂函数的幂次.

选取什么函数作为 v' 是一个熟能生巧的过程. 通常,在包含因子 $\mathrm{e}^x, \sin x, \cos x$ 等的不定积分中,由于这些因子的导数结构没有发生变化,故常选取这些因子作为 v';而在包含因子 $\ln x, \arcsin x, \arctan x$ 等的不定积分中,常将这些因子选为 u.

例 4.2.18 求$\int x^2 \mathrm{e}^{-x} \mathrm{d}x$.

解 被积函数是幂函数与指数函数的乘积,故选取幂函数 x^2 作为 u,即指数函数 e^{-x} 作为 v',则有

$$\int x^2 \mathrm{e}^{-x} \mathrm{d}x = -\int x^2 \mathrm{d}(\mathrm{e}^{-x}) = -\left(x^2 \mathrm{e}^{-x} - 2\int x \mathrm{e}^{-x} \mathrm{d}x \right)$$
$$= -x^2 \mathrm{e}^{-x} - 2\int x \mathrm{d}(\mathrm{e}^{-x}) = -x^2 \mathrm{e}^{-x} - 2\left(x\mathrm{e}^{-x} - \int \mathrm{e}^{-x} \mathrm{d}x \right)$$
$$= -\mathrm{e}^{-x}(x^2 + 2x + 2) + C.$$

例 4.2.19 求$\int x^3 \ln x \mathrm{d}x$.

解 被积函数是幂函数与对数函数的乘积,故选取对数函数 $\ln x$ 作为 u,即幂函数 x^3 作为 v',则有

$$\int x^3 \ln x \mathrm{d}x = \frac{1}{4}\int \ln x \mathrm{d}(x^4) = \frac{1}{4}\left[x^4 \ln x - \int x^4 \mathrm{d}(\ln x) \right] = \frac{1}{4}\left(x^4 \ln x - \int x^3 \mathrm{d}x \right)$$
$$= \frac{1}{4}x^4 \ln x - \frac{1}{16}x^4 + C.$$

例 4.2.20 求$\int \arctan x \mathrm{d}x$.

解 反三角函数 $\arctan x$ 不便于积分,可优先考虑把它作为 u,即 $\mathrm{d}x$ 作为 $\mathrm{d}v$,则有
$$\int \arctan x \mathrm{d}x = x\arctan x - \int \frac{x}{1+x^2} \mathrm{d}x = x\arctan x - \frac{1}{2}\ln(1+x^2) + C.$$

例 4.2.21 计算$\int \mathrm{e}^{ax} \cos bx \mathrm{d}x$ 与 $\int \mathrm{e}^{ax} \sin bx \mathrm{d}x$,其中 $ab \neq 0$.

解 记 $I_1 = \int \mathrm{e}^{ax} \cos bx \mathrm{d}x, I_2 = \int \mathrm{e}^{ax} \sin bx \mathrm{d}x$,由分部积分法得

$$I_1 = \frac{1}{a}\int \cos bx \mathrm{d}(\mathrm{e}^{ax}) = \frac{1}{a}\left(\cos bx \cdot \mathrm{e}^{ax} + b\int \mathrm{e}^{ax} \sin bx \mathrm{d}x \right) = \frac{1}{a}\mathrm{e}^{ax} \cos bx + \frac{b}{a}I_2.$$

同理可得 $I_2 = \frac{1}{a}\mathrm{e}^{ax} \sin bx - \frac{b}{a}I_1$. 因此,有

$$\begin{cases} aI_1 - bI_2 = \mathrm{e}^{ax} \cos bx + C_1, \\ bI_1 + aI_2 = \mathrm{e}^{ax} \sin bx + C_2, \end{cases}$$

$$\begin{cases} I_1 = \dfrac{1}{a^2+b^2}\mathrm{e}^{ax}(a\cos bx + b\sin bx)+C_3,\\[2mm] I_2 = \dfrac{1}{a^2+b^2}\mathrm{e}^{ax}(a\sin bx - b\cos bx)+C_4. \end{cases}$$

解得

这里可以提出一个问题:例 4.2.21 要求同时求出两个不定积分,但如果只要求求出其中一个不定积分,如求 $\displaystyle\int \mathrm{e}^{ax}\cos bx\,\mathrm{d}x$,那么如何预先知道用另一个不定积分来和它一起求解呢?

事实上,完全可以不利用另一个不定积分,只用分部积分法就可直接求出 $\displaystyle\int \mathrm{e}^{ax}\cos bx\,\mathrm{d}x$. 具体过程如下:

$$\int \mathrm{e}^{ax}\cos bx\,\mathrm{d}x = \frac{1}{a}\int \cos bx\,\mathrm{d}(\mathrm{e}^{ax}) = \frac{1}{a}\mathrm{e}^{ax}\cos bx + \frac{b}{a}\int \mathrm{e}^{ax}\sin bx\,\mathrm{d}x$$

$$= \frac{1}{a}\mathrm{e}^{ax}\cos bx + \frac{b}{a}\cdot\frac{1}{a}\int \sin bx\,\mathrm{d}(\mathrm{e}^{ax}) \quad (\text{再次使用分部积分法})$$

$$= \frac{1}{a}\mathrm{e}^{ax}\cos bx + \frac{b}{a^2}\left(\mathrm{e}^{ax}\sin bx - b\int \mathrm{e}^{ax}\cos bx\,\mathrm{d}x\right),$$

此时注意到上式右端的不定积分与原不定积分相同,故移项并整理,即可求得

$$\int \mathrm{e}^{ax}\cos bx\,\mathrm{d}x = \frac{1}{a^2+b^2}\mathrm{e}^{ax}(a\cos bx + b\sin bx)+C. \tag{4.2.2}$$

综合前面的讨论可知:

(1) 当 n 是正整数,$a\neq 0$ 时,不定积分 $\displaystyle\int x^n\mathrm{e}^{ax}\,\mathrm{d}x,\int x^n\sin \alpha x\,\mathrm{d}x,\int x^n\cos \alpha x\,\mathrm{d}x$ 均可用分部积分法解决,此时应选取 x^n 作为 u,分别选取 $\mathrm{e}^{ax},\sin \alpha x,\cos \alpha x$ 作为 v'.

(2) 当 n 是正整数,$a\neq 0$ 时,不定积分 $\displaystyle\int x^n\ln \alpha x\,\mathrm{d}x,\int x^n\arctan \alpha x\,\mathrm{d}x,\int x^n\arcsin \alpha x\,\mathrm{d}x$ 也可用分部积分法解决,此时应分别选取 $\ln \alpha x,\arctan \alpha x,\arcsin \alpha x$ 作为 u,选取 x^n 作为 v'.

(3) 当 $a\neq 0,k\neq 0$ 时,不定积分 $\displaystyle\int \mathrm{e}^{kx}\sin(ax+b)\,\mathrm{d}x,\int \mathrm{e}^{kx}\cos(ax+b)\,\mathrm{d}x$ 与例 4.2.21 类似,也可以用分部积分法来解决,此时需要连续使用两次分部积分法,分别选取 $\sin(ax+b)$, $\cos(ax+b)$ 作为 u,选取 e^{kx} 作为 v'.

例 4.2.22 用分部积分法求解例 4.2.12,即求不定积分 $\displaystyle\int \sqrt{a^2-x^2}\,\mathrm{d}x \ (a>0)$.

解 选取 $\sqrt{a^2-x^2}$ 作为 u,选取 $\mathrm{d}x$ 作为 $\mathrm{d}v$,则有

$$\int \sqrt{a^2-x^2}\,\mathrm{d}x = x\sqrt{a^2-x^2} - \int x\,\mathrm{d}(\sqrt{a^2-x^2}) = x\sqrt{a^2-x^2} + \int \frac{x^2}{\sqrt{a^2-x^2}}\,\mathrm{d}x$$

$$= x\sqrt{a^2-x^2} - \int \sqrt{a^2-x^2}\,\mathrm{d}x + a^2\int \frac{\mathrm{d}x}{\sqrt{a^2-x^2}}$$

$$= x\sqrt{a^2-x^2} + a^2\arcsin\frac{x}{a} - \int \sqrt{a^2-x^2}\,\mathrm{d}x,$$

移项并整理,可得

$$\int \sqrt{a^2-x^2}\,\mathrm{d}x = \frac{1}{2}x\sqrt{a^2-x^2} + \frac{a^2}{2}\arcsin\frac{x}{a}+C.$$

例 4.2.22 说明,可以用不同的方法求同一个不定积分. 在对分部积分法比较熟悉后,可不必特意写出分部积分公式中的 u 与 v'. 下面介绍利用递推公式求不定积分.

例 4.2.23 求不定积分 $I_n = \displaystyle\int \frac{\mathrm{d}x}{(x^2+a^2)^n}$,其中 $a \neq 0$,n 为正整数.

解 显然,$I_1 = \dfrac{1}{a}\arctan\dfrac{x}{a} + C$. 当 $n > 1$ 时,由分部积分法可得

$$I_n = \frac{x}{(x^2+a^2)^n} - \int x \mathrm{d}\big[(x^2+a^2)^{-n}\big] = \frac{x}{(x^2+a^2)^n} + 2n\int \frac{x^2}{(x^2+a^2)^{n+1}}\mathrm{d}x$$

$$= \frac{x}{(x^2+a^2)^n} + 2n\int \frac{(x^2+a^2)-a^2}{(x^2+a^2)^{n+1}}\mathrm{d}x = \frac{x}{(x^2+a^2)^n} + 2n(I_n - a^2 I_{n+1}).$$

因此,得到一个递推公式

$$I_{n+1} = \frac{1}{2na^2}\Big[\frac{x}{(x^2+a^2)^n} + (2n-1)I_n\Big]. \tag{4.2.3}$$

当 $n = 1$ 时,得

$$I_2 = \frac{1}{2a^2}\Big(\frac{x}{x^2+a^2} + I_1\Big) = \frac{1}{2a^2}\Big(\frac{x}{x^2+a^2} + \frac{1}{a}\arctan\frac{x}{a}\Big) + C.$$

依次递推,就可以求得不定积分 I_n.

例 4.2.24 已知函数 $f(x)$ 的一个原函数是 $\dfrac{\cos x}{x}$,求不定积分 $\displaystyle\int xf'(x)\mathrm{d}x$.

解 已知 $f(x)$ 的一个原函数是 $\dfrac{\cos x}{x}$,即 $\displaystyle\int f(x)\mathrm{d}x = \frac{\cos x}{x} + C$. 因此,有

$$\int xf'(x)\mathrm{d}x = \int x\mathrm{d}f(x) = xf(x) - \int f(x)\mathrm{d}x = x\Big(\frac{\cos x}{x}\Big)' - \frac{\cos x}{x} + C$$

$$= -\sin x - 2\frac{\cos x}{x} + C.$$

思考题 4.2

1. 已知 $\displaystyle\int f(x)\mathrm{d}x = F(x) + C$,试问:$\displaystyle\int f(g(x))\mathrm{d}x = F(g(x)) + C$ 是否成立?

2. 使用分部积分公式 $\displaystyle\int u\mathrm{d}v = uv - \int v\mathrm{d}u$ 或 $\displaystyle\int uv'\mathrm{d}x = uv - \int u'v\mathrm{d}x$ 计算不定积分时,u 和 v' 的选取是关键,那么选取的一般原则是什么?

3. 判断下述计算过程是否正确,如果有错,请指出错误:

因为 $\displaystyle\int \frac{\mathrm{d}x}{x} = \frac{1}{x} \cdot x - \int x\mathrm{d}\Big(\frac{1}{x}\Big) = 1 - \int x\Big(-\frac{1}{x^2}\Big)\mathrm{d}x = 1 + \int \frac{\mathrm{d}x}{x}$,所以 $\displaystyle\int \frac{\mathrm{d}x}{x} - \int \frac{\mathrm{d}x}{x} = 1$,即 $0 = 1$.

习题 4.2

(A)

一、填空题(在横线上填上答案,使得等式成立):

(1) $x\mathrm{d}x = $ _____ $\mathrm{d}(1-x^2)$;

(2) $\mathrm{e}^{-\frac{x}{2}}\mathrm{d}x = $ _____ $\mathrm{d}(1-\mathrm{e}^{-\frac{x}{2}})$;

(3) $x^{-1}\mathrm{d}x = $ _____ $\mathrm{d}(3-5\ln|x|)$;

(4) $\dfrac{\mathrm{d}x}{1+9x^2} = $ _____ $\mathrm{d}(\arctan 3x)$;

(5) $\dfrac{x}{\sqrt{1-x^2}}\mathrm{d}x = \underline{\qquad}\mathrm{d}(\sqrt{1-x^2})$;　　　(6) $\dfrac{\mathrm{d}x}{\sqrt{a^2-x^2}} = \underline{\qquad}\mathrm{d}\left(1-\arcsin\dfrac{x}{|a|}\right), a\neq 0.$

二、(1) 若 e^x 是函数 $f(x)$ 的一个原函数,求 $\displaystyle\int x^2 f(\ln x)\mathrm{d}x$;

(2) 设 $\displaystyle\int xf(x)\mathrm{d}x = \arcsin x + C$,求 $\displaystyle\int \dfrac{\mathrm{d}x}{f(x)}$.

三、求下列不定积分:

(1) $\displaystyle\int \mathrm{e}^{5t}\mathrm{d}t$;　　　　　　(2) $\displaystyle\int (3-2x)^3\mathrm{d}x$;　　　　　(3) $\displaystyle\int \dfrac{\mathrm{d}x}{1-2x}$;

(4) $\displaystyle\int \dfrac{\sin\sqrt{t}}{\sqrt{t}}\mathrm{d}t$;　　　　(5) $\displaystyle\int \dfrac{\mathrm{d}x}{x\ln x}$;　　　　　(6) $\displaystyle\int \dfrac{\mathrm{d}x}{\sin x\cos x}$;

(7) $\displaystyle\int \dfrac{\mathrm{d}x}{\mathrm{e}^x+\mathrm{e}^{-x}}$;　　　　(8) $\displaystyle\int \dfrac{x}{\sqrt{2-3x^2}}\mathrm{d}x$;　　(9) $\displaystyle\int \dfrac{x^3}{9+x^2}\mathrm{d}x$;

(10) $\displaystyle\int \dfrac{\mathrm{d}x}{(x+1)(x-2)}$;　(11) $\displaystyle\int \sin 2x\cos 3x\mathrm{d}x$;　(12) $\displaystyle\int \dfrac{\arctan\sqrt{x}}{\sqrt{x}\,(1+x)}$

(13) $\displaystyle\int \dfrac{1+\ln x}{(x\ln x)^2}\mathrm{d}x$;　(14) $\displaystyle\int \dfrac{\sin x\cos x}{1+\sin^4 x}\mathrm{d}x$;　(15) $\displaystyle\int \tan^3 x\sec x\mathrm{d}x$;

(16) $\displaystyle\int \dfrac{\mathrm{d}x}{\sqrt{(x^2+1)^3}}$;　(17) $\displaystyle\int \dfrac{\mathrm{d}x}{x\,\sqrt{x^2-1}}$;　(18) $\displaystyle\int \dfrac{x^2}{\sqrt{a^2-x^2}}\mathrm{d}x\ (a>0).$

四、求下列不定积分:

(1) $\displaystyle\int x\sin x\mathrm{d}x$;　　　　(2) $\displaystyle\int \arcsin x\mathrm{d}x$;　　　　(3) $\displaystyle\int x\mathrm{e}^{-x}\mathrm{d}x$;

(4) $\displaystyle\int x^2\ln x\mathrm{d}x$;　　　　(5) $\displaystyle\int \mathrm{e}^{-x}\cos x\mathrm{d}x$;　　　(6) $\displaystyle\int x\tan^2 x\mathrm{d}x$;

(7) $\displaystyle\int x^2\arctan x\mathrm{d}x$;　　(8) $\displaystyle\int \cos(\ln x)\mathrm{d}x$;　　　(9) $\displaystyle\int \mathrm{e}^{\sqrt[3]{x}}\mathrm{d}x.$

（B）

一、设 $I_n = \displaystyle\int \tan^n x\mathrm{d}x(n\geqslant 2$ 是正整数),证明:$I_n = \dfrac{1}{n-1}\tan^{n-1} x - I_{n-2}.$

二、已知 $f'(\mathrm{e}^x) = x\mathrm{e}^{-x}$,且 $f(1)=0$,求 $f(x)$.

三、计算 $\displaystyle\int \dfrac{\mathrm{d}x}{a^2\sin^2 x + b^2\cos^2 x}$,其中 a,b 是不全为零的非负常数.

四、求下列不定积分:

(1) $\displaystyle\int \dfrac{\arctan(2\tan x)}{\cos^2 x+4\sin^2 x}\mathrm{d}x$;　　(2) $\displaystyle\int \dfrac{\sqrt{9x^2+6x-8}}{3x+1}\mathrm{d}x$;　　(3) $\displaystyle\int \dfrac{\sqrt{1+\ln x}}{x\ln x}\mathrm{d}x.$

五、求 $\displaystyle\int (\ln f(x) + \ln f'(x))[(f'(x))^2 + f(x)f''(x)]\mathrm{d}x.$

六、设 $\displaystyle\int f'(\sqrt{x})\mathrm{d}x = x(\mathrm{e}^{\sqrt{x}}+1)+C$,求 $f(x)$.

七、已知函数 $f(x)$ 具有二阶连续导数,求 $\displaystyle\int \mathrm{e}^{2x}f''(\mathrm{e}^x)\mathrm{d}x.$

八、求下列不定积分:

(1) $I = \displaystyle\int \left[\dfrac{f(x)}{f'(x)} - \dfrac{f^2(x)f''(x)}{(f'(x))^3}\right]\mathrm{d}x$;　　(2) $I = \displaystyle\int \dfrac{x^4+2x^2-x+1}{x^5+2x^3+x}\mathrm{d}x.$

第三节　　几种特殊类型函数的不定积分

在前面两节中,我们已经遇到过许多有理函数或三角函数有理式的不定积分.但由于被积函数都很特殊,所以才能够用"拼凑的方法"求出它们的不定积分.这一节将讨论在一般情形下如何求它们的不定积分.

一、有理函数的不定积分

多项式 $P(x)$ 与 $Q(x)$ 之商所表示的函数称为**有理函数**,即

$$\frac{P(x)}{Q(x)} = \frac{a_0 x^n + a_1 x^{n-1} + \cdots + a_n}{b_0 x^m + b_1 x^{m-1} + \cdots + b_m}, \tag{4.3.1}$$

其中 m,n 都是非负整数,$a_0, a_1, \cdots, a_n, b_0, b_1, \cdots, b_m$ 都是实数,并且 $a_0 \neq 0, b_0 \neq 0$. 以后总假设 $P(x)$ 和 $Q(x)$ 没有公因子.

当 $n < m$ 时,称式(4.3.1)为**真分式**;当 $n \geqslant m$ 时,称式(4.3.1)为**假分式**.由多项式的除法知,一个假分式总能分解成一个多项式与一个真分式之和.例如,

$$\frac{x^3 + 1}{x^2 + 1} = \frac{x^3 + x - x + 1}{x^2 + 1} = x - \frac{x - 1}{x^2 + 1},$$

$$\frac{x^5 - x + 2}{3x^2 + 6} = \left(\frac{1}{3}x^3 - \frac{2}{3}x\right) + \frac{3x + 2}{3x^2 + 6}.$$

因此,讨论有理函数的不定积分时,只需讨论真分式的情形即可.

首先,由代数学知识给出以下两个定理.

定理 4.3.1（多项式分解）　　如果 $Q(x) = b_0 x^m + b_1 x^{m-1} + \cdots + b_{m-1} x + b_m (b_0 \neq 0)$ 为实系数多项式,则 $Q(x)$ 总可分解为一些实系数的一次因子与二次质因子的乘幂之积.

证　　根据代数基本定理,$Q(x) = 0$ 在复数范围内有 m 个根(重根按重数计算).

若 x_0 是 $Q(x) = 0$ 的 i 重实根,则 $Q(x)$ 有因子 $(x - x_0)^i$. 若 x_0 是 $Q(x) = 0$ 的复根,则由于复根是成对出现的,故 $\overline{x_0}$ 也是 $Q(x) = 0$ 的根,于是 $Q(x)$ 中一定有二次质因子

$$(x - x_0)(x - \overline{x_0}) = x^2 - (x_0 + \overline{x_0})x + x_0 \overline{x_0} = x^2 + px + q,$$

即 $p^2 - 4q < 0$,且 p, q 为实数.因此,可设

$$Q(x) = b_0 (x - \alpha_1)^{i_1} (x - \alpha_2)^{i_2} \cdots (x - \alpha_s)^{i_s} (x^2 + p_1 x + q_1)^{j_1} \cdots (x^2 + p_t x + q_t)^{j_t},$$

其中 $\alpha_1, \alpha_2, \cdots, \alpha_s$ 两两不同,$(p_1, q_1), (p_2, q_2), \cdots, (p_t, q_t)$ 也两两不同,且

$$p_k^2 - 4q_k < 0 \quad (k = 1, 2, \cdots, t), \quad i_1 + \cdots + i_s + 2j_1 + \cdots + 2j_t = m.$$

由定理 4.3.1 可得下面的定理 4.3.2.

定理 4.3.2（真分式分解）　　设有真分式

$$\frac{P(x)}{Q(x)} = \frac{a_0 x^n + a_1 x^{n-1} + \cdots + a_{n-1} x + a_n}{b_0 x^m + b_1 x^{m-1} + \cdots + b_{m-1} x + b_m} \quad (a_0 \neq 0, b_0 \neq 0).$$

若分母 $Q(x)$ 可分解为

$$Q(x) = b_0 (x - \alpha_1)^{i_1} \cdots (x - \alpha_s)^{i_s} (x^2 + p_1 x + q_1)^{j_1} \cdots (x^2 + p_t x + q_t)^{j_t},$$

则真分式 $\dfrac{P(x)}{Q(x)}$ 可唯一地分解为如下简单分式之和：

$$\frac{P(x)}{Q(x)} = \underbrace{\frac{A_1}{(x-\alpha_1)^{i_1}} + \frac{A_2}{(x-\alpha_1)^{i_1-1}} + \cdots + \frac{A_{i_1}}{x-\alpha_1}}_{\text{因子} (x-\alpha_1)^{i_1} \text{对应的分解项}} + \cdots$$

$$+ \underbrace{\frac{B_1}{(x-\alpha_s)^{i_s}} + \frac{B_2}{(x-\alpha_s)^{i_s-1}} + \cdots + \frac{B_{i_s}}{x-\alpha_s}}_{\text{因子} (x-\alpha_s)^{i_s} \text{对应的分解项}}$$

$$+ \underbrace{\frac{M_1 x + N_1}{(x^2 + p_1 x + q_1)^{j_1}} + \frac{M_2 x + N_2}{(x^2 + p_1 x + q_1)^{j_1-1}} + \cdots + \frac{M_{j_1} x + N_{j_1}}{x^2 + p_1 x + q_1}}_{\text{因子} (x^2 + p_1 x + q_1)^{j_1} \text{对应的分解项}} + \cdots$$

$$+ \underbrace{\frac{R_1 x + S_1}{(x^2 + p_t x + q_t)^{j_t}} + \frac{R_2 x + S_2}{(x^2 + p_t x + q_t)^{j_t-1}} + \cdots + \frac{R_{j_t} x + S_{j_t}}{x^2 + p_t x + q_t}}_{\text{因子} (x^2 + p_t x + q_t)^{j_t} \text{对应的分解项}},$$

其中 $A_1, A_2, \cdots, A_{i_1}, \cdots, B_1, B_2, \cdots, B_{i_s}, M_1, M_2, \cdots, M_{j_1}, N_1, N_2, \cdots, N_{j_1}, \cdots, R_1, R_2, \cdots, R_{j_t},$ $S_1, S_2, \cdots, S_{j_t}$ 都是待定常数.

因此，任何有理真分式的不定积分都可归纳为以下四种最简分式的不定积分：

$$\frac{A}{x-\alpha}, \quad \frac{A}{(x-\alpha)^k}, \quad \frac{Mx+N}{x^2+px+q}, \quad \frac{Mx+N}{(x^2+px+q)^k},$$

其中 $p^2 - 4q < 0$，正整数 $k \geqslant 2$.

下面我们用例子来说明求有理函数的不定积分.

1. 分母含一次因式的真分式的积分法

例 4.3.1　求不定积分 $I = \displaystyle\int \frac{5x^2+3}{(x+2)^3} \mathrm{d}x$.

解　设 $\dfrac{5x^2+3}{(x+2)^3} = \dfrac{A}{x+2} + \dfrac{B}{(x+2)^2} + \dfrac{C}{(x+2)^3}$，即

$$5x^2 + 3 = A(x+2)^2 + B(x+2) + C,$$

比较该等式两边同类项的系数，可得三元线性方程组

$$\begin{cases} A = 5, \\ 4A + B = 0, \\ 4A + 2B + C = 3, \end{cases} \qquad 解得 \qquad \begin{cases} A = 5, \\ B = -20, \\ C = 23. \end{cases}$$

于是，得 $\dfrac{5x^2+3}{(x+2)^3} = \dfrac{5}{x+2} - \dfrac{20}{(x+2)^2} + \dfrac{23}{(x+2)^3}$，因此

$$I = \int \frac{5}{x+2} \mathrm{d}x - \int \frac{20}{(x+2)^2} \mathrm{d}x + \int \frac{23}{(x+2)^3} \mathrm{d}x = 5\ln|x+2| + \frac{20}{x+2} - \frac{23}{2(x+2)^2} + C.$$

注　(1) 例 4.3.1 中求待定常数的方法是比较等式两边同类项的系数，下面给出求待定常数的另一个方法：根据 $5x^2 + 3 = A(x+2)^2 + B(x+2) + C$，

① 令 $x = -2$，得 $C = 23$；

② 在等式两边同时对 x 求导数，得 $10x = 2A(x+2) + B$，再令 $x = -2$，得 $B = -20$；

③ 在 ② 中所得等式两边同时对 x 求导数,得 $10 = 2A$,即 $A = 5$.

(2) 把真分式 $\dfrac{5x^2+3}{(x+2)^3}$ 化成最简分式之和,还有另一个方法是依次使用多项式除法,即

$$\frac{5x^2+3}{x+2} = (5x-10) + \frac{23}{x+2},$$

$$\frac{5x^2+3}{(x+2)^2} = \frac{5x-10}{x+2} + \frac{23}{(x+2)^2} = 5 - \frac{20}{x+2} + \frac{23}{(x+2)^2},$$

$$\frac{5x^2+3}{(x+2)^3} = \frac{5}{x+2} - \frac{20}{(x+2)^2} + \frac{23}{(x+2)^3}.$$

例 4.3.2 求不定积分 $I = \displaystyle\int \frac{x-2}{(x-3)(x-5)}\mathrm{d}x$.

解 设 $\dfrac{x-2}{(x-3)(x-5)} = \dfrac{A}{x-3} + \dfrac{B}{x-5}$,则得

$$x-2 = A(x-5) + B(x-3).$$

比较上式两边常数项和 x 的系数,得线性方程组

$$\begin{cases} 5A+3B=2, \\ A+B=1, \end{cases} \quad 解得 \quad \begin{cases} A=-\dfrac{1}{2}, \\ B=\dfrac{3}{2}. \end{cases}$$

因此,有 $\dfrac{x-2}{(x-3)(x-5)} = \dfrac{-\dfrac{1}{2}}{x-3} + \dfrac{\dfrac{3}{2}}{x-5}$,从而

$$I = -\frac{1}{2}\int \frac{\mathrm{d}(x-3)}{x-3} + \frac{3}{2}\int \frac{\mathrm{d}(x-5)}{x-5} = -\frac{1}{2}\ln|x-3| + \frac{3}{2}\ln|x-5| + C.$$

注 例 4.3.2 还可按如下方法确定待定常数 A 和 B 的值:在等式 $x-2 = A(x-5) + B(x-3)$ 中,令 $x=3$,得 $A = -\dfrac{1}{2}$;令 $x=5$,得 $B = \dfrac{3}{2}$.

2. 分母含二次多项式(没有实根)的真分式的积分法

例 4.3.3 求不定积分 $I = \displaystyle\int \frac{x}{(1+x)^2(1+x^2)}\mathrm{d}x$.

解 设 $\dfrac{x}{(1+x)^2(1+x^2)} = \dfrac{A}{1+x} + \dfrac{B}{(1+x)^2} + \dfrac{Cx+D}{1+x^2}$,则得

$$x = A(1+x)(1+x^2) + B(1+x^2) + (Cx+D)(1+x)^2,$$

于是

$$\begin{cases} A+B+D=0, \\ A+C+2D=1, \\ A+B+2C+D=0, \\ A+C=0, \end{cases} \quad 解得 \quad \begin{cases} A=0, \\ B=-\dfrac{1}{2}, \\ C=0, \\ D=\dfrac{1}{2}. \end{cases}$$

因此,有 $\dfrac{x}{(1+x)^2(1+x^2)} = \dfrac{1}{2}\left[\dfrac{1}{1+x^2} - \dfrac{1}{(1+x)^2}\right]$,从而

$$I = \frac{1}{2}\left[\int \frac{\mathrm{d}x}{1+x^2} - \int \frac{\mathrm{d}x}{(1+x)^2}\right] = \frac{1}{2}\left(\arctan x + \frac{1}{1+x}\right) + C.$$

例 4.3.4　求不定积分 $I = \displaystyle\int \frac{x^3 - 2x^2 + 1}{(x^2 - 2x + 2)^2} \mathrm{d}x$.

解　若用待定系数法，则可设 $\dfrac{x^3 - 2x^2 + 1}{(x^2 - 2x + 2)^2} = \dfrac{Ax + B}{x^2 - 2x + 2} + \dfrac{Cx + D}{(x^2 - 2x + 2)^2}$.

若不用待定系数法，则可依次使用多项式除法：

(1) $\dfrac{x^3 - 2x^2 + 1}{x^2 - 2x + 2} = x - \dfrac{2x - 1}{x^2 - 2x + 2}$;

(2) $\dfrac{x^3 - 2x^2 + 1}{(x^2 - 2x + 2)^2} = \dfrac{x}{x^2 - 2x + 2} - \dfrac{2x - 1}{(x^2 - 2x + 2)^2}$.

于是，有

$$I = \int \frac{x}{x^2 - 2x + 2} \mathrm{d}x - \int \frac{2x - 1}{(x^2 - 2x + 2)^2} \mathrm{d}x \triangleq I_1 - I_2.$$

由于

$$I_1 = \frac{1}{2} \int \frac{2x - 2 + 2}{x^2 - 2x + 2} \mathrm{d}x = \frac{1}{2} \int \frac{\mathrm{d}(x^2 - 2x + 2)}{x^2 - 2x + 2} + \int \frac{\mathrm{d}x}{(x - 1)^2 + 1}$$

$$= \frac{1}{2} \ln(x^2 - 2x + 2) + \arctan(x - 1) + C,$$

$$I_2 = \int \frac{(2x - 2) + 1}{(x^2 - 2x + 2)^2} \mathrm{d}x = \int \frac{\mathrm{d}(x^2 - 2x + 2)}{(x^2 - 2x + 2)^2} + \int \frac{\mathrm{d}x}{(x^2 - 2x + 2)^2}$$

$$= -\frac{1}{x^2 - 2x + 2} + \int \frac{\mathrm{d}x}{[(x - 1)^2 + 1]^2}$$

$$= -\frac{1}{x^2 - 2x + 2} + \frac{1}{2} \left[\frac{x - 1}{(x - 1)^2 + 1} + \arctan(x - 1) \right] + C,$$

因此

$$I = I_1 - I_2 = -\frac{x - 3}{2(x^2 - 2x + 2)} + \frac{1}{2} \ln(x^2 - 2x + 2) + \frac{1}{2} \arctan(x - 1) + C.$$

例 4.3.5　求不定积分 $I = \displaystyle\int \frac{\mathrm{d}x}{x(x^{10} + 1)}$.

解　在实数范围内，要将 $x^{10} + 1$ 分解因式是相当困难的. 因此，该题不宜用求最简分式分解式的方法求解，可以用凑微分法和拼凑法，即

$$I = \int \frac{x^9}{x^{10}(x^{10} + 1)} \mathrm{d}x = \frac{1}{10} \int \left(\frac{1}{x^{10}} - \frac{1}{x^{10} + 1} \right) \mathrm{d}(x^{10}) = \frac{1}{10} \ln \frac{x^{10}}{x^{10} + 1} + C.$$

二、三角函数有理式的不定积分

由函数 $u(x)$ 及 $v(x)$ 经过有限次四则运算所得到的函数称为 $u(x)$ 及 $v(x)$ 的**有理式**，记为 $R(u(x), v(x))$. 特别地，**三角函数有理式**是指 $R(\sin x, \cos x)$. 下面将证明三角函数有理式的不定积分 $\displaystyle\int R(\sin x, \cos x) \mathrm{d}x$ 总是可以求出的.

事实上，令 $\tan \dfrac{x}{2} = t$，则 $x = 2\arctan t$，$\mathrm{d}x = \dfrac{2}{1 + t^2} \mathrm{d}t$，且

$$\sin x = \frac{2\sin \dfrac{x}{2} \cos \dfrac{x}{2}}{\sin^2 \dfrac{x}{2} + \cos^2 \dfrac{x}{2}} = \frac{2\tan \dfrac{x}{2}}{1 + \tan^2 \dfrac{x}{2}} = \frac{2t}{1 + t^2},$$

$$\cos x = \frac{\cos^2\frac{x}{2} - \sin^2\frac{x}{2}}{\sin^2\frac{x}{2} + \cos^2\frac{x}{2}} = \frac{1-\tan^2\frac{x}{2}}{1+\tan^2\frac{x}{2}} = \frac{1-t^2}{1+t^2},$$

于是,有

$$\int R(\sin x, \cos x)\mathrm{d}x = \int R\left(\frac{2t}{1+t^2}, \frac{1-t^2}{1+t^2}\right)\frac{2}{1+t^2}\mathrm{d}t.$$

而上式右边是一个有理式的不定积分,它总是可以求出的,故得证. 称变量代换 $\tan\frac{x}{2} = t$ 为**万能代换**.

例 4.3.6 求不定积分 $I = \int \dfrac{\tan\frac{x}{2}}{1+\sin x + \cos x}\mathrm{d}x$.

解 令 $\tan\frac{x}{2} = t$,则 $\sin x = \dfrac{2t}{1+t^2}$,$\cos x = \dfrac{1-t^2}{1+t^2}$,$\mathrm{d}x = \dfrac{2}{1+t^2}\mathrm{d}t$. 于是,得

$$I = \int \frac{t\cdot\frac{2}{1+t^2}}{1+\frac{2t}{1+t^2}+\frac{1-t^2}{1+t^2}}\mathrm{d}t = \int\frac{t}{1+t}\mathrm{d}t = \int\mathrm{d}t - \int\frac{\mathrm{d}t}{1+t}$$

$$= t - \ln|1+t| + C = \tan\frac{x}{2} - \ln\left|1+\tan\frac{x}{2}\right| + C.$$

应该指出的是,万能代换是求三角函数有理式的不定积分的通用方法,但不是唯一的方法. 对于某些三角函数有理式的不定积分,往往能很方便地得到积分结果,而不必使用上述万能代换,如例 4.3.7.

例 4.3.7 求不定积分 $I = \int \dfrac{\mathrm{d}x}{\sin x + \cos x}$.

解 方法一 令 $\tan\frac{x}{2} = t$,则 $\sin x = \dfrac{2t}{1+t^2}$,$\cos x = \dfrac{1-t^2}{1+t^2}$,$\mathrm{d}x = \dfrac{2}{1+t^2}\mathrm{d}t$. 于是,得

$$I = \int\frac{2}{1+2t-t^2}\mathrm{d}t = -2\int\frac{\mathrm{d}t}{(t-1)^2-2}$$

$$= -2\cdot\frac{1}{2\sqrt2}\ln\left|\frac{(t-1)-\sqrt2}{(t-1)+\sqrt2}\right| + C = \frac{\sqrt2}{2}\ln\left|\frac{\tan\frac{x}{2}-1+\sqrt2}{\tan\frac{x}{2}-1-\sqrt2}\right| + C.$$

方法二 $\displaystyle\int\frac{\mathrm{d}x}{\sin x + \cos x} = \frac{\sqrt2}{2}\int\frac{\mathrm{d}x}{\frac{\sqrt2}{2}\sin x + \frac{\sqrt2}{2}\cos x} = \frac{\sqrt2}{2}\int\frac{\mathrm{d}x}{\cos\left(x-\frac{\pi}{4}\right)}$

$$= \frac{\sqrt2}{2}\int\sec\left(x-\frac{\pi}{4}\right)\mathrm{d}\left(x-\frac{\pi}{4}\right)$$

$$= \frac{\sqrt2}{2}\ln\left|\sec\left(x-\frac{\pi}{4}\right) + \tan\left(x-\frac{\pi}{4}\right)\right| + C.$$

三、简单无理函数的不定积分

无理函数的种类很多,其中有些简单的无理函数,如

$$R(x, \sqrt[n]{ax+b}) \ (a \neq 0) \quad \text{和} \quad R\left(x, \sqrt[n]{\dfrac{ax+b}{cx+d}}\right) \ (n \in \mathbf{N}^*, ad \neq bc),$$

可以通过适当的变量代换$\left(t = \sqrt[n]{ax+b} \text{ 和 } t = \sqrt[n]{\dfrac{ax+b}{cx+d}}\right)$化为有理函数.

例 4.3.8 求不定积分 $I = \displaystyle\int \dfrac{\mathrm{d}x}{(2-x)\sqrt{1-x}}$.

解 为了消去根式,令 $t = \sqrt{1-x}$,则 $x = 1 - t^2, \mathrm{d}x = -2t\mathrm{d}t$. 于是,得

$$I = \int \frac{-2t}{(1+t^2)t} \mathrm{d}t = -2\int \frac{\mathrm{d}t}{1+t^2} = -2\arctan t + C = -2\arctan\sqrt{1-x} + C.$$

例 4.3.9 求不定积分 $I = \displaystyle\int \dfrac{\sqrt[3]{x}}{x(\sqrt{x} + \sqrt[3]{x})}\mathrm{d}x$.

分析 为了同时消去根式 $\sqrt[3]{x}, \sqrt{x}$,应令 $t = \sqrt[6]{x}$,化无理式为有理式.

解 令 $t = \sqrt[6]{x}$,则 $x = t^6, \mathrm{d}x = 6t^5\mathrm{d}t$. 于是,得

$$I = \int \frac{t^2 \cdot 6t^5}{t^6(t^3 + t^2)}\mathrm{d}t = 6\int \frac{\mathrm{d}t}{t(t+1)} = 6\int \frac{\mathrm{d}t}{t} - 6\int \frac{\mathrm{d}t}{t+1}$$

$$= 6\ln\left|\frac{t}{t+1}\right| + C = 6\ln\left|\frac{\sqrt[6]{x}}{\sqrt[6]{x}+1}\right| + C.$$

例 4.3.10 求不定积分 $I = \displaystyle\int \sqrt{\dfrac{1-x}{1+x}} \cdot \dfrac{1}{x}\mathrm{d}x$.

解 为了消去根式,令 $\sqrt{\dfrac{1-x}{1+x}} = t$,则 $x = \dfrac{1-t^2}{1+t^2}, \mathrm{d}x = \dfrac{-4t}{(1+t^2)^2}\mathrm{d}t$. 于是,得

$$I = \int t \cdot \frac{1+t^2}{1-t^2} \cdot \frac{-4t}{(1+t^2)^2}\mathrm{d}t = -4\int \frac{t^2}{(1-t^2)(1+t^2)}\mathrm{d}t$$

$$= -2\int \left(\frac{1}{1-t^2} - \frac{1}{1+t^2}\right)\mathrm{d}t = \ln\left|\frac{t-1}{t+1}\right| + 2\arctan t + C$$

$$= \ln\left|\frac{\sqrt{1-x} - \sqrt{1+x}}{\sqrt{1-x} + \sqrt{1+x}}\right| + 2\arctan\sqrt{\frac{1-x}{1+x}} + C.$$

注 (1) 由前面的讨论可以看出,求不定积分比求导数更加复杂,也更加灵活. 像这样的某种运算较简单,但其逆运算相对很难的现象并不少见. 例如,两个整数相乘很容易(例如,容易算出 $19 \times 701 = 13\,319$),但它的逆运算 —— 分解质因数却极难(例如,对 $13\,319$ 分解质因数).

(2) 需要特别指出的是,求不定积分运算与求导运算还有一个很不相同的地方. 我们知道,任何一个初等函数的导数都可以根据基本初等函数的求导公式和求导法则求出来,并且仍然是初等函数. 但是,并非所有初等函数的原函数都是初等函数,甚至一些看似简单的初等函数,其原函数也不是初等函数. 例如,

$$\int \mathrm{e}^{-x^2}\mathrm{d}x \ (\text{概率积分}), \quad \int \frac{\mathrm{d}x}{\ln x} \ (\text{对数积分}),$$

$$\int \frac{\sin x}{x}\mathrm{d}x \ (\text{正弦积分}), \quad \int \sqrt{1 - k^2\sin^2 x}\,\mathrm{d}x \ (0 < k < 1) \ (\text{椭圆积分})$$

都不是初等函数. 通常把原函数存在,但却无法用初等函数表示出来的不定积分叫作"**积不出**"的不定积分. 这类不定积分在概率论、数论、光学、傅里叶分析等领域有着重要作用.

初等换元法(变量代换 $x = x(t)$ 中的 $x(t)$ 是初等函数)是计算不定积分的一种有效方法. 显然, 对一个不定积分进行初等换元后不会改变其是否是初等函数的事实. 例如, 对不定积分 $\int \dfrac{\mathrm{d}x}{\ln x}$ 做变量代换 $\ln x = t$, 有 $\int \dfrac{\mathrm{d}x}{\ln x} = \int \dfrac{e^t}{t}\mathrm{d}t$ (指数积分), 因此由 $\int \dfrac{\mathrm{d}x}{\ln x}$ "积不出"可以推出 $\int \dfrac{e^x}{x}\mathrm{d}x$ 也"积不出". 由此可以看出, 许多简单的初等函数的不定积分都"积不出".

有些不定积分虽然并非"积不出", 但要求出它的原函数也是不容易的, 因而在工程学中积分的近似计算十分常用. 当我们学了定积分和函数项级数之后, 就可以在扩展的函数集中研究这类积分问题.

(3) 由于积分计算的重要性, 人们编制了常用的积分公式表(见附录二的积分表). 篇幅所限, 这里不详述.

此外, 计算机也为求一些函数的不定积分提供了方便. 通过使用数学软件 MATLAB, Mathematics, Maple 等可以实现大部分初等函数的积分运算. 但不定积分的基本积分法还是必须熟练掌握的, 特别是换元积分法和分部积分法; 否则, 连附录二的积分表也无法查用.

思考题 4.3

1. 计算有理函数的不定积分有哪些主要的方法与步骤?
2. 简单无理函数的积分法的要点是什么?
3. 是不是所有初等函数的原函数都能用初等函数表示? 哪些常见的初等函数的原函数不能用初等函数表示?

习 题 4.3

(A)

求下列不定积分:

(1) $\displaystyle\int \dfrac{x+7}{x^2+2x-3}\mathrm{d}x$;

(2) $\displaystyle\int \dfrac{\mathrm{d}x}{x(x^2+1)}$;

(3) $\displaystyle\int \dfrac{x^3}{x+3}\mathrm{d}x$;

(4) $\displaystyle\int \dfrac{\mathrm{d}x}{x^4(x^2+1)}$;

(5) $\displaystyle\int \dfrac{x^2+1}{(x+1)^2(x-1)}\mathrm{d}x$;

(6) $\displaystyle\int \dfrac{x^5+x^4-8}{x^3-x}\mathrm{d}x$;

(7) $\displaystyle\int \dfrac{\mathrm{d}x}{3+\cos^2 x}$;

(8) $\displaystyle\int \dfrac{\mathrm{d}x}{3+\cos x}$;

(9) $\displaystyle\int \dfrac{\cot x}{\sin x+\cos x+1}\mathrm{d}x$;

(10) $\displaystyle\int \dfrac{\mathrm{d}x}{1+\sin x}$;

(11) $\displaystyle\int \dfrac{\tan x}{\sin^4 x+\cos^4 x}\mathrm{d}x$;

(12) $\displaystyle\int \dfrac{\mathrm{d}x}{\sqrt{x}+\sqrt[4]{x}}$;

(13) $\displaystyle\int \dfrac{\sqrt{x+1}-1}{\sqrt{x+1}+1}\mathrm{d}x$;

(14) $\displaystyle\int \dfrac{\mathrm{d}x}{1+\sqrt[3]{x+2}}$;

(15) $\displaystyle\int \sqrt{\dfrac{1+x}{1-x}}\mathrm{d}x$.

(B)

一、求下列不定积分:

(1) $\displaystyle\int \dfrac{1-x^7}{x(1+x^7)}\mathrm{d}x$;

(2) $\displaystyle\int \dfrac{x^3}{(x-1)^{100}}\mathrm{d}x$;

(3) $\displaystyle\int \dfrac{xe^x}{\sqrt{e^x-1}}\mathrm{d}x$.

二、求下列不定积分:

(1) $\displaystyle\int \dfrac{x^2}{a^6-x^6}\mathrm{d}x \ (a\neq 0)$;

(2) $\displaystyle\int \dfrac{\mathrm{d}x}{\sin^3 x\cos x}$;

(3) $\displaystyle\int \dfrac{\mathrm{d}x}{\sin 2x+2\sin x}$.

*三、求不定积分 $I = \displaystyle\int \dfrac{x^3-2x^2+1}{(x^2+x+1)^2}\mathrm{d}x$.

总习题四

一、求下列不定积分：

(1) $\displaystyle\int \frac{\mathrm{d}x}{\sqrt{4x^2-9}}$；

(2) $\displaystyle\int \frac{\mathrm{d}x}{x^2+4x+5}$；

(3) $\displaystyle\int \frac{\mathrm{d}x}{\sqrt{5-4x+x^2}}$；

(4) $\displaystyle\int \frac{x}{(1-x)^3}\mathrm{d}x$；

(5) $\displaystyle\int \frac{1+\cos x}{x+\sin x}\mathrm{d}x$；

(6) $\displaystyle\int \tan^4 x\mathrm{d}x$；

(7) $\displaystyle\int \frac{\mathrm{d}x}{x(x^6+4)}$；

(8) $\displaystyle\int e^{ax}\cos bx\mathrm{d}x$；

(9) $\displaystyle\int \frac{\mathrm{d}x}{x^2\sqrt{1+x^2}}$；

(10) $\displaystyle\int \arctan\sqrt{x}\mathrm{d}x$；

(11) $\displaystyle\int \frac{\sin x}{1+\sin x}\mathrm{d}x$；

(12) $\displaystyle\int \frac{\mathrm{d}x}{(1+\sqrt[3]{x})\sqrt{x}}$；

(13) $\displaystyle\int \sec^3 x\mathrm{d}x$；

(14) $\displaystyle\int \frac{\mathrm{d}x}{(a^2-x^2)^{\frac{3}{2}}}$ $(a>0)$；

(15) $\displaystyle\int \frac{x+5}{x^2-6x+13}\mathrm{d}x$.

二、用多种解法求不定积分 $\displaystyle\int x^3\sqrt{4-x^2}\,\mathrm{d}x$.

单元测试四

单项选择题（满分 100）：

1. (6 分) $\displaystyle\int \cos a\mathrm{d}x = ($).

(A) $\sin a$ 　　　　(B) $-\sin a$ 　　　　(C) $\cos a+C$ 　　　　(D) $x\cos a+C$

2. (6 分) 设 $f'(x)=g'(x)$，则下列结论中正确的是(   ).

(A) $f(x)=g(x)$ 　　　　　　　　(B) $f(x)=g(x)+1$

(C) $\displaystyle\int \mathrm{d}f(x)=\int \mathrm{d}g(x)$ 　　　　(D) $\left(\displaystyle\int f(x)\mathrm{d}x\right)'=\left(\displaystyle\int g(x)\mathrm{d}x\right)'$

3. (6 分) 下列等式中正确的是(   ).

(A) $\left(\displaystyle\int f(x)\mathrm{d}x\right)'=f(x)$ (B) $\displaystyle\int \mathrm{d}f(x)=f(x)$ (C) $\mathrm{d}\left(\displaystyle\int f(x)\mathrm{d}x\right)=f(x)$ (D) $\displaystyle\int f'(x)\mathrm{d}x=f(x)$

4. (6 分) 设函数 $f(x)$ 在 $[a,b]$ 上连续，则 $f(x)$ 在 (a,b) 内必有(   ).

(A) 导函数 　　　　(B) 原函数 　　　　(C) 极值 　　　　(D) 最大值或最小值

5. (6 分) 在积分曲线族 $y=\displaystyle\int \sin 3x\mathrm{d}x$ 中，过点 $\left(\dfrac{\pi}{6},1\right)$ 的曲线方程是(   ).

(A) $-\dfrac{1}{3}\cos 3x+1$ 　　(B) $\dfrac{1}{3}\cos 3x+C$ 　　(C) $-\dfrac{1}{3}\cos 3x$ 　　(D) $\cos 3x+C$

6. (6 分) 设 $f'(\sin x)=\cos^2 x$，则 $\displaystyle\int f(x)\mathrm{d}x=($).

(A) $x-\dfrac{1}{3}x^3+C$ 　(B) $\dfrac{1}{2}x^2-\dfrac{1}{12}x^4+Cx+C_1$ (C) $\dfrac{1}{2}x^2-\dfrac{1}{12}x^4+C$ 　(D) $\dfrac{1}{2}x^2+\dfrac{1}{12}x^4+C$

7. (6 分) 下列不定积分中，能用初等函数表示出来的是(   ).

(A) $\displaystyle\int e^{-x^2}\mathrm{d}x$ 　　(B) $\displaystyle\int \frac{\sin x}{x}\mathrm{d}x$ 　　(C) $\displaystyle\int \frac{\mathrm{d}x}{\ln x}$ 　　(D) $\displaystyle\int \frac{\ln x}{x}\mathrm{d}x$

8. (6 分) $\displaystyle\int \frac{\ln x}{x^2}\mathrm{d}x=($).

(A) $\dfrac{1}{x}\ln x+\dfrac{1}{x}+C$ (B) $\dfrac{1}{x}\ln x+\dfrac{1}{x}+C$ (C) $\dfrac{1}{x}\ln x-\dfrac{1}{x}+C$ (D) $-\dfrac{1}{x}\ln x-\dfrac{1}{x}+C$

9. (6 分) 下列函数中，不是 $\sin 2x$ 的原函数的是(   ).

(A) $\sin^2 x$ 　　　　(B) $-\cos^2 x$ 　　　　(C) $-\cos 2x$ 　　　　(D) $5\sin^2 x+4\cos^2 x$

10. (6 分) 设函数 $f(x) = \sin bx\,(b \neq 0)$, 则 $\displaystyle\int xf''(x)\mathrm{d}x = ($ $)$.

(A) $\dfrac{x}{b}\cos bx - \sin bx + C$ (B) $\dfrac{x}{b}\cos bx - \cos bx + C$

(C) $bx\cos bx - \sin bx + C$ (D) $bx\sin bx - b\cos bx + C$

11. (6 分) 若 $\displaystyle\int f(x)\mathrm{d}x = \mathrm{e}^{-6x} + C$, 则 $f(x) = ($ $)$.

(A) $(x+2)\mathrm{e}^x$ (B) $(x-1)\mathrm{e}^x$ (C) $-6\mathrm{e}^{-6x}$ (D) $(x+1)\mathrm{e}^x$

12. (6 分) 若 $\displaystyle\int \dfrac{\sin(\ln x) \cdot f(x)}{x}\mathrm{d}x = \dfrac{1}{2}\sin^2(\ln x) + C$, 则 $f(x) = ($ $)$.

(A) $\ln x$ (B) $\ln(\sin x)$ (C) $\cos(\ln x)$ (D) $\sin(\ln x)$

13. (6 分) $\displaystyle\int x\mathrm{e}^{2x}\mathrm{d}x = ($ $)$.

(A) $\dfrac{1}{2}x\mathrm{e}^{2x} - \dfrac{1}{4}\mathrm{e}^{2x} + C$ (B) $2x\mathrm{e}^{2x} - 4\mathrm{e}^{2x} + C$

(C) $(1+2x-x^2)\mathrm{e}^x$ (D) $\dfrac{1}{2}x\mathrm{e}^{2x} - \dfrac{1}{4}\mathrm{e}^{2x}$

14. (6 分) 下列等式中正确的是( )   ).

(A) $\displaystyle\int \tan x\mathrm{d}x = -\ln(\sin x) + C$ (B) $\displaystyle\int \cot x\mathrm{d}x = \ln(\cos x)$

(C) $\displaystyle\int \dfrac{\mathrm{d}x}{1+x^2} = \arctan x + C$ (D) $\displaystyle\int (1-3x)\mathrm{d}x = -\dfrac{1}{6}(1-3x)^2$

15. (4 分) 设 $I = \displaystyle\int \sec^3 x\mathrm{d}x$, 则 $I = ($ $)$.

(A) $\dfrac{1}{2}\ln|\sec x + \tan x| + \dfrac{1}{2}\tan x\sec x + C$ (B) $\ln\sqrt{\sec x + \tan x} - \dfrac{1}{2}\tan x\sec x + C$

(C) $\dfrac{1}{2}\ln|\sec x + \tan x| - \dfrac{1}{2}\tan x\sec x + C$ (D) $-\dfrac{1}{2}\ln|\sec x + \tan x| - \dfrac{1}{2}\tan x\sec x + C$

16. (4 分) 设函数 $f(x)$ 有一个原函数 $\dfrac{\sin x}{x}$, 则 $\displaystyle\int xf'(x)\mathrm{d}x = ($ $)$.

(A) $-\cos x + C$ (B) $\cos x - \dfrac{2\sin x}{x} + C$

(C) $xf(x) - \dfrac{\sin x}{x} + C$ (D) $\displaystyle\int (2\sin x - 2x\cos x - x^2\sin x)\dfrac{1}{x^2}\mathrm{d}x$

17. (4 分) 设 $I = \displaystyle\int \dfrac{\arctan\sqrt{x}}{\sqrt{x}(1+x)}\mathrm{d}x$, 则 $I = ($ $)$.

(A) $-(\arctan\sqrt{x})^2 + C$ (B) $\arctan\sqrt{x} + C$

(C) $(\arctan\sqrt{x})^2 + C$ (D) $-\sqrt{\arctan x} + C$

18. (4 分) 设 $I = \displaystyle\int \dfrac{\mathrm{d}x}{1+\sqrt{x}}$, 则 $I = ($ $)$.

(A) $-2\sqrt{x} + 2\ln(1+\sqrt{x}) + C$ (B) $2\sqrt{x} + 2\ln(1+\sqrt{x}) + C$

(C) $2\sqrt{x} - 2\ln(1+\sqrt{x}) + C$ (D) $-2\sqrt{x} - 2\ln(1+\sqrt{x}) + C$

本章参考答案

第五章

■ ▎定积分及其应用

　　定积分是积分学中另一个十分重要的概念. 积分问题最早源于实际问题中某些几何量（如面积）和物理量（如路程、功等）的计算需要. 古希腊数学家阿基米德用"穷竭法"，我国古代数学家刘徽用"割圆术"，都计算过一些几何体的面积和体积，这些均为定积分的雏形. 17世纪下半叶，牛顿和莱布尼茨先后提出了定积分的概念，并发现了积分与微分之间的内在联系，提供了计算定积分的一般方法，从而使定积分成为解决有关实际问题的有力工具，并使各自独立发展的微分学与积分学联系在一起，构成理论体系完整的微积分学.

　　本章先从两个经典的问题出发引入定积分的概念，然后讨论定积分的性质、计算方法及应用，最后介绍反常积分的概念及计算.

第一节　　定积分的概念与性质

一、两个经典问题

　　问题1　　曲边梯形的面积.

　　如何计算曲边形的面积是一个古老而有实际意义的问题. 例如，16 世纪初，人们聚焦于天文学问题，其中开普勒三大定律中的第二定律：在相等时间内，太阳和运动着的行星的连线所扫过的面积都是相等的，如图 5-1 所示，阴影面积 $A_1 = A_2$. 显然该定律涉及计算不规则曲边形的面积问题.

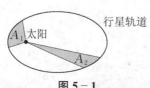

图 5-1

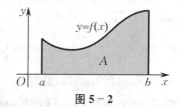

图 5-2

　　下面仅考虑只有一边为曲线弧，其他三边由相互垂直的直线组成的曲边梯形的情形.

　　设函数 $y = f(x)$ 在闭区间 $[a, b]$ 上非负且连续，求由直线 $x = a$，$x = b$，x 轴及曲线 $y = f(x)$ 所围成的平面图形（称为**曲边梯形**）的面积 A，如图 5-2 所示.

　　度量这个平面图形面积的困难在于它的一条边是曲边，如何解决这个问题呢？

在初等数学里,圆面积是用一系列边数无限增加的内接(或外切)正多边形面积的极限来定义的.下面用类似的方法来讨论曲边梯形的面积.

首先,由于曲边梯形的高 $f(x)$ 在闭区间 $[a,b]$ 上连续变化,所以在充分小的区间段上 $f(x)$ 的变化很小,可近似看成不变.因此,可以作与 y 轴平行的 $n-1$ 条直线,将曲边梯形分割成 n 个小曲边梯形,每一个小曲边梯形的曲边用直线去近似代替,如图 5-3(a) 所示,称为"以直代曲".然后,就可以通过计算小矩形的面积之和,得到曲边梯形面积的近似值.显然,闭区间 $[a,b]$ 划分得越细,所得近似值就与真实的曲边梯形面积越接近(见图 5-3(a),(b)).若把闭区间 $[a,b]$ 无限细分,则所有小矩形面积之和的极限就是曲边梯形的面积.

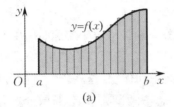 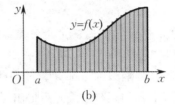

(a)　　　　　　　　　　　(b)

图 5-3

于是,求曲边梯形面积 A 的具体步骤如下:

(1) **分割**:用 $n-1$ 个分点 $a=x_0<x_1<x_2<\cdots<x_{n-1}<x_n=b$ 将闭区间 $[a,b]$ 任意分割成 n 个小闭区间,以 $\Delta x_i=x_i-x_{i-1}(i=1,2,\cdots,n)$ 表示第 i 个小闭区间的长度.过每个分点作 y 轴的平行线,将曲边梯形分割成 n 个小曲边梯形.

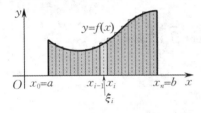

图 5-4

(2) **近似**(以直代曲):任取 $\xi_i\in[x_{i-1},x_i](i=1,2,\cdots,n)$,在每个小曲边梯形中以直代曲,如图 5-4 所示,以 $f(\xi_i)$ 为高、以 Δx_i 为底的矩形面积近似代替第 i 个小曲边梯形的面积 ΔA_i,即

$$\Delta A_i\approx f(\xi_i)\Delta x_i.$$

(3) **求和**:将 n 个小矩形的面积加起来,便得到整个曲边梯形面积的近似值,即

$$A=\sum_{i=1}^{n}\Delta A_i\approx\sum_{i=1}^{n}f(\xi_i)\Delta x_i.$$

(4) **取极限**:闭区间 $[a,b]$ 分割越细,近似值越精确.记 $\lambda=\max\{\Delta x_1,\Delta x_2,\cdots,\Delta x_n\}$,则要使所有小闭区间的长度都趋近于零,只需令 $\lambda\to0$ 即可.于是,当 $\lambda\to0$ 时,上述和式的极限便是曲边梯形的面积,即

$$A=\lim_{\lambda\to0}\sum_{i=1}^{n}f(\xi_i)\Delta x_i.$$

问题2　变速直线运动的路程.

设某物体做变速直线运动,已知其速度 v 是时间 t 的连续函数 $v=v(t)$,计算在时间间隔 $[a,b]$ 上该物体所经过的路程 s.

因为该物体做变速直线运动,速度 $v=v(t)$ 随时间 t 不断变化,故不能用匀速直线运动中的路程公式 $s=vt$ 来计算.但由于速度函数 $v=v(t)$ 是连续的,所以在很小的一段时间内,速度的变化很小,近似于匀速,即在这一小段时间内,速度可以近似看作常数.因此,求该物体在时间间隔$[a,b]$上运动的路程也可用类似于计算曲边梯形面积的方法来处理.

具体步骤如下:

(1) **分割**:在时间间隔$[a,b]$内任意插入$n-1$个分点$a=t_0<t_1<t_2<\cdots<t_{n-1}<t_n=b$,这$n-1$个分点将闭区间$[a,b]$分割成$n$个小闭区间$[t_0,t_1]$,$[t_1,t_2]$,$\cdots$,$[t_{n-1},t_n]$,它们的长度依次为

$$\Delta t_1=t_1-t_0,\quad \Delta t_2=t_2-t_1,\quad \cdots,\quad \Delta t_n=t_n-t_{n-1}.$$

相应地,在各段时间内该物体经过的路程依次记为$\Delta s_i(i=1,2,\cdots,n)$.

(2) **近似**:将该物体在每个小闭区间上的运动看作匀速运动,在每个小时间间隔$[t_{i-1},t_i](i=1,2,\cdots,n)$上任取一个时刻$\tau_i(t_{i-1}\leqslant\tau_i\leqslant t_i)$,如图$5-5$所示,以时刻$\tau_i$的速度$v(\tau_i)$来代替时间间隔$[t_{i-1},t_i]$上各个时刻的速度,从而得到时间间隔$[t_{i-1},t_i]$上路程$\Delta s_i$的近似值,即

$$\Delta s_i\approx v(\tau_i)\Delta t_i.$$

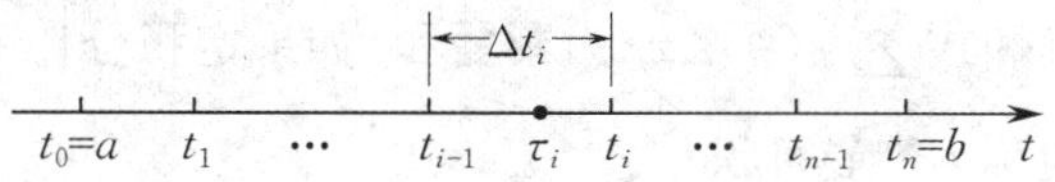

图 $5-5$

(3) **求和**:将这n个Δs_i的近似值加起来,就得到所求路程s的近似值,即

$$s=\sum_{i=1}^{n}\Delta s_i\approx\sum_{i=1}^{n}v(\tau_i)\Delta t_i.$$

(4) **取极限**:记$\lambda=\max\{\Delta t_1,\Delta t_2,\cdots,\Delta t_n\}$,则当$\lambda\to0$时,每个小闭区间的长度也趋近于零,此时和式$\sum\limits_{i=1}^{n}v(\tau_i)\Delta t_i$的极限便是所求路程$s$,即

$$s=\lim_{\lambda\to0}\sum_{i=1}^{n}v(\tau_i)\Delta t_i.$$

以上两个问题,一个是几何问题,一个是物理问题,尽管这两个问题的背景不同,所求的结果也不相同,但反映在数量上,都是需要求出某个整体的量,且计算所求量所遇到的困难和克服困难所采用的方法是类似的,都是先把整体问题通过"分割"化为局部问题;然后在局部上通过"以直代曲"或"以不变代变"做近似代替,由此通过求和得到整体的一个近似值;最后通过取极限,得到所求的量.我们把这个过程归纳为分割、近似、求和、取极限四个步骤.采用这种方法解决问题时,最后都归结为对某一个函数$f(x)$实施相同结构的数学运算——求和式$\sum\limits_{i=1}^{n}f(\xi_i)\Delta x_i$的极限.实际上,在自然科学和工程技术中,许多连续分布量的计算问题都归结为计算这种特定和式的极限,抛开问题的具体意义,抓住它们的本质与特性加以概括,抽象出其中的数学概念和思想,便得到定积分的定义.

二、定积分的定义

定义 5.1.1 设函数$y=f(x)$在闭区间$[a,b]$上有界,用$n-1$个分点$a=x_0<x_1<x_2<\cdots<x_{n-1}<x_n=b$将$[a,b]$任意分成$n$个小闭区间$[x_{i-1},x_i](i=1,2,\cdots,n)$,记第$i$个小闭区间的长度为$\Delta x_i=x_i-x_{i-1}$,$\lambda=\max\{\Delta x_1,\Delta x_2,\cdots,\Delta x_n\}$.任取$\xi_i\in[x_{i-1},x_i](i=1,$

$2,\cdots,n)$,做乘积 $f(\xi_i)\Delta x_i$,再做和式 $\sum\limits_{i=1}^{n}f(\xi_i)\Delta x_i$. 若极限 $\lim\limits_{\lambda\to 0}\sum\limits_{i=1}^{n}f(\xi_i)\Delta x_i$ 存在,并且极限值与区间 $[a,b]$ 的分法及点 $\xi_i(i=1,2,\cdots,n)$ 的取法无关,则称 $y=f(x)$ 在 $[a,b]$ 上**可积**,称此极限值为 $y=f(x)$ 在闭区间 $[a,b]$ 上的**定积分**,记为 $\int_a^b f(x)\mathrm{d}x$,读作"$f(x)$ 从 a 到 b 的定积分",即

$$\int_a^b f(x)\mathrm{d}x = \lim_{\lambda\to 0}\sum_{i=1}^{n}f(\xi_i)\Delta x_i,$$

其中 $f(x)$ 称为**被积函数**,$f(x)\mathrm{d}x$ 称为**被积表达式**,x 称为**积分变量**,$[a,b]$ 称为**积分区间**,a 称为**积分下限**,b 称为**积分上限**.

历史上,首先引入并使用定积分的是微积分学的创始人牛顿及莱布尼茨,但真正对定积分概念做出严格表述的却是德国数学家黎曼(Riemann). 因此,通常称在定义 5.1.1 意义下的定积分为**黎曼积分**,称和式 $\sum\limits_{i=1}^{n}f(\xi_i)\Delta x_i$ 为**黎曼和**. 如果定积分 $\int_a^b f(x)\mathrm{d}x$ 存在,则称函数 $f(x)$ 在 $[a,b]$ 上**可积**(也称为**黎曼可积**).

注 (1) 在上述定义中,当 $\lambda=\max\limits_{1\leqslant i\leqslant n}\{\Delta x_i\}\to 0$ 时,必有 $n\to\infty$;但当 $n\to\infty$ 时,$\lambda=\max\limits_{1\leqslant i\leqslant n}\{\Delta x_i\}$ 却不一定趋近于零.

(2) 定积分 $\int_a^b f(x)\mathrm{d}x$ 是一个确定的常数,因此它的导数为零,即 $\left(\int_a^b f(x)\mathrm{d}x\right)'=0$. 而不定积分 $\int f(x)\mathrm{d}x$ 是一个函数,它的导数等于被积函数,即 $\left(\int f(x)\mathrm{d}x\right)'=f(x)$.

(3) 定积分的值只与被积函数 $f(x)$、积分区间 $[a,b]$ 有关,而与积分变量用什么字母表示无关,即

$$\int_a^b f(x)\mathrm{d}x = \int_a^b f(t)\mathrm{d}t = \int_a^b f(u)\mathrm{d}u.$$

(4) 莱布尼茨创造了富有寓意的积分号"$\int$"——拉长的字母"s"(第四章中已经解释过它的寓意). 究竟是将什么加起来呢?由定积分的形式可以猜想是被积表达式 $f(x)\mathrm{d}x$,即微分. 故从直观上看,定积分是将微分"加"起来,但这不是普通意义下的加法,它蕴含了极限的运算. 因为只有在无限的意义下,"以直代曲"才可真正实现.

三、定积分的几何意义

当闭区间 $[a,b]$ 上的连续函数 $f(x)\geqslant 0$ 时,定积分 $\int_a^b f(x)\mathrm{d}x$ 表示由曲线 $y=f(x)$ 与直线 $x=a,x=b$ 及 x 轴所围成的曲边梯形的面积.

当闭区间 $[a,b]$ 上的连续函数 $f(x)\leqslant 0$,即 $-f(x)\geqslant 0$ 时,对应的曲边梯形的面积是

$$A = \lim_{\lambda\to 0}\sum_{i=1}^{n}(-f(\xi_i))\Delta x_i = -\lim_{\lambda\to 0}\sum_{i=1}^{n}f(\xi_i)\Delta x_i = -\int_a^b f(x)\mathrm{d}x,$$

从而有 $\int_a^b f(x)\mathrm{d}x = -A$. 也就是说,当 $f(x)\leqslant 0$ 时,定积分 $\int_a^b f(x)\mathrm{d}x$ 是曲边梯形面积的相反

数,如图 5-6 所示.

当 $f(x)$ 在闭区间 $[a,b]$ 上有正有负时,$\int_a^b f(x)\mathrm{d}x$ 表示对应的曲边梯形各部分面积的代数和,即 $\int_a^b f(x)\mathrm{d}x = A_1 - A_2 + A_3$,如图 5-7 所示.所谓面积的代数和,指的是正、负面积相消后的结果.

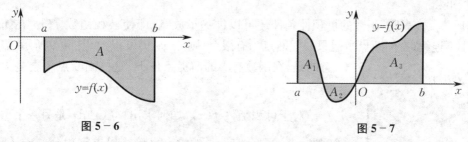

图 5-6　　　　　　　　　　　　　　　　　　图 5-7

根据定积分的几何意义,有些定积分可以直接由几何学的面积公式得到.

例 5.1.1 求下列定积分的值:

(1) $\int_{-2}^{2} \sqrt{4-x^2}\,\mathrm{d}x$;　　　　　　　　　　　(2) $\int_{-\pi}^{\pi} \sin x\,\mathrm{d}x$.

解 显然,根据定积分的定义求解本题的定积分比较困难.现在根据定积分的几何意义进行求解.

(1) 根据定积分的几何意义,$\int_{-2}^{2} \sqrt{4-x^2}\,\mathrm{d}x$ 表示如图 5-8(a) 所示的半径为 2 的上半圆的面积,则

$$\int_{-2}^{2} \sqrt{4-x^2}\,\mathrm{d}x = \frac{1}{2} \times \pi \times 2^2 = 2\pi.$$

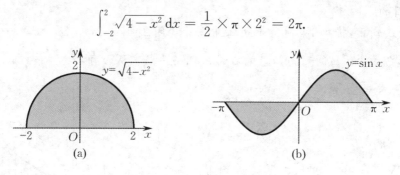

图 5-8

(2) 画出被积函数 $y = \sin x$ 在 $[-\pi, \pi]$ 上的图形,如图 5-8(b) 所示,可知它与 x 轴所围平面图形面积的代数和为零,故

$$\int_{-\pi}^{\pi} \sin x\,\mathrm{d}x = 0.$$

四、定积分的存在定理

判断函数是否可积是一个非常重要而又困难的问题.这里直接给出定理,其证明将在本章第二节中给出.

定理5.1.1 设函数 $f(x)$ 在闭区间 $[a,b]$ 上连续,则 $f(x)$ 在 $[a,b]$ 上可积.

由于初等函数均在其定义区间上连续,因此它们对应的定积分总是存在的.定理5.1.1为定积分的进一步讨论提供了有力保障.

定理5.1.2 设函数 $f(x)$ 在闭区间 $[a,b]$ 上有界,且只有有限个间断点,则 $f(x)$ 在 $[a,b]$ 上可积.

定理5.1.2表明,函数的可积性条件还可以进一步放宽,即使被积函数 $f(x)$ 在闭区间 $[a,b]$ 上不连续(有间断点),但只要间断点为有限个,则 $f(x)$ 仍可积,如图5-9所示.需要注意的是,在函数有界的前提条件下,这些间断点不会是无穷间断点.

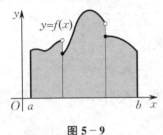

图 5-9

对于可积函数 $f(x)$,如何求出 $\int_a^b f(x)\mathrm{d}x$ 是另一个重要的问题.上述两个定理虽然没有直接给出求定积分的方法,但在定积分存在的前提下,可以选择一些特殊的分割法及点 ξ_i(如小闭区间的左端点、右端点或中点),以便简化计算.

例5.1.2 求在闭区间 $[0,1]$ 上以抛物线 $y=x^2$ 为曲边的曲边三角形的面积.

解 根据定积分的几何意义,所求面积为 $\int_0^1 x^2 \mathrm{d}x$.

由于函数 $y=x^2$ 在 $[0,1]$ 上连续,而连续函数是可积的,所以定积分 $\int_0^1 x^2 \mathrm{d}x$ 的值与积分区间 $[0,1]$ 的分割法及点 ξ_i 的取法无关.因此,可以选择一些特殊的小闭区间及点 ξ_i 以达到简化计算的目的.

如图5-10所示,将积分区间 n 等分,这样每个小闭区间 $[x_{i-1},x_i](i=1,2,\cdots,n)$ 的长度 $\Delta x_i = \dfrac{1}{n}$,取 ξ_i 为小闭区间 $[x_{i-1},x_i]$ 的右端点,即 $\xi_i = \dfrac{i}{n}$,从而有

$$\sum_{i=1}^n \xi_i^2 \Delta x_i = \sum_{i=1}^n \left(\frac{i}{n}\right)^2 \cdot \frac{1}{n} = \frac{1}{n^3}\sum_{i=1}^n i^2$$
$$= \frac{1}{n^3}\cdot \frac{1}{6}n(n+1)(2n+1) = \frac{1}{6}\left(1+\frac{1}{n}\right)\left(2+\frac{1}{n}\right).$$

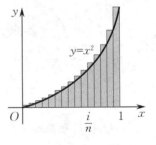

图 5-10

当 $\lambda = \max\limits_{1\leqslant i \leqslant n}\{\Delta x_i\} = \dfrac{1}{n} \to 0$ 时,有 $n\to\infty$,对上式两边取极限,则根据定积分的定义,有

$$\int_0^1 x^2 \mathrm{d}x = \lim_{\lambda\to 0}\sum_{i=1}^n \xi_i^2 \Delta x_i = \lim_{n\to\infty}\frac{1}{6}\left(1+\frac{1}{n}\right)\left(2+\frac{1}{n}\right) = \frac{1}{3}.$$

例5.1.2说明,即使是形式简单的幂函数,用定义求其定积分也是十分麻烦的.因此,在本章第二节中将寻求定积分的简便计算方法.

五、定积分的性质

为了以后计算的方便,对定积分做以下两点补充规定:

(1) 当 $a = b$ 时, $\int_a^b f(x)\mathrm{d}x = 0$;

(2) 当 $a > b$ 时, $\int_a^b f(x)\mathrm{d}x = -\int_b^a f(x)\mathrm{d}x$.

下面讨论定积分的性质. 如果无特别说明, 那么假设各性质中所涉及的定积分都是存在的.

性质 5.1.1 设函数 $f(x),g(x)$ 均在闭区间 $[a,b]$ 上可积, α,β 为常数, 则 $\alpha f(x) \pm \beta g(x)$ 也在 $[a,b]$ 上可积, 且

$$\int_a^b (\alpha f(x) \pm \beta g(x))\mathrm{d}x = \alpha \int_a^b f(x)\mathrm{d}x \pm \beta \int_a^b g(x)\mathrm{d}x.$$

证 由定积分的定义与极限运算法则, 有

$$\begin{aligned}
\int_a^b (\alpha f(x) \pm \beta g(x))\mathrm{d}x &= \lim_{\lambda \to 0} \sum_{i=1}^n (\alpha f(\xi_i) \pm \beta g(\xi_i))\Delta x_i \\
&= \alpha \lim_{\lambda \to 0} \sum_{i=1}^n f(\xi_i)\Delta x_i \pm \beta \lim_{\lambda \to 0} \sum_{i=1}^n g(\xi_i)\Delta x_i \\
&= \alpha \int_a^b f(x)\mathrm{d}x \pm \beta \int_a^b g(x)\mathrm{d}x.
\end{aligned}$$

性质 5.1.2(定积分的区间可加性) 对任意的点 c, 有

$$\int_a^b f(x)\mathrm{d}x = \int_a^c f(x)\mathrm{d}x + \int_c^b f(x)\mathrm{d}x. \tag{5.1.1}$$

证 (1) 当 $a < c < b$ 时, 因为函数 $f(x)$ 在 $[a,b]$ 上可积, 所以无论对 $[a,b]$ 怎样划分, 黎曼和的极限总是不变的. 因此, 在划分区间 $[a,b]$ 时, 可以使点 c 永远是一个分点, 那么 $f(x)$ 在 $[a,b]$ 上的黎曼和等于 $f(x)$ 在 $[a,c]$ 上的黎曼和加上 $f(x)$ 在 $[c,b]$ 上的黎曼和, 即

$$\sum_{[a,b]} f(\xi_i)\Delta x_i = \sum_{[a,c]} f(\xi_i)\Delta x_i + \sum_{[c,b]} f(\xi_i)\Delta x_i.$$

对上式两边取极限, 令 $\lambda \to 0$, 得

$$\int_a^b f(x)\mathrm{d}x = \int_a^c f(x)\mathrm{d}x + \int_c^b f(x)\mathrm{d}x.$$

(2) 其他情形. 例如, 当 $c < a < b$ 时, 由(1)的证明可知

$$\int_c^b f(x)\mathrm{d}x = \int_c^a f(x)\mathrm{d}x + \int_a^b f(x)\mathrm{d}x,$$

移项得

$$\int_a^b f(x)\mathrm{d}x = \int_c^b f(x)\mathrm{d}x - \int_c^a f(x)\mathrm{d}x = \int_c^b f(x)\mathrm{d}x + \int_a^c f(x)\mathrm{d}x,$$

即

$$\int_a^b f(x)\mathrm{d}x = \int_a^c f(x)\mathrm{d}x + \int_c^b f(x)\mathrm{d}x.$$

$a < b < c$ 的情形类似, 请读者自行证明.

图 5-11 对 $f(x) \geqslant 0, a < c < b$ 的情形给出了式(5.1.1)的几何解释, 即

$$\int_a^b f(x)\mathrm{d}x = A_1 + A_2 = \int_a^c f(x)\mathrm{d}x + \int_c^b f(x)\mathrm{d}x.$$

性质 5.1.3(保号性) 如果在闭区间 $[a,b]$ 上 $f(x) \geqslant 0$, 则

$$\int_a^b f(x)\mathrm{d}x \geqslant 0.$$

证　　因为 $f(x) \geqslant 0$，所以 $f(\xi_i) \geqslant 0 (i = 1, 2, \cdots, n)$. 又由于 $\Delta x_i \geqslant 0 (i = 1, 2, \cdots, n)$，因此

$$\sum_{i=1}^{n} f(\xi_i) \Delta x_i \geqslant 0.$$

令 $\lambda = \max\{\Delta x_1, \Delta x_2, \cdots, \Delta x_n\}$，则

$$\int_a^b f(x) \mathrm{d}x = \lim_{\lambda \to 0} \sum_{i=1}^{n} f(\xi_i) \Delta x_i \geqslant 0.$$

性质 5.1.3 从几何直观上看是十分明显的，如图 5-12 所示，定积分 $\int_a^b f(x) \mathrm{d}x$ 此时表示阴影部分的面积 A，显然它是非负的. 经常会利用这个性质直观地判别定积分的计算结果是否正确. 例如，若被积函数 $f(x) \geqslant 0$，而定积分（此时要求积分下限小于积分上限）的计算结果却是负值，则可判断计算过程有错误.

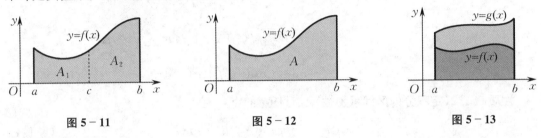

图 5-11　　　　　　　图 5-12　　　　　　　图 5-13

推论 5.1.1（保序性）　　如果在闭区间 $[a, b]$ 上 $f(x) \leqslant g(x)$，如图 5-13 所示，则

$$\int_a^b f(x) \mathrm{d}x \leqslant \int_a^b g(x) \mathrm{d}x.$$

推论 5.1.2　　$\left| \int_a^b f(x) \mathrm{d}x \right| \leqslant \int_a^b |f(x)| \mathrm{d}x$，其中 $a < b$.

从几何直观上看，$\left| \int_a^b f(x) \mathrm{d}x \right|$ 有可能出现正、负面积相抵消的情况，如图 5-14(a) 所示；而 $\int_a^b |f(x)| \mathrm{d}x$ 则将全部负面积变成正面积，如图 5-14(b) 所示.

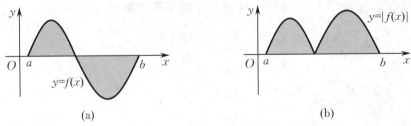

(a)　　　　　　　　　　　　(b)

图 5-14

推论 5.1.1 和推论 5.1.2 留给读者自行证明.

性质 5.1.4（积分值的估计）　　设 m 和 M 分别为函数 $f(x)$ 在 $[a, b]$ 上的最小值和最大值，则

$$m(b-a) \leqslant \int_a^b f(x) \mathrm{d}x \leqslant M(b-a).$$

证　　已知 $m \leqslant f(x) \leqslant M, x \in [a, b]$，则由推论 5.1.1 可得

$$\int_a^b m \mathrm{d}x \leqslant \int_a^b f(x) \mathrm{d}x \leqslant \int_a^b M \mathrm{d}x,$$

因此

$$m(b-a) \leqslant \int_a^b f(x)\mathrm{d}x \leqslant M(b-a).$$

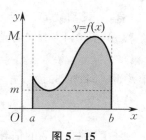

图 5 - 15

当 $f(x) \geqslant 0$ 时,性质 5.1.4 的几何意义是:曲线 $y = f(x)$ 与直线 $x = a, x = b$ 及 x 轴所围成的曲边梯形的面积介于闭区间 $[a,b]$ 上的两个分别以 $f(x)$ 在 $[a,b]$ 上的最小值 m 和最大值 M 为高的矩形面积之间,如图 5 - 15 所示.

性质 5.1.5(积分中值定理) 如果函数 $f(x)$ 在闭区间 $[a,b]$ 上连续,则在开区间 (a,b) 内至少存在一点 ξ,使得

$$\int_a^b f(x)\mathrm{d}x = f(\xi)(b-a).$$

证 因为函数 $f(x)$ 在 $[a,b]$ 上连续,所以它有最小值 m 与最大值 M. 现分两种情况.

(1) 当 $m \neq M$ 时,$f(x)$ 在 $[a,b]$ 上既不恒等于 m,也不恒等于 M,由性质 5.1.4 知

$$m(b-a) < \int_a^b f(x)\mathrm{d}x < M(b-a).$$

上式各项都除以 $b-a$,得

$$m < \frac{1}{b-a} \int_a^b f(x)\mathrm{d}x < M.$$

这表明,$\dfrac{1}{b-a} \displaystyle\int_a^b f(x)\mathrm{d}x$ 是介于 $f(x)$ 在 $[a,b]$ 上的最大值与最小值之间的一个数. 根据闭区间上连续函数的介值定理,在开区间 (a,b) 内至少存在一点 ξ,使得

$$f(\xi) = \frac{1}{b-a}\int_a^b f(x)\mathrm{d}x, \quad \text{即} \quad \int_a^b f(x)\mathrm{d}x = f(\xi)(b-a).$$

(2) 当 $m = M$ 时,$f(x)$ 在 $[a,b]$ 上恒为常数,即 $f(x) \equiv M$,于是在开区间 (a,b) 内每一点都可取为 ξ,使得 $\displaystyle\int_a^b f(x)\mathrm{d}x = f(\xi)(b-a)$.

性质 5.15 只说明了满足条件的点 ξ 的存在性,与微分中值定理一样,并未给出精确定位点 ξ 的方法.

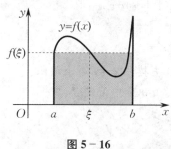

图 5 - 16

当 $f(x) \geqslant 0$ 时,积分中值定理的几何意义如图 5-16 所示,曲边 $y = f(x)$ 上存在一点 $(\xi, f(\xi))$,使得曲边梯形的面积等于以 $f(\xi)$ 为高的同底矩形的面积,所以从几何角度看,$f(\xi)$ 可以看作曲边梯形的曲顶的平均高度. 又注意到 $b-a$ 为积分区间的长度,所以从函数的角度,通常将

$$f(\xi) = \frac{1}{b-a}\int_a^b f(x)\mathrm{d}x$$

称为函数 $f(x)$ 在 $[a,b]$ 上的平均值. 因此,积分中值定理在这里解决了如何求一个连续变化量的平均值问题.

函数的平均值的概念在工程技术中有广泛用途,许多变量(如变电流的强度、电动势、气温、气压或速度等)往往需要用平均值来表示.

例 5.1.3 估计定积分 $\displaystyle\int_0^1 \mathrm{e}^{-x^2}\mathrm{d}x$ 的值.

解　设函数 $f(x) = e^{-x^2}$，则 $f(x)$ 在 $[0,1]$ 上连续，且 $f'(x) = -2xe^{-x^2} \leqslant 0, x \in [0,1]$，故 $f(x)$ 在 $[0,1]$ 上单调减少，即

$$e^{-1} = f(1) \leqslant f(x) \leqslant f(0) = 1, \quad x \in [0,1].$$

于是，根据推论 5.1.1，有

$$e^{-1} \leqslant \int_0^1 e^{-x^2} \, dx \leqslant 1.$$

注　例 5.1.3 的估算很不精确，更精确的估算方法见本节习题（B）的第六题，更详细的近似计算过程见下册.

例 5.1.4　比较下列各组定积分的大小：

(1) $\int_1^2 \dfrac{x}{\sin x} \, dx$ 与 $\int_1^2 \left(\dfrac{x}{\sin x} \right)^2 \, dx$；　　　　(2) $\int_0^1 \dfrac{x}{1+x} \, dx$ 与 $\int_0^1 \ln(1+x) \, dx$.

分析　在积分上、下限都相同的情况下，定积分的大小由被积函数的大小决定. 比较两个函数的大小，可以利用函数本身的图形关系或单调函数的单调性等方法来判断.

解　(1) 当 $x > 0$ 时，有 $\sin x < x$. 因此，当 $1 \leqslant x \leqslant 2$ 时，有 $\dfrac{x}{\sin x} > 1$，从而有

$$\left(\frac{x}{\sin x} \right)^2 > \frac{x}{\sin x}.$$

于是，有

$$\int_1^2 \frac{x}{\sin x} \, dx < \int_1^2 \left(\frac{x}{\sin x} \right)^2 \, dx.$$

(2) 令函数 $F(x) = \dfrac{x}{1+x} - \ln(1+x), x \in [0,1]$，则

$$F(0) = 0, \quad F'(x) = \frac{1}{(1+x)^2} - \frac{1}{1+x} = \frac{-x}{(1+x)^2}.$$

因此，当 $x \in [0,1]$ 时，$F'(x) \leqslant 0$，则 $F(x)$ 在 $[0,1]$ 上单调减少. 于是，有 $F(x) \leqslant F(0) = 0$，$x \in [0,1]$，即

$$\frac{x}{1+x} \leqslant \ln(1+x), \quad x \in [0,1],$$

由于不等式的等号仅在点 $x = 0$ 处成立，故 $\int_0^1 \dfrac{x}{1+x} \, dx < \int_0^1 \ln(1+x) \, dx$.

例 5.1.5　求 $\lim\limits_{r \to 0} \dfrac{1}{r} \int_0^r \cos x^2 e^{-x^2} \, dx$.

分析　此例极限中的定积分不易求，应先用积分中值定理去掉积分号，再求极限.

解　显然，被积函数 $\cos x^2 e^{-x^2}$ 在闭区间 $[0,r]$ 上连续，则由积分中值定理，有

$$\frac{1}{r} \int_0^r \cos x^2 e^{-x^2} \, dx = \cos \xi^2 e^{-\xi^2} \quad (0 < \xi < r).$$

因为 ξ 在 0 与 r 之间，所以当 $r \to 0$ 时，有 $\xi \to 0$. 因此

$$\lim_{r \to 0} \frac{1}{r} \int_0^r \cos x^2 e^{-x^2} \, dx = \lim_{\xi \to 0} \cos \xi^2 e^{-\xi^2} = 1.$$

例 5.1.6　已知函数 $f(x)$ 在闭区间 $[0,1]$ 上连续，在开区间 $(0,1)$ 内可导，且 $f(0) = 3\int_{\frac{2}{3}}^1 f(x) \, dx$. 证明：存在 $\xi \in (0,1)$，使得 $f'(\xi) = 0$.

证　由已知条件和积分中值定理可知,存在 $\eta \in \left(\dfrac{2}{3},1\right)$,使得

$$\int_{\frac{2}{3}}^{1} f(x)\,\mathrm{d}x = \frac{1}{3}f(\eta).$$

于是,由已知条件得 $f(\eta)=f(0)$,则 $f(x)$ 在闭区间 $[0,\eta]$ 上满足罗尔中值定理的条件,故存在 $\xi \in (0,\eta) \subset (0,1)$,使得 $f'(\xi)=0$.

思考题 5.1

1. 用定积分的定义求定积分 $\displaystyle\int_a^b c\,\mathrm{d}x$,其中 c 为常数.

2. 影响定积分 $\displaystyle\int_a^b f(x)\,\mathrm{d}x$ 的因素有哪些?

3. 在定积分的定义式 $\displaystyle\int_a^b f(x)\,\mathrm{d}x = \lim_{\lambda \to 0}\sum_{i=1}^{n} f(\xi_i)\Delta x_i$ 中,$\lambda \to 0$ 能否用 $n \to \infty$ 代替?为什么?

4. 我们知道,在求由不等式 $0 \leqslant y \leqslant x^2, 0 \leqslant x \leqslant 1$ 所确定的曲边三角形的面积,即定积分 $\displaystyle\int_0^1 x^2\,\mathrm{d}x$ 时,只要将闭区间 $[0,1]$ n 等分,并取每个小闭区间的右端点 $x_i = \dfrac{i}{n}$ $(i=1,2,\cdots,n)$ 作为点 ξ_i,写出黎曼和再取极限,便能求出面积.那么,为什么在定积分 $\displaystyle\int_a^b f(x)\,\mathrm{d}x$ 的定义中要强调把积分区间 $[a,b]$ 做任意划分且点 ξ_i 要任意选取?

习题 5.1

(A)

一、(1) 已知某导线内的电流强度 i 与时间 t 的函数关系为 $i = i(t)$,试用定积分表示从时刻 $t=0$ 到时刻 $t=T$ 这一段时间流过该导线横截面的电量;

(2) 写出长为 l 的非均匀细直棒质量的定积分表达式,已知其上任意一点 $x(0 \leqslant x \leqslant l)$ 处的线密度为 $\mu(x)$.

二、利用定积分的定义求 $\displaystyle\int_0^1 \mathrm{e}^x\,\mathrm{d}x$.

三、如何表述定积分的几何意义?利用定积分的几何意义,证明下列等式:

(1) $\displaystyle\int_0^1 2x\,\mathrm{d}x = 1$; 　　　　　　　　(2) $\displaystyle\int_0^1 \sqrt{1-x^2}\,\mathrm{d}x = \frac{\pi}{4}$;

(3) $\displaystyle\int_{-\pi}^{\pi} \sin x\,\mathrm{d}x = 0$; 　　　　　　(4) $\displaystyle\int_{-\frac{\pi}{2}}^{\frac{\pi}{2}} \cos x\,\mathrm{d}x = 2\int_0^{\frac{\pi}{2}} \cos x\,\mathrm{d}x$.

四、填空题(用">"或"<"填入横线上的空格处):

(1) $\displaystyle\int_0^1 x^2\,\mathrm{d}x$ _____ $\displaystyle\int_0^1 x^3\,\mathrm{d}x$; 　　(2) $\displaystyle\int_0^1 x\,\mathrm{d}x$ _____ $\displaystyle\int_0^1 \ln(1+x)\,\mathrm{d}x$;

(3) $\displaystyle\int_0^{\frac{\pi}{4}} \frac{\tan x}{x}\,\mathrm{d}x$ _____ $\displaystyle\int_0^{\frac{\pi}{4}} \frac{x}{\tan x}\,\mathrm{d}x$; 　　(4) $\displaystyle\int_0^{\pi} \mathrm{e}^{-x^2}\,\mathrm{d}x$ _____ $\displaystyle\int_{\pi}^{2\pi} \mathrm{e}^{-x^2}\,\mathrm{d}x$.

五、估计下列定积分的值:

(1) $\displaystyle\int_1^4 (x^2+1)\,\mathrm{d}x$; 　　　　　　(2) $\displaystyle\int_{\frac{\pi}{4}}^{\frac{5\pi}{4}} (1+\sin^2 x)\,\mathrm{d}x$.

六、证明: $\displaystyle\lim_{n \to \infty}\int_0^{\frac{1}{2}} \frac{x^n}{1+x}\,\mathrm{d}x = 0$.

七、证明不等式：$\dfrac{1}{2} < \displaystyle\int_0^{\frac{1}{2}} \dfrac{1}{\sqrt{1-x^n}}\mathrm{d}x < \dfrac{\pi}{6}(n>2)$.

（B）

一、(1) 如果在闭区间 $[a,b]$ 上 $f(x) \leqslant g(x)$，证明：$\displaystyle\int_a^b f(x)\mathrm{d}x \leqslant \int_a^b g(x)\mathrm{d}x$;

(2) 证明：$\left|\displaystyle\int_a^b f(x)\mathrm{d}x\right| \leqslant \int_a^b |f(x)|\,\mathrm{d}x$，其中 $a<b$.

二、求 $\displaystyle\lim_{n\to\infty}\int_n^{n+p} \dfrac{\sin x}{x}\mathrm{d}x$，其中 p,n 为自然数.

三、若函数 $f(x)$ 在闭区间 $[0,1]$ 上连续且单调减少，证明：对任意的 $a \in (0,1)$，均有

$$a\int_0^1 f(x)\mathrm{d}x \leqslant \int_0^a f(x)\mathrm{d}x.$$

四、(积分中值定理的推广) 设函数 $f(x),g(x)$ 在闭区间 $[a,b]$ 上连续，且 $g(x)$ 在 $[a,b]$ 上不变号. 证明：在闭区间 $[a,b]$ 内至少存在一点 ξ，使得

$$\int_a^b f(x)g(x)\mathrm{d}x = f(\xi)\int_a^b g(x)\mathrm{d}x.$$

五、(1) 利用定积分的定义计算 $\displaystyle\int_a^b x\mathrm{d}x(a<b)$;

(2) 将和式极限 $\displaystyle\lim_{n\to\infty}\dfrac{1}{n}\left[\sin\dfrac{\pi}{n}+\sin\dfrac{2\pi}{n}+\cdots+\sin\dfrac{(n-1)\pi}{n}\right]$ 表示成定积分的形式.

六、在实际问题中，常用抛物线法计算定积分 $\displaystyle\int_a^b f(x)\mathrm{d}x$ 的近似值①. 这个方法的基本思想是先将积分区间 $[a,b]$ 分成 n(偶数)等份，如图 5-17 所示，再过任意两个相邻小闭区间在曲线 $y=f(x)$ 上的三个分点（为了方便计算，可以平移原本的直角坐标系，使得这三个分点的坐标分别为 $M_0'(-h,y_0)$，$M_1'(0,y_1)$，$M_2'(h,y_2)$，如图 5-18 所示，其中 $h=\dfrac{b-a}{n}$）作抛物线 $y=px^2+qx+r$，用来近似代替曲线 $y=f(x)$，从而得到这两个小闭区间上的曲边梯形面积的近似值，最后得到 $\displaystyle\int_a^b f(x)\mathrm{d}x$ 的近似值. 该抛物线方程中的常数 p,q,r 可由方程组

$$\begin{cases} y_0 = ph^2 - qh + r, \\ y_1 = r, \\ y_2 = ph^2 + qh + r \end{cases}$$

所确定，解得 $2ph^2 = y_0 - 2y_1 + y_2$. 于是，以该抛物线为曲边、以小闭区间 $[-h,h]$ 为底边的小曲边梯形(见图 5-18 阴影部分)的面积为

$$A = \int_{-h}^h (px^2+qx+r)\mathrm{d}x = \dfrac{2}{3}ph^3 + 2rh = \dfrac{1}{3}h(2ph^2+6r) = \dfrac{1}{3}h(y_0+4y_1+y_2),$$

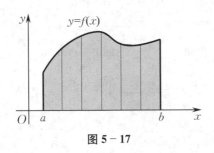

图 5-17

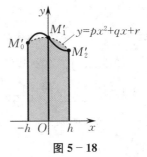

图 5-18

① 该算法的详细近似计算过程见下册.

此即为所选两个小闭区间上以 $y = f(x)$ 为曲边的曲边梯形面积的近似值. 故由所选两个小闭区间的任意性可得

$$\int_a^b f(x)\mathrm{d}x \approx \frac{b-a}{3n}\big[(y_0 + y_n) + 2(y_2 + y_4 + \cdots + y_{n-2}) + 4(y_1 + y_3 + \cdots + y_{n-1})\big],$$

这里的 $y_0, y_1, y_2, \cdots, y_n$ 依次是曲线 $y = f(x)$ 上从左到右的 $n+1$ 个分点的纵坐标. 上式称为**抛物线法公式**或**辛普森**(Simpson)**公式**.

试用辛普森公式计算定积分 $\int_0^1 \mathrm{e}^{-x^2}\mathrm{d}x$ 的近似值(取 $n = 10$, 计算时取四位小数).

第二节　微积分基本公式

从例 5.1.2 中可以看出, 即使是 $\int_0^1 x^2\mathrm{d}x$ 这样简单的定积分, 直接按定义由黎曼和的极限来计算定积分也是很麻烦的. 在古代, 阿基米德曾巧妙地运用"分割、近似、求和、取极限"的方法解决某些二次曲线所围成的平面图形的面积问题, 但其采取的方法都具有特殊技巧, 缺乏普遍性. 因此, 人们一直在寻求简便、统一的方法来计算定积分. 本节将通过揭示定积分与不定积分之间的内在联系, 引出这一简便的定积分计算公式, 即微积分基本公式.

一、积分上限的函数及其导数

先看一个实例.

实例 5.2.1　以速度 $v(t)$ 做变速直线运动的物体, 在时间间隔 $[t_0, t_1]$ 内经过的路程为 $s = \int_{t_0}^{t_1} v(t)\mathrm{d}t$. 另一方面, 若已知物体的运动方程 $s = s(t)$, 则它在时间间隔 $[t_0, t_1]$ 内经过的路程为 $s(t_1) - s(t_0)$. 由此可见, 位置函数 $s(t)$ 与速度函数 $v(t)$ 之间有如下关系式成立:

$$\int_{t_0}^{t_1} v(t)\mathrm{d}t = s(t_1) - s(t_0).$$

注意到 $s'(t) = v(t)$, 即 $s(t)$ 是 $v(t)$ 的一个原函数. 由上式可以看出, $v(t)$ 在 $[t_0, t_1]$ 的定积分可以用它的一个原函数 $s(t)$ 在该区间两端点处的函数值之差来表示.

这是不是一个普遍的规律呢? 再看一个实例.

实例 5.2.2　如图 5-19 所示, 闭区间 $[a, b]$ 上以非负连续函数 $y = f(x)$ 为曲边的曲边梯形 $ABCD$ 的面积为 $S = \int_a^b f(x)\mathrm{d}x$. 另外, 对于任意的 $x \in [a, b]$, 记闭区间 $[a, x]$ 上所对应的曲边梯形 $AEFD$ 的面积为 $\Phi(x)$, 它是 x 的函数, 称为**面积函数**. 显然, $\Phi(a) = 0$. 因此, 曲边梯形 $ABCD$ 的面积又可以表示为 $S = \Phi(b) - \Phi(a)$. 这样一来, 就有

$$\int_a^b f(x)\mathrm{d}x = \Phi(b) - \Phi(a).$$

再深入分析图 5-19, 根据定积分的几何意义, 有

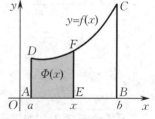

图 5-19

$$\Phi(x) = \int_a^x f(t)\mathrm{d}t.$$

那么,实例 5.2.2 中面积函数 $\Phi(x) = \int_a^x f(t)\mathrm{d}t$ 与已知的函数 $f(x)$ 到底有什么关系呢? 下面将进一步讨论.

定义 5.2.1 设函数 $f(x)$ 在闭区间 $[a,b]$ 上可积,称

$$\Phi(x) = \int_a^x f(x)\mathrm{d}x, \quad x \in [a,b]$$

为 $f(x)$ 在 $[a,b]$ 上的**积分上限的函数**(或**变上限积分**).

积分变量与积分上限用同一字母表示容易造成理解上的误会. 因为定积分的值与积分变量的符号无关,所以可用 t 代替积分变量 x,于是上式可写成

$$\Phi(x) = \int_a^x f(t)\mathrm{d}t, \quad x \in [a,b].$$

相应地,称

$$\Phi(x) = \int_x^b f(t)\mathrm{d}t, \quad x \in [a,b]$$

为 $f(x)$ 在 $[a,b]$ 上的**积分下限的函数**.

积分上限的函数的几何意义是:若函数 $f(x)$ 在闭区间 $[a,b]$ 上连续,且 $f(x) \geqslant 0$,则积分上限的函数 $\Phi(x)$ 就是闭区间 $[a,x]$ 上以曲线 $y = f(x)$ 为曲边的曲边梯形的面积(见图 5-19 的阴影部分). 积分上限的函数具有如下定理.

定理 5.2.1(微积分第一基本定理) 如果函数 $f(x)$ 在闭区间 $[a,b]$ 上连续,则积分上限的函数 $\Phi(x) = \int_a^x f(t)\mathrm{d}t$ 在 $[a,b]$ 上可导,且

$$\Phi'(x) = \left(\int_a^x f(t)\mathrm{d}t\right)' = f(x), \quad x \in [a,b].$$

证 设 $x \in (a,b)$,取 $|\Delta x|$ 充分小,使得 $x + \Delta x \in (a,b)$,则

$$\Phi(x+\Delta x) - \Phi(x) = \int_a^{x+\Delta x} f(t)\mathrm{d}t - \int_a^x f(t)\mathrm{d}t = \int_x^{x+\Delta x} f(t)\mathrm{d}t.$$

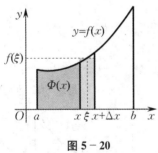

图 5-20

根据积分中值定理,有

$$\int_x^{x+\Delta x} f(t)\mathrm{d}t = f(\xi)\Delta x,$$

其中 ξ 在 x 与 $x + \Delta x$ 之间,如图 5-20 所示.

由于函数 $f(x)$ 在点 x 处连续,且当 $\Delta x \to 0$ 时,有 $\xi \to x$,因此

$$\lim_{\Delta x \to 0} \frac{\Phi(x+\Delta x) - \Phi(x)}{\Delta x} = \lim_{\Delta x \to 0} \frac{f(\xi)\Delta x}{\Delta x} = \lim_{\xi \to x} f(\xi) = f(x),$$

即

$$\Phi'(x) = \left(\int_a^x f(t)\mathrm{d}t\right)' = f(x).$$

若 $x = a$,取 $\Delta x > 0$,则同理可证 $\Phi'_+(a) = f(a)$;若 $x = b$,取 $\Delta x < 0$,则同理可证 $\Phi'_-(b) = f(b)$.

推论 5.2.1 如果函数 $f(x)$ 在闭区间 $[a,b]$ 上连续,那么积分上限的函数 $\Phi(x) = \int_a^x f(t)\mathrm{d}t$ 就是 $f(x)$ 的一个原函数.

微积分第一基本定理建立了导数与积分之间的联系,同时也证明了在第四章第一节中

引用过但未加以证明的结论：在某区间 I 上连续的函数在 I 上一定存在原函数. 例如，$\int_0^x \dfrac{\sin t}{t}\mathrm{d}t$ 是函数 $\dfrac{\sin x}{x}$ 的一个原函数.

变上限积分给出了定义函数的一种新手段，这种手段不同于对函数做初等的四则运算，它扩展了函数的表达形式. 具有这种表达形式的函数在物理学、化学、统计学中有广泛的应用. 例如，在概率论中，服从标准正态分布的随机变量落在区间 $[0,x]$ 上的概率为 $\dfrac{1}{\sqrt{2\pi}}\int_0^x \mathrm{e}^{-\frac{t^2}{2}}\mathrm{d}t$，它是一个非初等函数，在概率统计中有着广泛的应用. 又如，以法国物理学家菲涅耳(Fresnel)的名字命名的**菲涅耳函数** $S(x)=\int_0^x \sin\dfrac{\pi t^2}{2}\mathrm{d}t$，它最初出现在光波衍射理论中，现在已经被应用于高速公路的设计中. 通过定理 5.2.1，可知菲涅耳函数 $S(x)$ 的导数为 $S'(x)=\sin\dfrac{\pi x^2}{2}$，这使得我们可以利用微分学的方法进一步地去研究 $S(x)$ 的一些性质，如单调性、凹凸性、最值等.

例 5.2.1 求：(1) $\dfrac{\mathrm{d}}{\mathrm{d}x}\int_a^b \sin x^2\mathrm{d}x$；(2) $\dfrac{\mathrm{d}}{\mathrm{d}a}\int_a^b \sin x^2\mathrm{d}x$；(3) $\dfrac{\mathrm{d}}{\mathrm{d}b}\int_a^b \sin x^2\mathrm{d}x$.

解 $\int_a^b \sin x^2\mathrm{d}x$ 的积分结果是 a,b 的表达式.

(1) $\dfrac{\mathrm{d}}{\mathrm{d}x}\int_a^b \sin x^2\mathrm{d}x=0$.

(2) $\dfrac{\mathrm{d}}{\mathrm{d}a}\int_a^b \sin x^2\mathrm{d}x=-\sin a^2$.

(3) $\dfrac{\mathrm{d}}{\mathrm{d}b}\int_a^b \sin x^2\mathrm{d}x=\sin b^2$.

思考 试求 $\mathrm{d}\left(\int_a^x \sin t^2\mathrm{d}t\right)(a\leqslant x\leqslant b)$.

例 5.2.2 若函数 $f(x)$ 连续，函数 $\varphi(x)$ 和 $\psi(x)$ 可导. 设函数 $F(x)=\int_{\psi(x)}^{\varphi(x)} f(t)\mathrm{d}t$(称为积分变限函数)，求 $F'(x)$.

解 设函数 $\Phi(x)=\int_a^x f(t)\mathrm{d}t$，因此
$$F(x)=\int_{\psi(x)}^a f(t)\mathrm{d}t+\int_a^{\varphi(x)} f(t)\mathrm{d}t=\int_a^{\varphi(x)} f(t)\mathrm{d}t-\int_a^{\psi(x)} f(t)\mathrm{d}t=\Phi(\varphi(x))-\Phi(\psi(x)).$$
再由复合函数求导的链式法则，有
$$F'(x)=\Phi'(\varphi(x))\varphi'(x)-\Phi'(\psi(x))\psi'(x)=f(\varphi(x))\varphi'(x)-f(\psi(x))\psi'(x).$$
因此，可以得到积分变限函数 $F(x)$ 的求导公式为
$$F'(x)=\left(\int_{\psi(x)}^{\varphi(x)} f(t)\mathrm{d}t\right)'=f(\varphi(x))\varphi'(x)-f(\psi(x))\psi'(x).$$

例 5.2.3 求下列函数的导数：

(1) $\int_0^{x^3} \dfrac{\mathrm{d}t}{1+\sin^3 t}$；

(2) $\int_{2x}^{\sin x} t\sin^2 t\mathrm{d}t$；

(3) $\int_a^x xf(t)\mathrm{d}t$，其中 $x\in[a,b]$，$f(t)$ 是 $[a,b]$ 上的连续函数；

(4) $\int_0^x f(x+t)\mathrm{d}t$，其中 $f(x)$ 是连续函数.

解 (1) $\left(\int_0^{x^3}\dfrac{\mathrm{d}t}{1+\sin^3 t}\right)' = \dfrac{1}{1+\sin^3 x^3}\cdot(x^3)' = \dfrac{3x^2}{1+\sin^3 x^3}.$

(2) $\left(\int_{2x}^{\sin x}t\sin^2 t\,\mathrm{d}t\right)' = \sin x\sin^2(\sin x)\cdot(\sin x)' - 2x\sin^2(2x)\cdot(2x)'$

$\qquad\qquad\qquad\qquad = \sin x\sin^2(\sin x)\cdot\cos x - 2x\sin^2(2x)\cdot 2$

$\qquad\qquad\qquad\qquad = \dfrac{1}{2}\sin 2x\sin^2(\sin x) - 4x\sin^2(2x).$

(3) 令函数 $g(x) = \int_a^x xf(t)\mathrm{d}t$，由于被积表达式中含有函数 $g(x)$ 的自变量 x，故不能直接使用积分上限的函数的求导公式. 注意到在积分过程中 x 是一个与积分变量 t 无关的常量，于是根据定积分的性质，有

$$\int_a^x xf(t)\mathrm{d}t = x\int_a^x f(t)\mathrm{d}t,$$

故 $\qquad\left(\int_a^x xf(t)\mathrm{d}t\right)' = \left(x\int_a^x f(t)\mathrm{d}t\right)' = \int_a^x f(t)\mathrm{d}t + xf(x).$

(4) $\dfrac{\mathrm{d}}{\mathrm{d}x}\int_0^x f(x+t)\mathrm{d}t \xlongequal{\text{令}\,u=x+t} \dfrac{\mathrm{d}}{\mathrm{d}x}\int_x^{2x} f(u)\mathrm{d}u = 2f(2x)-f(x).$

注 用积分变限函数的求导公式时，凡与积分变量无关的乘积因子都可以先移到积分号外或通过变量代换移到积分限上，再应用求导公式求导.

例5.2.4 求 $\lim\limits_{x\to 0}\dfrac{\int_0^x(\mathrm{e}^t-\mathrm{e}^{-t})\mathrm{d}t}{1-\cos x}.$

解 由积分上限的函数可导可知其连续，于是当 $x\to 0$ 时，所求极限的分子

$$\int_0^x(\mathrm{e}^t-\mathrm{e}^{-t})\mathrm{d}t \to \int_0^0(\mathrm{e}^t-\mathrm{e}^{-t})\mathrm{d}t = 0.$$

因此，所求极限是一个 $\dfrac{0}{0}$ 型未定式，由洛必达法则有

$$\lim_{x\to 0}\frac{\int_0^x(\mathrm{e}^t-\mathrm{e}^{-t})\mathrm{d}t}{1-\cos x} = \lim_{x\to 0}\frac{\mathrm{e}^x-\mathrm{e}^{-x}}{\sin x} = \lim_{x\to 0}\frac{\mathrm{e}^x+\mathrm{e}^{-x}}{\cos x} = 2.$$

例5.2.5 设方程 $\int_0^y \mathrm{e}^{t^2}\mathrm{d}t + \int_{x^2}^1 \cos\sqrt{t}\,\mathrm{d}t = 0$ 可确定 y 是 x 的函数，求 y'.

解 方程两边同时对 x 求导数，得

$$\mathrm{e}^{y^2}\cdot y' - \cos\sqrt{x^2}\cdot 2x = 0,\quad\text{即}\quad y' = 2x\mathrm{e}^{-y^2}\cos\sqrt{x^2}.$$

例5.2.6 若函数 $f(x)$ 在闭区间 $[a,b]$ 上连续，在开区间 (a,b) 内可导，且 $f'(x)\leqslant 0$. 设函数 $F(x) = \dfrac{1}{x-a}\int_a^x f(t)\mathrm{d}t$，证明：$F'(x)\leqslant 0, x\in(a,b)$.

证 根据导数的四则运算法则，$\forall x\in(a,b)$，有

$$F'(x) = \frac{f(x)(x-a) - \int_a^x f(t)\mathrm{d}t}{(x-a)^2} \xlongequal{\text{积分中值定理}} \frac{f(x)-f(\xi)}{x-a}\quad(a<\xi<x).$$

又因为 $f'(x) \leqslant 0$，所以 $f(x) \leqslant f(\xi)$，故 $F'(x) \leqslant 0, x \in (a,b)$.

例 5.2.7 若函数 $f(x)$ 在 $(-\infty, +\infty)$ 上连续，且 $f(x)$ 单调减少. 设函数 $F(x) = \int_0^x (x - 2t) f(t) \mathrm{d}t$，证明：$F(x)$ 单调增加.

证 显然，$F(x) = x \int_0^x f(t) \mathrm{d}t - 2 \int_0^x t f(t) \mathrm{d}t$，故

$$F'(x) = \frac{\mathrm{d}}{\mathrm{d}x} \left(x \int_0^x f(t) \mathrm{d}t \right) - 2 \frac{\mathrm{d}}{\mathrm{d}x} \int_0^x t f(t) \mathrm{d}t = \int_0^x f(t) \mathrm{d}t + x f(x) - 2x f(x)$$

$$= \int_0^x f(t) \mathrm{d}t - x f(x) = \int_0^x (f(t) - f(x)) \mathrm{d}t.$$

因为当 $0 \leqslant t \leqslant x$ 时，$f(t) - f(x) \geqslant 0$，且 $f(t) - f(x)$ 不恒等于 0，所以 $F'(x) > 0$，即 $F(x)$ 单调增加.

注 在遇到不易积分或不需要计算定积分的值时，可利用积分变限函数的求导公式或积分中值定理去掉积分号.

二、牛顿-莱布尼茨公式

有了上面的准备，容易证明如下极为重要的结果.

定理 5.2.2 若函数 $f(x)$ 在闭区间 $[a,b]$ 上连续，$F(x)$ 是 $f(x)$ 的一个原函数，则

$$\int_a^b f(x) \mathrm{d}x = F(b) - F(a).$$

这个公式称为**微积分基本公式**，也称为**牛顿-莱布尼茨公式**. 为了书写方便，通常用 $\left[F(x) \right]_a^b$ 或 $F(x) \Big|_a^b$ 来表示 $F(b) - F(a)$.

证 由于 $F(x)$ 和 $\Phi(x) = \int_a^x f(t) \mathrm{d}t$ 都为 $f(x)$ 的原函数，从而有

$$F(x) - \Phi(x) = C, \quad x \in [a,b].$$

令 $x = a$，则有 $F(a) = \Phi(a) + C = \int_a^a f(t) \mathrm{d}t + C = C$；再令 $x = b$，则有 $F(b) - \Phi(b) = C = F(a)$. 因此，有

$$\int_a^b f(x) \mathrm{d}x = \Phi(b) = F(b) - F(a).$$

注 （1）定理 5.2.2 指明了求连续函数 $f(x)$ 的定积分可以转化为求 $f(x)$ 的原函数的问题. 这就是我们在第四章中学习各种求原函数的方法的原因.

（2）历史上，微分学源于求曲线的切线的问题，积分学源于求曲边形的面积的问题. 开始时，它们是平行发展、互不相干的两个问题. 直至 17 世纪下半叶，牛顿和莱布尼茨才各自独立地发现了微积分基本公式 —— 牛顿-莱布尼茨公式，这在微分学和积分学之间架起了一座桥梁. 牛顿-莱布尼茨公式形式简单，却深刻地揭示了微分与积分这两种"互逆"运算的内在联系，是大学数学中非常重要的公式之一. 它不仅为定积分的计算提供了简便方法，而且在理论上标志着微积分体系的形成.

例 5.2.8 求定积分 $\int_0^1 x^2 \mathrm{d}x$.

解 因为 $\dfrac{1}{3}x^3$ 是 x^2 的一个原函数，所以 $\displaystyle\int_0^1 x^2 \mathrm{d}x = \dfrac{1}{3}x^3 \Big|_0^1 = \dfrac{1}{3} - 0 = \dfrac{1}{3}$.

注 例 5.1.2 中曾利用定义计算定积分 $\displaystyle\int_0^1 x^2 \mathrm{d}x$ 的值，两者比较，显然这个计算方法简单多了.

例 5. 2. 9 设 $x > 0$，求变上限积分 $\displaystyle\int_1^x \dfrac{1}{t} \mathrm{d}t$.

解 由牛顿-莱布尼茨公式，有 $\displaystyle\int_1^x \dfrac{1}{t} \mathrm{d}t = \ln t \Big|_1^x = \ln x$.

注 例 5.2.9 的结果表明，可以将对数函数 $\ln x$ 定义为连续函数 $\dfrac{1}{t}$ 从 1 到 x 的定积分.
这是一个用变上限积分来定义函数的例子.

例 5. 2. 10 求下列定积分：

(1) $\displaystyle\int_{-2}^{-1} \dfrac{\mathrm{d}x}{x}$；
(2) $\displaystyle\int_0^{\frac{\pi}{2}} \sin^2 \dfrac{x}{2} \mathrm{d}x$.

解 (1) 已知 $(\ln|x|)' = \dfrac{1}{x}$，则由牛顿-莱布尼茨公式得

$$\int_{-2}^{-1} \dfrac{\mathrm{d}x}{x} = \ln|x| \Big|_{-2}^{-1} = 0 - \ln 2 = -\ln 2.$$

(2) $\displaystyle\int_0^{\frac{\pi}{2}} \sin^2 \dfrac{x}{2} \mathrm{d}x = \dfrac{1}{2}\int_0^{\frac{\pi}{2}} (1 - \cos x) \mathrm{d}x = \dfrac{1}{2}(x - \sin x) \Big|_0^{\frac{\pi}{2}} = \dfrac{1}{2}\left(\dfrac{\pi}{2} - 1\right).$

如果被积函数分段连续，则不能直接用牛顿-莱布尼茨公式计算该函数的定积分. 在这种情况下，可以先分段求定积分，再利用定积分的区间可加性来计算所求的定积分.

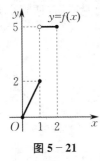

图 5-21

例 5. 2. 11 设函数 $f(x) = \begin{cases} 2x, & 0 \leqslant x \leqslant 1, \\ 5, & 1 < x \leqslant 2, \end{cases}$ 求定积分 $\displaystyle\int_0^2 f(x) \mathrm{d}x$.

解 函数 $y = f(x)$ 的图形如图 5-21 所示，由性质 5.1.2，有
$$\int_0^2 f(x) \mathrm{d}x = \int_0^1 2x \mathrm{d}x + \int_1^2 5 \mathrm{d}x = x^2 \Big|_0^1 + 5x \Big|_1^2 = 6.$$

例 5. 2. 12 求下列定积分：

(1) $\displaystyle\int_0^3 \dfrac{x}{\sqrt{x+1}} \mathrm{d}x$；
(2) $\displaystyle\int_0^{2\pi} |\sin x| \mathrm{d}x$.

解 (1) $\displaystyle\int_0^3 \dfrac{x}{\sqrt{x+1}} \mathrm{d}x = \int_0^3 \dfrac{x+1-1}{\sqrt{x+1}} \mathrm{d}x = \int_0^3 \left(\sqrt{1+x} - \dfrac{1}{\sqrt{x+1}}\right) \mathrm{d}x$

$$= \left[\dfrac{2}{3}(1+x)^{\frac{3}{2}} - 2(1+x)^{\frac{1}{2}}\right]\Big|_0^3 = \dfrac{8}{3}.$$

(2) $\displaystyle\int_0^{2\pi} |\sin x| \mathrm{d}x = \int_0^{\pi} \sin x \mathrm{d}x - \int_{\pi}^{2\pi} \sin x \mathrm{d}x = -\cos x \Big|_0^{\pi} + \cos x \Big|_{\pi}^{2\pi} = 4.$

例 5. 2. 13 已知函数 $f(x) = \begin{cases} x, & 0 \leqslant x \leqslant 1, \\ 1, & x > 1, \end{cases}$ 求积分上限的函数

$$F_1(x) = \int_0^x f(t)\mathrm{d}t \quad 及 \quad F_2(x) = \int_1^x f(t)\mathrm{d}t$$

在 $[0,+\infty)$ 上的表达式.

解　先求 $F_1(x)$ 的表达式. 当 $0 \leqslant x \leqslant 1$ 时, $F_1(x)$ 取值为如图 $5-22(a)$ 所示的阴影部分的面积, 即

$$F_1(x) = \int_0^x f(t)\mathrm{d}t = \int_0^x t\mathrm{d}t = \frac{x^2}{2}.$$

当 $x > 1$ 时, $F_1(x)$ 取值为如图 $5-22(b)$ 所示的阴影部分的面积, 即

$$F_1(x) = \int_0^x f(t)\mathrm{d}t = \int_0^1 t\mathrm{d}t + \int_1^x \mathrm{d}t = x - \frac{1}{2}.$$

因此

$$F_1(x) = \begin{cases} \dfrac{x^2}{2}, & 0 \leqslant x \leqslant 1, \\[2mm] x - \dfrac{1}{2}, & x > 1. \end{cases}$$

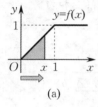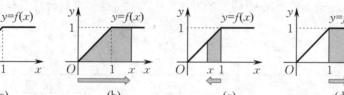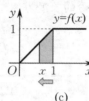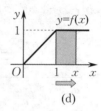

图 $5-22$

再求 $F_2(x)$ 的表达式. 当 $0 \leqslant x \leqslant 1$ 时, $F_2(x)$ 取值为如图 $5-22(c)$ 所示的阴影部分面积的相反数, 即

$$F_2(x) = \int_1^x f(t)\mathrm{d}t = \int_1^x t\mathrm{d}t = \frac{x^2-1}{2}.$$

当 $x > 1$ 时, $F_2(x)$ 取值为如图 $5-22(d)$ 所示的阴影部分的面积, 即

$$F_2(x) = \int_1^x f(t)\mathrm{d}t = \int_1^x \mathrm{d}t = x - 1.$$

因此

$$F_2(x) = \begin{cases} \dfrac{x^2-1}{2}, & 0 \leqslant x \leqslant 1, \\[2mm] x - 1, & x > 1. \end{cases}$$

例 5.2.14　设函数 $f(x)$ 连续, 且 $f(x) = x + 2\int_0^1 f(t)\mathrm{d}t$, 求 $f(x)$.

分析　注意到定积分 $\int_0^1 f(t)\mathrm{d}t$ 是一个常数.

解　令 $a = \int_0^1 f(t)\mathrm{d}t$, 则 $f(x) = x + 2a$. 将此等式两边同时求 $[0,1]$ 上的定积分, 得

$$\int_0^1 f(x)\mathrm{d}x = \int_0^1 (x+2a)\mathrm{d}x = \frac{1}{2} + 2a,$$

则 $a = \dfrac{1}{2} + 2a$, 即 $a = -\dfrac{1}{2}$. 因此 $f(x) = x - 1$.

定积分也可以用来计算一些通项为和式的数列的极限.

例 5.2.15　求 $\lim\limits_{n\to\infty} \dfrac{(1 + 2^3 + 3^3 + \cdots + n^3)}{n^4}$.

解 $\lim\limits_{n\to\infty}\dfrac{(1+2^3+3^3+\cdots+n^3)}{n^4}=\lim\limits_{n\to\infty}\sum\limits_{i=1}^{n}\left(\dfrac{i}{n}\right)^3\cdot\dfrac{1}{n}$，它可以看作函数 $f(x)=x^3$ 在闭区间 $[0,1]$ 上的特殊黎曼和的极限. 事实上，此极限相当于把闭区间 $[0,1]$ n 等分，并取点 $\xi_i(i=1,2,\cdots,n)$ 为 $\left[\dfrac{i-1}{n},\dfrac{i}{n}\right]$ 的右端点 $\left(\xi_i=\dfrac{i}{n},f(\xi_i)=\left(\dfrac{i}{n}\right)^3\right)$ 所构成的黎曼和极限. 故由定积分定义，有

$$\lim_{n\to\infty}\frac{(1+2^3+3^3+\cdots+n^3)}{n^4}=\int_0^1 x^3\,\mathrm{d}x=\frac{1}{4}x^4\Big|_0^1=\frac{1}{4}.$$

例 5.2.16 设函数 $f(x)$ 在闭区间 $[a,b]$ 上可积，证明：

$$\lim_{n\to\infty}\frac{1}{n}\sum_{i=1}^{n}f\left(a+\frac{i(b-a)}{n}\right)=\frac{1}{b-a}\int_a^b f(x)\,\mathrm{d}x.$$

证 因为函数 $f(x)$ 是可积的，所以可将闭区间 $[a,b]$ n 等分，并取点 $\xi_i=a+\dfrac{i(b-a)}{n}(i=1,2,\cdots,n)$，如图 5-23 所示，每份的长度为 $\Delta x_i=\dfrac{b-a}{n}$，这样得到的黎曼和为

$$\sum_{i=1}^{n}f(\xi_i)\Delta x_i=\sum_{i=1}^{n}f\left(a+\frac{i(b-a)}{n}\right)\frac{b-a}{n}.$$

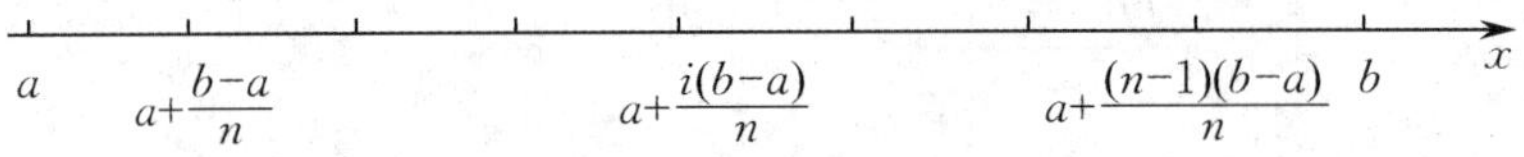

图 5-23

因此

$$\lim_{n\to\infty}\frac{1}{n}\sum_{i=1}^{n}f\left(a+\frac{i(b-a)}{n}\right)=\frac{1}{b-a}\lim_{n\to\infty}\sum_{i=1}^{n}f\left(a+\frac{i(b-a)}{n}\right)\frac{b-a}{n}$$

$$=\frac{1}{b-a}\lim_{n\to\infty}\sum_{i=1}^{n}f(\xi_i)\Delta x_i=\frac{1}{b-a}\int_a^b f(x)\,\mathrm{d}x.$$

注 利用定积分的定义求和式极限的关键是：仔细分析所求和式，选择适当的可积函数与积分区间.

思考题 5.2

1. 设在某区间 I 上，函数 $f(x)$ 连续，$F'(x)=f(x)$，判断下列等式是否成立 $(a,b\in I)$：

(1) $\displaystyle\int f(x)\mathrm{d}x=\int_a^x f(x)\mathrm{d}x+C$；

(2) $\displaystyle\int f(x)\mathrm{d}x=C-\int_x^b f(x)\mathrm{d}x$；

(3) $\displaystyle\int_a^b f(t)\mathrm{d}t=\int_a^b f(u)\mathrm{d}u$；

(4) $\displaystyle\int_a^x F'(x)\mathrm{d}x=F(x)$；

(5) $\displaystyle\frac{\mathrm{d}}{\mathrm{d}x}\int_a^x f(t)\mathrm{d}t=\frac{\mathrm{d}}{\mathrm{d}x}\int f(x)\mathrm{d}x$；

(6) $\displaystyle\int F'(x)\mathrm{d}x=F(x)$.

2. 试问：$x\displaystyle\int_a^x f(x)\mathrm{d}x,\int_a^x xf(x)\mathrm{d}x,\int_a^x xf(t)\mathrm{d}t$ 这三个表达式是否表示同一个函数？

3. 在什么条件下，牛顿-莱布尼茨公式 $\displaystyle\int_a^b f(x)\mathrm{d}x=F(b)-F(a)$ 成立？

4. 判断下面的计算是否正确：

$$\int_{\frac{\pi}{4}}^{\pi}\sqrt{\frac{1+\cos 2x}{2}}\,\mathrm{d}x=\int_{\frac{\pi}{4}}^{\pi}\sqrt{\cos^2 x}\,\mathrm{d}x=\int_{\frac{\pi}{4}}^{\pi}\cos x\,\mathrm{d}x=\sin x\Big|_{\frac{\pi}{4}}^{\pi}=-\frac{\sqrt{2}}{2}.$$

习　题　5.2

（A）

一、填空题：

(1) $\dfrac{\mathrm{d}}{\mathrm{d}x}\displaystyle\int_0^x \sin t^2\,\mathrm{d}t=$ _____；　　(2) $\dfrac{\mathrm{d}}{\mathrm{d}x}\displaystyle\int_0^{x^2}\sin t^2\,\mathrm{d}t=$ _____；

(3) $\dfrac{\mathrm{d}}{\mathrm{d}x}\displaystyle\int \sin x^2\,\mathrm{d}x=$ _____；　　(4) $\dfrac{\mathrm{d}}{\mathrm{d}x}\displaystyle\int_0^1 \sin x^2\,\mathrm{d}x=$ _____；

(5) $\dfrac{\mathrm{d}}{\mathrm{d}x}\displaystyle\int_{x^2}^{x^3}\dfrac{\mathrm{d}t}{\sqrt{1+t^4}}=$ _____．

二、求参数方程 $\begin{cases} x=\displaystyle\int_0^t \sin u\,\mathrm{d}u, \\ y=\displaystyle\int_0^t \cos u\,\mathrm{d}u \end{cases}$ 所确定的函数 y 对 x 的导数．

三、求方程 $\displaystyle\int_0^y \mathrm{e}^t\,\mathrm{d}t+\int_0^x \cos t\,\mathrm{d}t=0$ 所确定的隐函数 y 对 x 的导数．

四、求下列定积分：

(1) $\displaystyle\int_{-\mathrm{e}-1}^{-2}\dfrac{\mathrm{d}x}{1+x}$;　　(2) $\displaystyle\int_0^{\frac{\pi}{4}}\tan^2\theta\,\mathrm{d}\theta$;　　(3) $\displaystyle\int_0^{2\pi}|\sin x|\,\mathrm{d}x$;

(4) $\displaystyle\int_0^2 f(x)\,\mathrm{d}x$,其中 $f(x)=\begin{cases} x+1, & x\leqslant 1, \\ \dfrac{1}{2}x^2, & x>1. \end{cases}$

五、设 $k,l\in\mathbf{N}^*$,验证下列等式①：

(1) $\displaystyle\int_{-\pi}^{\pi}1\,\mathrm{d}x=2\pi$;　　(2) $\displaystyle\int_{-\pi}^{\pi}\sin^2 kx\,\mathrm{d}x=\pi$;

(3) $\displaystyle\int_{-\pi}^{\pi}\cos^2 kx\,\mathrm{d}x=\pi$;　　(4) $\displaystyle\int_{-\pi}^{\pi}\sin kx\,\mathrm{d}x=0$;

(5) $\displaystyle\int_{-\pi}^{\pi}\cos kx\,\mathrm{d}x=0$;　　(6) $\displaystyle\int_{-\pi}^{\pi}\sin kx\cos lx\,\mathrm{d}x=0$;

(7) $\displaystyle\int_{-\pi}^{\pi}\sin kx\sin lx\,\mathrm{d}x=0$,其中 $k\neq l$;　　(8) $\displaystyle\int_{-\pi}^{\pi}\cos kx\cos lx\,\mathrm{d}x=0$,其中 $k\neq l$.

六、求下列极限：

(1) $\displaystyle\lim_{x\to 0}\dfrac{\displaystyle\int_0^x \cos t^2\,\mathrm{d}t}{x}$;　　(2) $\displaystyle\lim_{x\to 0}\dfrac{\left(\displaystyle\int_0^x \mathrm{e}^{t^2}\,\mathrm{d}t\right)^2}{\displaystyle\int_0^x t\mathrm{e}^{2t^2}\,\mathrm{d}t}$.

七、设分段函数 $f(x)=\begin{cases}\dfrac{1}{2}\sin x, & 0\leqslant x\leqslant\pi, \\ 0, & x<0\ \text{或}\ x>\pi, \end{cases}$ 求 $\varPhi(x)=\displaystyle\int_0^x f(t)\,\mathrm{d}t$ 在 $(-\infty,+\infty)$ 上的表达式．

（B）

一、设分段函数 $f(x)=\begin{cases} 2x, & 0\leqslant x\leqslant 1, \\ \mathrm{e}^{2x}, & 1<x\leqslant 2, \end{cases}$ 试求：

---

①　此题列出的八个等式表明，从三角函数的集合 $\{1,\cos x,\sin x,\cos 2x,\sin 2x,\cdots,\cos nx,\sin nx,\cdots\}$ 中任取两个不同的函数，其乘积在闭区间 $[-\pi,\pi]$ 上的定积分值均为零．当选取的两个函数相同时，对应的定积分值不等于零(等于 π 或 2π)．该集合称为**正交三角函数系**，它是学习傅里叶级数的基础．

(1) $\displaystyle\int_0^2 f(x)\mathrm{d}x$;   (2) $\displaystyle\int_0^x f(t)\mathrm{d}t, x\in[0,2]$.

二、求下列极限:

(1) $\displaystyle\lim_{x\to 0}\frac{\displaystyle\int_0^x \sin(xt)^2\mathrm{d}t}{x^3\sin^2 2x}$;   (2) $\displaystyle\lim_{x\to 0}\frac{\displaystyle\int_0^x\left[\int_0^{u^2}\arctan(1+t)\mathrm{d}t\right]\mathrm{d}u}{x(1-\cos x)}$.

三、设函数 $f(x)=x^2-x\displaystyle\int_0^2 f(x)\mathrm{d}x+2\displaystyle\int_0^1 f(x)\mathrm{d}x$,求 $f(x)$.

四、设函数 $f(x)$ 在闭区间$[0,1]$上连续且 $f(x)<1$,证明:方程 $2x-\displaystyle\int_0^x f(t)\mathrm{d}t=1$ 在开区间$(0,1)$内只有一个解.

五、设函数 $f(x)=\displaystyle\int_0^{\sin x}\ln(1+t^2)\mathrm{d}t, g(x)=x^3+x^4$,当 $x\to 0$ 时,试比较这两个无穷小量.

六、求函数 $f(x)=\displaystyle\int_0^{x^2}(2-t)\mathrm{e}^{-t}\mathrm{d}t$ 的最大值和最小值.

七、设函数 $f(x)$ 连续且恒取正值,证明:

$$\lim_{n\to\infty}\sqrt[n]{f\left(\frac{1}{n}\right)\cdot f\left(\frac{2}{n}\right)\cdot\cdots\cdot f\left(\frac{n}{n}\right)}=\mathrm{e}^{\int_0^1\ln f(x)\mathrm{d}x}.$$

第三节   定积分的计算

利用牛顿-莱布尼茨公式计算定积分的关键是求被积函数的不定积分,而换元积分法和分部积分法是求不定积分的基本方法,下面把这两种方法推广到定积分.

一、定积分的换元积分法

应用换元积分法计算定积分时,变量代换过程和求不定积分的换元积分法是一样的. 区别在于求不定积分时,积分后要换回原来的积分变量;而在求定积分时,不必再换回原来的积分变量,但积分上、下限要做出相应的改变.下面给出具体的结论.

定理 5.3.1　设函数 $f(x)$ 在有限区间 I 上连续,函数 $x=\varphi(t)$ 在闭区间$[\alpha,\beta]$(或$[\beta,\alpha]$)上有连续导数 $\varphi'(t)$,且 $x=\varphi(t)$ 在$[\alpha,\beta]$(或$[\beta,\alpha]$)上的值域 $R_\varphi\subseteq I$,则

$$\int_a^b f(x)\mathrm{d}x=\int_\alpha^\beta f(\varphi(t))\varphi'(t)\mathrm{d}t, \tag{5.3.1}$$

其中 $a=\varphi(\alpha), b=\varphi(\beta)$,如图 5-24 所示.

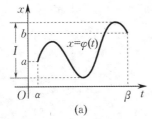
(a)

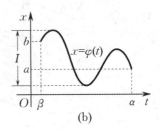
(b)

图 5-24

证　由已知条件知,式(5.3.1)两边的定积分均存在,且两边的被积函数均存在原函数.

设 $F(x)$ 为 $f(x)$ 的一个原函数,则

$$\int_a^b f(x)\mathrm{d}x = F(b) - F(a).$$

根据复合函数求导的链式法则,有

$$\frac{\mathrm{d}F(\varphi(t))}{\mathrm{d}t} = \frac{\mathrm{d}F}{\mathrm{d}x} \cdot \frac{\mathrm{d}x}{\mathrm{d}t} = f(x)\varphi'(t) = f(\varphi(t))\varphi'(t),$$

故 $F(\varphi(t))$ 是 $f(\varphi(t))\varphi'(t)$ 的一个原函数,从而

$$\int_\alpha^\beta f(\varphi(t))\varphi'(t)\mathrm{d}t = F(\varphi(\beta)) - F(\varphi(\alpha)) = F(b) - F(a).$$

因此,有

$$\int_a^b f(x)\mathrm{d}x = \int_\alpha^\beta f(\varphi(t))\varphi'(t)\mathrm{d}t.$$

注　(1) 对定积分使用换元积分法时,要注意积分上限 b 对应积分上限 β,积分下限 a 对应积分下限 α.

(2) 换元积分公式(5.3.1)也可反过来使用,即

$$\int_\alpha^\beta f(\varphi(t))\varphi'(t)\mathrm{d}t = \int_a^b f(x)\mathrm{d}x \quad (\text{令 } x = \varphi(t))$$

或

$$\int_\alpha^\beta f(\varphi(t))\varphi'(t)\mathrm{d}t = \int_\alpha^\beta f(\varphi(t))\mathrm{d}\varphi(t),$$

它相当于不定积分的第一类换元积分法(凑微分法).实际上,正向使用换元积分公式(5.3.1)相当于不定积分的第二类换元积分法.

例 5.3.1　求定积分 $\displaystyle\int_1^6 \frac{x}{\sqrt{3x-2}}\mathrm{d}x$.

解　设 $\sqrt{3x-2} = u$,则 $x = \dfrac{u^2+2}{3}$,$\mathrm{d}x = \dfrac{2u}{3}\mathrm{d}u$,且当 $x = 1$ 时,$u = 1$;当 $x = 6$ 时,$u = 4$. 因此

$$\int_1^6 \frac{x}{\sqrt{3x-2}}\mathrm{d}x = \int_1^4 \frac{u^2+2}{3u} \cdot \frac{2u}{3}\mathrm{d}u = \frac{2}{9}\left(\frac{u^3}{3} + 2u\right)\Big|_1^4 = 6.$$

从几何直观上看,定积分 $\displaystyle\int_1^6 \frac{x}{\sqrt{3x-2}}\mathrm{d}x$ 表示 xOy 平面上由曲线 $y = \dfrac{x}{\sqrt{3x-2}}$ 与直线 $x=1, x=6$ 及 x 轴所围成的平面图形的面积(见图 $5-25$(a));定积分 $\displaystyle\int_1^4 \frac{2(u^2+2)}{9}\mathrm{d}u$ 表示 uOv 平面上由曲线 $v = \dfrac{2(u^2+2)}{9}$ 与直线 $u=1, u=4$ 及 u 轴所围成的平面图形的面积(见图 $5-25$(b)).由例 5.3.1 的结果可知,这两个平面图形的面积相等.

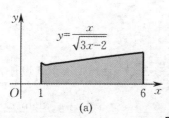

图 $5-25$

例 5.3.2 求定积分$\int_0^a \sqrt{a^2-x^2}\,\mathrm{d}x \quad (a>0)$.

解 令 $x=a\sin t$,则 $\mathrm{d}x=a\cos t\mathrm{d}t$,且当 $x=0$ 时,$t=0$;当 $x=a$ 时,$t=\frac{\pi}{2}$. 因此

$$\begin{aligned}\int_0^a \sqrt{a^2-x^2}\,\mathrm{d}x &= \int_0^{\frac{\pi}{2}} \sqrt{a^2-a^2\sin^2 t}\cdot a\cos t\mathrm{d}t=\int_0^{\frac{\pi}{2}} a^2\cos^2 t\mathrm{d}t \\ &= \frac{a^2}{2}\int_0^{\frac{\pi}{2}}(1+\cos 2t)\mathrm{d}t=\frac{a^2}{2}\left(t+\frac{\sin 2t}{2}\right)\Big|_0^{\frac{\pi}{2}}=\frac{a^2\pi}{4}.\end{aligned}$$

注 (1) 例 5.3.2 中的定积分是以 a 为半径的圆的面积的$\frac{1}{4}$,如图 5-26 所示. 例 5.3.2 的结果也证明了半径为 a 的圆的面积公式为 πa^2.

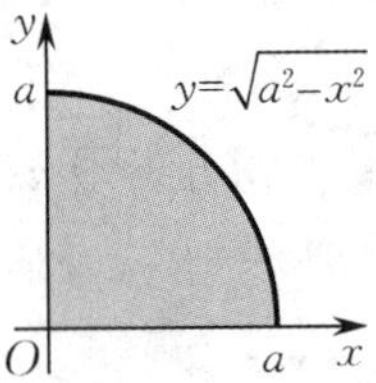

图 5-26

(2) 例 5.3.2 中所采取的方法无疑是简洁且正确的. 但若换元后的积分上限取 $t=\frac{5\pi}{2}$,其计算结果还成立吗?事实上,计算结果仍然成立. 因为 $t=\frac{5\pi}{2}$ 也是方程 $a=a\sin t$ 的解,所以也可以取为换元后的积分上限,尽管此时函数 $x=a\sin t$ 在闭区间$\left[0,\frac{5\pi}{2}\right]$上不单调,但由定理 5.3.1,仍有

$$\begin{aligned}\int_0^a \sqrt{a^2-x^2}\,\mathrm{d}x &= \int_0^{\frac{5\pi}{2}} \sqrt{a^2-a^2\sin^2 t}\cdot a\cos t\mathrm{d}t=a^2\int_0^{\frac{5\pi}{2}}|\cos t|\cos t\mathrm{d}t \\ &= a^2\left(\int_0^{\frac{\pi}{2}}|\cos t|\cos t\mathrm{d}t+\int_{\frac{\pi}{2}}^{\frac{3\pi}{2}}|\cos t|\cos t\mathrm{d}t+\int_{\frac{3\pi}{2}}^{\frac{5\pi}{2}}|\cos t|\cos t\mathrm{d}t\right) \\ &= \frac{a^2\pi}{4}-a^2\int_{\frac{\pi}{2}}^{\frac{3\pi}{2}}\cos^2 t\mathrm{d}t+a^2\int_{\frac{3\pi}{2}}^{\frac{5\pi}{2}}\cos^2 t\mathrm{d}t \\ &= \frac{a^2\pi}{4}-\frac{a^2}{2}\left(t+\frac{\sin 2t}{2}\right)\Big|_{\frac{\pi}{2}}^{\frac{3\pi}{2}}+\frac{a^2}{2}\left(t+\frac{\sin 2t}{2}\right)\Big|_{\frac{3\pi}{2}}^{\frac{5\pi}{2}}=\frac{a^2\pi}{4},\end{aligned}$$

结果正是预料中的.

上述讨论也表明,对定积分使用换元积分法时,虽然不必要求函数 $x=\varphi(t)$ 有反函数,即 $x=\varphi(t)$ 不一定要在所取的积分区间上单调,但为了计算方便,换元时总是尽可能选取变量代换 $x=\varphi(t)$ 的单调区间.

例 5.3.3 求下列定积分:

(1) $\int_{\frac{1}{2}}^1 \frac{1}{x^2}\mathrm{e}^{-\frac{1}{x}}\mathrm{d}x$; (2) $\int_0^{\ln 2}\frac{\mathrm{d}x}{1+\mathrm{e}^x}$;

(3) $\int_{\sqrt{\mathrm{e}}}^{\sqrt[4]{\mathrm{e}^3}}\frac{\mathrm{d}x}{x\sqrt{\ln x(1-\ln x)}}$; (4) $\int_{-\frac{\pi}{2}}^{\frac{\pi}{3}}\sqrt{\cos x-\cos^3 x}\,\mathrm{d}x$.

解 (1) $\int_{\frac{1}{2}}^1 \frac{1}{x^2}\mathrm{e}^{-\frac{1}{x}}\mathrm{d}x=\int_{\frac{1}{2}}^1 \mathrm{e}^{-\frac{1}{x}}\mathrm{d}\left(-\frac{1}{x}\right)=\mathrm{e}^{-\frac{1}{x}}\Big|_{\frac{1}{2}}^1=\mathrm{e}^{-1}-\mathrm{e}^{-2}$.

(2) $\int_0^{\ln 2}\frac{\mathrm{d}x}{1+\mathrm{e}^x}=\int_0^{\ln 2}\frac{\mathrm{d}x}{\mathrm{e}^x(\mathrm{e}^{-x}+1)}=-\int_0^{\ln 2}\frac{\mathrm{d}(\mathrm{e}^{-x}+1)}{\mathrm{e}^{-x}+1}=-\ln(\mathrm{e}^{-x}+1)\Big|_0^{\ln 2}=\ln\frac{4}{3}$.

(3) $\int_{\sqrt{\mathrm{e}}}^{\sqrt[4]{\mathrm{e}^3}}\frac{\mathrm{d}x}{x\sqrt{\ln x(1-\ln x)}}=\int_{\sqrt{\mathrm{e}}}^{\sqrt[4]{\mathrm{e}^3}}\frac{\mathrm{d}(\ln x)}{\sqrt{\ln x(1-\ln x)}}=\int_{\sqrt{\mathrm{e}}}^{\sqrt[4]{\mathrm{e}^3}}\frac{\mathrm{d}(\ln x)}{\sqrt{\ln x}\sqrt{1-\ln x}}$

$$= \int_{\sqrt{e}}^{\sqrt[4]{e^3}} \frac{2\mathrm{d}(\sqrt{\ln x})}{\sqrt{1-(\sqrt{\ln x})^2}} = 2\arcsin\sqrt{\ln x}\,\Big|_{\sqrt{e}}^{\sqrt[4]{e^3}} = \frac{\pi}{6}.$$

(4) 由于 $\sqrt{\cos x - \cos^3 x} = \sqrt{\cos x}\,|\sin x|$，而当 $x \in \left[-\frac{\pi}{2}, 0\right]$ 时，$|\sin x| = -\sin x$；当

$x \in \left[0, \frac{\pi}{3}\right]$ 时，$|\sin x| = \sin x$. 于是，有

$$\int_{-\frac{\pi}{2}}^{\frac{\pi}{3}} \sqrt{\cos x - \cos^3 x}\,\mathrm{d}x = -\int_{-\frac{\pi}{2}}^{0} \sqrt{\cos x}\sin x\,\mathrm{d}x + \int_{0}^{\frac{\pi}{3}} \sqrt{\cos x}\sin x\,\mathrm{d}x$$

$$= \int_{-\frac{\pi}{2}}^{0} \sqrt{\cos x}\,\mathrm{d}(\cos x) - \int_{0}^{\frac{\pi}{3}} \sqrt{\cos x}\,\mathrm{d}(\cos x)$$

$$= \frac{2}{3}\cos^{\frac{3}{2}} x\,\Big|_{-\frac{\pi}{2}}^{0} - \frac{2}{3}\cos^{\frac{3}{2}} x\,\Big|_{0}^{\frac{\pi}{3}} = \frac{8-\sqrt{2}}{6}.$$

注 例 5.3.3(4) 中，若忽略 $\sin x$ 在 $\left[-\frac{\pi}{2}, 0\right]$ 上的非正性，将会导致错误.

例 5.3.4 求定积分 $\displaystyle\int_{-2}^{-\sqrt{2}} \frac{\mathrm{d}x}{x\sqrt{x^2-1}}$.

解 设 $x = \sec t\left(\frac{\pi}{2} < t < \pi\right)$，则 $\mathrm{d}x = \sec t\tan t\,\mathrm{d}t$，且当 $x = -2$ 时，$t = \frac{2\pi}{3}$；当 $x = -\sqrt{2}$

时，$t = \frac{3\pi}{4}$. 于是，有

$$\int_{-2}^{-\sqrt{2}} \frac{\mathrm{d}x}{x\sqrt{x^2-1}} = \int_{\frac{2\pi}{3}}^{\frac{3\pi}{4}} \frac{\sec t\tan t\,\mathrm{d}t}{\sec t\sqrt{\sec^2 t-1}} = \int_{\frac{2\pi}{3}}^{\frac{3\pi}{4}} \frac{\sec t\tan t\,\mathrm{d}t}{\sec t\,|\tan t|} = -\int_{\frac{2\pi}{3}}^{\frac{3\pi}{4}} \mathrm{d}t = -\frac{\pi}{12}.$$

注 在例 5.3.4 中，积分变量 x 的积分区间为 $[-2, -\sqrt{2}]$，从而在换元 $x = \sec t$ 时，应取

函数的单调区间 $\left(\frac{\pi}{2}, \pi\right)$，此时有 $\sqrt{\sec^2 t - 1} = |\tan t| = -\tan t$. 若忽略这一点，将会导致错误.

例 5.3.5 设函数 $f(x)$ 在闭区间 $[-a, a]$ 上连续，证明：

(1) 当 $f(x)$ 为奇函数时，$\displaystyle\int_{-a}^{a} f(x)\,\mathrm{d}x = 0$，如图 5-27(a) 所示；

(2) 当 $f(x)$ 为偶函数时，$\displaystyle\int_{-a}^{a} f(x)\,\mathrm{d}x = 2\int_{0}^{a} f(x)\,\mathrm{d}x$，如图 5-27(b) 所示.

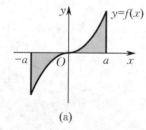

(a)

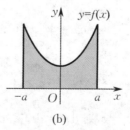

(b)

图 5-27

证 $\displaystyle\int_{-a}^{a} f(x)\,\mathrm{d}x = \int_{-a}^{0} f(x)\,\mathrm{d}x + \int_{0}^{a} f(x)\,\mathrm{d}x$. 对 $\displaystyle\int_{-a}^{0} f(x)\,\mathrm{d}x$ 换元：令 $x = -t$，则 $\mathrm{d}x = -\mathrm{d}t$，

x 从 $-a$ 变到 0，故 t 从 a 变到 0. 于是，有

$$\int_{-a}^{0} f(x)\mathrm{d}x = \int_{a}^{0} f(-t)\mathrm{d}(-t) = \int_{0}^{a} f(-t)\mathrm{d}t,$$

从而 $\qquad \int_{-a}^{a} f(x)\mathrm{d}x = \int_{-a}^{0} f(x)\mathrm{d}x + \int_{0}^{a} f(x)\mathrm{d}x = \int_{0}^{a} (f(-x)+f(x))\mathrm{d}x.$

(1) 当 $f(x)$ 为奇函数时，$f(-x)+f(x)=0$，故 $\int_{-a}^{a} f(x)\mathrm{d}x = 0.$

(2) 当 $f(x)$ 为偶函数时，$f(-x)+f(x)=2f(x)$，故 $\int_{-a}^{a} f(x)\mathrm{d}x = 2\int_{0}^{a} f(x)\mathrm{d}x.$

注 例 5.3.5 所证明的结论称为偶倍奇零的积分性质. 在理论和实际应用中经常会用到这个结论. 从几何直观上看，该性质反映了以坐标原点为中心的对称区间上奇函数所围区域的正、负面积相抵消，偶函数所围区域的面积是半个对称区间上该函数所围区域的面积的两倍这样一个事实. 利用偶倍奇零的积分性质可大大简化定积分的计算.

例 5.3.6 求下列定积分：

(1) $I = \int_{-\frac{1}{2}}^{\frac{1}{2}} \left(\ln \frac{1-x}{1+x}\right) \arcsin \sqrt{1-x^2}\, \mathrm{d}x$；

(2) $I = \int_{-\frac{1}{2}}^{\frac{1}{2}} \frac{(\arcsin x)^2}{\sqrt{1-x^2}}\, \mathrm{d}x$；

(3) $I = \int_{-1}^{1} \left[x^4 + x^2 \ln(x + \sqrt{1+x^2})\right]\mathrm{d}x.$

解 (1) 设函数 $f(x) = \left(\ln \frac{1-x}{1+x}\right)\arcsin \sqrt{1-x^2}$. 因

$$f(-x) = \left(\ln \frac{1+x}{1-x}\right)\arcsin \sqrt{1-x^2} = -f(x),$$

即 $f(x)$ 是奇函数，且积分区间是以坐标原点为中心的对称区间，故由偶倍奇零的积分性质得

$$I = \int_{-\frac{1}{2}}^{\frac{1}{2}} \left(\ln \frac{1-x}{1+x}\right)\arcsin \sqrt{1-x^2}\, \mathrm{d}x = 0.$$

(2) 由于 $\frac{(\arcsin x)^2}{\sqrt{1-x^2}}$ 是对称区间 $\left[-\frac{1}{2}, \frac{1}{2}\right]$ 上的偶函数，所以

$$I = 2\int_{0}^{\frac{1}{2}} \frac{(\arcsin x)^2}{\sqrt{1-x^2}}\, \mathrm{d}x = 2\int_{0}^{\frac{1}{2}} (\arcsin x)^2 \mathrm{d}(\arcsin x) = \frac{2}{3}(\arcsin x)^3 \Big|_{0}^{\frac{1}{2}} = \frac{\pi^3}{324}.$$

(3) 由于 x^4 是对称区间 $[-1,1]$ 上的偶函数，$x^2\ln(x+\sqrt{1+x^2})$ 是 $[-1,1]$ 上的奇函数，所以

$$I = \int_{-1}^{1} x^4 \mathrm{d}x + \int_{-1}^{1} x^2 \ln(x+\sqrt{1+x^2})\mathrm{d}x = 2\int_{0}^{1} x^4 \mathrm{d}x = \frac{2}{5}.$$

例 5.3.7 设函数 $f(x) = \begin{cases} x\mathrm{e}^{-x^2}, & x \geqslant 0, \\ \dfrac{1}{1+\cos x}, & -1 < x < 0, \end{cases}$ 求 $\int_{1}^{4} f(x-2)\mathrm{d}x.$

解 令 $x-2=t$，则 $\mathrm{d}x = \mathrm{d}t$，因此

$$\int_{1}^{4} f(x-2)\mathrm{d}x = \int_{-1}^{2} f(t)\mathrm{d}t = \int_{-1}^{0} \frac{\mathrm{d}t}{1+\cos t} + \int_{0}^{2} t\mathrm{e}^{-t^2}\mathrm{d}t$$

$$= \int_{-1}^{0} \frac{\mathrm{d}t}{2\cos^2 \frac{t}{2}} - \frac{1}{2}\int_{0}^{2} \mathrm{e}^{-t^2}\mathrm{d}(-t^2) = \tan \frac{1}{2} - \frac{\mathrm{e}^{-4}}{2} + \frac{1}{2}.$$

注　当被积函数是给定函数与某一简单函数复合而成的函数时,要通过变量代换将其化为给定函数的形式,同时积分上、下限也要相应改变.

例 5.3.8　设函数 $f(x)$ 在 $[0,1]$ 上连续.(1)证明:$\int_0^{\frac{\pi}{2}} f(\sin x)\mathrm{d}x = \int_0^{\frac{\pi}{2}} f(\cos x)\mathrm{d}x$;

(2)求 $I = \int_0^{\frac{\pi}{2}} \dfrac{\cos x}{\sin x + \cos x}\mathrm{d}x$.

证　(1)观察所证等式两边,易知所做变量代换应使 $f(\sin x)$ 变成 $f(\cos x)$,为此令 $x = \dfrac{\pi}{2} - t$,则 $\mathrm{d}x = -\mathrm{d}t$,且当 x 从 0 变到 $\dfrac{\pi}{2}$ 时,t 从 $\dfrac{\pi}{2}$ 变到 0.于是,有

$$\int_0^{\frac{\pi}{2}} f(\sin x)\mathrm{d}x = -\int_{\frac{\pi}{2}}^0 f(\cos t)\mathrm{d}t = \int_0^{\frac{\pi}{2}} f(\cos x)\mathrm{d}x.$$

(2)由(1)的结果得

$$I = \int_0^{\frac{\pi}{2}} \frac{\cos x}{\sin x + \cos x}\mathrm{d}x = \int_0^{\frac{\pi}{2}} \frac{\sin x}{\sin x + \cos x}\mathrm{d}x,$$

从而

$$2I = \int_0^{\frac{\pi}{2}} \frac{\cos x + \sin x}{\cos x + \sin x}\mathrm{d}x = \int_0^{\frac{\pi}{2}} \mathrm{d}x = \frac{\pi}{2}, \quad 即 \quad I = \frac{\pi}{4}.$$

注　例 5.3.8 使用的换元积分法是一种**翻折变换**,其特征是以积分区间的中点为不动点做左右翻折.在一般情况下的翻折变换式为 $x = a + b - t$,它可将积分限 a,b 分别变换成 b,a,且 $\mathrm{d}x = -\mathrm{d}t$,这在证明一些定积分恒等式的问题中非常有用,下面再举一例说明.

例 5.3.9　设函数 $f(x)$ 在 $[0,1]$ 上连续.(1)证明:$\int_0^{\pi} xf(\sin x)\mathrm{d}x = \dfrac{\pi}{2}\int_0^{\pi} f(\sin x)\mathrm{d}x$;

(2)求定积分 $\int_0^{\pi} \dfrac{x\sin x}{1 + \cos^2 x}\mathrm{d}x$.

证　(1)观察所证等式两边,易知所做变量代换应使 $xf(\sin x)$ 变成 $f(\sin x)$,为此令 $x = \pi - t$,则

$$\int_0^{\pi} xf(\sin x)\mathrm{d}x = \int_{\pi}^0 (\pi - t)f(\sin t)(-\mathrm{d}t) = \pi \int_0^{\pi} f(\sin x)\mathrm{d}x - \int_0^{\pi} xf(\sin x)\mathrm{d}x,$$

故

$$\int_0^{\pi} xf(\sin x)\mathrm{d}x = \frac{\pi}{2}\int_0^{\pi} f(\sin x)\mathrm{d}x.$$

(2)由(1)的结果得

$$\int_0^{\pi} \frac{x\sin x}{1 + \cos^2 x}\mathrm{d}x = \frac{\pi}{2}\int_0^{\pi} \frac{\sin x}{1 + \cos^2 x}\mathrm{d}x = -\frac{\pi}{2}\arctan(\cos x)\Big|_0^{\pi} = \frac{\pi^2}{4}.$$

注　由于 $\int_0^{\pi} \dfrac{x\sin x}{1 + \cos^2 x}\mathrm{d}x$ 属于"积不出"的定积分(其原函数不能用初等函数表示出来),故无法直接用牛顿-莱布尼茨公式求得.

例 5.3.10　设函数 $f(x)$ 是以 T 为周期的连续函数,证明:$\int_a^{a+T} f(x)\mathrm{d}x = \int_0^T f(x)\mathrm{d}x$.

证　由于

$$\int_a^{a+T} f(x)\mathrm{d}x = \int_a^0 f(x)\mathrm{d}x + \int_0^T f(x)\mathrm{d}x + \int_T^{a+T} f(x)\mathrm{d}x,$$

而分解的第三项

$$\int_T^{a+T} f(x)\mathrm{d}x \xrightarrow{\;\diamondsuit\, x=t+T\;} \int_0^a f(t+T)\mathrm{d}t = \int_0^a f(t)\mathrm{d}t = \int_0^a f(x)\mathrm{d}x,$$

它正好可以与分解的第一项 $\displaystyle\int_a^0 f(x)\mathrm{d}x$ 相抵消,所以

$$\int_a^{a+T} f(x)\mathrm{d}x = \int_0^T f(x)\mathrm{d}x.$$

例 5.3.10 表明,以 T 为周期的周期函数 $f(x)$ 在 $[a,a+T]$ 与 $[0,T]$ 上所围成的区域的面积相等,如图 5-28 所示,即定积分 $\displaystyle\int_a^{a+T} f(x)\mathrm{d}x$ 的值与 a 无关. 可以利用周期函数的这个积分性质简化定积分的计算. 例如,

$$\int_1^{2\pi+1} \sin x\,\mathrm{d}x = \int_0^{2\pi} \sin x\,\mathrm{d}x = \int_{-\pi}^{\pi} \sin x\,\mathrm{d}x = 0.$$

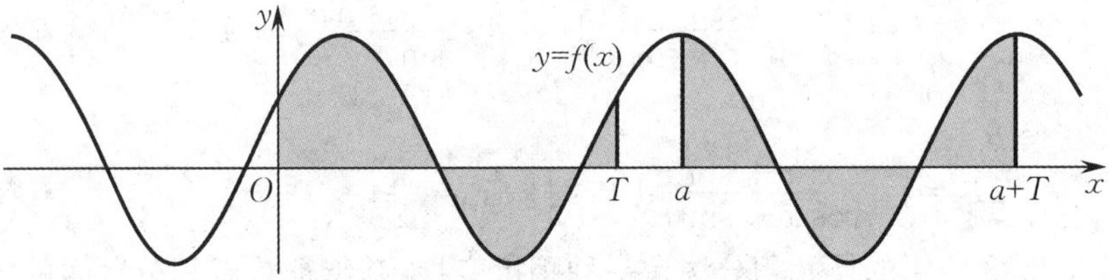

图 5-28

注 周期函数的原函数不一定是周期函数. 例如,$\sin x + x$ 是周期函数 $\cos x + 1$ 的原函数,但它本身并不是周期函数.

例 5.3.11 证明:$\displaystyle\int_0^{\pi} \ln(t^2 + 2t\cos x + 1)\mathrm{d}x$ 为偶函数.

证 设 $\varphi(t) = \displaystyle\int_0^{\pi} \ln(t^2 + 2t\cos x + 1)\mathrm{d}x$,则

$$\varphi(-t) = \int_0^{\pi} \ln(t^2 - 2t\cos x + 1)\mathrm{d}x \xrightarrow{\;\diamondsuit\, x=\pi-y\;} -\int_{\pi}^0 \ln(t^2 + 2t\cos y + 1)\mathrm{d}y$$

$$= \int_0^{\pi} \ln(t^2 + 2t\cos x + 1)\mathrm{d}x = \varphi(t).$$

二、定积分的分部积分法

与不定积分的分部积分法类似,将乘积的求导公式两边同时求定积分,容易得出关于定积分的分部积分公式.

设函数 $u = u(x)$ 和 $v = v(x)$ 在闭区间 $[a,b]$ 上有连续的导函数,则有

$$\int_a^b uv'\mathrm{d}x = uv \Big|_a^b - \int_a^b vu'\mathrm{d}x \quad \text{或} \quad \int_a^b u\mathrm{d}v = uv \Big|_a^b - \int_a^b v\mathrm{d}u.$$

定积分的分部积分法选择 u 与 $\mathrm{d}v$ 的原则与不定积分的分部积分法相同,现举例说明.

例 5.3.12 求下列定积分:

(1) $\displaystyle\int_1^2 x\ln x\,\mathrm{d}x$;

(2) $\displaystyle\int_0^{\frac{1}{2}} \frac{x\arcsin x}{\sqrt{1-x^2}}\mathrm{d}x$.

解 (1) $\int_1^2 x\ln x\mathrm{d}x = \int_1^2 \ln x\mathrm{d}\left(\frac{1}{2}x^2\right) = \left(\ln x \cdot \frac{1}{2}x^2\right)\Big|_1^2 - \int_1^2 \frac{1}{2}x^2\mathrm{d}(\ln x)$

$$= 2\ln 2 - \frac{1}{2}\int_1^2 x\mathrm{d}x = 2\ln 2 - \frac{3}{4}.$$

(2) $\int_0^{\frac{1}{2}} \frac{x\arcsin x}{\sqrt{1-x^2}}\mathrm{d}x = -\int_0^{\frac{1}{2}} \arcsin x\mathrm{d}(\sqrt{1-x^2})$

$$= -\sqrt{1-x^2}\arcsin x\Big|_0^{\frac{1}{2}} + \int_0^{\frac{1}{2}} \sqrt{1-x^2}\frac{1}{\sqrt{1-x^2}}\mathrm{d}x$$

$$= \frac{1}{2} - \frac{\sqrt{3}}{12}\pi.$$

例 5.3.13 求定积分 $\int_0^{\frac{\pi}{4}} \sec^3 x\mathrm{d}x$.

解 $\int_0^{\frac{\pi}{4}} \sec^3 x\mathrm{d}x = \int_0^{\frac{\pi}{4}} \sec x\mathrm{d}(\tan x) = \sec x\tan x\Big|_0^{\frac{\pi}{4}} - \int_0^{\frac{\pi}{4}} \tan^2 x\sec x\mathrm{d}x$

$$= \sqrt{2} - \int_0^{\frac{\pi}{4}} \sec^3 x\mathrm{d}x + \int_0^{\frac{\pi}{4}} \sec x\mathrm{d}x$$

$$= \sqrt{2} - \int_0^{\frac{\pi}{4}} \sec^3 x\mathrm{d}x + \ln(\sec x + \tan x)\Big|_0^{\frac{\pi}{4}}$$

$$= \sqrt{2} + \ln(\sqrt{2} + 1) - \int_0^{\frac{\pi}{4}} \sec^3 x\mathrm{d}x,$$

因此

$$\int_0^{\frac{\pi}{4}} \sec^3 x\mathrm{d}x = \frac{1}{2}[\sqrt{2} + \ln(\sqrt{2} + 1)].$$

在实际运算中,经常将换元积分法和分部积分法结合起来使用,如下例.

例 5.3.14 求定积分 $\int_0^1 \mathrm{e}^{\sqrt{x}}\mathrm{d}x$.

解 令 $t = \sqrt{x}$,则 $x = t^2$,$\mathrm{d}x = 2t\mathrm{d}t$,且当 $x = 0$ 时,$t = 0$;当 $x = 1$ 时,$t = 1$. 于是,有

$$\int_0^1 \mathrm{e}^{\sqrt{x}}\mathrm{d}x = \int_0^1 \mathrm{e}^t \cdot 2t\mathrm{d}t = 2\int_0^1 t\mathrm{d}(\mathrm{e}^t) = 2\left(t\mathrm{e}^t\Big|_0^1 - \int_0^1 \mathrm{e}^t\mathrm{d}t\right) = 2.$$

例 5.3.15 若函数 $f(x)$ 在 $[a,b]$ 上可导,且 $f(a) = f(b) = 0$,$\int_a^b f^2(x)\mathrm{d}x = 1$,试

求定积分 $\int_a^b xf(x)f'(x)\mathrm{d}x$.

解 利用分部积分公式及已知条件,得

$$\int_a^b xf(x)f'(x)\mathrm{d}x = \int_a^b xf(x)\mathrm{d}f(x) = \frac{1}{2}\int_a^b x\mathrm{d}f^2(x)$$

$$= \frac{1}{2}xf^2(x)\Big|_a^b - \frac{1}{2}\int_a^b f^2(x)\mathrm{d}x = -\frac{1}{2}.$$

例 5.3.16 (1) 证明:$I_n = \int_0^{\frac{\pi}{2}} \sin^n x\mathrm{d}x = \int_0^{\frac{\pi}{2}} \cos^n x\mathrm{d}x(n \in \mathbf{N}^*)$;

(2) 求定积分 $\int_0^{\frac{\pi}{2}} \sin^4 x\cos^2 x\mathrm{d}x$;

（3）求定积分 $\int_0^1 x^4\sqrt{1-x^2}\,\mathrm{d}x$.

证 （1）当 $n \geqslant 2$ 时，

$$I_n = \int_0^{\frac{\pi}{2}} \sin^n x\,\mathrm{d}x = \int_0^{\frac{\pi}{2}} \sin^{n-1}x\sin x\,\mathrm{d}x = -\int_0^{\frac{\pi}{2}} \sin^{n-1}x\,\mathrm{d}(\cos x)$$

$$= -\sin^{n-1}x\cos x\Big|_0^{\frac{\pi}{2}} + \int_0^{\frac{\pi}{2}} (n-1)\sin^{n-2}x \cdot \cos x \cdot \cos x\,\mathrm{d}x$$

$$= (n-1)\int_0^{\frac{\pi}{2}} \sin^{n-2}x(1-\sin^2 x)\,\mathrm{d}x = (n-1)(I_{n-2} - I_n),$$

整理得递推公式

$$I_n = \frac{n-1}{n}I_{n-2} \quad (n = 2,3,\cdots),$$

而

$$I_0 = \int_0^{\frac{\pi}{2}} \sin^0 x\,\mathrm{d}x = \frac{\pi}{2}, \quad I_1 = \int_0^{\frac{\pi}{2}} \sin x\,\mathrm{d}x = 1.$$

当 n 为奇数时，有

$$I_n = \frac{n-1}{n}I_{n-2} = \frac{n-1}{n} \cdot \frac{n-3}{n-2}I_{n-4} = \cdots = \frac{n-1}{n} \cdot \frac{n-3}{n-2} \cdot \cdots \cdot \frac{2}{3}I_1;$$

当 n 为偶数时，有

$$I_n = \frac{n-1}{n}I_{n-2} = \frac{n-1}{n} \cdot \frac{n-3}{n-2}I_{n-4} = \cdots = \frac{n-1}{n} \cdot \frac{n-3}{n-2} \cdot \cdots \cdot \frac{1}{2}I_0.$$

因此

$$I_n = \begin{cases} \dfrac{n-1}{n} \cdot \dfrac{n-3}{n-2} \cdot \cdots \cdot \dfrac{4}{5} \cdot \dfrac{2}{3} = \dfrac{(n-1)!!}{n!!}, & n \text{ 为奇数}, \\[3mm] \dfrac{n-1}{n} \cdot \dfrac{n-3}{n-2} \cdot \cdots \cdot \dfrac{3}{4} \cdot \dfrac{1}{2} \cdot \dfrac{\pi}{2} = \dfrac{(n-1)!!}{n!!} \cdot \dfrac{\pi}{2}, & n \text{ 为偶数}, \end{cases} \tag{5.3.2}$$

这里的符号 $n!!$ 表示自然数 n 的双阶乘，即

$$n!! = \begin{cases} n \cdot (n-2) \cdot \cdots \cdot 5 \cdot 3 \cdot 1, & n \text{ 为奇数}, \\ n \cdot (n-2) \cdot \cdots \cdot 6 \cdot 4 \cdot 2, & n \text{ 为偶数}. \end{cases}$$

结合例 5.3.8(1) 的结果，可以得到

$$I_n = \int_0^{\frac{\pi}{2}} \sin^n x\,\mathrm{d}x = \int_0^{\frac{\pi}{2}} \cos^n x\,\mathrm{d}x.$$

（2）利用（1）中得到的式(5.3.2)，有

$$\int_0^{\frac{\pi}{2}} \sin^4 x\cos^2 x\,\mathrm{d}x = \int_0^{\frac{\pi}{2}} \sin^4 x(1-\sin^2 x)\,\mathrm{d}x = \int_0^{\frac{\pi}{2}} \sin^4 x\,\mathrm{d}x - \int_0^{\frac{\pi}{2}} \sin^6 x\,\mathrm{d}x$$

$$= \frac{3}{4} \cdot \frac{1}{2} \cdot \frac{\pi}{2} - \frac{5}{6} \cdot \frac{3}{4} \cdot \frac{1}{2} \cdot \frac{\pi}{2} = \frac{\pi}{2}\left(\frac{3}{8} - \frac{15}{48}\right) = \frac{\pi}{32}.$$

（3）令 $x = \sin t$，则

$$\int_0^1 x^4\sqrt{1-x^2}\,\mathrm{d}x = \int_0^{\frac{\pi}{2}} \sin^4 t\cos^2 t\,\mathrm{d}t = \int_0^{\frac{\pi}{2}} (\sin^4 t - \sin^6 t)\,\mathrm{d}t = \frac{\pi}{32}.$$

由式(5.3.2)可导出著名的瓦里斯(Wallis)公式

$$\frac{\pi}{2} = \lim_{m \to \infty}\left[\frac{(2m)!!}{(2m-1)!!}\right]^2 \frac{1}{2m+1}.$$

事实上,由于当 $0<x<\dfrac{\pi}{2}$ 时,$\sin^{2m+1}x<\sin^{2m}x<\sin^{2m-1}x$,因此在例 5.3.16 中,有 $I_{2m+1}<I_{2m}<I_{2m-1}$,即

$$\frac{(2m)!!}{(2m+1)!!}<\frac{(2m-1)!!}{(2m)!!}\cdot\frac{\pi}{2}<\frac{(2m-2)!!}{(2m-1)!!}.$$

由此得

$$A_m\triangleq\left[\frac{(2m)!!}{(2m-1)!!}\right]^2\frac{2}{2m+1}<\pi<\left[\frac{(2m)!!}{(2m-1)!!}\right]^2\frac{1}{m}\triangleq B_m,$$

即 $0<\pi-A_m<B_m-A_m$. 又因为

$$B_m-A_m=\left[\frac{(2m)!!}{(2m-1)!!}\right]^2\frac{1}{m(2m+1)}<\frac{\pi}{2m}\to 0\quad(m\to\infty),$$

所以 $\lim\limits_{m\to\infty}(B_m-A_m)=0$. 而 $0<\pi-A_m<B_m-A_m$,故得 $\lim\limits_{m\to\infty}A_m=\pi$,即

$$\pi=\lim_{m\to\infty}\frac{2\cdot2\cdot4\cdot4\cdots2m\cdot2m\cdot2}{1\cdot3\cdot3\cdot5\cdot5\cdots(2m-1)\cdot(2m-1)\cdot(2m+1)}.$$

瓦里斯公式是第一个把无理数 π(实质是超越数)表示成容易计算的有理数列极限的公式,这在理论上很有意义.

思考题 5.3

1. 判断以下计算是否正确,并说明理由:

因为 $\displaystyle\int_{-1}^{1}\frac{dx}{x^2+x+1}\xlongequal{\text{令}x=\frac{1}{t}}-\int_{-1}^{1}\frac{dt}{t^2+t+1}$,所以 $\displaystyle\int_{-1}^{1}\frac{dx}{x^2+x+1}=0$.

2. 指出以下求定积分 $\displaystyle\int_{-2}^{-\sqrt{2}}\frac{dx}{x\sqrt{x^2-1}}$ 的解法中的错误,并写出正确的解法:

令 $x=\sec t$,则当 x 从 -2 变到 $-\sqrt{2}$ 时,t 从 $\dfrac{2\pi}{3}$ 变到 $\dfrac{3\pi}{4}$,且 $dx=\sec t\tan t\,dt$,故

$$\int_{-2}^{-\sqrt{2}}\frac{dx}{x\sqrt{x^2-1}}=\int_{\frac{2\pi}{3}}^{\frac{3\pi}{4}}\frac{1}{\sec t\tan t}\cdot\sec t\tan t\,dt=\int_{\frac{2\pi}{3}}^{\frac{3\pi}{4}}dt=\frac{\pi}{12}.$$

3. 求 $\dfrac{d}{dx}\displaystyle\int_0^x\sin^{100}(x-t)dt$.

习 题 5.3

(A)

一、计算下列定积分:

(1) $\displaystyle\int_{-2}^{1}\frac{dx}{(11+5x)^3}$;

(2) $\displaystyle\int_{\frac{1}{\sqrt{2}}}^{1}\frac{\sqrt{1-x^2}}{x^2}dx$;

(3) $\displaystyle\int_0^1 te^{-\frac{t^2}{2}}dt$;

(4) $\displaystyle\int_1^{e^2}\frac{dx}{x\sqrt{1+\ln x}}$;

(5) $\displaystyle\int_{-\frac{\pi}{2}}^{\frac{\pi}{2}}\sqrt{\cos x-\cos^3 x}\,dx$;

(6) $\displaystyle\int_0^{\pi}\sqrt{1+\cos 2x}\,dx$;

(7) $\displaystyle\int_1^{\sqrt{3}}\frac{dx}{x^2\sqrt{1+x^2}}$;

(8) $\displaystyle\int_{-1}^{1}\frac{x}{\sqrt{5-4x}}dx$;

(9) $\displaystyle\int_1^4\frac{dx}{1+\sqrt{x}}$.

二、利用偶倍奇零的积分性质计算下列定积分:

(1) $\displaystyle\int_{-\frac{\pi}{2}}^{\frac{\pi}{2}}4\cos^4\theta d\theta$;

(2) $\displaystyle\int_{-5}^{5}\frac{x^3\sin^2 x}{x^4+2x^2+1}dx$.

三、求 $\int_{-a}^{a}(f(x)+f(-x))\sin x\mathrm{d}x$.

四、(1) 设 m,n 为正整数，证明：$\int_{0}^{1}x^{m}(1-x)^{n}\mathrm{d}x=\int_{0}^{1}x^{n}(1-x)^{m}\mathrm{d}x$；

(2) 计算定积分 $\int_{0}^{1}(1-x)^{50}x\mathrm{d}x$ 与 $\int_{1}^{2}(2-x)^{50}(x-1)\mathrm{d}x$.

五、设 $f(x)$ 是以 l 为周期的连续函数，证明：定积分 $\int_{a}^{a+l}f(x)\mathrm{d}x$ 的值与 a 无关.

六、(1) 若 $f(t)$ 是连续函数且为奇函数，证明：$\int_{0}^{x}f(t)\mathrm{d}t$ 是关于 x 的偶函数；

(2) 若 $f(t)$ 是连续函数且为偶函数，证明：$\int_{0}^{x}f(t)\mathrm{d}t$ 是关于 x 的奇函数.

七、计算下列定积分：

(1) $\int_{0}^{1}x\mathrm{e}^{-x}\mathrm{d}x$；　　　　　(2) $\int_{0}^{\frac{2\pi}{\omega}}t\sin\omega t\mathrm{d}t\ (\omega\neq0)$；　　　　　(3) $\int_{1}^{4}\dfrac{\ln x}{\sqrt{x}}\mathrm{d}x$；

(4) $\int_{0}^{1}x\arctan x\mathrm{d}x$；　　　　(5) $\int_{0}^{\frac{\pi}{2}}\mathrm{e}^{2x}\cos x\mathrm{d}x$；　　　　(6) $\int_{\frac{1}{e}}^{e}|\ln x|\,\mathrm{d}x$.

(B)

一、证明：

(1) $\int_{0}^{\pi}\sin^{n}x\mathrm{d}x=2\int_{0}^{\frac{\pi}{2}}\sin^{n}x\mathrm{d}x$；

(2) $\int_{0}^{a}x^{3}f(x^{2})\mathrm{d}x=\dfrac{1}{2}\int_{0}^{a^{2}}xf(x)\mathrm{d}x$，其中 $a>0$.

二、选择一个常数 c，使得 $\int_{a}^{b}(x+c)\cos^{99}(x+c)\mathrm{d}x=0$.

三、设函数 $f(x)$ 在闭区间 $[-\pi,\pi]$ 上连续，且 $f(x)=\dfrac{x}{1+\cos^{2}x}+\int_{-\pi}^{\pi}f(x)\sin x\mathrm{d}x$，求 $f(x)$.

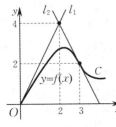

图 5-29

四、设二阶导数 $f''(2x)$ 在闭区间 $[0,1]$ 上连续，且 $f(2)=\dfrac{1}{2}$，$f'(2)=0$，$\int_{0}^{2}f(x)\mathrm{d}x=1$，求 $\int_{0}^{1}x^{2}f''(2x)\mathrm{d}x$.

五、设函数 $f(x)=\int_{1}^{x^{2}}\dfrac{\sin t}{t}\mathrm{d}t$，求 $\int_{0}^{1}xf(x)\mathrm{d}x$.

六、如图 5-29 所示，曲线 C 的方程为 $y=f(x)$，点 $(3,2)$ 是它的一个拐点，直线 l_{1} 与 l_{2} 分别是曲线 C 在点 $(0,0)$ 与 $(3,2)$ 处的切线，l_{1} 与 l_{2} 的交点为 $(2,4)$. 设函数 $f(x)$ 具有三阶连续导数，计算定积分 $\int_{0}^{3}(x^{2}+x)f'''(x)\mathrm{d}x$.

第四节　定积分在几何学上的应用

在引入定积分的概念时，曾举过求曲边梯形的面积、变速直线运动的路程两个例子. 实际上，利用定积分可以解决几何学、物理学上很多类似的问题.

例如，在机械制造中，某凸轮横截面的轮廓线是由极坐标方程 $\rho=a(1+\cos\theta)\ (a>0)$ 确定的，求该凸轮的横截面面积和体积.

又如,修建一道等腰梯形闸门,如图5-30所示,它的两条底边的长度分别为6 m和4 m,高为6 m,较长的底边与水面平齐,闸门垂直放置.为了设计和建造闸门,工程师必须知道闸门可能承受的水的最大压力.

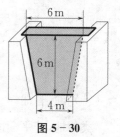

图 5 – 30

这些问题均可归结为求某个事物的总量问题,可用定积分的思想来解决,下面介绍具体的求解方法 —— **微元法**(也称**元素法**).

一、定积分应用的微元法

定积分概念的引入,体现了一种思想,即在微观意义下,没有什么曲、直之分.例如,曲顶的图形可以看成平顶的,不均匀的量可以看成均匀的.简单地说,就是以"直"代"曲",以"不变"代"变".用这一思想来指导实际应用,许多计算公式可以比较方便地得出来.例如,求由曲线 $y = f(x)$ 在闭区间 $[a,b]$ 上所围成的平面图形的面积时,如图5-31所示,在 $[a,b]$ 上任取一点 x,此处任给一个宽度 dx,那么小闭区间 $[x,x+dx]$ 上以 $f(x)$ 为高的微小矩形的面积为

$$dA = f(x)dx,$$

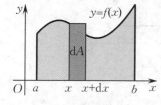

图 5 – 31

称之为**面积微元**,把这些面积微元全部累加起来,即求定积分

$$A = \int_a^b f(x)dx,$$

就得到整个所求平面图形的面积.

下面将定积分定义中的分割、近似、求和、取极限四步做简化,以方便用来求解实际应用中的问题:

(1) **求微元**:首先对问题中的待求量 A 选取积分变量 x,确定它的变化区间 $[a,b]$;然后在 $[a,b]$ 上任取一小闭区间 $[x,x+dx]$,并求出这个小闭区间上所对应的待求量 A 的部分分量 ΔA 的近似值,称之为 A 的微元,记为 dA,它的一般形式为 $dA = f(x)dx$.

(2) **求定积分**:把 A 的所有微元无限累加,即求微元 $dA = f(x)dx$ 在 $[a,b]$ 上的定积分,于是得待求量 $A = \int_a^b f(x)dx$.显然,A 的大小与 $[a,b]$ 有关.

这种先求整体量的微元,再用定积分求整体量的方法称为定积分的微元法.在工程技术及很多研究领域中,计算某个非均匀整体量时经常采用微元法.

注 微元法的关键在于求出微元 $dA = f(x)dx$.通常,如果待求量 A 满足以下两个条件,则它可用微元法求出:

(1) A 是与变量 x 的变化范围 $[a,b]$ 有关的量,且 A 非均匀"分布"在区间 $[a,b]$ 上;

(2) A 对于区间 $[a,b]$ 具有可加性,即如果把 $[a,b]$ 分成若干个部分区间,则 A 等于它在这些部分区间上的分量之和.

二、平面图形的面积

1. 直角坐标情形

在平面直角坐标系下,求由两条曲线 $y = f(x)$ 与 $y = g(x)$($f(x) \geqslant g(x)$)在区间 $[a,b]$ 上所围成的平面图形的面积 A.

在区间 $[a,b]$ 上任取一点 x,过点 x 作 x 轴的垂线,过垂线与曲线 $y = f(x)$ 的交点 $(x,f(x))$ 和垂线与曲线 $y = g(x)$ 的交点 $(x,g(x))$ 分别作 x 轴的平行线,最后截得一个宽为

dx 的小矩形（见图 $5-32$ 中的阴影部分），所求的面积微元 dA 就是这个小矩形的面积，即 $dA = (f(x) - g(x))dx$，于是

$$A = \int_a^b (f(x) - g(x))dx.$$

特别地，若曲线 $y = g(x)$ 变成 x 轴，即 $g(x) \equiv 0$，则所求面积 $A = \int_a^b f(x)dx$.

类似地，若平面图形由直线 $y = c, y = d$ 及两条曲线 $x = \varphi(y)$ 与 $x = \psi(y)(\varphi(y) \geqslant \psi(y))$ 所围成，如图 $5-33$ 所示，则其面积为

$$A = \int_c^d (\varphi(y) - \psi(y))dy.$$

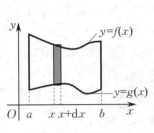

图 $5-32$

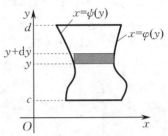

图 $5-33$

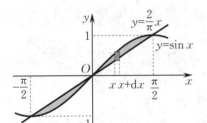

图 $5-34$

例 5.4.1 求由曲线 $y = \sin x$ 和直线 $y = \dfrac{2}{\pi}x$ 所围成的平面图形的面积 A.

解 画出草图，如图 $5-34$ 所示.

方法一 根据对称性，所求面积为

$$A = 2\int_0^{\frac{\pi}{2}} \left(\sin x - \frac{2}{\pi}x\right)dx$$

$$= 2\left(-\cos x - \frac{x^2}{\pi}\right)\Big|_0^{\frac{\pi}{2}} = 2 - \frac{\pi}{2}.$$

方法二 $A = 2\int_0^1 \left(\dfrac{\pi}{2}y - \arcsin y\right)dy = \pi\int_0^1 y\,dy - 2\int_0^1 \arcsin y\,dy$，

由于

$$\int \arcsin y\,dy = y\arcsin y - \int \frac{y}{\sqrt{1-y^2}}dy = y\arcsin y + \sqrt{1-y^2} + C,$$

因此

$$A = \frac{\pi}{2} - 2(y\arcsin y + \sqrt{1-y^2})\Big|_0^1 = \frac{\pi}{2} - 2\left(\frac{\pi}{2} - 1\right) = 2 - \frac{\pi}{2}.$$

显然，在例 5.4.1 中，用前一种方法计算要简单一些.

注 在直角坐标系下，应先画出平面图形的草图，并标出曲线与坐标轴或曲线之间的交点；然后根据平面图形的特征，选择合适的积分变量及相应的积分区间；最后写出面积的定积分表达式.

例 5.4.2 求由曲线 $y^2 = x$ 与直线 $x - y - 2 = 0$ 所围成的平面图形的面积 A.

解 画出草图,如图 $5-35$ 所示.解方程组 $\begin{cases} y^2 = x, \\ x - y - 2 = 0, \end{cases}$ 得交点 $(1, -1), (4, 2)$.

方法一 如果用 x 作为积分变量,则相应的积分区间为 $[0, 4]$,如图 $5-35(a)$ 所示.当 $0 < x < 1$ 时,其面积微元为 $\mathrm{d}A_1 = [\sqrt{x} - (-\sqrt{x})]\mathrm{d}x = 2\sqrt{x}\,\mathrm{d}x$;当 $1 < x < 4$ 时,其面积微元为 $\mathrm{d}A_2 = (\sqrt{x} - x + 2)\mathrm{d}x$,于是

$$A_1 = \int_0^1 2\sqrt{x}\,\mathrm{d}x = \frac{4}{3}x^{\frac{3}{2}}\Big|_0^1 = \frac{4}{3},$$

$$A_2 = \int_1^4 (\sqrt{x} - x + 2)\mathrm{d}x = \left(\frac{2}{3}x^{\frac{3}{2}} - \frac{1}{2}x^2 + 2x\right)\Big|_1^4 = \frac{19}{6},$$

所以

$$A = A_1 + A_2 = \frac{4}{3} + \frac{19}{6} = \frac{9}{2}.$$

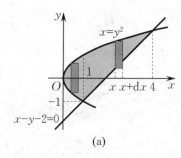
(a)

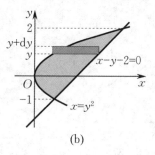
(b)

图 $5-35$

方法二 如果用 y 作为积分变量,则相应的积分区间为 $[-1, 2]$,如图 $5-35(b)$ 所示.面积微元为 $\mathrm{d}A = (y + 2 - y^2)\mathrm{d}y$,所以

$$A = \int_{-1}^2 (y + 2 - y^2)\mathrm{d}y = \left(\frac{1}{2}y^2 + 2y - \frac{1}{3}y^3\right)\Big|_{-1}^2$$

$$= 2 + 4 - \frac{8}{3} - \frac{1}{2} + 2 - \frac{1}{3} = \frac{9}{2}.$$

从例 $5.4.2$ 可以看到,当选取 y 为积分变量时,计算较简单.因此,积分变量选得恰当可使计算变得简单.

例 5.4.3 求由椭圆 $\dfrac{x^2}{a^2} + \dfrac{y^2}{b^2} = 1 (a > 0, b > 0)$ 所围成的平面图形的面积 A.

解 椭圆的面积是椭圆在第一象限部分的面积的 4 倍,如图 $5-36$ 所示.椭圆在第一象限部分的面积微元为 $y\mathrm{d}x$,于是所求面积 $A = 4\int_0^a y\mathrm{d}x$.将椭圆方程化为参数方程 $x = a\cos t, y = b\sin t$,并注意到 $x = 0$ 时,$t = \dfrac{\pi}{2}$;$x = a$ 时,$t = 0$.因此,由换元积分法有

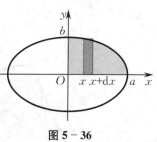

图 $5-36$

$$A = 4\int_0^a y\mathrm{d}x = 4\int_{\frac{\pi}{2}}^0 b\sin t\,\mathrm{d}(a\cos t) = 4ab\int_0^{\frac{\pi}{2}} \sin^2 t\,\mathrm{d}t = \pi ab.$$

注 当 $a=b$ 时,椭圆变成圆,故例 5.4.3 的结果也说明,半径为 a 的圆的面积为 πa^2.一般地,当曲边梯形的曲边由参数方程

$$\begin{cases} x=\varphi(t), \\ y=\psi(t) \end{cases} \quad (t\in[\alpha,\beta] \text{ 或 } t\in[\beta,\alpha])$$

给出时,如果函数 $x=\varphi(t)$ 满足 $\varphi(\alpha)=a,\varphi(\beta)=b,\varphi(t)$ 在闭区间 $[\alpha,\beta]$(或$[\beta,\alpha]$)上具有连续导数,且函数 $y=\psi(t)$ 连续,则由曲边梯形的面积公式及定积分的换元积分公式可知,该曲边梯形的面积为

$$A=\int_a^b y\,\mathrm{d}x=\int_\alpha^\beta \psi(t)\varphi'(t)\,\mathrm{d}t.$$

例 5.4.4 求由摆线 $\begin{cases} x=a(t-\sin t), \\ y=a(1-\cos t) \end{cases} (a>0)$ 的一拱 $(0\leqslant t\leqslant 2\pi)$ 与 x 轴所围成的平面图形的面积 A.

解 如图 5-37 所示,$A=\int_0^{2\pi a} y\,\mathrm{d}x$. 由于 $x=a(t-\sin t)$,则 $\mathrm{d}x=a(1-\cos t)\mathrm{d}t$,当 x 从 0 变到 $2\pi a$ 时,t 从 0 变到 2π,而 $y=a(1-\cos t)$,因此

$$A=\int_0^{2\pi a} y\,\mathrm{d}x=\int_0^{2\pi} a^2(1-\cos t)^2\,\mathrm{d}t$$
$$=a^2\int_0^{2\pi}(1-2\cos t+\cos^2 t)\,\mathrm{d}t$$
$$=a^2\int_0^{2\pi}\left(1-2\cos t+\frac{1+\cos 2t}{2}\right)\mathrm{d}t=3\pi a^2.$$

注 对于这种类型的题,首先应画出平面区域的大致图形,然后结合图形的具体特点,找出参数的范围,再由积分公式来计算图形的面积.

2. 极坐标情形

如果曲线由极坐标方程给出,则在计算由此曲线所围成的平面图形的面积时,使用极坐标比较方便.现利用微元法讨论由连续曲线 $\rho=\rho(\theta)$ 及两条射线 $\theta=\alpha,\theta=\beta(\alpha<\beta)$ 所围成的曲边扇形的面积 A 的计算方法.

在 $[\alpha,\beta]$ 上任取一小闭区间 $[\theta,\theta+\mathrm{d}\theta]$,对应于 $[\theta,\theta+\mathrm{d}\theta]$ 的小曲边扇形的面积可近似看作中心角为 $\mathrm{d}\theta$,半径为 $\rho=\rho(\theta)$ 的小圆扇形的面积,如图 5-38 所示.利用扇形的面积公式,得面积微元为 $\mathrm{d}A=\frac{1}{2}(\rho(\theta))^2\mathrm{d}\theta$,从而所求曲边扇形的面积为

$$A=\frac{1}{2}\int_\alpha^\beta(\rho(\theta))^2\,\mathrm{d}\theta.$$

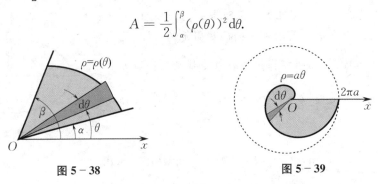

图 5-38　　　　　　　　　图 5-39

例 5.4.5 求由阿基米德螺线 $\rho = a\theta (a > 0)$ 的一环 $(0 \leqslant \theta \leqslant 2\pi)$ 与极轴所围成的平面图形的面积 A.

解 所围平面图形如图 5-39 所示,区间 $[0, 2\pi]$ 上任一小闭区间 $[\theta, \theta + d\theta]$ 所对应的小曲边扇形的面积近似等于半径为 $a\theta$,中心角为 $d\theta$ 的小圆扇形的面积,从而得到面积微元为 $dA = \frac{1}{2}(a\theta)^2 d\theta$,因此所求面积为

$$A = \int_0^{2\pi} \frac{1}{2}(a\theta)^2 d\theta = \frac{a^2}{6}\theta^3 \Big|_0^{2\pi} = \frac{4}{3}\pi^3 a^2.$$

例 5.4.5 中所求的面积恰好等于半径为 $2\pi a$ 的圆面积的三分之一. 早在两千多年前,阿基米德采用穷竭法就已知道了这个结果. 他在《论螺线》一文中写道:"旋转第一圈时所产生的螺线与始线所围的面积是'第一圆' 面积的三分之一."

例 5.4.6 计算由心形线 $\rho = a(1 + \cos\theta)(a > 0)$ 所围成的平面图形的面积 A.

解 心形线所围成的平面图形如图 5-40 所示,该平面图形相对于极轴对称,因此所围成的面积是极轴以上部分面积的两倍. 对于极轴以上的图形,θ 的变化区间为 $[0, \pi]$. 因为区间 $[0, \pi]$ 上任一小闭区间 $[\theta, \theta + d\theta]$ 所对应的小曲边扇形的面积近似等于半径为 $a(1 + \cos\theta)$,中心角为 $d\theta$ 的小圆扇形的面积,从而得到面积微元为 $dA = \frac{1}{2}[a(1 + \cos\theta)]^2 d\theta$,于是所求面积为

$$
\begin{aligned}
A &= 2\int_0^{\pi} \frac{1}{2}[a(1 + \cos\theta)]^2 d\theta = a^2 \int_0^{\pi}(1 + 2\cos\theta + \cos^2\theta) d\theta \\
&= a^2 \int_0^{\pi}\left(\frac{3}{2} + 2\cos\theta + \frac{1}{2}\cos 2\theta\right) d\theta \\
&= a^2 \left[\frac{3}{2}\theta + 2\sin\theta + \frac{1}{4}\sin 2\theta\right]\Big|_0^{\pi} = \frac{3}{2}\pi a^2.
\end{aligned}
$$

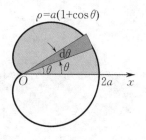

图 5-40

例 5.4.6 的结果就是在本节开始时提到的第一个实例中的凸轮横截面的面积,如果知道该凸轮的厚度,则可进一步求出它的体积,这里不再详述.

例 5.4.7 计算由两圆 $x^2 + y^2 = 3x, x^2 + y^2 = \sqrt{3}y$ 所围成的平面图形的面积 A.

分析 显然,这个平面图形的面积可以在直角坐标系下求解,但这里主要介绍先利用关系式 $\begin{cases} x = \rho\cos\theta, \\ y = \rho\sin\theta \end{cases}$,将曲线方程进行直角坐标与极坐标的转换,再计算. 在实际应用中,这种转换有时是必要的,有时虽然不是十分必要,但是可以简化计算过程.

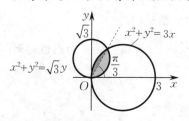

图 5-41

解 曲线 $x^2 + y^2 = 3x, x^2 + y^2 = \sqrt{3}y$ 的极坐标方程分别为 $\rho = 3\cos\theta, \rho = \sqrt{3}\sin\theta$. 由这两个方程求得两圆的交点为坐标原点和 $\begin{cases} \rho = \dfrac{3}{2}, \\ \theta = \dfrac{\pi}{3}, \end{cases}$ 如图 5-41 所示.

因此,两圆所围平面图形由两部分

$$\rho = \sqrt{3}\sin\theta\left(0 \leqslant \theta \leqslant \frac{\pi}{3}\right) \quad 和 \quad \rho = 3\cos\theta\left(\frac{\pi}{3} \leqslant \theta \leqslant \frac{\pi}{2}\right)$$

所组成,于是所求面积为

$$A = \frac{1}{2}\int_0^{\frac{\pi}{3}}(\sqrt{3}\sin\theta)^2\mathrm{d}\theta + \frac{1}{2}\int_{\frac{\pi}{3}}^{\frac{\pi}{2}}(3\cos\theta)^2\mathrm{d}\theta$$

$$= \frac{3}{2}\int_0^{\frac{\pi}{3}}\frac{1-\cos 2\theta}{2}\mathrm{d}\theta + \frac{9}{2}\int_{\frac{\pi}{3}}^{\frac{\pi}{2}}\frac{1+\cos 2\theta}{2}\mathrm{d}\theta = \frac{5}{8}\pi - \frac{3}{4}\sqrt{3}.$$

注 计算这种类型的题目时,最好先画图,求出交点的坐标,再计算平面图形的面积.

例 5.4.8 求圆 $\rho = -6\cos\theta$ 和心形线 $\rho = 2(1-\cos\theta)$ 的公共部分的面积.

解 因为所求平面图形关于 x 轴对称,所以只需计算如图 5-42 所示的阴影部分的面积即可.联立方程组 $\begin{cases} \rho = -6\cos\theta, \\ \rho = 2(1-\cos\theta), \end{cases}$ 解得两曲线在上半平面内的交点坐标为 $\rho = 3, \theta = \frac{2\pi}{3}$.

射线 $\theta = \frac{2\pi}{3}$ 将所求平面图形分为两部分:第一部分由射线 $\theta = \frac{2\pi}{3}$ 与圆弧 $\rho = -6\cos\theta\left(\frac{\pi}{2} \leqslant \theta \leqslant \frac{2\pi}{3}\right)$ 所围成,第二部分由射线 $\theta = \frac{2\pi}{3}, \theta = \pi$ 与心形线 $\rho = 2(1-\cos\theta)\left(\frac{2\pi}{3} \leqslant \theta \leqslant \pi\right)$ 所围成,故所求平面面积为

$$A = 2\left[\frac{1}{2}\int_{\frac{\pi}{2}}^{\frac{2\pi}{3}}(-6\cos\theta)^2\mathrm{d}\theta + \frac{1}{2}\int_{\frac{2\pi}{3}}^{\pi}4(1-\cos\theta)^2\mathrm{d}\theta\right]$$

$$= 18\int_{\frac{\pi}{2}}^{\frac{2\pi}{3}}(1+\cos 2\theta)\mathrm{d}\theta + 4\int_{\frac{2\pi}{3}}^{\pi}(1-2\cos\theta+\cos^2\theta)\mathrm{d}\theta$$

$$= 18\int_{\frac{\pi}{2}}^{\frac{2\pi}{3}}(1+\cos 2\theta)\mathrm{d}\theta + \int_{\frac{2\pi}{3}}^{\pi}(6-8\cos\theta+2\cos 2\theta)\mathrm{d}\theta = 5\pi.$$

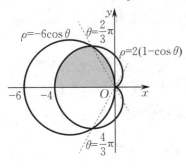

图 5-42

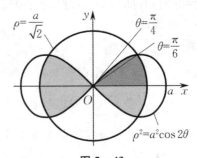

图 5-43

例 5.4.9 求由圆 $\rho = \frac{a}{\sqrt{2}}(a > 0)$ 和双纽线 $\rho^2 = a^2\cos 2\theta$ 所围成的平面图形的面积 A.

分析 关于双纽线 $\rho^2 = a^2\cos 2\theta$,由于 $\rho^2 \geqslant 0$,故 θ 的变化范围是 $\left[-\frac{\pi}{4}, \frac{\pi}{4}\right] \cup \left[\frac{3\pi}{4}, \frac{5\pi}{4}\right]$.

解 如图 5-43 所示,设 A_1 为所围平面图形第一象限内的部分面积,则由平面图形的对称性可知,$A = 4A_1$.联立方程组

$$\begin{cases} \rho^2 = a^2 \cos 2\theta, \\ \rho = \dfrac{a}{\sqrt{2}}, \end{cases}$$

求得两曲线在第一象限内的交点处为 $\rho = \dfrac{a}{\sqrt{2}}, \theta = \dfrac{\pi}{6}$. 因此,平面图形的面积 A_1 被分成两部

分:一部分是由圆弧 $\rho = \dfrac{a}{\sqrt{2}} \left(0 \leqslant \theta \leqslant \dfrac{\pi}{6}\right)$ 与射线 $\theta = 0, \theta = \dfrac{\pi}{6}$ 所围成的,另一部分是由双纽

线 $\rho^2 = a^2 \cos 2\theta \left(\dfrac{\pi}{6} \leqslant \theta \leqslant \dfrac{\pi}{4}\right)$ 与射线 $\theta = \dfrac{\pi}{6}$ 所围成的. 于是,所求面积为

$$A = 4\left[\dfrac{1}{12} \cdot \pi \left(\dfrac{a}{\sqrt{2}}\right)^2 + \dfrac{1}{2}\int_{\frac{\pi}{6}}^{\frac{\pi}{4}} a^2 \cos 2\theta \mathrm{d}\theta\right] = \dfrac{\pi a^2}{6} + a^2 \left(1 - \dfrac{\sqrt{3}}{2}\right).$$

三、某些特殊立体的体积

一般立体的体积将在多元函数积分学中讨论. 有两种比较特殊的立体的体积可以利用定积分来计算.

1. 旋转体的体积

设一平面图形以直线 $x = a, x = b, y = 0$,以及曲线 $y = f(x)$ 为边界,求该平面图形绕 x 轴旋转一周所得的旋转体的体积 V_x.

其实这是一个求 X 型平面图形绕 x 轴旋转一周所得的旋转体的体积问题. 仍然可以用微元法的思想来解决这一问题.

(1) **求微元**:如图 5 − 44(a) 所示,在区间 $[a,b]$ 上任取一个小闭区间 $[x, x + \mathrm{d}x]$,截得该平面图形的一个细长条,我们把该细长条近似看成矩形,其宽为 $\mathrm{d}x$,高为 $|f(x)|$,那么这个小矩形绕 x 轴旋转一周所得的旋转体就是一个圆柱体,不过这个圆柱体非常薄,其厚度就是 $\mathrm{d}x$. 这个小圆柱体的体积就是所求体积 V_x 的体积微元,记作 $\mathrm{d}V_x$,即

$$\mathrm{d}V_x = 圆盘面积 \cdot \mathrm{d}x = \pi f^2(x)\mathrm{d}x.$$

(2) **求定积分**:把这些微小的圆柱体体积累加起来,即求体积微元 $\mathrm{d}V_x$ 在 $[a,b]$ 上的定积分,则得到所求体积为

$$V_x = \pi \int_a^b f^2(x)\mathrm{d}x.$$

上述方法也称为**圆柱薄片法**. 这样旋转出来的旋转体如图 5 − 44(b) 所示.

同理可得 Y 型平面图形(见图 5 − 45)绕 y 轴旋转一周所得的旋转体的体积为

$$V_y = \pi \int_c^d \varphi^2(y)\mathrm{d}y.$$

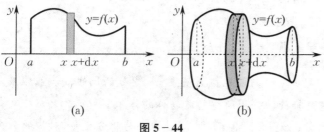

(a)　　　　　(b)

图 5 − 44

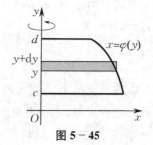

图 5 − 45

例 5.4.10 设抛物线 $y=\sqrt{x}$ 与直线 $y=1$ 和 y 轴围成一平面图形（见图 5-46），求该平面图形绕 y 轴旋转一周而成的旋转体的体积 V_y.

解 将抛物线方程改写为 $x=y^2$，此时 y 的变化范围是 $[0,1]$，可得所求旋转体的体积为

$$V_y = \pi \int_0^1 x^2 \mathrm{d}y = \pi \int_0^1 y^4 \mathrm{d}y = \frac{\pi}{5} y^5 \Big|_0^1 = \frac{\pi}{5}.$$

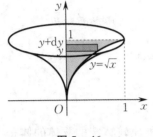

图 5-46

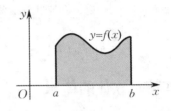

图 5-47

例 5.4.11 证明：由不等式 $0 \leqslant a \leqslant x \leqslant b, 0 \leqslant y \leqslant f(x)$ 所确定的平面图形（见图 5-47）绕 y 轴旋转一周所得的旋转体的体积为

$$V = 2\pi \int_a^b x f(x) \mathrm{d}x.$$

分析 显然，此例所需证明的结果由圆柱薄片法处理不方便.下面介绍另一种求旋转体体积的方法——**柱壳法**.

证 在区间 $[a,b]$ 上任取一小闭区间 $[x, x+\mathrm{d}x]$，则相应的小曲边梯形绕 y 轴旋转一周所得的体积 ΔV 为一薄壁曲边圆筒，如图 5-48(a) 所示.

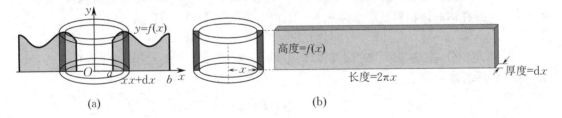

(a)　　　　　　　　　　　(b)

图 5-48

如果将这个薄壁曲边圆筒沿其母线剪开并将它展平，则它可近似看成一块具有厚度为 $\mathrm{d}x$ 的长方形平板，如图 5-48(b) 所示，平板的长度是薄壁曲边圆筒的内圆周长 $2\pi x$.因此，薄壁曲边圆筒的体积 $\approx$ 平板长度 $\times$ 平板高度 $\times$ 平板厚度，即体积微元为 $\mathrm{d}V = 2\pi x f(x) \mathrm{d}x$.于是，所求体积为

$$V = \int_a^b \mathrm{d}V = 2\pi \int_a^b x f(x) \mathrm{d}x.$$

例 5.4.12 设曲线 $8y = 12x - x^3$ 与其在极大值点 $x=2$ 处的切线 $y=2$，以及 y 轴围成一平面图形，求该平面图形绕 y 轴旋转一周所得的旋转体的体积 V.

解 方法一 应用圆柱薄片法.如图 5-49(a) 所示，选取 y 为积分变量，对应的积分区

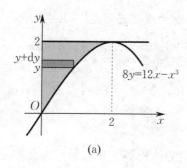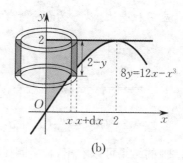

图 5 – 49

间为 $[0,2]$,于是有

$$V = \pi \int_0^2 x^2 \mathrm{d}y \xrightarrow{\ \text{令}\ y = \frac{12x - x^3}{8}\ } \pi \int_0^2 x^2 \cdot \frac{12 - 3x^2}{8} \mathrm{d}x = \frac{8}{5}\pi.$$

方法二 应用柱壳法.如图 5 – 49(b) 所示,选取 x 为积分变量,对应的积分区间为 $[0,2]$,于是有

$$V = 2\pi \int_0^2 x \cdot \underbrace{(2 - y)}_{\text{柱壳高度}} \mathrm{d}x = 2\pi \int_0^2 x \left(2 - \frac{12x - x^3}{8}\right) \mathrm{d}x = \frac{8}{5}\pi.$$

例 5.4.13 求内直径为 d_1 cm,外直径为 d_2 cm 的救生圈的最大浮力.

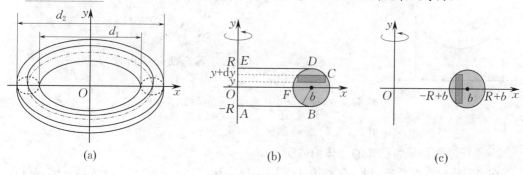

图 5 – 50

解 最大浮力等于体积乘以水的比重.因此,只需求出救生圈的体积 V.

如图 5 – 50(a) 所示,建立直角坐标系.若记 $b = \dfrac{d_1 + d_2}{4}$,$R = \dfrac{d_2 - d_1}{4}$,则救生圈的体积就是由如图 5 – 50(b) 所示的圆

$$(x - b)^2 + y^2 = R^2 \quad (b > R > 0)$$

绕 y 轴旋转一周所得旋转体的体积.

方法一 应用圆柱薄片法.以 y 为积分变量,则 y 的变化范围是 $[-R, R]$.所求体积 V 就是以右半圆周为曲边的曲边梯形和以左半圆周为曲边的曲边梯形分别绕 y 轴旋转一周所得旋转体的体积之差,这样可得

$$V = \pi \int_{-R}^{R} \left[(b + \sqrt{R^2 - y^2})^2 - (b - \sqrt{R^2 - y^2})^2 \right] \mathrm{d}y$$

$$= 2\pi \int_0^R 4b \sqrt{R^2 - y^2} \mathrm{d}y = 2\pi^2 b R^2 = \frac{\pi^2}{32}(d_1 + d_2)(d_1 - d_2)^2.$$

方法二　应用柱壳法.以 x 为积分变量,则 x 的变化范围是 $[-R+b,R+b]$,于是得

$$V = 2\pi \int_{-R+b}^{R+b} x \cdot \underset{\text{柱壳高度}}{\underline{2y}} \, \mathrm{d}x = 4\pi \int_{-R+b}^{R+b} x \sqrt{R^2-(x-b)^2} \, \mathrm{d}x$$

$$\xlongequal{\text{令}\, t=x-b} 4\pi \int_{-R}^{R} (t+b) \sqrt{R^2-t^2} \, \mathrm{d}t = 8\pi b \int_0^R \sqrt{R^2-t^2} \, \mathrm{d}t$$

$$= 2\pi^2 b R^2 = \frac{\pi^2}{32}(d_1+d_2)(d_1-d_2)^2.$$

由例 5.4.13 的结果可以看出,救生圈或轮胎的体积等于其截面圆的面积 πR^2 与以其截面圆圆心到旋转轴的距离为半径的圆的周长 $2\pi b$ 的乘积.

例 5.4.14　当以 y 轴为中心轴的圆柱形容器以匀角速度 ω 绕 y 轴旋转时,容器内的水面被该圆柱体的轴截面所截得的截线方程为 $y=\dfrac{\omega^2}{2g}x^2+c$,如图 5-51 所示.设容器的底面圆半径为 R,高为 H,容器内水的体积为 V.(1)试求常数 c;(2)当容器以多大的角速度旋转时,容器的底面会露出来(假定 H 足够大)?

解　(1)容器内水的体积即为图 5-51 中阴影部分图形绕 y 轴旋转一周所得的旋转体的体积.于是,应用柱壳法,有

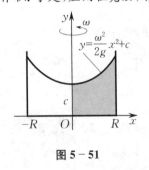

$$V = \int_0^R 2\pi xy \, \mathrm{d}x = 2\pi \int_0^R x\left(\frac{\omega^2}{2g}x^2+c\right)\mathrm{d}x = \frac{\pi\omega^2}{4g}R^4 + \pi c R^2,$$

解得

$$c = \frac{V}{\pi R^2} - \frac{\omega^2}{4g}R^2.$$

(2)显然,当 $c \leqslant 0$ 时,容器底面会露出来,此时 $\dfrac{V}{\pi R^2} \leqslant \dfrac{\omega^2}{4g}R^2$,

解得 $\omega \geqslant \dfrac{2}{R^2}\sqrt{\dfrac{gV}{\pi}}$.因此,当容器以不小于 $\dfrac{2}{R^2}\sqrt{\dfrac{gV}{\pi}}$ 的角速度旋转时,容器的底面就会露出来.

图 5-51

2. 平行截面面积为已知的立体的体积

在空间直角坐标系下,设一立体介于平面 $x=a$ 和 $x=b$ 之间,$A(x)$ 为该立体内过点 x 且垂直于 x 轴的截面的面积.假设 $A(x)$ 为 x 的已知连续函数,求该立体的体积 V.

如图 5-52 所示,在区间 $[a,b]$ 上任意取一小闭区间 $[x,x+\mathrm{d}x]$,则该立体中对应这一小闭区间的薄片的体积可近似用一个底面积为 $A(x)$,高为 $\mathrm{d}x$ 的扁柱体的体积来代替,故该立体的体积微元为 $\mathrm{d}V = A(x)\mathrm{d}x$,从而所求的体积为

$$V = \int_a^b A(x)\mathrm{d}x. \tag{5.4.1}$$

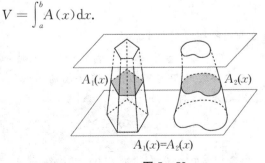

图 5-52　　　　　　　　　　　　　　　　　图 5-53

前面已经介绍了旋转体的体积计算公式,其中的 $\pi f^2(x)$ 正是旋转体的截面圆的面积,实际上就是式(5.4.1)中的 $A(x)$. 当平行截面垂直于 y 轴时,其面积记为 $A(y)$,也有类似的结论成立,且旋转体的体积计算公式中的 $\pi \varphi^2(y)$ 实际上就是 $A(y)$. 因此,旋转体是平行截面面积为已知的立体的一种特例.

进一步,由式(5.4.1)可知,如果两个立体的每一个截面面积都相等,那么它们的体积是相等的,如图 $5-53$ 所示. 早在我国南北朝时期,这一原理就被数学家祖冲之和他的儿子祖暅所发现和应用,并被后人称为**祖暅原理**. 意大利数学家卡瓦列里(Cavalieri)在 1635 年得到了同样的结论,但比祖暅原理晚了一千多年.

例 5.4.15 求椭球体 $\dfrac{x^2}{a^2} + \dfrac{y^2}{b^2} + \dfrac{z^2}{c^2} \leqslant 1(a > 0, b > 0, c > 0)$ 的体积 V.

解 如图 $5-54$ 所示,用垂直于 x 轴的平面截椭球面而得到的截面为椭圆

$$\frac{y^2}{b^2\left(1 - \dfrac{x^2}{a^2}\right)} + \frac{z^2}{c^2\left(1 - \dfrac{x^2}{a^2}\right)} = 1,$$

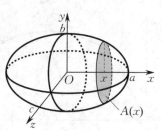

图 $5-54$

这是一个两轴分别为 $b\sqrt{1 - \dfrac{x^2}{a^2}}$ 和 $c\sqrt{1 - \dfrac{x^2}{a^2}}$ 的椭圆,它的面积为

$$A(x) = \pi b\sqrt{1 - \frac{x^2}{a^2}} \cdot c\sqrt{1 - \frac{x^2}{a^2}} = \pi bc\left(1 - \frac{x^2}{a^2}\right).$$

由此得所求椭球体的体积为

$$V = \int_{-a}^{a} A(x)\,\mathrm{d}x = \int_{-a}^{a} \pi bc\left(1 - \frac{x^2}{a^2}\right)\mathrm{d}x = \frac{4}{3}\pi abc.$$

特别地,此例中若 $a = b = c = R$,则可得球的体积为 $\dfrac{4}{3}\pi R^3$.

例 5.4.16 设经过一椭圆柱体的底面椭圆的短轴,并与底面交成角 α 的一平面,已知它可截得该椭圆柱体的一块楔形块,如图 $5-55$ 所示,求此楔形块的体积 V.

解 由图 $5-55$ 知,底面椭圆方程为 $\dfrac{x^2}{4} + \dfrac{y^2}{64} = 1$. 过任意一点 $x \in [-2, 2]$ 作垂直于 x 轴的平面,则该平面与楔形块的截面为直角三角形(见图 $5-55$ 的阴影部分),该直角三角形的面积为

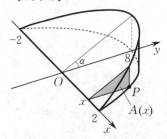

$$A(x) = \frac{1}{2}y \cdot y\tan\alpha = 32\left(1 - \frac{x^2}{4}\right)\tan\alpha = 8(4 - x^2)\tan\alpha.$$

由此得所求楔形块的体积为

$$V = 8\tan\alpha \int_{-2}^{2} (4 - x^2)\,\mathrm{d}x = 16\tan\alpha \int_{0}^{2} (4 - x^2)\,\mathrm{d}x$$

$$= \frac{256}{3}\tan\alpha.$$

图 $5-55$

例 5.4.16 中也可取 y 为积分变量,请读者自行计算.

注 在求平行截面面积为已知的立体体积时,重点是找出该立体垂直于 x 轴的截面面积函数 $A(x)$ 或垂直于 y 轴的截面面积函数 $A(y)$,然后通过体积公式即可求出.

四、平面曲线的弧长

作为电力工程师,需要估计在两个电线杆之间的电线（悬链线）的长度;作为高速公路的工程师,需要根据一段弯曲的高速公路的总长估计铺路的成本. 要回答诸如此类的问题,必须知道如何计算曲线的长度.

1. 平面曲线弧长的概念

在初等几何中,圆周的长度是用该圆的内接正多边形的周长来近似计算的,并且当内接正多边形的边数无限增加时,其周长的极限就等于圆周长. 现在,也用类似的方法来建立平面曲线的弧长的概念.

设有一条以 A,B 为端点的曲线弧,在 $\overset{\frown}{AB}$ 上依次任取分点

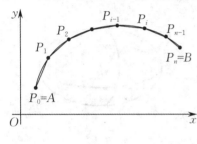

图 5−56

$$A = P_0, P_1, P_2, \cdots, P_{n-1}, P_n = B,$$

并依次联结相邻分点得一内接折线,如图 5−56 所示. 记

$$\lambda = \max\{|P_0P_1|,|P_1P_2|,\cdots,|P_{n-1}P_n|\},$$

如果极限 $\lim\limits_{\lambda \to 0} \sum\limits_{i=1}^{n} |P_{i-1}P_i|$ 存在,则称此极限值为**曲线弧** $\overset{\frown}{AB}$ **的弧长**,并称此曲线弧是**可求长**的.

那么,什么样的曲线弧是可求长的呢?这里不加证明地给出如下结论.

定理 5.4.1 光滑曲线弧是可求长的.

2. 平面曲线弧长的计算

（1）直角坐标情形.

设曲线 L 的方程为 $y = f(x)(a \leqslant x \leqslant b)$,其中函数 $f(x)$ 在闭区间 $[a,b]$ 上具有一阶连续导数.

如图 5−57 所示,在 $[a,b]$ 上任意取一小闭区间 $[x,x+dx]$,对应的曲线弧为 $\overset{\frown}{AB}$,曲线 L 在点 A 处的切线在小闭区间 $[x,x+dx]$ 上也有对应的线段 AP,以 AP 近似代替 $\overset{\frown}{AB}$,即得曲线 L 的弧长微元为

$$ds = \sqrt{(dx)^2 + (dy)^2}, \tag{5.4.2}$$

式(5.4.2) 称为**弧微分公式**. 以 L 的方程 $y = f(x)$ 代入,得

$$ds = \sqrt{1 + (f'(x))^2}\,dx.$$

根据微元法,即得由直角坐标方程 $y = f(x)(a \leqslant x \leqslant b)$ 表示的曲线 L 的弧长的计算公式为

$$s = \int_a^b ds = \int_a^b \sqrt{1 + (f'(x))^2}\,dx.$$

图 5−57

例 5.4.17 两端固定于空中的缆线,由于其自身的重量而下垂成曲线形,称之为悬链线. 如图 5−58 所示,建立直角坐标系,设该悬链线的方程[①]为 $y = \dfrac{e^x + e^{-x}}{2}$,试求该悬链线

[①] 关于悬链线的方程,参见第六章的例 6.4.3.

上从 $x=-1$ 到 $x=1$ 之间的一段弧的长度 s.

解 因 $y'=\dfrac{e^x-e^{-x}}{2}$,从而弧长微元为

$$ds=\sqrt{1+(y')^2}\,dx=\frac{e^x+e^{-x}}{2}\,dx.$$

利用对称性,可得所求弧长为

$$s=2\int_0^1\frac{e^x+e^{-x}}{2}\,dx=2\left(\frac{e^x-e^{-x}}{2}\right)\Big|_0^1=e-e^{-1}.$$

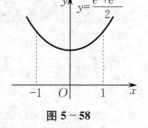

图 5-58

（2）参数方程情形.

设曲线 L 的参数方程为 $\begin{cases}x=\varphi(t),\\ y=\psi(t)\end{cases}(\alpha\leqslant t\leqslant\beta)$,其中函数 $\varphi(t),\psi(t)$ 在闭区间 $[\alpha,\beta]$ 上具有一阶连续导数,则曲线 L 的弧长微元为

$$ds=\sqrt{(dx)^2+(dy)^2}=\sqrt{(\varphi'(t))^2+(\psi'(t))^2}\,dt,$$

于是所求弧长为

$$s=\int_\alpha^\beta\sqrt{(\varphi'(t))^2+(\psi'(t))^2}\,dt.$$

例 5.4.18 求星形线 $\begin{cases}x=a\cos^3 t,\\ y=a\sin^3 t\end{cases}(a>0)$ 的弧长 s.

解 如图 5-59 所示,由对称性知,只需求星形线在第一象限内的一段弧长 $\left(0\leqslant t\leqslant\dfrac{\pi}{2}\right)$,然后乘以 4 即可得到所求弧长.因此,所求弧长为

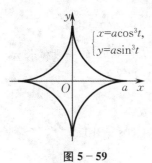

图 5-59

$$s=4\int_0^{\frac{\pi}{2}}\sqrt{(x'(t))^2+(y'(t))^2}\,dt$$

$$=4\int_0^{\frac{\pi}{2}}\sqrt{(-3a\cos^2 t\sin t)^2+(3a\sin^2 t\cos t)^2}\,dt$$

$$=12a\int_0^{\frac{\pi}{2}}\cos t\sin t\,dt$$

$$=-3a\cos 2t\Big|_0^{\frac{\pi}{2}}=6a.$$

例 5.4.19 求摆线 $\begin{cases}x=a(t-\sin t),\\ y=a(1-\cos t)\end{cases}(a>0)$ 上一拱的弧长 s.

解 由 $x'(t)=a(1-\cos t),y'(t)=a\sin t$,得所求摆线的弧长微元为

$$ds=\sqrt{(x'(t))^2+(y'(t))^2}\,dt=a\sqrt{2(1-\cos t)}\,dt=2a\left|\sin\frac{t}{2}\right|\,dt.$$

因此,所求弧长为

$$s=\int_0^{2\pi}2a\left|\sin\frac{t}{2}\right|\,dt=2a\int_0^{2\pi}\sin\frac{t}{2}\,dt=8a.$$

（3）极坐标情形.

若曲线 L 由极坐标方程 $\rho=\rho(\theta)(\alpha\leqslant\theta\leqslant\beta)$ 给出,而由直角坐标与极坐标之间的关系

$$x = \rho(\theta)\cos\theta, \quad y = \rho(\theta)\sin\theta,$$

有 $\qquad x'(\theta) = \rho'(\theta)\cos\theta - \rho(\theta)\sin\theta, \quad y'(\theta) = \rho'(\theta)\sin\theta + \rho(\theta)\cos\theta,$

则曲线 L 的弧长微元为

$$\mathrm{d}s = \sqrt{(x'(\theta))^2 + (y'(\theta))^2}\,\mathrm{d}\theta = \sqrt{\rho^2(\theta) + (\rho'(\theta))^2}\,\mathrm{d}\theta.$$

因此,所求弧长为

$$s = \int_a^\beta \sqrt{\rho^2(\theta) + (\rho'(\theta))^2}\,\mathrm{d}\theta.$$

例 5.4.20 求阿基米德螺线 $\rho = a\theta(a > 0)$ 相应于 θ 从 0 到 2π 的一段弧长 s,如图 5-60 所示.

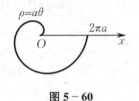

图 5-60

解 由于所求曲线的弧长微元为

$$\mathrm{d}s = \sqrt{\rho^2(\theta) + (\rho'(\theta))^2}\,\mathrm{d}\theta = \sqrt{a^2\theta^2 + a^2}\,\mathrm{d}\theta = a\sqrt{1+\theta^2}\,\mathrm{d}\theta,$$

因此所求弧长为

$$s = a\int_0^{2\pi}\sqrt{1+\theta^2}\,\mathrm{d}\theta \xrightarrow{\text{分部积分}} a\left(2\pi\sqrt{1+4\pi^2} - \int_0^{2\pi}\frac{\theta^2+1-1}{\sqrt{1+\theta^2}}\,\mathrm{d}\theta\right)$$

$$= a\left(2\pi\sqrt{1+4\pi^2} - \int_0^{2\pi}\sqrt{1+\theta^2}\,\mathrm{d}\theta + \int_0^{2\pi}\frac{\mathrm{d}\theta}{\sqrt{1+\theta^2}}\right).$$

由上式整理即得

$$s = a\int_0^{2\pi}\sqrt{1+\theta^2}\,\mathrm{d}\theta = \frac{a}{2}\left[2\pi\sqrt{1+4\pi^2} + \ln(\theta+\sqrt{1+\theta^2})\,\Big|_0^{2\pi}\right]$$

$$= \frac{a}{2}\left[2\pi\sqrt{1+4\pi^2} + \ln(2\pi+\sqrt{1+4\pi^2})\right].$$

注 求平面曲线的弧长时,重点是熟练掌握弧微分公式 $\mathrm{d}s = \sqrt{(\mathrm{d}x)^2 + (\mathrm{d}y)^2}$.

例 5.4.21 求曲线 $y = \int_0^{\frac{x}{n}}\sqrt{\sin\theta}\,\mathrm{d}\theta$ 上满足 $0 \leqslant x \leqslant n\pi(n \in \mathbf{N}^*)$ 的一段弧长 s.

解 由于 $\dfrac{\mathrm{d}y}{\mathrm{d}x} = n\sqrt{\sin\dfrac{x}{n}} \cdot \dfrac{1}{n}$,则 $(y')^2 = \sin\dfrac{x}{n}$,故

$$s = \int_0^{n\pi}\sqrt{1+(y')^2}\,\mathrm{d}x = \int_0^{n\pi}\sqrt{1+\sin\frac{x}{n}}\,\mathrm{d}x = \int_0^{n\pi}\left(\sin\frac{x}{2n} + \cos\frac{x}{2n}\right)\mathrm{d}x$$

$$\xrightarrow{\;\diamondsuit\, t=\frac{x}{2n}\;} 2n\int_0^{\frac{\pi}{2}}(\sin t + \cos t)\,\mathrm{d}t = 4n.$$

思考题 5.4

1. 微元法的实质是什么?

2. 如图 5-61 所示,函数 $y = f(x)$,$y = g(x)$ 在闭区间 $[a,b]$ 上连续,且 $f(x) \geqslant g(x)$.将由曲线 $y = f(x)$,$y = g(x)$ 及直线 $x = a$,$x = b$ 所围成的平面图形绕 x 轴旋转一周所得的旋转体的体积记为 V,试讨论下面哪个是 V 的正确表达式:

(1) $V = \pi\displaystyle\int_a^b (f(x) - g(x))^2\,\mathrm{d}x$;

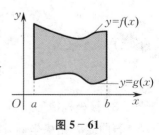

图 5-61

(2) $V = \pi \int_a^b (f^2(x) - g^2(x)) \mathrm{d}x$.

3. 将由不等式 $0 \leqslant a \leqslant x \leqslant b, 0 \leqslant y \leqslant f(x)$ 所确定的平面图形分别进行如下操作:

(1) 绕直线 $x = a$ 旋转一周;

(2) 绕直线 $x = -a$ 旋转一周;

(3) 绕直线 $y = c(c \geqslant \max\limits_{a \leqslant x \leqslant b} \{f(x)\})$ 旋转一周.

建立以上三个旋转体的体积的积分表达式.

习 题 5.4

(A)

一、求下列平面图形的面积:

(1) 由曲线 $y = \dfrac{1}{x}$,直线 $y = x, x = 2$ 所围成的平面图形;

(2) 由曲线 $y = \ln x, y$ 轴,直线 $y = \ln a, y = \ln b$ 所围成的平面图形,其中 $b > a > 0$.

二、求由抛物线 $y = -x^2 + 4x - 3$ 及其在点 $(0, -3), (3, 0)$ 处的切线所围成的平面图形的面积.

三、已知可变电容器动片的边界点的运动轨迹是阿基米德螺线 $\rho = a\theta + b$,如图 $5-62$ 所示.在计算电容时需要知道电容器动片的面积.已知 $\theta = 0$ 及 $\theta = \pi$ 时的极径分别为 $OA = \rho_0, OC = \rho_1$.求电容器动片的面积.

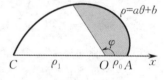

图 $5-62$

四、求下列平面图形的面积:

(1) 由曲线 $\rho = 2a\cos\theta (a > 0)$ 所围成的平面图形;

(2) 由两圆 $x^2 + y^2 = 4, x^2 + y^2 = 4x$ 所围成的公共部分的平面图形;

(3) 由圆 $\rho = \sqrt{2}\sin\theta$ 与双纽线 $\rho^2 = \cos 2\theta$ 所围成的公共部分的平面图形.

五、求由曲线 $y = x^3$ 与直线 $x = 2, y = 0$ 所围成的平面图形分别绕 x 轴及 y 轴旋转一周所得的两个旋转体的体积.

六、把星形线 $x^{\frac{2}{3}} + y^{\frac{2}{3}} = a^{\frac{2}{3}} (a > 0)$ 所围成的平面图形绕 x 轴旋转一周,计算所得旋转体的体积.

七、计算底面是半径为 a 的圆,且垂直于底面圆上一条固定直径的所有截面都是等边三角形的立体(见图 $5-63$)的体积.

八、如图 $5-64$ 所示,求以半径为 a 的圆为底,以平行且等于底面圆上一条固定直径的线段为顶,以 h 为高的正劈锥体的体积.(已知该正劈锥体内垂直于底面圆上这条固定直径的所有截面都是高为 h 的等腰三角形.)

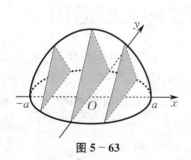

图 $5-63$

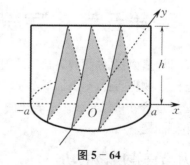

图 $5-64$

九、求由摆线 $\begin{cases} x = 2(t - \sin t), \\ y = 2(1 - \cos t) \end{cases}$ 的一拱 $(0 \leqslant t \leqslant 2\pi)$,以及 x 轴所围成的平面图形分别绕 x 轴和 y 轴旋转一周所得的旋转体的体积.

十、求曲线 $y = \ln x$ 上相应于 $\sqrt{3} \leqslant x \leqslant \sqrt{8}$ 的一段曲线弧的长度.

十一、求曲线 $\begin{cases} x = \int_1^t \dfrac{\cos u}{u} \mathrm{d}u, \\ y = \int_1^t \dfrac{\sin u}{u} \mathrm{d}u \end{cases}$ 在 $1 \leqslant t \leqslant \mathrm{e}$ 之间的一段弧长.

十二、求心形线 $\rho = a(1 + \cos\theta)(a > 0)$ 的全长.

(B)

一、求由曲线 $\rho = a\sin\theta, \rho = a(\cos\theta + \sin\theta)(a > 0)$ 所围成的平面图形的公共部分的面积.

二、求由下列曲线所围成的平面图形按指定的轴旋转一周所得的旋转体的体积:

(1) 圆 $x^2 + (y - 5)^2 = 16$, 绕 x 轴;

(2) 圆 $x^2 + y^2 = a^2$, 绕直线 $x = -b(b > a > 0)$;

(3) 摆线 $\begin{cases} x = a(t - \sin t), \\ y = a(1 - \cos t) \end{cases} (a > 0)$ 的一拱 $(0 \leqslant t \leqslant 2\pi)$ 与直线 $y = 0$, 绕直线 $y = 2a$.

三、在摆线 $\begin{cases} x = a(t - \sin t), \\ y = a(1 - \cos t) \end{cases} (a > 0)$ 上求将摆线第一拱分成 $1:3$ 的点的坐标.

四、求曲线 $y = \int_{-\frac{\pi}{2}}^{x} \sqrt{\cos x} \, \mathrm{d}x$ 的弧长.

五、设 D_1 是由抛物线 $y = 2x^2$ 和直线 $x = a, x = 2$ 及 $y = 0$ 所围成的平面图形, D_2 是由抛物线 $y = 2x^2$ 和直线 $y = 0, x = a$ 所围成的平面图形, 其中 $0 < a < 2$.

(1) 试求 D_1 绕 x 轴旋转一周所得的旋转体的体积 V_1, 以及 D_2 绕 y 轴旋转一周所得的旋转体的体积 V_2;

(2) 试讨论 a 为何值时, $V_1 + V_2$ 取得最大值, 并试求此最大值.

六、过坐标原点作曲线 $y = \ln x$ 的切线, 该切线与曲线 $y = \ln x$ 及 x 轴围成平面图形 D.

(1) 求 D 的面积 A;

(2) 求 D 绕直线 $x = \mathrm{e}$ 旋转一周所得的旋转体的体积 V.

七、设 $y = f(x)$ 为 $[0, +\infty)$ 上的非负连续函数, 且对于任意的 $b > 0$, 曲线弧 $y = f(x)(0 \leqslant x \leqslant b)$ 与 x 轴, y 轴及直线 $x = b$ 所围成的曲边梯形绕 x 轴旋转一周所得的旋转体的体积为 $\dfrac{\pi}{2} b^2$. 试求: (1) 函数 $f(x)$;

(2) 不定积分 $\displaystyle\int \dfrac{\ln f(x)}{f(x)} \mathrm{d}x$.

第五节　定积分在物理学上的应用

在 17 世纪, 面积、体积和弧长等几何问题极大地推动了微积分的发展, 而牛顿成功地把微积分应用于物理问题, 则更加显示了微积分这一数学工具的重要性. 许多物理学的原理和定律都是通过微分和积分形式来表述的. 本节将介绍变力沿直线所做的功、液体的静压力, 以及引力等问题.

一、变力沿直线所做的功

由物理学知识可知, 如果某物体在大小和方向都不变的常力 F 的作用下沿直线移动了距离 s, 则常力 F 所做的功为

$$W = Fs\cos\alpha,$$

其中 α 为常力 F 的方向与物体移动方向的夹角.由于功对位移具有可加性,因此当力 F 的大小和方向发生变化时,力 F 所做的功要用定积分的思想来计算.

设力 F 的方向不变,但其大小随着位置移动而连续变化,某物体在力 F 的作用下沿平行于力 F 的作用方向做直线运动.如图 5-65 所示,取该物体的运动路径为 x 轴,该物体在力 F 的作用下从 $x = a$ 处移动到 $x = b$ 处.设力 F 在点 x 处的大小为 $F(x)$,则 $F(x)$ 是闭区间 $[a,b]$ 上的连续函数.下面利用微元法来计算变力 F 所做的功 W.

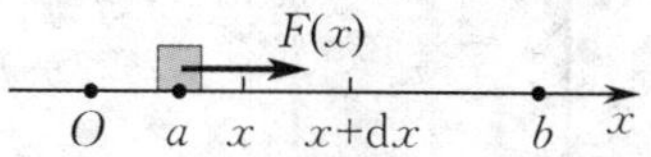

图 5-65

（1）**求微元**:在 $[a,b]$ 上任取一个小闭区间 $[x, x+dx]$,当该物体在这一小闭区间上移动时,$F(x)$ 的变化很小,可以近似地看成不变,即在小闭区间 $[x, x+dx]$ 上可以使用常力所做功的计算公式.于是,变力 F 所做功的微元为

$$dW = F(x)dx.$$

（2）**求定积分**:将变力 F 所做功的所有微元无限累加,即求微元 dW 在 $[a,b]$ 上的定积分,于是得所求功为

$$W = \int_a^b dW = \int_a^b F(x)dx.$$

例 5.5.1　在点 O 处放置一个带电量为 $+q$ 的点电荷,这个点电荷的周围就会产生一个电场,已知这个电场会对周围的其他电荷产生一个引力或斥力（称为电场力）,且力的方向与联结这两个电荷位置的直线平行.今有一个单位正电荷,它在这个电场力的作用下从点 A 移动到点 B,求电场力所做的功 W.

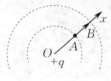
图 5-66

解　如图 5-66 所示,取过 A,B 两点的直线为 x 轴,单位正电荷移动的方向为 x 轴的正方向.设 $OA = a, OB = b (a < b)$.

由物理学知识可知,单位正电荷在点 x 处受到的电场力为

$$f(x) = k\frac{q}{x^2},$$

其中 k 为比例系数.于是,电场力所做功的微元为

$$dW = k\frac{q}{x^2}dx.$$

由变力所做功的计算公式,有

$$W = \int_a^b \frac{kq}{x^2}dx = kq\left(\frac{1}{a} - \frac{1}{b}\right).$$

例 5.5.2　修建大桥的桥墩时,要先在其周围修建圆柱形围堰,并抽尽其中的水以便施工.已知该圆柱形围堰的底面圆直径为 D m,水深为 H m,围堰高出水面 H_0 m,求抽尽水所需的功 W.

解　如图 5-67 所示,取 x 轴为圆柱形围堰的对称轴,正方向垂直向下,坐标原点取在围堰顶部圆的圆心.考察距离围堰顶部距离为 x 到 $x + dx$ 的薄水层,此薄水层的体积为

$$dV = \pi\left(\frac{D}{2}\right)^2 dx,$$

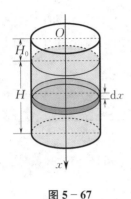

这层水的重力为

$$dF = \mu g \, dV = \mu g \pi \left(\frac{D}{2}\right)^2 dx,$$

其中 μ 为水的密度,g 为重力加速度. 将这一层水抽出围堰所做的功为

$$dW = dF \cdot x = \mu g \pi \left(\frac{D}{2}\right)^2 x dx.$$

于是,所求的功为

$$W = \int_{H_0}^{H_0+H} dW = \mu g \pi \left(\frac{D}{2}\right)^2 \int_{H_0}^{H_0+H} x dx$$

$$= \frac{\mu g \pi D^2}{8} H(2H_0 + H).$$

图 5 - 67

二、液体的静压力

在水坝和水库的闸门、管道的阀门、船体等工程设计中,常常需要计算油类或水等液体对它们的静压力. 例如,由于水坝所受的压强随着深度的增加而增加,因此工程师把水坝设计为底部比顶部更厚实,以阻挡增加的压力.

由物理学知识可知,在液面下深度为 h 处的压强为 $P = \mu g h$,其中 μ 是液体的密度,g 是重力加速度. 如果有一面积为 A 的薄板水平地置于液面下深度为 h 处,那么薄板一侧所受的液体压力为

$$F = PA.$$

但在实际问题中,往往要计算薄板竖直放置在液体中时其一侧所受到的压力. 由于压强 P 随深度的变化而变化,因此薄板一侧所受的液体压力就不能用上述方法计算. 下面用定积分的思想,即微元法来解决这一问题.

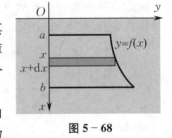

图 5 - 68

设一薄板垂直地放置在液体中,如图 5 - 68 所示,建立直角坐标系,其中 x 轴垂直向下,y 轴与液面平齐. 薄板所占图形为曲边梯形,曲边方程为 $y = f(x)(a \leqslant x \leqslant b)$. 已知 $f(x)$ 为连续函数,求液体对薄板一侧的压力 F.

(1) **求微元**:由于深度不同时压强不同,深度相同时压强相同,因此可以设想把薄板分成许多水平的小横条. 在闭区间 $[a,b]$ 上任取一个小闭区间 $[x,x+dx]$,考虑这个小闭区间所对应的小横条薄板,它可近似地看成水平放置在液面下深度为 x 的位置上,小横条薄板的面积近似为小矩形的面积 $f(x)dx$. 于是,根据压力公式,小横条薄板一侧所受的压力,即整块薄板一侧所受的压力微元为

$$dF = \mu g x \cdot f(x)dx.$$

(2) **求定积分**:求压力微元在 $[a,b]$ 上的定积分,即得液体对整块薄板一侧的压力为

$$F = \mu g \int_a^b x f(x)dx.$$

下面来探讨本章第四节中最开始提出的第二个问题.

例 5.5.3 修建一道等腰梯形闸门,它的两条底边长度各为 6 m 和 4 m,高为 6 m,较长的底边与水面平齐,闸门垂直放置,为了设计和建造闸门,工程师必须知道闸门可能承受的水的最大压力(已知水的密度 μ 为 1 000 kg/m^3,重力加速度 g 为 9.8 m/s^2).

解 根据题设条件建立如图 5-69 所示的直角坐标系.已知点 $A(6,2)$,点 $B(0,3)$,则直线 AB 的方程为 $y = -\dfrac{1}{6}x + 3$.

取 x 为积分变量,则 x 的变化范围是 $[0,6]$.在 $[0,6]$ 上任取一个小闭区间 $[x, x+dx]$,其对应的小横条闸门所受的压力,即整块闸门所受的压力微元为

$$dF = \mu g x \cdot 2y\,dx = 2 \times 9.8 \times 10^3 x\left(-\frac{1}{6}x + 3\right)dx,$$

从而所求的压力为

$$F = \int_0^6 9.8 \times 10^3 \left(-\frac{1}{3}x^2 + 6x\right)dx = 8.232 \times 10^5 \,(\text{N}).$$

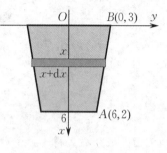

图 5-69

*三、引力

由物理学知识可知,质量分别为 m_1, m_2 且相距为 r 的两质点间的引力为

$$F = G\frac{m_1 m_2}{r^2},$$

其中引力的方向沿两质点的连线,G 为万有引力常数.

如果其中一质点是某物体,则不能直接用以上公式,这是因为物体可视为由若干个质点构成,其上的各质点与另一点的距离不同,引力大小也不一样.因此,在物体具有不同的几何形状(如直线形、薄片形、曲线形等)时,需要不同的处理方法.下面举例说明.

例 5.5.4 设有一质量均匀分布、长为 l、总质量为 M 的细直杆,在杆所在直线上距杆的一端为 a 处有一质量为 m 的质点,试求杆对该质点的引力 F.

解 如图 5-70 所示建立坐标系,在闭区间 $[0,l]$ 上任取一个小闭区间 $[x, x+dx]$,这个小闭区间对应的小短杆可以近似看作一个质点,其质量为 $\dfrac{M}{l}dx$,故 F 的引力微元为

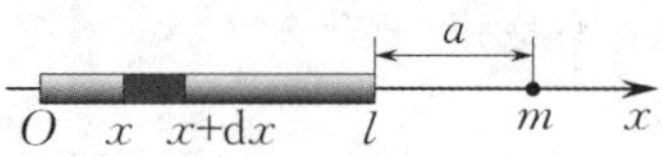

图 5-70

$$dF = G\frac{m\dfrac{M}{l}dx}{(l+a-x)^2} = \frac{GmM}{l} \cdot \frac{dx}{(l+a-x)^2}.$$

根据微元法,整个细直杆对该质点的引力为

$$F = \int_0^l dF = \frac{GmM}{l}\int_0^l \frac{dx}{(l+a-x)^2} = \frac{GmM}{l} \cdot \frac{1}{l+a-x}\Big|_0^l = \frac{GmM}{a(l+a)}.$$

例 5.5.5 设星形线 $\begin{cases} x = a\cos^3 t, \\ y = a\sin^3 t \end{cases}$ $(a > 0)$ 上每一点处线密度的大小为该点到坐标原点距离的立方.在坐标原点 O 处有一单位质点,求该星形线在第一象限内的弧段对这个单位质点的引力.

解 如图5-71所示，在星形线上点(x, y)处取一小弧段，其长度近似为ds，质量为$dm = (x^2 + y^2)^{\frac{3}{2}}ds$. 故它对这个单位质点的引力为

$$dF = G\frac{(x^2 + y^2)^{\frac{3}{2}}ds}{x^2 + y^2} = G(x^2 + y^2)^{\frac{1}{2}}ds.$$

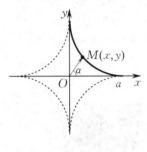

图5-71

值得注意的是，该引力的方向由点O指向点$M(x, y)$，所以对不同的小弧段ds，引力dF的方向不同. 故所求引力的方向不是恒定不变的，即还需要标明它的方向.

为此，将引力微元dF沿x轴和y轴方向分解为dF_x和dF_y，即

$$dF_x = dF \cdot \cos\alpha, \quad dF_y = dF \cdot \sin\alpha,$$

其中$\cos\alpha = \dfrac{x}{\sqrt{x^2 + y^2}}, \sin\alpha = \dfrac{y}{\sqrt{x^2 + y^2}}$. 于是，有

$$dF_x = Gx\,ds, \quad dF_y = Gy\,ds.$$

又由弧微分公式得

$$ds = \sqrt{(dx)^2 + (dy)^2} = 3a\sin t\cos t\,dt,$$

因此

$$F_x = \int_0^{\frac{\pi}{2}} dF_x = G\int_0^{\frac{\pi}{2}} a\cos^3 t \cdot 3a\sin t\cos t\,dt$$

$$= 3Ga^2\int_0^{\frac{\pi}{2}} \cos^4 t\sin t\,dt = \frac{3Ga^2}{5}.$$

同理可得$F_y = \dfrac{3Ga^2}{5}$.

因此，星形线在第一象限内的弧段对位于坐标原点处的单位质点的引力为

$$\boldsymbol{F} = \frac{3Ga^2}{5}\boldsymbol{i} + \frac{3Ga^2}{5}\boldsymbol{j},$$

这里的$\boldsymbol{i}, \boldsymbol{j}$分别是沿$x$轴和$y$轴正方向的单位向量.

思考题 5.5

1. 用定积分的思想解决平面上的引力问题（相对于解决其他物理问题）应当特别注意什么？
2. 如何求连续函数$f(x)$在某一区间$[a, b]$上的平均值？

习题 5.5

（A）

一、通过物理实验知道，弹簧在拉伸过程中需要的力F（单位：N）与伸长量s（单位：cm）成正比，即$F = ks$（k是比例常数）. 如果把弹簧由原长拉伸6 cm，计算力F所做的功.

二、设一圆锥形贮水池，深度为15 m，顶部圆的直径为20 m，已盛满水. 今以吸筒将水吸尽，问：要做多少功？

三、设有一半径为R的半球形水池充满了水，要把水池内水全部吸尽，需做多少功？

四、某实验室用的水池的水深为8 m，在其底部的侧壁上有一个供实验物品出入的1 m^{2}大小的正方形通道，求通道挡板所受水的压力？

五、一底为8 cm、高为6 cm的等腰三角形片，垂直地沉没在水中，顶在上，底在下，而顶点离水面3 cm，试

求它一侧所受的压力.

　　六、直径为 2 m 的圆板垂直放在海水中,板中心距离水面 4 m,求圆板一侧所受的压力(已知海水的密度为 $1\,030$ kg/m³).

　　*七、设有一长度为 l,线密度为 μ 的均匀细直棒,在与棒的一端垂直距离为 a 处有一质量为 m 的质点,试求此细棒对这个质点的引力.

(B)

　　一、一酒杯的容器内壁是由曲线 $y = x^3 (0 \leqslant x \leqslant 2$,单位:cm)绕 y 轴旋转一周而成,若把满杯的饮料吸入杯口上方 2 cm 处的嘴中,问:要做多少功(已知饮料的密度为 μ kg/cm³)?

　　二、用铁锤将一铁钉击入木板,设木板对铁钉的阻力与铁钉进入木块内的深度成正比.在铁锤击打第一次后,能把铁钉击入木块内 1 cm 处,试问:击打第二次后,能将铁钉又击入多少距离(设铁锤每次做功相等)?

　　三、斜边为定长的直角三角形薄板,垂直放置于水中,并使一直角边与水面齐平,问:斜边与水面交成的锐角 θ 取多大时,薄板一侧所受的压力 F 最大?

　　四、为清除井底的污泥,用缆绳将抓斗放入井底,抓起污泥后往上提出井口.已知井深 30 m,抓斗自重 400 N,缆绳每米重 50 N,抓斗抓起的污泥重 $2\,000$ N,提升速度为 3 m/s,在提升过程中,污泥以 20 N/s 的速率从抓斗缝隙中漏掉,如图 5-72 所示.现将抓起污泥的抓斗提升至井口,问:克服重力需做多少功(抓斗的高度及位于井口上方的缆绳长度忽略不计)?

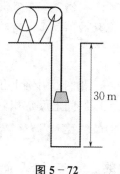

图 5-72

第六节　反　常　积　分

　　迄今为止,我们所讨论的定积分 $\int_a^b f(x)\mathrm{d}x$ 具有两个性质:(1) 积分区间 $[a,b]$ 是有限的;(2) 被积函数 $f(x)$ 在积分区间上有界.但是,在一些实际问题中,会遇到无限区间或无界函数的"定积分"问题.反常积分就是定积分从有限区间上的有界函数到无限区间上的有界函数或有限区间上的无界函数的推广,这种推广可以通过定积分的变限函数的极限来实现.反常积分也称为广义积分.

一、无限区间上的反常积分

　　引例 1　求以曲线 $y = \dfrac{1}{x^2}$ 为顶,以闭区间 $[1,b]$ 为底的曲边梯形的面积 $S(b)$.这是一个典型的定积分问题,可知

$$S(b) = \int_1^b \frac{1}{x^2}\mathrm{d}x = 1 - \frac{1}{b}.$$

显然,当 $b = 10$ 时,$S(10) = 1 - \dfrac{1}{10} = 0.9$;当 $b = 100$ 时,$S(100) = 1 - \dfrac{1}{100} = 0.99$;当 $b = 1\,000$ 时,$S(1\,000) = 1 - \dfrac{1}{1\,000} = 0.999$.可见,当 $b \to +\infty$ 时,有 $S(b) \to 1$.

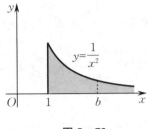

图 5-73

现在若要求由曲线 $y=\dfrac{1}{x^2}$ 和直线 $x=1$，x 轴所"界定"的区域的"面积"S(见图 5-73 的阴影部分)，因为面积累积区域是无限区间 $[1,+\infty)$，所以这已经不是定积分问题. 也就是说，不能再通过分割、近似、求和、取极限的一般步骤来处理. 但可以通过计算 $S(b)$ 的极限(令 $b\to+\infty$)，即定积分的极限来得到 S：

$$S=\lim_{b\to+\infty}S(b)=\lim_{b\to+\infty}\int_1^b\frac{1}{x^2}\mathrm{d}x=\lim_{b\to+\infty}\left(1-\frac{1}{b}\right)=1.$$

引例 2　在例 5.5.1 中，计算点 A 处的电势. 根据物理学知识，点 A 处的电势等于位于该点处的单位正电荷移至无穷远处时电场力所做的功. 所以，电场在点 A 处的电势是

$$U(a)=\lim_{b\to+\infty}\int_a^b\frac{kq}{x^2}\mathrm{d}x=\lim_{b\to+\infty}kq\left(\frac{1}{a}-\frac{1}{b}\right)=\frac{kq}{a}.$$

我们把引例 1 和引例 2 中出现的情况称为函数在无限区间上的积分. 更一般地，有如下无限区间上反常积分的定义.

定义 5.6.1　设函数 $f(x)$ 在区间 $[a,+\infty)$ 上连续. 任取 $b>a$，称 $\lim\limits_{b\to+\infty}\int_a^b f(x)\mathrm{d}x$ 为函数 $f(x)$ 在无限区间 $[a,+\infty)$ 上的反常积分，记作 $\int_a^{+\infty}f(x)\mathrm{d}x$，即

$$\int_a^{+\infty}f(x)\mathrm{d}x=\lim_{b\to+\infty}\int_a^b f(x)\mathrm{d}x.$$

如果极限 $\lim\limits_{b\to+\infty}\int_a^b f(x)\mathrm{d}x$ 存在，则称反常积分 $\int_a^{+\infty}f(x)\mathrm{d}x$ **收敛**. 如果上述极限不存在，则称**反常积分 $\int_a^{+\infty}f(x)\mathrm{d}x$ 发散**.

类似地，可定义其他形式的无限区间上的反常积分，如

$$\int_{-\infty}^b f(x)\mathrm{d}x=\lim_{a\to-\infty}\int_a^b f(x)\mathrm{d}x\quad(a<b),$$

$$\int_{-\infty}^{+\infty}f(x)\mathrm{d}x=\int_{-\infty}^c f(x)\mathrm{d}x+\int_c^{+\infty}f(x)\mathrm{d}x\quad(c\in\mathbf{R}).$$

注　$\int_{-\infty}^{+\infty}f(x)\mathrm{d}x$ 是收敛的，当且仅当 $\int_{-\infty}^c f(x)\mathrm{d}x$ 和 $\int_c^{+\infty}f(x)\mathrm{d}x$ 都是收敛的，即只要 $\int_{-\infty}^c f(x)\mathrm{d}x$ 和 $\int_c^{+\infty}f(x)\mathrm{d}x$ 中有一个不收敛，就称 $\int_{-\infty}^{+\infty}f(x)\mathrm{d}x$ 发散. 因此，若 $\int_{-\infty}^{+\infty}f(x)\mathrm{d}x$ 的计算结果出现 $\infty+\infty$ 的形式，要注意它不是 $\infty+\infty$ 型未定式，而是表明该反常积分发散.

计算无限区间上的反常积分时，也可以借助牛顿-莱布尼茨公式的形式. 设 $F(x)$ 是连续函数 $f(x)$ 的一个原函数，为书写方便，记 $F(+\infty)=\lim\limits_{x\to+\infty}F(x)$，$F(-\infty)=\lim\limits_{x\to-\infty}F(x)$，则

$$\int_a^{+\infty}f(x)\mathrm{d}x=F(x)\Big|_a^{+\infty}=F(+\infty)-F(a),$$

$$\int_{-\infty}^b f(x)\mathrm{d}x=F(x)\Big|_{-\infty}^b=F(b)-F(-\infty),$$

$$\int_{-\infty}^{+\infty}f(x)\mathrm{d}x=F(x)\Big|_{-\infty}^{+\infty}=F(+\infty)-F(-\infty).$$

此时，反常积分的收敛与发散取决于极限 $F(+\infty)$ 和 $F(-\infty)$ 是否存在.

注 $F(x)\Big|_{-\infty}^{+\infty} \neq \lim\limits_{c \to +\infty} F(x)\Big|_{-c}^{c}$.

例 5.6.1 证明:反常积分 $\int_a^{+\infty} \dfrac{\mathrm{d}x}{x^p}(a > 0)$ 当 $p > 1$ 时收敛,当 $0 < p \leqslant 1$ 时发散.

证 当 $p = 1$ 时,

$$\int_a^{+\infty} \frac{\mathrm{d}x}{x^p} = \int_a^{+\infty} \frac{\mathrm{d}x}{x} = \ln x \Big|_a^{+\infty} = \lim_{x \to +\infty} \ln x - \ln a = +\infty;$$

当 $p \neq 1$ 时,

$$\int_a^{+\infty} \frac{\mathrm{d}x}{x^p} = \frac{x^{1-p}}{1-p} \Big|_a^{+\infty} = \lim_{x \to +\infty} \frac{x^{1-p}}{1-p} - \frac{a^{1-p}}{1-p} = \begin{cases} +\infty, & p < 1, \\ \dfrac{a^{1-p}}{p-1}, & p > 1. \end{cases}$$

因此,反常积分 $\int_a^{+\infty} \dfrac{\mathrm{d}x}{x^p}$ 当 $p > 1$ 时收敛,当 $0 < p \leqslant 1$ 时发

散.参数 $p = 1$ 是反常积分 $\int_a^{+\infty} \dfrac{\mathrm{d}x}{x^p}$ 收敛与发散的分水岭,如

图 5-74 所示.

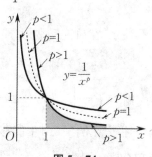

图 5-74

注 因为 $1.000\,1 > 1$,所以反常积分 $\int_1^{+\infty} \dfrac{\mathrm{d}x}{x^{1.000\,1}}$ 收敛,尽管

$\int_1^{+\infty} \dfrac{\mathrm{d}x}{x}$ 是发散的.这表明,仅仅把 x 的幂从 1 变为 $1.000\,1$,这么

微小的变化就能够将发散变为收敛,这也正说明了收敛和发散的精妙之处.

例 5.6.2 求反常积分 $\int_{-\infty}^{+\infty} \dfrac{\mathrm{d}x}{1+x^2}$.

解 $\int_{-\infty}^{+\infty} \dfrac{\mathrm{d}x}{1+x^2} = \int_{-\infty}^0 \dfrac{\mathrm{d}x}{1+x^2} + \int_0^{+\infty} \dfrac{\mathrm{d}x}{1+x^2} = \arctan x \Big|_{-\infty}^0 + \arctan x \Big|_0^{+\infty} = \pi.$

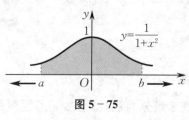

图 5-75

例 5.6.2 的几何意义如图 5-75 所示,当 $a \to -\infty$,$b \to +\infty$ 时,图中阴影部分向左、右两边无限延伸,但整个无界区域的面积却有着确定的值.也就是说,该反常积分在几何上表示位于曲线 $y = \dfrac{1}{1+x^2}$ 的下方,x 轴上方的平面图形的面积.

例 5.6.3 讨论反常积分 $\int_{-\infty}^{+\infty} \dfrac{2x}{1+x^2} \mathrm{d}x$ 的收敛性.

解 因为

$$\int_{-\infty}^{+\infty} \frac{2x}{1+x^2} \mathrm{d}x = \int_{-\infty}^0 \frac{2x}{1+x^2} \mathrm{d}x + \int_0^{+\infty} \frac{2x}{1+x^2} \mathrm{d}x,$$

$$\int_0^{+\infty} \frac{2x}{1+x^2} \mathrm{d}x = \ln(1+x^2) \Big|_0^{+\infty} = \lim_{x \to +\infty} \ln(1+x^2) - 0 = +\infty,$$

所以由反常积分收敛与发散的定义知,$\int_{-\infty}^{+\infty} \dfrac{2x}{1+x^2} \mathrm{d}x$ 发散.

思考 若 $f(x)$ 是连续的奇函数,则必有 $\int_{-\infty}^{+\infty} f(x) \mathrm{d}x = 0$ 吗?

例 5.6.4 求反常积分 $\displaystyle\int_0^{+\infty} e^{-pt}\sin\omega t\, dt$，其中 $p>0,\omega>0$.

解 用分部积分法，有

$$\int_0^{+\infty} e^{-pt}\sin\omega t\, dt = -\frac{1}{p}\int_0^{+\infty}\sin\omega t\, d(e^{-pt}) = -\frac{e^{-pt}\sin\omega t}{p}\Big|_0^{+\infty} + \frac{\omega}{p}\int_0^{+\infty} e^{-pt}\cos\omega t\, dt$$

$$= -\frac{\omega}{p^2}\int_0^{+\infty}\cos\omega t\, d(e^{-pt}) = -\frac{\omega e^{-pt}\cos\omega t}{p^2}\Big|_0^{+\infty} - \frac{\omega^2}{p^2}\int_0^{+\infty} e^{-pt}\sin\omega t\, dt$$

$$= \frac{\omega}{p^2} - \frac{\omega^2}{p^2}\int_0^{+\infty} e^{-pt}\sin\omega t\, dt,$$

移项后整理可得

$$\int_0^{+\infty} e^{-pt}\sin\omega t\, dt = \frac{\omega}{p^2+\omega^2}.$$

注 在讨论反常积分时，相关的积分法则（如分部积分法和换元积分法）都是适用的.

例 5.6.5 求反常积分 $I = \displaystyle\int_{-\infty}^{+\infty}\frac{dx}{(x^2+1)(x^2+2)}$.

解 $I = \displaystyle\int_{-\infty}^{+\infty}\left(\frac{1}{x^2+1} - \frac{1}{x^2+2}\right)dx = \int_{-\infty}^{+\infty}\frac{dx}{x^2+1} - \int_{-\infty}^{+\infty}\frac{dx}{x^2+2} = \pi\left(1-\frac{1}{\sqrt{2}}\right)$.

注 在例 5.6.5 中能够如此求得反常积分 I 的值，有一个前提条件：I 分解出来的两个反常积分 $\displaystyle\int_{-\infty}^{+\infty}\frac{dx}{x^2+1},\int_{-\infty}^{+\infty}\frac{dx}{x^2+2}$ 都是收敛的；否则，例 5.6.5 中的计算过程是不成立的. 例如，因为反常积分 $\displaystyle\int_1^{+\infty}\frac{dx}{x},\int_1^{+\infty}\frac{x\,dx}{x^2+1}$ 发散，所以

$$\int_1^{+\infty}\frac{dx}{x(x^2+1)} = \int_1^{+\infty}\left(\frac{1}{x} - \frac{x}{x^2+1}\right)dx \neq \int_1^{+\infty}\frac{dx}{x} - \int_1^{+\infty}\frac{x\,dx}{x^2+1}.$$

上述不等式右端是 $\infty-\infty$ 型未定式，不能断定这个未定式没有极限. 而关于上述不等式左端的反常积分，事实上，令 $x=\tan t$，则

$$\int_1^{+\infty}\frac{dx}{x(x^2+1)} = \int_{\frac{\pi}{4}}^{\frac{\pi}{2}}\frac{\sec^2 t\, dt}{\tan t(\tan^2 t+1)} = \int_{\frac{\pi}{4}}^{\frac{\pi}{2}}\frac{\cos t\, dt}{\sin t} = \frac{1}{2}\ln 2.$$

因此，若反常积分通过适当的变量代换能化为定积分，则该反常积分是收敛的.

注 反常积分中有一个著名的例子 $\displaystyle\int_{-\infty}^{+\infty} e^{-x^2}\, dx$，叫作**概率积分**. 我们将在多元函数积分学中证明其积分值为 $\sqrt{\pi}$，即

$$\int_{-\infty}^{+\infty} e^{-x^2}\, dx = \sqrt{\pi}.$$

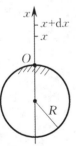

图 5-76

下面利用反常积分求使物体脱离火星引力范围所必须具有的最小初速度.

例 5.6.6 在火星表面垂直向上发射火箭，使火箭永远离开火星引力场所需的初速度记为 v_0，火星直径 $D=6\,860\text{ km}$，火星表面的重力加速度 $g=3.92\text{ m/s}^2$，求 v_0.

解 建立如图 5-76 所示的坐标系. 设火星的半径为 R，质量为 M，火箭的质量为 m. 根据万有引力定律，当火箭离开火星表面的距离为 x 时，它所受火

星的引力为

$$f(x) = \frac{GMm}{(R+x)^2}.$$

注意到 $x = 0$ 时，$f(0) = mg$，故 $mg = \dfrac{GMm}{R^2}$，化简后得 $GM = gR^2$，于是

$$f(x) = \frac{R^2 mg}{(R+x)^2}.$$

依题意，要求火箭永远离开火星引力场，可理解为使火箭飞向无穷远处，于是，外力所做的功为

$$W = \int_0^{+\infty} \frac{R^2 mg}{(R+x)^2} \mathrm{d}x = mgR.$$

因此，火箭的初速度 v_0 必须满足 $\dfrac{1}{2} m v_0^2 \geqslant mgR$，由此得

$$v_0 \geqslant \sqrt{2gR} = \sqrt{2 \times 3.92 \times 3\,430 \times 10^3}\ \mathrm{m/s} \approx 5.19\ \mathrm{km/s}.$$

这就是所求问题的初速度.

众所周知，脱离地球引力所需要的速度为 11.19 km/s(通常称为**第二宇宙速度**). 由此看来，如果有一天人类能在火星上居住，那么从火星上乘宇宙飞船去太空遨游，应当比从地球上飞出去容易得多.

二、无界函数的反常积分

引例3 求以曲线 $y = \dfrac{1}{\sqrt{x}}$ 为顶，以闭区间 $[t,1]\,(0 < t < 1)$ 为底的曲边梯形的面积 $S(t)$.

这是一个典型的定积分问题，可知

$$S(t) = \int_t^1 \frac{\mathrm{d}x}{\sqrt{x}} = 2\sqrt{x}\,\Big|_t^1 = 2(1 - \sqrt{t}).$$

现在若要求由曲线 $y = \dfrac{1}{\sqrt{x}}$ 与直线 $x = 1$，x 轴，y 轴所"界定"的区

域的"面积"S(见图 5-77 的阴影部分)，那么由于函数 $y = \dfrac{1}{\sqrt{x}}$ 在 $x = 0$

处无定义，且在区间 $(0,1)$ 内无界，所以与引例 1 类似，这已经不是定

积分问题. 但可以通过计算 $S(t)$ 的极限(令 $t \to 0^+$)来得到 S：

$$S = \lim_{t \to 0^+} S(t) = \lim_{t \to 0^+} \int_t^1 \frac{\mathrm{d}x}{\sqrt{x}} = \lim_{t \to 0^+} 2(1 - \sqrt{t}) = 2.$$

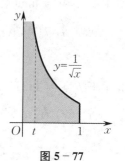

图 5-77

我们把 $\lim\limits_{t \to 0^+} \int_t^1 \dfrac{\mathrm{d}x}{\sqrt{x}}$ 记为 $\int_0^1 \dfrac{\mathrm{d}x}{\sqrt{x}}$，称之为无界函数 $y = \dfrac{1}{\sqrt{x}}$ 在区间 $(0,1]$ 上的反常积分.

若函数 $f(x)$ 在点 a 的任一邻域内无界，则称点 a 为 $f(x)$ 的**瑕点**. 例如，$x = a$ 是函数 $f(x) = \dfrac{1}{x-a}$ 的瑕点；$x = 0$ 是函数 $g(x) = \dfrac{1}{\ln|x-1|}$ 的瑕点. 无界函数在有限区间上的反常积分又称为**瑕积分**.

注 $x = 0$ 不是函数 $f(x) = \dfrac{\sin x}{x}$ 的瑕点，因为 $\lim\limits_{x \to 0} \dfrac{\sin x}{x} = 1$. 容易知道，若 $x = a$ 是函

数 $f(x)$ 的无穷间断点,则它必为 $f(x)$ 的瑕点.

定义 5.6.2 设函数 $f(x)$ 在区间 $(a,b]$ 上连续,点 a 为 $f(x)$ 的瑕点.取 $t > a$,则可定义反常积分

$$\int_a^b f(x)\mathrm{d}x \triangleq \lim_{t \to a^+} \int_t^b f(x)\mathrm{d}x.$$

当上述极限存在时,称反常积分 $\int_a^b f(x)\mathrm{d}x$ 是收敛的;否则,称反常积分 $\int_a^b f(x)\mathrm{d}x$ 是发散的.

同理,设函数 $f(x)$ 在区间 $[a,b)$ 上连续,点 b 为 $f(x)$ 的瑕点.取 $t < b$,则可定义反常积分

$$\int_a^b f(x)\mathrm{d}x \triangleq \lim_{t \to b^-} \int_a^t f(x)\mathrm{d}x.$$

当上述极限存在时,称反常积分 $\int_a^b f(x)\mathrm{d}x$ 是收敛的;否则,称反常积分 $\int_a^b f(x)\mathrm{d}x$ 是发散的.

设函数 $f(x)$ 在区间 $[a,b]$ 上除点 $c(a < c < b)$ 外连续,且点 c 为 $f(x)$ 的瑕点,则可定义反常积分

$$\int_a^b f(x)\mathrm{d}x = \int_a^c f(x)\mathrm{d}x + \int_c^b f(x)\mathrm{d}x \triangleq \lim_{t \to c^-} \int_a^t f(x)\mathrm{d}x + \lim_{t \to c^+} \int_t^b f(x)\mathrm{d}x.$$

如果上述两个反常积分 $\int_a^c f(x)\mathrm{d}x$ 与 $\int_c^b f(x)\mathrm{d}x$ 都收敛,则称反常积分 $\int_a^b f(x)\mathrm{d}x$ 收敛;否则,称反常积分 $\int_a^b f(x)\mathrm{d}x$ 发散.

计算瑕积分时,为书写方便,也可以借助牛顿-莱布尼茨公式的形式.例如,若函数 $f(x)$ 在区间 $(a,b]$ 上连续(a 是瑕点),$F(x)$ 是 $f(x)$ 的一个原函数,则有

$$\int_a^b f(x)\mathrm{d}x = F(x)\Big|_a^b = F(b) - F(a^+),$$

其中 $F(a^+) = \lim\limits_{x \to a^+} F(x)$.

同理,若 $f(x)$ 在 $[a,b)$ 上连续(b 是瑕点),则

$$\int_a^b f(x)\mathrm{d}x = F(x)\Big|_a^b = F(b^-) - F(a),$$

其中 $F(b^-) = \lim\limits_{x \to b} F(x)$.

若 $f(x)$ 在 $[a,b]$ 上除点 $c(a < c < b)$ 外连续(c 为瑕点),则

$$\int_a^b f(x)\mathrm{d}x = \int_a^c f(x)\mathrm{d}x + \int_c^b f(x)\mathrm{d}x = F(x)\Big|_a^c + F(x)\Big|_c^b$$

$$= F(c^-) - F(a) + F(b) - F(c^+).$$

例 5.6.7 讨论反常积分 $\int_{-1}^2 \dfrac{\mathrm{d}x}{x^4}$ 的收敛性.

解 $x = 0$ 是被积函数 $\dfrac{1}{x^4}$ 的瑕点,将原反常积分拆成两项,即

$$\int_{-1}^2 \frac{\mathrm{d}x}{x^4} = \int_{-1}^0 \frac{\mathrm{d}x}{x^4} + \int_0^2 \frac{\mathrm{d}x}{x^4}.$$

由于

$$\int_{-1}^{0} \frac{\mathrm{d}x}{x^4} = -\left.\frac{1}{3x^3}\right|_{-1}^{0} = -\lim_{x \to 0^-} \frac{1}{3x^3} - \frac{1}{3} = +\infty,$$

所以原反常积分 $\displaystyle\int_{-1}^{2} \frac{\mathrm{d}x}{x^4}$ 发散.

注　虽然瑕积分在形式上与定积分相同,但是内涵是不一样的. 对于例 5.6.7,如果没有考虑到被积函数 $\dfrac{1}{x^4}$ 在 $x = 0$ 处有无穷间断点的情况,仍然按定积分来计算,则会得出错误的结果:

$$\int_{-1}^{2} \frac{\mathrm{d}x}{x^4} = -\left.\frac{1}{3x^3}\right|_{-1}^{2} = -\frac{3}{8}.$$

例 5.6.8　讨论反常积分 $\displaystyle\int_{0}^{1} \frac{\mathrm{d}x}{\sqrt{1-x^2}}$ 的收敛性.

解　因为 $\displaystyle\lim_{x \to 1^-} \frac{1}{\sqrt{1-x^2}} = +\infty$,所以 $x = 1$ 是被积函数 $\dfrac{1}{\sqrt{1-x^2}}$ 的瑕点,于是有

$$\int_{0}^{1} \frac{\mathrm{d}x}{\sqrt{1-x^2}} = \left.\arcsin x\right|_{0}^{1} = \lim_{x \to 1^-} \arcsin x - 0 = \frac{\pi}{2},$$

即原反常积分收敛.

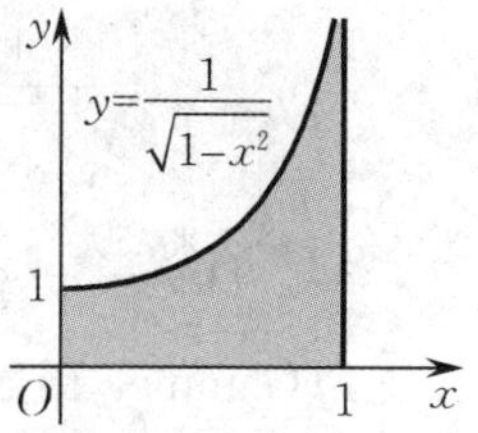

例 5.6.8 的几何意义如图 5-78 所示,位于曲线 $y = \dfrac{1}{\sqrt{1-x^2}}$ 之下,

图 5-78

x 轴之上,直线 $x = 0$ 与 $x = 1$ 之间的平面图形是无界的,但其面积却是有限值 $\dfrac{\pi}{2}$.

例 5.6.9　讨论反常积分 $\displaystyle\int_{1}^{2} \frac{\mathrm{d}x}{x \ln x}$ 的收敛性.

解　$x = 1$ 是被积函数 $\dfrac{1}{x \ln x}$ 的瑕点. 由于

$$\int_{1}^{2} \frac{\mathrm{d}x}{x \ln x} = \int_{1}^{2} \frac{\mathrm{d}(\ln x)}{\ln x} = \left.\ln(\ln x)\right|_{1}^{2} = \ln(\ln 2) - \lim_{x \to 1^+} \ln(\ln x) = +\infty,$$

故原反常积分发散.

例 5.6.10　讨论反常积分 $\displaystyle\int_{a}^{b} \frac{\mathrm{d}x}{(x-a)^q} (a < b, q > 0)$ 的收敛性.

证　因为 $\displaystyle\lim_{x \to a^+} \frac{1}{(x-a)^q} = +\infty$,所以 $x = a$ 是被积函数 $\dfrac{1}{(x-a)^q}$ 的瑕点.

当 $q = 1$ 时,

$$\int_{a}^{b} \frac{\mathrm{d}x}{x-a} = \left.\ln|x-a|\right|_{a}^{b} = \ln(b-a) - \lim_{x \to a^+} \ln(x-a) = +\infty;$$

当 $q \neq 1$ 时,

$$\int_{a}^{b} \frac{\mathrm{d}x}{(x-a)^q} = \left.\frac{(x-a)^{1-q}}{1-q}\right|_{a}^{b} = \frac{(b-a)^{1-q}}{1-q} - \lim_{x \to a^+} \frac{(x-a)^{1-q}}{1-q} = \begin{cases} \dfrac{(b-a)^{1-q}}{1-q}, & 0 < q < 1, \\ +\infty, & q > 1. \end{cases}$$

综上所述,当 $0 < q < 1$ 时,$\displaystyle\int_{a}^{b} \frac{\mathrm{d}x}{(x-a)^q}$ 收敛,且收敛于 $\dfrac{(b-a)^{1-q}}{1-q}$;当 $q \geqslant 1$ 时,$\displaystyle\int_{a}^{b} \frac{\mathrm{d}x}{(x-a)^q}$ 发散.

例 5.6.10 中的反常积分称为**无界函数的 q 积分**, 可以直接作为公式使用.

注 若无界函数的反常积分通过适当的变量代换能化为定积分, 则该反常积分是收敛的. 例如

$$\int_0^1 \frac{\mathrm{d}x}{\sqrt{x}(1+x)}(\text{反常积分}) \xlongequal{\text{令}\, t=\sqrt{x}} 2\int_0^1 \frac{\mathrm{d}t}{1+t^2}(\text{定积分}) = \frac{\pi}{2}.$$

例 5.6.11 讨论反常积分 $\displaystyle\int_1^{+\infty} \frac{\mathrm{d}x}{x\sqrt{x-1}}$ 的收敛性.

分析 该题属于无界函数在无限区间上的反常积分.

解 令 $t=\sqrt{x-1}$, 则 $x=t^2+1$, $\mathrm{d}x=2t\mathrm{d}t$, 当 x 从 1 趋于 $+\infty$ 时, t 从 0 趋于 $+\infty$. 于是, 有

$$\int_1^{+\infty} \frac{\mathrm{d}x}{x\sqrt{x-1}} = \int_0^{+\infty} \frac{2t}{(t^2+1)t}\mathrm{d}t = 2\int_0^{+\infty} \frac{\mathrm{d}t}{t^2+1} = 2\arctan t \Big|_0^{+\infty} = \pi.$$

*三、Γ 函数

Γ 函数

Γ(Gamma) **函数**也称为**欧拉第二积分**, 它是反常积分的具体例子. 详细内容见二维码链接.

思考题 5.6

1. 在反常积分的计算中, 怎么理解和运用牛顿-莱布尼茨公式?

2. 下列解法是否正确? 为什么?

$$\int_{-1}^2 \frac{\mathrm{d}x}{x} = \ln|x|\ \Big|_{-1}^2 = \ln 2 - \ln 1 = \ln 2.$$

3. 对称区间上奇(或偶)函数的定积分性质对反常积分还成立吗? $\displaystyle\int_{-\infty}^{+\infty} \frac{x}{\sqrt{1+x^2}}\mathrm{d}x = 0$ 的计算结果对吗? 为什么?

4. 在反常积分 $\displaystyle\int_0^1 \frac{\ln x}{x-1}\mathrm{d}x$ 中, 被积函数的瑕点有哪些?

5. 判断下列计算过程的对错, 并说明原因:

(1) $\displaystyle\int_1^{+\infty} \frac{\mathrm{d}x}{x+x^2} = \int_1^{+\infty} \frac{\mathrm{d}x}{x(1+x)} = \int_1^{+\infty} \left(\frac{1}{x} - \frac{1}{1+x}\right)\mathrm{d}x = \left[\ln x - \ln(1+x)\right]\Big|_1^{+\infty} = \ln\frac{x}{1+x}\Big|_1^{+\infty} = \ln 2;$

(2) $\displaystyle\int_1^{+\infty} \frac{\mathrm{d}x}{x+x^2} = \int_1^{+\infty} \left(\frac{1}{x} - \frac{1}{1+x}\right)\mathrm{d}x = \int_1^{+\infty} \frac{\mathrm{d}x}{x} - \int_1^{+\infty} \frac{\mathrm{d}x}{1+x}$, 由于反常积分 $\displaystyle\int_1^{+\infty} \frac{\mathrm{d}x}{x}$, $\displaystyle\int_1^{+\infty} \frac{\mathrm{d}x}{1+x}$ 均发散, 所以原反常积分发散.

习 题 5.6

(A)

一、下列积分中可以直接用牛顿-莱布尼茨公式计算的是( ).

(A) $\displaystyle\int_0^5 \frac{x}{x^2+1}\mathrm{d}x$ (B) $\displaystyle\int_{-1}^1 \frac{x}{\sqrt{1-x^2}}\mathrm{d}x$ (C) $\displaystyle\int_{\frac{1}{e}}^{e} \frac{\mathrm{d}x}{x\ln x}$ (D) $\displaystyle\int_1^{+\infty} \frac{\mathrm{d}x}{x}$

二、判断下列反常积分的收敛性. 如果收敛, 计算反常积分的值:

(1) $\displaystyle\int_{1}^{+\infty}\dfrac{\mathrm{d}x}{x^4}$；　　　　(2) $\displaystyle\int_{-\infty}^{+\infty}\dfrac{\mathrm{d}x}{x^2+2x+2}$；　　　　(3) $\displaystyle\int_{\frac{2}{\pi}}^{+\infty}\dfrac{1}{x^2}\sin\dfrac{1}{x}\,\mathrm{d}x$；

(4) $\displaystyle\int_{0}^{2}\dfrac{\mathrm{d}x}{(1-x)^2}$；　　　　(5) $\displaystyle\int_{1}^{\mathrm{e}}\dfrac{\mathrm{d}x}{x\,\sqrt{1-(\ln x)^2}}$；　　　　(6) $\displaystyle\int_{0}^{1}\ln x\,\mathrm{d}x$.

三、已知 $\displaystyle\int_{-\infty}^{+\infty}p(x)\,\mathrm{d}x=1$，其中 $p(x)=\begin{cases}\dfrac{C}{\sqrt{1-x^2}},&|x|<1,\\[2mm]0,&|x|\geqslant1,\end{cases}$ 求常数 C 的值.

四、有一热电子 e 从坐标原点处的阴极发出，射向 $x=b$ 处的板极，已知飞行速度 v 与飞过的距离的平方根成正比，即 $\dfrac{\mathrm{d}x}{\mathrm{d}t}=k\sqrt{x}$，其中 $b>0,k>0$. 求热电子 e 从阴极到板极飞行的时间 T.

五、证明：反常积分 $\displaystyle\int_{0}^{+\infty}\dfrac{\mathrm{d}x}{x^p}$ 对任意的数 p 均发散.

六、当 k 为何值时，反常积分 $\displaystyle\int_{2}^{+\infty}\dfrac{\mathrm{d}x}{x\,(\ln x)^k}$ 收敛？当 k 为何值时，此反常积分发散？当 k 为何值时，此反常积分取得最小值？

七、利用递推公式计算反常积分 $I_n=\displaystyle\int_{0}^{+\infty}x^n\mathrm{e}^{-x}\,\mathrm{d}x(n\in\mathbf{N})$.

*八、利用 Γ 函数计算下列反常积分：

(1) $\displaystyle\int_{0}^{+\infty}x^{\frac{3}{2}}\mathrm{e}^{-4x}\,\mathrm{d}x$；　　　　　　　　(2) $\displaystyle\int_{0}^{+\infty}\mathrm{e}^{-x^n}\,\mathrm{d}x$，其中 $n>0$.

(B)

一、判断下列反常积分的收敛性. 如果收敛，计算反常积分的值：

(1) $\displaystyle\int_{2}^{+\infty}\dfrac{\mathrm{d}x}{(x+7)\,\sqrt{x-2}}$；　　　(2) $\displaystyle\int_{0}^{+\infty}\mathrm{e}^{-\sqrt{x}}\,\mathrm{d}x$；　　　(3) $\displaystyle\int_{0}^{1}\dfrac{\mathrm{d}x}{\sqrt{x}\,(1-x)}$.

二、已知函数 $f(x)=\begin{cases}0,&-\infty<x\leqslant0,\\[1mm]\dfrac{1}{2}x,&0<x\leqslant2,\\[1mm]1,&2<x,\end{cases}$ 试求 $\displaystyle\int_{-\infty}^{x}f(t)\,\mathrm{d}t$.

三、若非负函数 $p(x)$ 满足 $\displaystyle\int_{-\infty}^{+\infty}p(x)\,\mathrm{d}x=1$，则称 $p(x)$ 为概率密度函数. 设常数 $k>0$，

$$f(x)=\begin{cases}k\mathrm{e}^{-kx},&x\geqslant0,\\0,&x<0.\end{cases}$$

(1) 证明：$f(x)$ 是一个概率密度函数；

(2) 求 $\mu=\displaystyle\int_{-\infty}^{+\infty}xf(x)\,\mathrm{d}x$ 的值.

四、设 $\displaystyle\lim_{x\to+\infty}\left(\dfrac{x+c}{x-c}\right)^x=\displaystyle\int_{-\infty}^{c}x\mathrm{e}^{2x}\,\mathrm{d}x$，求常数 c 的值.

五、已知 $\displaystyle\int_{-\infty}^{+\infty}\mathrm{e}^{-x^2}\,\mathrm{d}x=\sqrt{\pi}$，求 $\displaystyle\int_{-1}^{+\infty}x\mathrm{e}^{-x^2-2x}\,\mathrm{d}x$.

六、(**第二宇宙速度问题**) 在地球表面垂直发射火箭，如果要使火箭克服地球引力无限远离地球，那么试问火箭的初速度 v_0 至少要多大？

七、设圆柱形小桶的内壁高为 h，内半径为 R，桶底有一小洞，半径为 r. 试问：在盛满水的情况下，从把小洞开放起直至水流完为止，共需多长时间？

第七节　应 用 实 例

实例一:椭圆柱形油罐中油量的刻度问题

例 5.7.1　现有一个椭圆柱形油罐,如图 5-79 所示,其长度为 l,两底面是长半轴为 a,短半轴为 b 的椭圆,问:当油罐中的油面高度为 $h(0 \leqslant h \leqslant 2b)$ 时,油量有多少?

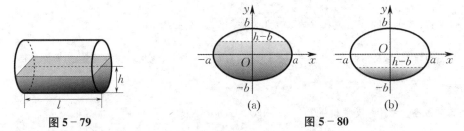

图 5-79　　　　　　　　　　　(a)　　　　　　　(b)
图 5-80

解　如图 5-80 所示,求解此问题的关键在于计算油面与油罐底面所截出的面积 S(见图 5-80 的阴影部分),只要算出 S,则油罐中的油所占体积为 $V = Sl$,从而油量为 $Q = \mu V = \mu Sl$,其中 μ 表示油的密度.

已知油罐底面的椭圆方程为 $\dfrac{x^2}{a^2} + \dfrac{y^2}{b^2} = 1$. 下面分两种情形讨论.

(1) 如果 $h > b$,如图 5-80(a) 所示,则 $S = S_1 + S_2$,其中 S_1 是位于 x 轴下方的阴影部分的面积,即半个椭圆的面积,从而 $S_1 = \dfrac{1}{2}\pi ab$;S_2 是位于 x 轴上方的阴影部分的面积,如果选取 y 作为积分变量,则

$$S_2 = 2 \int_0^{h-b} a\sqrt{1 - \frac{y^2}{b^2}} \, \mathrm{d}y.$$

令 $y = b\sin t \left(0 \leqslant t \leqslant \dfrac{\pi}{2}\right)$,则 $\mathrm{d}y = b\cos t\,\mathrm{d}t$, $\sqrt{1 - \dfrac{y^2}{b^2}} = \cos t$,因此

$$S_2 = 2ab \int_0^{\arcsin \frac{h-b}{b}} \cos^2 t\,\mathrm{d}t = ab \int_0^{\arcsin \frac{h-b}{b}} (1 + \cos 2t)\,\mathrm{d}t$$

$$= ab\left[\arcsin \frac{h-b}{b} + \frac{1}{2}\sin\left(2\arcsin \frac{h-b}{b}\right)\right].$$

于是　　　　　$S = S_1 + S_2 = ab\left[\dfrac{\pi}{2} + \arcsin \dfrac{h-b}{b} + \dfrac{1}{2}\sin\left(2\arcsin \dfrac{h-b}{b}\right)\right].$

(2) 同理可计算 $h \leqslant b$ 时的 S,如图 5-80(b) 所示. 经计算发现,其结果仍为

$$S = ab\left[\frac{\pi}{2} + \arcsin \frac{h-b}{b} + \frac{1}{2}\sin\left(2\arcsin \frac{h-b}{b}\right)\right].$$

因此,无论 $h > b$ 还是 $h \leqslant b$,油量 Q 与油面高度 h 的关系均为

$$Q = \mu Sl = ab\mu l\left[\frac{\pi}{2} + \arcsin \frac{h-b}{b} + \frac{1}{2}\sin\left(2\arcsin \frac{h-b}{b}\right)\right].$$

实例二:椭圆周长的简便计算方法

例 5.7.2　已知半径为 R 的圆的周长为 $2\pi R$. 设椭圆 $\dfrac{x^2}{a^2}+\dfrac{y^2}{b^2}=1(a>b>0)$,求:

(1) 椭圆的周长 s;

(2) 以 $k=\dfrac{1}{a}\sqrt{a^2-b^2}\,(0<k<1)$ 表示椭圆的离心率,证明:椭圆周长有近似计算公式

$$s\approx 2\pi a\left(1-\frac{k^2}{4}\right).$$

解　(1) 下面利用弧微分公式计算椭圆的周长.

设椭圆的参数方程为 $\begin{cases} x=a\cos t, \\ y=b\sin t \end{cases}(a>b>0,0\leqslant t\leqslant 2\pi)$,由于

$$x'(t)=-a\sin t,\quad y'(t)=b\cos t,$$

故由椭圆的对称性可知,椭圆的周长为

$$s=4\int_0^{\frac{\pi}{2}}\sqrt{(x'(t))^2+(y'(t))^2}\,\mathrm{d}t=4\int_0^{\frac{\pi}{2}}\sqrt{a^2\sin^2 t+b^2\cos^2 t}\,\mathrm{d}t$$

$$=4a\int_0^{\frac{\pi}{2}}\sqrt{1-\left(1-\frac{b^2}{a^2}\right)\cos^2 t}\,\mathrm{d}t\xrightarrow{\ \text{令}\,k=\frac{1}{a}\sqrt{a^2-b^2}\ }4a\int_0^{\frac{\pi}{2}}\sqrt{1-k^2\cos^2 t}\,\mathrm{d}t.$$

上式就是计算椭圆周长的公式.

(2) 下面推导椭圆周长的近似计算公式.

利用微分近似公式,当 α 较小时,有

$$(1+\alpha)^{\frac{1}{2}}\approx 1+\frac{1}{2}\alpha.$$

由于 $0<k<1$,从而 $0\leqslant k\cos t<1\left(0\leqslant t\leqslant\dfrac{\pi}{2}\right)$,由上式得

$$\sqrt{1-k^2\cos^2 t}\approx 1-\frac{1}{2}k^2\cos^2 t.$$

故椭圆周长 s 有近似公式

$$s\approx 4a\int_0^{\frac{\pi}{2}}\left(1-\frac{1}{2}k^2\cos^2 t\right)\mathrm{d}t=4a\left(\frac{\pi}{2}-\frac{1}{2}k^2\cdot\underbrace{\frac{1}{2}\cdot\frac{\pi}{2}}_{\text{瓦里斯公式}}\right)=2\pi a\left(1-\frac{k^2}{4}\right).$$

这就是椭圆周长的近似计算公式.

注　积分 $\displaystyle\int_0^{\frac{\pi}{2}}\sqrt{1-k^2\cos^2 t}\,\mathrm{d}t$ 或 $\displaystyle\int\sqrt{1-k^2\cos^2 t}\,\mathrm{d}t$ 均称为椭圆积分.

由于例 5.7.2(1) 中的不定积分 $\displaystyle\int\sqrt{1-k^2\cos^2 t}\,\mathrm{d}t$ 不能表示成初等函数,所以无法运用牛顿-莱布尼茨公式直接计算其积分值.因此,椭圆周长必须用数值积分的方法计算或用现成的椭圆积分表查出其值.

习 题 5.7

（铝制波纹瓦的长度问题）建筑上用的铝制波纹瓦是一种用机器将一块平整的铝板压制而成的，如

图 5–81 所示．假如要求波纹瓦长为 48 英寸（1 英寸 $= 25.4$ 毫米），每个波纹的高度（距中心线）为 1 英寸，且每个波纹以近似 2π 英寸的距离为一个周期．求制作一块波纹瓦所需铝板的长度 L．

图 5–81

总习题五

一、计算下列极限：

(1) $\lim\limits_{n\to\infty}\dfrac{1}{n}\sum\limits_{i=1}^{n}\sqrt{1+\dfrac{i}{n}}$；

(2) $\lim\limits_{n\to\infty}\dfrac{1^p+2^p+\cdots+n^p}{n^{p+1}}$，其中 $p>0$；

(3) $\lim\limits_{x\to a}\dfrac{x}{x-a}\displaystyle\int_a^x f(t)\mathrm{d}t$，其中 $f(x)$ 连续.

二、设函数 $f(x),g(x)$ 在闭区间 $[a,b]$ 上均连续，证明柯西–施瓦茨（Cauchy-Schwarz）不等式：

$$\left(\int_a^b f(x)g(x)\mathrm{d}x\right)^2\leqslant\int_a^b f^2(x)\mathrm{d}x\cdot\int_a^b g^2(x)\mathrm{d}x.$$

三、计算：

(1) $\displaystyle\int_0^{\frac{\pi}{2}}\dfrac{x+\sin x}{1+\cos x}\mathrm{d}x$；

(2) $\displaystyle\int_0^a\dfrac{\mathrm{d}x}{x+\sqrt{a^2-x^2}}$，其中 $a>0$；

(3) $\displaystyle\int_0^{\frac{\pi}{2}}\dfrac{\mathrm{d}x}{1+\cos^2 x}$.

四、设 $f(x)$ 为连续函数，证明：$\displaystyle\int_0^x f(t)(x-t)\mathrm{d}t=\int_0^x\left(\int_0^t f(u)\mathrm{d}u\right)\mathrm{d}t$.

五、设 $f(x)$ 是闭区间 $[a,b]$ 上的连续函数且 $f(x)>0$，$F(x)=\displaystyle\int_a^x f(t)\mathrm{d}t+\int_b^x\dfrac{\mathrm{d}t}{f(t)}$，$x\in[a,b]$，证明：

(1) $F'(x)\geqslant 2$；

(2) 方程 $F(x)=0$ 在开区间 (a,b) 内有且只有一个根.

六、设函数 $f(x)=\begin{cases}\dfrac{1}{1+x}, & x\geqslant 0,\\[2mm]\dfrac{1}{1+\mathrm{e}^x}, & x<0,\end{cases}$ 求 $\displaystyle\int_0^2 f(x-1)\mathrm{d}x$.

七、一金属棒长 $3\,\mathrm{m}$，离棒左端 $x\,\mathrm{m}$ 处的线密度为 $\mu(x)=\dfrac{1}{\sqrt{x+1}}$（kg/m），问：当 x 为何值时，$[0,x]$ 段的质量为全棒质量的一半？

八、设抛物线 $y=ax^2+bx+c$ 通过点 $(0,0)$，且当 $x\in[0,1]$ 时，$y\geqslant 0$. 试确定当常数 a,b,c 取何值时，可使抛物线 $y=ax^2+bx+c$ 与直线 $x=1,y=0$ 所围平面图形的面积为 $\dfrac{4}{9}$，且该平面图形绕 x 轴旋转一周所得的旋转体的体积最小.

九、求圆盘 $(x-2)^2+y^2\leqslant 1$ 绕 y 轴旋转一周所得的旋转体的体积.

十、求抛物线 $y=\dfrac{1}{2}x^2$ 被圆 $x^2+y^2=3$ 所截下的有限部分的弧长.

十一、半径为 r 的球沉入水中，球的上部与水面相切，球的密度与水相同，现将球从水中取出，问：需做多少功？（提示：用微元法分析．）

单元测试五(1)

单项选择题(满分 100)：

1. $(7 分)$ 设 $f(x)$ 是闭区间 $[a,b]$ 上的连续函数,则下列论断中不正确的是( )．

(A) $\int_a^x f(x)\mathrm{d}x$ 是 $f(x)$ 的一个原函数　　(B) $\int_x^b f(x)\mathrm{d}x$ 是 $-f(x)$ 的一个原函数

(C) $\int_a^b f(x)\mathrm{d}x$ 是 $f(x)$ 的一个原函数　　(D) $f(x)$ 在 $[a,b]$ 上可积

2. $(7 分)$ $\lim\limits_{x\to0}\dfrac{\int_x^0(\mathrm{e}^t+\mathrm{e}^{-t}-2)\mathrm{d}t}{1-\cos x}=($)．

(A) 0　　　　(B) 1　　　　(C) -1　　　　(D) ∞

3. $(7 分)$ 设方程组 $\begin{cases} x=\int_0^t\sin u\mathrm{d}u, \\ y=\int_0^t\cos u\mathrm{d}u \end{cases}$ 确定了 y 是 x 的函数,则 $\dfrac{\mathrm{d}y}{\mathrm{d}x}=($)．

(A) $\cot t$　　　　(B) $\tan t$　　　　(C) $\sin t$　　　　(D) $\cos t$

4. $(7 分)$ 下列定积分中不等于零的是( )．

(A) $\int_{-\frac{\pi}{4}}^{\frac{\pi}{4}}\dfrac{\arctan x}{1+x^2}\mathrm{d}x$　　　　(B) $\int_{-\frac{\pi}{4}}^{\frac{\pi}{4}}x^2\arcsin x\mathrm{d}x$

(C) $\int_{-1}^1\dfrac{\mathrm{e}^x-\mathrm{e}^{-x}}{2}\mathrm{d}x$　　　　(D) $\int_{-1}^1(x^2+x)\sin x\mathrm{d}x$

5. $(7 分)$ 设函数 $f(x)$ 在闭区间 $[a,b]$ 上连续,则 $\dfrac{\mathrm{d}}{\mathrm{d}x}\left(x\int_a^b f(x)\mathrm{d}x\right)=($)．

(A) $\int_a^b f(x)\mathrm{d}x$　　　　(B) $bf(b)-af(a)$

(C) $x(f(b)-f(a))+\int_a^b f(x)\mathrm{d}x$　　　　(D) $\int_a^b f(x)\mathrm{d}x+xf(x)$

6. $(7 分)$ 设 $f(x)$ 是连续函数,且 $F(x)=\int_x^{\frac{1}{\mathrm{e}^x}}f(t)\mathrm{d}t$,则 $F'(x)=($)．

(A) $-\mathrm{e}^{-x}f(\mathrm{e}^{-x})-f(x)$　　　　(B) $-\mathrm{e}^{-x}f(\mathrm{e}^{-x})+f(x)$

(C) $\mathrm{e}^{-x}f(\mathrm{e}^{-x})-f(x)$　　　　(D) $\mathrm{e}^{-x}f(\mathrm{e}^{-x})+f(x)$

7. $(7 分)$ 设函数 $f(x)$ 在闭区间 $[1,2]$ 上有连续导数,且 $f(1)=1,f(2)=1,\int_1^2 f(x)\mathrm{d}x=-1$,则 $\int_1^2 xf'(x)\mathrm{d}x=($)．

(A) 2　　　　(B) 1　　　　(C) -1　　　　(D) -2

8. $(7 分)$ 设函数 $f(x)=\int_0^x\left[\int_0^t\ln(1+u^2)\mathrm{d}u\right]\mathrm{d}t$,则 $f''(1)=($)．

(A) 0　　　　(B) 1　　　　(C) $1-\ln 2$　　　　(D) $\ln 2$

9. $(7 分)$ 设函数 $f(x)=\int_0^{5x}\dfrac{\sin t}{t}\mathrm{d}t,\varphi(x)=\int_0^{\sin x}(1+t)^{\frac{1}{t}}\mathrm{d}t$,那么当 $x\to0$ 时,$f(x)$ 是 $\varphi(x)$ 的( )．

(A) 高阶无穷小量　　　　(B) 低阶无穷小量

(C) 同阶但不等价的无穷小量　　　　(D) 等价无穷小量

10. $(7 分)$ 设 $I_1=\int_0^1\dfrac{x}{1+x}\mathrm{d}x,I_2=\int_0^1\ln(1+x)\mathrm{d}x$,则( )．

(A) $I_1<I_2$　　(B) $I_1>I_2$　　(C) $I_1=I_2$　　(D) 不确定

11. (7分) 设函数 $f(x)$ 在闭区间 $[a,b]$ 上连续，且 $f(x) > 0$，$F(x) = \int_a^x f(t)\mathrm{d}t + \int_b^x \dfrac{\mathrm{d}t}{f(t)}$，则方程 $F(x) = 0$ 在开区间 (a,b) 内的根的个数为（　　）.

(A) 0 　　　　　(B) 1 　　　　　(C) 2 　　　　　(D) 3

12. (7分) $\int_0^{2\pi} |\sin x|\,\mathrm{d}x = ($ 　 $)$.

(A) 0 　　　　　(B) 4 　　　　　(C) $1 - \ln 2$ 　　　　　(D) $\ln 2$

13. (6分) 设 $I = \lim\limits_{n\to\infty} \int_n^{n+a} x\sin\dfrac{1}{x}\mathrm{d}x$（$a$ 为常数），由积分中值定理得 $\int_n^{n+a} x\sin\dfrac{1}{x}\mathrm{d}x = a\xi\sin\dfrac{1}{\xi}$，则 $I = ($ 　 $)$.

(A) $\lim\limits_{n\to\infty} a\xi\sin\dfrac{1}{\xi} = \lim\limits_{\xi\to a} a\xi\sin\dfrac{1}{\xi} = a^2\sin\dfrac{1}{a}$

(B) $\lim\limits_{\xi\to 0} a\sin\dfrac{1}{\xi} = 0$

(C) $\lim\limits_{\xi\to\infty} a\xi\sin\dfrac{1}{\xi} = a$

(D) $\lim\limits_{\xi\to\infty} a\xi\sin\dfrac{1}{\xi} = \infty$

14. (5分) $\int_0^1 (1-x^2)^{\frac{5}{2}}\mathrm{d}x = ($ 　 $)$.

(A) 1 　　　　　(B) $\dfrac{\pi}{4}$ 　　　　　(C) $\dfrac{5}{16}$ 　　　　　(D) $\dfrac{5\pi}{32}$

15. (5分) 若 $f\left(\dfrac{1}{x}\right) = \dfrac{x}{x+1}$，则 $\int_0^1 f(x)\mathrm{d}x = ($ 　 $)$.

(A) 0 　　　　　(B) 1 　　　　　(C) $1 - \ln 2$ 　　　　　(D) $\ln 2$

单元测试五（2）

单项选择题（满分100）：

1. (5分) 由曲线 $y = x^2$ 与直线 $x = 1$，$y = 0$ 所围成的平面图形绕 x 轴旋转一周所得的旋转体的体积 $V = ($ 　 $)$.

(A) $\int_0^1 \pi x^4\mathrm{d}x$ 　　　　　(B) $\int_0^1 \pi y\mathrm{d}y$

(C) $\int_0^1 \pi(1-y)\mathrm{d}y$ 　　　　　(D) $\int_0^1 \pi(1-x^4)\mathrm{d}x$

2. (5分) 由曲线 $y = x^2$ 与直线 $x = 1$，$y = 0$ 所围成的平面图形绕 y 轴旋转一周所得的旋转体的体积 $V = ($ 　 $)$.

(A) $\int_0^1 \pi x^4\mathrm{d}x$ 　　　　　(B) $\int_0^1 \pi y\mathrm{d}y$

(C) $\int_0^1 2\pi xy\mathrm{d}y$ 　　　　　(D) $\int_0^1 \pi(1-x^4)\mathrm{d}x$

3. (5分) 由不等式 $f(x) \leqslant y \leqslant 0$，$0 \leqslant a \leqslant x \leqslant b$ 所确定的曲边梯形绕 x 轴旋转一周所得的旋转体的体积为（　　）.

(A) $-2\pi\int_a^b xf(x)\mathrm{d}x$ 　　　　　(B) $\pi\int_a^b f^2(x)\mathrm{d}x$

(C) $-\int_a^b xf(x)\mathrm{d}x$ 　　　　　(D) $\int_a^b f^2(x)\mathrm{d}x$.

4. (5分) 变力 $F = \dfrac{12}{x^2}$ N 把物体从 $x = 0.9\,\mathrm{m}$ 处推到 $x = 1.1\,\mathrm{m}$ 处，它所做的功 $W = ($ 　 $)$.

(A) $\int_{0.9}^{1.1} \frac{12}{x^2} \mathrm{d}x$ (B) $\int_{0}^{0.2} \frac{12}{x^2} \mathrm{d}x$ (C) $\int_{0.9}^{1.1} \frac{12}{x^2} \cdot x \mathrm{d}x$ (D) $\int_{0}^{0.2} \frac{12}{x^2} \cdot x \mathrm{d}x$

5.（5分）由不等式 $0 \leqslant y \leqslant f(x)$，$0 \leqslant a \leqslant x \leqslant b$ 所确定的曲边梯形绕 y 轴旋转一周所得的旋转体的体积为（ ）.

(A) $\pi \int_{a}^{b} f^2(x) \mathrm{d}x$ (B) $\int_{a}^{b} f^2(x) \mathrm{d}x$ (C) $2\pi \int_{a}^{b} x f(x) \mathrm{d}x$ (D) $\int_{a}^{b} x f(x) \mathrm{d}x$

6.（5分）曲线 $y = \ln(1-x^2)$ 上满足 $0 \leqslant x \leqslant \frac{1}{2}$ 的一段弧的弧长 $s = $（ ）.

(A) $\int_{0}^{\frac{1}{2}} \frac{1+x^2}{1-x^2} \mathrm{d}x$

(B) $\int_{0}^{\frac{1}{2}} \sqrt{1 + \left(\frac{1}{1-x^2}\right)^2} \mathrm{d}x$

(C) $\int_{0}^{\frac{1}{2}} \sqrt{1 + \frac{-2x}{1-x^2}} \mathrm{d}x$

(D) $\int_{0}^{\frac{1}{2}} \sqrt{1 + [\ln(1-x^2)]^2} \mathrm{d}x$

7.（5分）矩形闸门宽为 a m，高为 b m，垂直放在水中. 当闸门顶边与水面齐平时，闸门一侧所受水的压力 $P = $（ ）.

(A) $\int_{0}^{b} \mu g a h \, \mathrm{d}h$ (B) $\int_{0}^{a} \mu g a h \, \mathrm{d}h$ (C) $\int_{0}^{b} \frac{1}{2} \mu g a h \, \mathrm{d}h$ (D) $\int_{0}^{b} 2 \mu g a h \, \mathrm{d}h$

8.（5分）由曲线 $\rho = 1 - \cos\theta \, (0 \leqslant \theta \leqslant 2\pi)$ 所围成的平面图形的面积为（ ）.

(A) π (B) 2π (C) $\frac{3}{4}\pi$ (D) $\frac{3}{2}\pi$

9.（5分）由曲线 $\rho = \sqrt{2}\sin\theta$，$\rho^2 = \cos 2\theta$ 所围成的平面图形的公共部分的面积 $A = $（ ）.

(A) $-\frac{\pi}{12} + \frac{1-\sqrt{3}}{2}$

(B) $\frac{\pi}{24} + \frac{\sqrt{3}-1}{4}$

(C) $\frac{\pi}{6} + \frac{1-\sqrt{3}}{2}$

(D) $\frac{\pi}{12} + \frac{\sqrt{3}-1}{2}$

10.（5分）半径为 r 的半球形容器中充满了密度为 μ 的液体，将这些液体抽干，所做的功 $W = $（ ）.

(A) $\int_{0}^{r} \mu g (r-x) \pi (r^2 - x^2) \mathrm{d}x$

(B) $\int_{0}^{r} \mu g x \pi (r^2 - x^2) \mathrm{d}x$

(C) $\int_{0}^{r} \mu g x \pi r^2 (r-x)^2 \mathrm{d}x$

(D) $\int_{0}^{r} \mu g (r-x) \pi x^2 \mathrm{d}x$

11.（5分）由曲线 $y = |\ln x|$ 与直线 $x = \frac{1}{\mathrm{e}}$，$x = \mathrm{e}$ 及 $y = 0$ 所围成的平面图形的面积 $A = $（ ）.

(A) $\mathrm{e} - \frac{1}{\mathrm{e}}$ (B) $\mathrm{e} + \frac{1}{\mathrm{e}}$ (C) $2\left(1 - \frac{1}{\mathrm{e}}\right)$ (D) $\frac{1}{\mathrm{e}} + 1$

12.（5分）由曲线 $x^{\frac{2}{3}} + y^{\frac{2}{3}} = a^{\frac{2}{3}} \, (a>0)$ 所围成的平面图形绕 x 轴旋转一周所得的旋转体的体积 $V = $（ ）.

(A) $\frac{8}{105}\pi a^3$ (B) $\frac{16}{105}\pi a^3$ (C) $\frac{32}{105}\pi a^3$ (D) $\frac{4}{3}\pi a^3$

13.（5分）横截面面积为 S，深度为 h 的水池里装满密度为 μ 的水. 把水全部抽到高度为 H 的水塔上，如图 5-82 所示，所需做的功 $W = $（ ）.

(A) $\int_{0}^{h} Sg\mu(H+h-y) \mathrm{d}y$

(B) $\int_{0}^{H} Sg\mu(H+h-y) \mathrm{d}y$

(C) $\int_{0}^{h} Sg\mu(H-y) \mathrm{d}y$

(D) $\int_{0}^{h+H} Sg\mu(H+h-y) \mathrm{d}y$

图 5-82

14. (5分) 下列结论或运算式中正确的是(　　).

(A) $\int_1^{+\infty} x^2 \, dx < \int_1^{+\infty} x^3 \, dx$

(B) 由于 $\dfrac{x}{1+x^2}$ 是奇函数,故 $\int_{-\infty}^{+\infty} \dfrac{x}{1+x^2} \, dx = 0$

(C) $\int_{-\infty}^{+\infty} \dfrac{x}{1+x^4} \, dx = 0$

(D) 由于 $\dfrac{1}{x^2}$ 是偶函数,故 $\int_{-1}^{1} \dfrac{dx}{x^2} = 2\int_0^1 \dfrac{dx}{x^2}$

15. (5分) $\int_{-\infty}^{+\infty} f(x) \, dx$ 收敛是 $\int_0^{+\infty} f(x) \, dx$ 与 $\int_{-\infty}^0 f(x) \, dx$ 都收敛的(　　).

(A) 充要条件　　　(B) 必要条件　　　(C) 充分条件　　　(D) 无关条件

16. (5分) 下列反常积分中发散的是(　　).

(A) $\int_1^{+\infty} \dfrac{dx}{x^2}$　　(B) $\int_0^1 \dfrac{dx}{\sqrt{x}}$　　(C) $\int_0^1 \dfrac{dx}{\sqrt{1-x^2}}$　　(D) $\int_0^1 \dfrac{dx}{1-x}$

17. (5分) $\int_{-1}^{2} \dfrac{dx}{x^2} = ($　　$)$.

(A) $-\dfrac{3}{2}$　　　(B) $\dfrac{1}{2}$　　　(C) $-\dfrac{1}{2}$　　　(D) 不存在

18. (5分) $\int_1^{+\infty} \dfrac{dx}{x\sqrt{x^2-1}} = ($　　$)$.

(A) 0　　　(B) $\dfrac{\pi}{2}$　　　(C) $\dfrac{\pi}{4}$　　　(D) 不存在

19. (5分) 若反常积分 $\int_1^{+\infty} x^{t-1} \, dx$ 发散,则(　　).

(A) $t \geqslant 0$　　　(B) $t \geqslant 1$　　　(C) $t > 1$　　　(D) $t > 0$

20. (5分) 下列积分中可以直接用牛顿-莱布尼茨公式的是(　　).

(A) $\int_{-1}^{1} \dfrac{3}{x-1} \, dx$　　(B) $\int_0^2 \dfrac{x}{\ln x} \, dx$　　(C) $\int_0^3 \dfrac{dx}{x^3}$　　(D) $\int_{-2}^{2} 3x \, dx$

本章参考答案

第六章

微分方程与数学建模初步

微分方程是在 17 世纪与微积分学同时发展起来的一门学科,它是探求客观事物运动规律的有力工具. 当人们用微积分学去研究几何学、力学、物理学所提出的问题时,微分方程就大量地涌现出来了,一旦求出微分方程的解,所提问题就迎刃而解了. 因此,许多实际问题都可以抽象概括为微分方程问题. 例如,电磁波的传播、自动化控制、信号的处理、弹道的计算、火箭和导弹飞行稳定性的研究,以及物体冷却的研究等,都可以化为求微分方程的解,或者通过研究问题的解的性质来解决. 这时,也称微分方程为所研究问题的**数学模型**. 可以说,微分方程是自然学科、工程技术中最普遍、最重要的数学模型. 历史上,牛顿正是通过求解微分方程证实了地球绕太阳运动的轨道是椭圆;法国天文学家勒维耶(Leverrier)由引力定律建立了相应的微分方程模型,经严密推算和分析后断定了海王星的存在性,并确定了它的位置.

本章作为微积分学知识的综合应用,首先将介绍微分方程的基本概念,然后介绍一些常用的微分方程及其解法,最后介绍微分方程的应用实例.

第一节　　微分方程的基本概念

下面通过几何学、物理学、动力学的三个具体例题来说明微分方程的基本概念.

一、引例

正交轨线在电学、热力学和流体力学等学科中都有应用. 如果两个曲线族相互正交(两条曲线在交点处的切线互相垂直),则称其中的一个曲线族为另一个曲线族的**正交轨线**. 下面举例说明如何求正交轨线.

例 6.1.1　　求抛物线族 $y = Cx^2$(C 为任意实数)的正交轨线.

解　　设所求正交轨线的方程为 $y = y(x)$,则正交轨线的切线斜率为 $k_1 = y'(x)$.

对 $y = Cx^2$ 关于 x 求导数,得 $\dfrac{\mathrm{d}y}{\mathrm{d}x} = 2Cx$,再将 $C = \dfrac{y}{x^2}$ 代入,即得抛物线族 $y = Cx^2$ 在点 (x, y) 处的切线斜率为 $k_2 = \dfrac{\mathrm{d}y}{\mathrm{d}x} = \dfrac{2y}{x}$. 于是由抛物线与其正交轨线在交点处的正交性,得

$$-1 = k_1 k_2 = y' \cdot \frac{2y}{x},$$

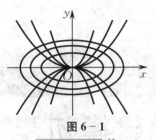

图 6-1

即

$$2yy' + x = 0. \tag{6.1.1}$$

式(6.1.1)可以改写为 $(2y^2 + x^2)' = 0$,这相当于

$$x^2 + 2y^2 = C_1 \quad (C_1 \text{ 为任意正常数}),$$

这是一椭圆族.因此,抛物线族 $y = Cx^2$ 的正交轨线是椭圆族 $x^2 + 2y^2 = C_1$,如图 6-1 所示.

例 6.1.2 一列火车从静止开始启动,并均匀地加速,5 min 后速度达到 300 km/h.问:这段时间内该火车前进了多少路程?

解 设火车的加速度为 a(单位:km/h^2),则火车的运动路程 $s = s(t)$(单位:km)的变化规律可表示为

$$\frac{\mathrm{d}^2 s}{\mathrm{d} t^2} = a, \tag{6.1.2}$$

且满足

$$\begin{cases} s(0) = 0, \\ s'(0) = 0, \\ s'\left(\dfrac{5}{60}\right) = 300. \end{cases} \tag{6.1.3}$$

将方程(6.1.2)两边同时积分两次,得

$$s = \frac{1}{2}at^2 + C_1 t + C_2,$$

这里 C_1, C_2 都是任意常数.将式(6.1.3)代入上式,得 $C_2 = 0$, $C_1 = 0$, $a = 3\,600$.因此,5 min 后该火车前进的路程为

$$s\left(\frac{5}{60}\right) = 1\,800 \cdot \left(\frac{5}{60}\right)^2 = 12.5 \ (\text{km}).$$

注 例 6.1.2 中为什么要列加速度方程,而不是直接列速度方程?这是因为在整个过程中,只有加速度是不变的,而速度是变化的.从例 6.1.2 中可以看出,越是高阶的量(高阶导数),越稳定.因此,在实际问题中列微分方程的时候,一般都是列出其中最高阶的方程关系.

例 6.1.3 **(弹簧振动模型)** 设有一个弹簧,它的上端固定,下端挂一个质量为 m 的物体,试研究物体的振动规律.

解 (1)以物体的平衡位置①为坐标原点建立 x 轴,如图 6-2 所示.此时,作用在物体上的重力与弹性力大小相等,方向相反.

(2)在一定的初始位移 x_0 及初始速度 v_0 下,物体离开平衡位置,并在平衡位置附近做没有摇摆的上下振动.

(3)振动开始后,物体离开平衡位置的距离 x 是时间 t 的函数 $x(t)$.

(4)在振动过程中,由于受到阻尼介质(如空气等)的阻力的作用,物体的振动逐渐趋于停止.当物体的运动速度不太大时,阻力的大小与物体

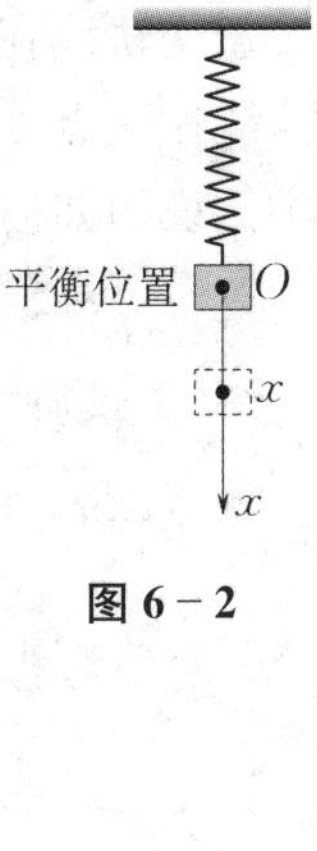

平衡位置 O

x

图 6-2

---

① 物体的平衡位置指物体处于静止状态时的位置.

的速度成正比,阻力的方向与速度方向相反,因此阻力为 $-\mu\dfrac{\mathrm{d}x}{\mathrm{d}t}(\mu>0$ 称为**阻尼系数**).

（5）当物体有位移 $x(t)$ 时,根据胡克（Hooke）定律,物体所受的弹簧恢复力的大小与位移的大小成正比,而弹簧恢复力的方向总是指向平衡位置,因此所受弹簧恢复力为 $-kx$,其中 $k(k>0)$ 为弹簧的弹性系数,负号表示弹性恢复力的方向与物体的位移的方向相反.

（6）在振动过程中受外力 $f(t)$ 的作用.

在上述假设下,根据牛顿第二定律,得

$$m\frac{\mathrm{d}^2x}{\mathrm{d}t^2}=-\mu\frac{\mathrm{d}x}{\mathrm{d}t}-kx+f(t).$$

如果所受外力为简谐力 $f(t)=H\sin pt$,则上述方程化为

$$m\frac{\mathrm{d}^2x}{\mathrm{d}t^2}+\mu\frac{\mathrm{d}x}{\mathrm{d}t}+kx=H\sin pt. \tag{6.1.4}$$

这个方程称为**强迫振动方程**.

除弹簧振动外,钟摆的往复运动、机械振动、电路振荡等运动都可以用方程（6.1.4）作为其数学模型.

二、微分方程的几个概念

例 6.1.1,例 6.1.2 和例 6.1.3 中的方程（6.1.1）,方程（6.1.2）和方程（6.1.4）都是含有未知函数导数的方程.

定义 6.1.1 含有自变量、未知函数及未知函数的导数或微分的方程称为**微分方程**. 当未知函数是一元函数时,称该微分方程为**常微分方程**；当未知函数是多元函数时,称该微分方程为**偏微分方程**.

例如,（1）$\dfrac{\mathrm{d}y}{\mathrm{d}t}=t+y$,（2）$(x+y^2)\mathrm{d}x+\mathrm{d}y=0$,（3）$(y''')^2+y=0$,（4）$\dfrac{\partial u}{\partial t}=a^2\dfrac{\partial^2 u}{\partial x^2}$①（$a$ 是常数）都是微分方程,其中（1）,（2）,（3）是常微分方程,（4）是偏微分方程.

本章只讨论常微分方程,以后所说的微分方程（简称方程）均是指常微分方程.

定义 6.1.2 微分方程中未知函数的导数（或微分）的最高阶数称为**微分方程的阶**.

例如,上面举例的（1）和（2）都是一阶微分方程,注意 $(y''')^2+y=0$ 是三阶微分方程（不是六阶的）.

阶数大于 1 的微分方程称为**高阶微分方程**. n 阶微分方程的一般形式为

$$F(x,y,y',\cdots,y^{(n)})=0, \tag{6.1.5}$$

其中 $y^{(n)}$ 一定要出现,其他项可以不出现. 例如,$y^{(n)}+x=0$ 是一个 n 阶微分方程.

定义 6.1.3 形如

$$y^{(n)}+P_1(x)y^{(n-1)}+\cdots+P_{n-1}(x)y'+P_n(x)y=f(x) \tag{6.1.6}$$

的微分方程称为 n **阶线性微分方程**,这里 $P_i(x)(i=1,2,\cdots,n)$ 和 $f(x)$ 在所考虑的区间上都

---

① $\dfrac{\partial u}{\partial t}$ 表示多元函数 u 对自变量 t 的偏导数（参见下册中关于多元函数的偏导数的定义）；$\dfrac{\partial^2 u}{\partial x^2}$ 表示多元函数 u 对自变量 x 的二阶偏导数.

是连续函数. 称 $f(x)$ 为方程(6.1.6)的**自由项**.

不是线性微分方程的方程称为**非线性微分方程**.

上述定义中称方程(6.1.6)是"线性"的,这是因为凡是与未知函数 y 有关的项

$$y, y', \cdots, y^{(n-1)}, y^{(n)},$$

它们的幂次都是一次的(线性就是一次函数的意思),即没有出现诸如 $y^3, (y')^2, \cos y$ 或 e^y 之类的非线性的项.

例如,$y' = \dfrac{2}{x}y + \cos x$,$y'' + x^2 y' + y\sin x = \ln x$ 都是线性微分方程,$xy' - x^2\ln y = 3x^2$ 是非线性微分方程. 显然,方程(6.1.4)是二阶线性微分方程,方程(6.1.1)是一阶非线性微分方程.

定义 6.1.4 设函数 $y = \varphi(x)$ 在区间 I 上有直到 n 阶的导数. 如果把 $y = \varphi(x)$ 及其各阶导数代入方程(6.1.5)后,能使得它在区间 I 上恒成立,即得到 I 上的一个恒等式

$$F(x, \varphi(x), \varphi'(x), \cdots, \varphi^{(n)}(x)) \equiv 0,$$

则称 $y = \varphi(x)$ 是方程(6.1.5)在区间 I 上的一个解. 如果由隐函数 $\varPhi(x, y) = 0$ 所确定的函数是方程(6.1.5)的解,则称 $\varPhi(x, y) = 0$ 是方程(6.1.5)的**隐式解**.

为了简单起见,本书不将解和隐式解加以区别,统称为**微分方程的解**.

由定义 6.1.4 可以直接验证:函数 $y = x^2 + C$ 是微分方程 $\dfrac{\mathrm{d}y}{\mathrm{d}x} = 2x$ 在 $(-\infty, +\infty)$ 上的解,其中 C 是任意常数;函数 $y = C_1\cos x + C_2\sin x$ 是微分方程 $y'' + y = 0$ 在 $(-\infty, +\infty)$ 上的解,其中 C_1 和 C_2 是任意常数.

定义 6.1.5 如果 n 阶微分方程的解中含有 n 个相互独立的任意常数 $C_1, C_2, \cdots, C_n$,一般记为

$$y = \varphi(x, C_1, C_2, \cdots, C_n),$$

则称它为该微分方程的**通解**. 如果方程的解中不包含任意常数,则称它为该微分方程的**特解**.

例如,函数 $y = C_1\ln x + C_2\ln x^2$ 是微分方程 $x^2 y'' + xy' = 0$ 的解,由于

$$y = C_1\ln x + C_2\ln x^2 = (C_1 + 2C_2)\ln x = C\ln x \quad (C = C_1 + 2C_2),$$

因此这个解不是通解,也不是特解.

注 微分方程(6.1.5)的通解 $y = \varphi(x, C_1, C_2, \cdots, C_n)$ 并不一定包含了该微分方程的所有解.

由于微分方程的通解中含有任意常数,因此它实际上表示的是一族解. 要完全确定地反映客观事物运动的规律性,就必须确定这些常数的值. 因此,要根据问题的实际情况,提出确定这些常数的条件,也就是对微分方程的解附加一定的条件,如例 6.1.2 中的条件(6.1.3),通常称这样的条件为**定解条件**. 常见的定解条件是**初值条件**(或**初始条件**). 求解具有初始条件的微分方程,称为该微分方程的**初值问题**. 确定通解中的任意常数,就得到了微分方程的特解.

一阶微分方程的初值问题记作

$$\begin{cases} \dfrac{\mathrm{d}y}{\mathrm{d}x} = f(x, y), \\ y(x_0) = y_0. \end{cases} \tag{6.1.7}$$

一般地，n 阶微分方程的初值问题可表示为

$$\begin{cases} F(x,y,y',y'',\cdots,y^{(n)}) = 0, \\ y(x_0) = y_0, y'(x_0) = y_1, y''(x_0) = y_2, \cdots, y^{(n-1)}(x_0) = y_{n-1}. \end{cases}$$

微分方程的初值问题也常被称为**柯西问题**.

我们常利用微分方程的解的图形来研究解的性质. 初值问题(6.1.7)的解 $y = y(x)$ 的图形是一条通过点 (x_0, y_0) 的曲线，称它为微分方程 $\dfrac{\mathrm{d}y}{\mathrm{d}x} = f(x,y)$ 过点 (x_0, y_0) 的**积分曲线**. 而该微分方程的通解 $y = \varphi(x, C)$ 在几何上表示的是一族积分曲线. 例如，微分方程 $\dfrac{\mathrm{d}y}{\mathrm{d}x} = 2x$ 的通解 $y = x^2 + C$ 在几何上表示的是一族抛物线，而 $y = x^2 + 2$ 是过点 $(0,2)$ 的一条积分曲线.

例 6.1.4 验证：$y = C_1 \cos 3x + C_2 \sin 3x$ 是微分方程 $y'' + 9y = 0$ 的解，并求该微分方程满足初始条件 $y(0) = 1, y'(0) = 0$ 的特解.

解 经计算，得

$$y' = -3C_1 \sin 3x + 3C_2 \cos 3x, \quad y'' = -9C_1 \cos 3x - 9C_2 \sin 3x.$$

代入所给微分方程的左端，得

$$y'' + 9y = -9C_1 \cos 3x - 9C_2 \sin 3x + 9(C_1 \cos 3x + C_2 \sin 3x) = 0,$$

所以 $y = C_1 \cos 3x + C_2 \sin 3x$ 是所给微分方程的解. 把初始条件 $y(0) = 1, y'(0) = 0$ 代入，求得 $C_1 = 1, C_2 = 0$. 故满足初始条件 $y(0) = 1, y'(0) = 0$ 的特解为 $y = \cos 3x$.

求微分方程的通解或特解的过程均被称为**解微分方程**. 例 6.1.1 和例 6.1.2 实际上都是求解微分方程，而且它们都是把微分方程经过一些初等变形后，将求解微分方程的问题归结为求原函数的问题，这种解法称为**初等积分法**.

从 17 世纪到 18 世纪初，微分方程研究的核心问题是如何通过初等积分法求出它的通解表达式. 19 世纪中叶，人们发现，只有极少数微分方程能够通过初等积分法把通解求出来，即使是简单的黎卡提(Riccati)方程 $\dfrac{\mathrm{d}y}{\mathrm{d}x} = x^2 + y^2$，也无法通过求积分的方法把它的通解用已知函数表示出来. 因此，本章只介绍一些特殊类型微分方程的求解方法和技巧，并不会给出求微分方程通解的一般方法.

思考题 6.1

1. 验证：$y = \sin(x + C)$ 是微分方程 $y'^2 + y^2 - 1 = 0$ 的通解，且 $y = \pm 1$ 也是它的解.

2. 函数 $y = e^{x^2} + C, y = 4e^{x^2}, y = Ce^{x^2}$ 是否都是微分方程 $y' = 2xy$ 的解？哪一个是通解？哪一个是满足初始条件 $y(0) = 4$ 的特解？

习 题 6.1

(A)

一、说明下列方程是否为线性微分方程，并指出它们分别是几阶微分方程：

(1) $y'' + (y')^4 = 1$;

(2) $x^3 y''' + x^2 y'' - 4xy' = 3x^2$;

(3) $(y')^2 - 2yy' + 2x - 1 = 0$;

(4) $\dfrac{\mathrm{d}\rho}{\mathrm{d}\theta} + \rho = \sin^2 \theta$.

(5) $(7x-6y)\mathrm{d}x+(x+y)\mathrm{d}y=0$;　　　　　　(6) $\dfrac{\mathrm{d}y}{\mathrm{d}x}=\sin(x+y)$.

二、判断题：

(1) $y=\mathrm{e}^{-x}$ 是否为微分方程 $y''+2y'+3y=0$ 的解？

(2) $y=2\sin x-\cos x$ 是否为微分方程 $y''+y=0$ 的解？

(3) $y=0$ 是否为微分方程 $y''+xy'-y=0$ 的解？

(4) $y=C_1\mathrm{e}^{\lambda_1 x}+C_2\mathrm{e}^{\lambda_2 x}$ 是否为微分方程 $y''-(\lambda_1+\lambda_2)y'+\lambda_1\lambda_2 y=0$ 的解？

三、确定下列函数关系式中所含的参数，使得函数满足所给的初始条件：

(1) $x^2-y^2=C,y\big|_{x=0}=5$;

(2) $y=(C_1+C_2 x)\mathrm{e}^{2x},y\big|_{x=0}=0,y'\big|_{x=0}=1$.

四、已知 $y=\dfrac{x}{\ln x}$ 是微分方程 $y'=\dfrac{y}{x}+\varphi\left(\dfrac{x}{y}\right)$ 的解，试求 $\varphi(x)$ 的表达式．

五、验证：$y=C_1\mathrm{e}^{-x+C_2}$（C_1,C_2 为任意常数）是否是二阶微分方程 $y''-2y'-3y=0$ 的解．若是微分方程的解，试问：它是通解吗？为什么？

六、用微分方程表示一物理命题：某种气体的气压 P 对于温度 T 的变化率与气压成正比，与温度的平方成反比．

(B)

一、求抛物线族 $y=C_1(x-C_2)^2$ 所满足的微分方程．

二、已知 $f^2(x)=\displaystyle\int_0^x f(t)\,\dfrac{\sin t}{2+\cos t}\mathrm{d}t+1$，且 $f(x)$ 为可导的正值函数，求 $f(x)$.

三、设 $y(x)$ 是二阶微分方程 $y''+py'+qy=\mathrm{e}^{3x}$（$p,q$ 均为常数）满足初始条件 $y(0)=y'(0)=0$ 的特解，求极限 $\lim\limits_{x\to 0}\dfrac{\ln(1+x^2)}{y(x)}$.

四、设函数 $f(x)$ 在 $(0,+\infty)$ 上连续，$f(1)=\dfrac{5}{2}$，且对于所有的 $x,t\in(0,+\infty)$，满足条件

$$\int_1^{x}f(u)\mathrm{d}u=t\int_1^{x}f(u)\mathrm{d}u+x\int_1^{t}f(u)\mathrm{d}u,$$

求 $f(x)$.

五、已知 $\displaystyle\int_0^1 f(tx)\mathrm{d}t=f(x)+x\sin x,f(0)=2$，求连续函数 $f(x)$.

六、物理学中所讨论的单摆是一种理想化的模型，也称为**数学摆**．它是系于一根长度为 l 的线上的质量为 m 的质点 M 受到重力的作用，在垂直于地面的平面上做微小振动（圆周运动）．又设单摆与垂线所成的角度为 φ（取逆时针方向为角 φ 的正方向），试写出 φ 所满足的微分方程．

第二节　　一阶微分方程

本节用初等积分法求解可分离变量的微分方程、一阶线性微分方程、齐次微分方程和伯努利（Bernoulli）方程等，以及它们的初值问题．能用初等积分法求解的微分方程在实际中很常见也很重要，因此，利用初等积分法求解微分方程是学习微分方程的一个重要环节．

下面从求解最简单的微分方程——可分离变量的微分方程入手，从易到难地介绍几种

简单的一阶微分方程的解法.

一、可分离变量的微分方程

定义 6.2.1 形如

$$\frac{\mathrm{d}y}{\mathrm{d}x} = f(x)g(y) \tag{6.2.1}$$

的微分方程称为**可分离变量的微分方程**,其中 $f(x), g(y)$ 分别是关于 x, y 的连续函数.

这种微分方程的特点是不同变量的函数是可以分开的,不会出现像 $\sin(xy)$ 这样无法分开的情形.下面介绍可分离变量的微分方程 $\dfrac{\mathrm{d}y}{\mathrm{d}x} = f(x)g(y)$ 的求解方法.

若 $g(y) \neq 0$,则用 $\dfrac{1}{g(y)}\mathrm{d}x$ 乘以方程(6.2.1)两边(称为**分离变量**),得

$$\frac{\mathrm{d}y}{g(y)} = f(x)\mathrm{d}x,$$

上式两边同时积分,得

$$\int \frac{\mathrm{d}y}{g(y)} = \int f(x)\mathrm{d}x + C. \tag{6.2.2}$$

此式中积分常数 C 已明确写出来,故两个不定积分 $\displaystyle\int \frac{\mathrm{d}y}{g(y)}, \int f(x)\mathrm{d}x$ 分别表示 $\dfrac{1}{g(y)}$ 和 $f(x)$ 的一个原函数,而非全体原函数.在本章中约定:积分出来的结果为一个原函数,而不是全体原函数,以明示通解中所含独立的任意常数及其个数.若 $G(y)$ 和 $F(x)$ 分别是 $\dfrac{1}{g(y)}$ 和 $f(x)$ 的某一确定的原函数,则方程(6.2.1)的通解可记作

$$G(y) = F(x) + C.$$

此外,若 $g(y) = 0$ 有解,即存在 y_0 使得 $g(y_0) = 0$,则容易验证 $y = y_0$ 也是方程(6.2.1)的一个解.这个解可能包含在通解里(此时它可由式(6.2.2)中的常数 C 取某个特定常数得到),也可能不包含在通解里(如果求方程(6.2.1)的全部解,则需要补上这个解;如果仅求方程(6.2.1)的通解,则不需要补上这个解).若无特殊说明,本书一般仅求微分方程的通解.

例 6.2.1 解微分方程 $y' = \mathrm{e}^x y$.

解 这是可分离变量的微分方程.当 $y \neq 0$ 时,分离变量得 $\dfrac{\mathrm{d}y}{y} = \mathrm{e}^x \mathrm{d}x$,等式两边同时积分,得

$$\ln|y| = \mathrm{e}^x + C_1.$$

等式两边同时取指数,得

$$|y| = \mathrm{e}^{\mathrm{e}^x + C_1}, \quad \text{即} \quad y = \pm \mathrm{e}^{C_1} \mathrm{e}^{\mathrm{e}^x}.$$

令 $C = \pm \mathrm{e}^{C_1}$,它仍然是任意常数,则得

$$y = C\mathrm{e}^{\mathrm{e}^x}.$$

注意到上式中的任意常数 C 可正可负,但不能为零.这是因为在分离变量的过程中假定了 $y \neq 0$.但实际上,$y = 0$ 也是原微分方程的解.因此,若在上述求得的通解中,令 C 也可取零,就可以把排除掉的解 $y = 0$ 也包含进去了,故原微分方程的通解为

$$y = Ce^{e^x} \quad (C\text{ 是任意常数}).$$

注 为了简便起见,以后遇到类似情况可同样处理,不再赘述.

例 6.2.1 的解题过程中求积分的步骤可简化为

$$\ln|y| = e^x + \ln|C|,$$

这里的积分常数写为 $\ln|C|$ 是为了便于对通解表达式的化简,化简上式即可得通解为

$$y = Ce^{e^x} \quad (C\text{ 是任意常数}).$$

例 6.2.2 解微分方程 $y' = \dfrac{1-y}{x(2-y)}$.

解 此题为可分离变量的微分方程.当 $y \neq 1$ 时,分离变量得

$$\frac{(2-y)}{1-y}\mathrm{d}y = \frac{\mathrm{d}x}{x},$$

等式两边同时积分,得

$$y - \ln|1-y| = \ln|x| + \ln|C|,$$

化简上式即可得通解为

$$e^y = Cx(1-y) \quad (C\text{ 是不为零的任意常数}).$$

此外,$y = 1$ 也是原微分方程的解(它不包含于通解中).

例 6.2.3 求微分方程 $2x\sin y\mathrm{d}x + (x^2+1)\cos y\mathrm{d}y = 0$ 满足 $y\big|_{x=1} = \dfrac{\pi}{6}$ 的特解.

解 此题为可分离变量的微分方程.分离变量得

$$\frac{\cos y}{\sin y}\mathrm{d}y = -\frac{2x}{1+x^2}\mathrm{d}x,$$

等式两边同时积分,得

$$\ln|\sin y| = -\ln(1+x^2) + \ln|C|,$$

化简上式即可得通解为

$$y = \arcsin\frac{C}{1+x^2} \quad (C\text{ 是任意常数}).$$

由 $y\big|_{x=1} = \dfrac{\pi}{6}$ 得 $C = 1$,因此所求特解为 $y = \arcsin\dfrac{1}{1+x^2}$.

注 在例 6.2.3 中,$\sin y = 0$,即 $y = k\pi (k \in \mathbf{Z})$ 也是所求微分方程的解,但它们不满足初始条件 $y\big|_{x=1} = \dfrac{\pi}{6}$,故未予讨论.

例 6.2.4 曲线 L 在点 $P(x,y)$ 处的法线与 x 轴的交点为 Q,且线段 PQ 被 y 轴平分,如图 6-3 所示.求曲线 L 的方程.

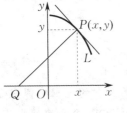

图 6-3

分析 这是一个通过几何条件建立微分方程的例子.

解 先建立法线 PQ 的方程,用 (X,Y) 表示法线 PQ 上的点,用 (x,y) 表示曲线 L 上的点,用 k 表示曲线 L 在点 $P(x,y)$ 处的法线的斜率.依题意知 $k = -\dfrac{1}{y}$,从而法线 PQ 的方程为

$$Y - y = -\frac{1}{y}(X - x).$$

又因线段 PQ 被 y 轴平分,故法线 PQ 与 y 轴的交点的坐标为 $\left(0, \dfrac{y}{2}\right)$. 代入上式,得

$$\frac{y}{2} - y = -\frac{1}{y}(0 - x),$$

整理后得 $yy' = -2x$,分离变量,解得

$$x^2 + \frac{y^2}{2} = C \quad (C\text{ 是任意常数}).$$

思考　例 6.2.4 还有另一种解法,请读者自行思考.

例 6.2.5　**（电容器的充电和放电模型）**　设有如图 6-4 所示的 R-C 电路,假定开始时,电容 C 上没有电荷,电容 C 两端的电压为零,合上开关 K 后,电池 E 开始对电容 C 充电,电池电压为 E,电阻阻值为 R,电容 C 两端的电压逐渐上升. 写出充电过程中,电容 C 两端的电压随时间变化的规律.

解　设时刻 t 电容 C 两端的电压为 $U(t)$,根据电学知识,电容 C 两端的电量为 $Q = UC$,电流为 $I = \dfrac{\mathrm{d}Q}{\mathrm{d}t} = C\dfrac{\mathrm{d}U}{\mathrm{d}t}$,电阻 R 两端的电压为 $RI = RC\dfrac{\mathrm{d}U}{\mathrm{d}t}$. 由基尔霍夫(Kirchhoff)定律知,闭合回路上压降为零,即

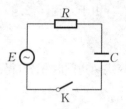

图 6-4

$$E - U - RC\frac{\mathrm{d}U}{\mathrm{d}t} = 0 \quad (\text{可分离变量的微分方程}).$$

分离变量,得

$$\frac{\mathrm{d}U}{U - E} = -\frac{1}{RC}\mathrm{d}t,$$

等式两边同时积分,得

$$\int \frac{\mathrm{d}U}{U - E} = -\frac{1}{RC}\int \mathrm{d}t,$$

化简上式可得

$$\ln|U - E| = -\frac{t}{RC} + \ln|C|, \quad \text{即} \quad U(t) = E + C\mathrm{e}^{-\frac{t}{RC}}.$$

将初始条件 $U(0) = 0$ 代入上式,得 $U(0) = E + C = 0$. 故 $C = -E$.

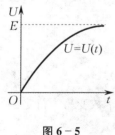

图 6-5

因此,$U(t) = E(1 - \mathrm{e}^{-\frac{t}{RC}})$,这就是 R-C 电路充电过程中电容 C 两端的电压随时间的变化规律,即电压 U 从零开始逐渐增大,且当 $t \to +\infty$ 时,$U \to E$,如图 6-5 所示.

在电工学中,通常称 $\tau = RC$ 为**时间常数**. 当 $t = 3\tau$ 时,$U = E(1 - \mathrm{e}^{-3}) = 0.95E$. 也就是说,经过 3τ 的时间后,电容 C 两端的电压已达到外加电压的 95%. 实际上,通常认为这时电容 C 的充电过程已基本结束. 易见充电结果是 $U = E$.

对于放电过程的讨论,可以类似地进行.

二、一阶线性微分方程

定义 6.2.2　形如

$$\frac{\mathrm{d}y}{\mathrm{d}x} + P(x)y = Q(x) \tag{6.2.3}$$

的微分方程称为**一阶线性微分方程**，这里 $P(x), Q(x)$ 在所考虑的区间上都是连续函数．称 $Q(x)$ 为方程(6.2.3)的**自由项**．

当 $Q(x) \equiv 0$ 时，方程(6.2.3)变为

$$\frac{\mathrm{d}y}{\mathrm{d}x} + P(x)y = 0, \tag{6.2.4}$$

称之为**一阶齐次线性微分方程**；如果 $Q(x)$ 不恒等于零，则称方程(6.2.3)为**一阶非齐次线性微分方程**，此时也称方程(6.2.4)为方程(6.2.3)所对应的齐次线性微分方程．

由于方程(6.2.4)是可分离变量的微分方程，所以当 $y \neq 0$ 时，该方程可化为

$$\frac{\mathrm{d}y}{y} = -P(x)\mathrm{d}x,$$

等式两边同时积分，得

$$\ln|y| = -\int P(x)\mathrm{d}x + C_0 \quad (C_0 \text{ 是任意常数}),$$

即 $y = \pm e^{C_0} \cdot e^{-\int P(x)\mathrm{d}x}$ 为方程(6.2.4)的解．又 $y = 0$ 也是该微分方程的解，所以该微分方程的通解可记为

$$y = Ce^{-\int P(x)\mathrm{d}x} \quad (C \text{ 是任意常数}). \tag{6.2.5}$$

式(6.2.5)就是**一阶齐次线性微分方程(6.2.4)的通解公式**，注意这里的"$\int$"仅表示求一个原函数．

下面我们来讨论求解一阶非齐次线性微分方程(6.2.3)的通解的方法．

不难看出，一阶齐次线性微分方程(6.2.4)是一阶非齐次线性微分方程(6.2.3)的特殊情形，两者既有联系又有差异，因此它们的解应该有一定的联系．尝试利用方程(6.2.4)的通解公式(6.2.5)去求方程(6.2.3)的通解．显然，如果式(6.2.5)中的 C 恒为常数，则它不可能是方程(6.2.3)的解．可以提出设想：在式(6.2.5)中，将常数 C 换成 x 的待定函数 $C(x)$，使它满足方程(6.2.3)，从而求出 $C(x)$．该方法称为**常数变易法**．

定理 6.2.1　一阶非齐次线性微分方程(6.2.3)的通解为

$$y = e^{-\int P(x)\mathrm{d}x}\left(\int Q(x)e^{\int P(x)\mathrm{d}x}\mathrm{d}x + C\right) \quad (C \text{ 是任意常数}). \tag{6.2.6}$$

证　将一阶齐次线性微分方程(6.2.4)的通解公式(6.2.5)中的常数变易为待定函数 $C(x)$，即令

$$y = C(x)e^{-\int P(x)\mathrm{d}x} \tag{6.2.7}$$

为方程(6.2.3)的通解．为了确定函数 $C(x)$，将式(6.2.7)代入方程(6.2.3)，得

$$C'(x)e^{-\int P(x)\mathrm{d}x} + C(x)(-P(x))e^{-\int P(x)\mathrm{d}x} + P(x)C(x)e^{-\int P(x)\mathrm{d}x} = Q(x),$$

化简得 $C'(x)\mathrm{e}^{-\int P(x)\mathrm{d}x} = Q(x)$，即

$$C'(x) = Q(x)\mathrm{e}^{\int P(x)\mathrm{d}x},$$

等式两边同时积分，得

$$C(x) = \int Q(x)\mathrm{e}^{\int P(x)\mathrm{d}x}\mathrm{d}x + C \quad (C \text{ 是任意常数}).$$

将上式代入式(6.2.7)，即得一阶非齐次线性微分方程(6.2.3)的通解公式(6.2.6).

注 将方程(6.2.3)的通解表示为

$$y = C\mathrm{e}^{-\int P(x)\mathrm{d}x} + \mathrm{e}^{-\int P(x)\mathrm{d}x} \cdot \int Q(x)\mathrm{e}^{\int P(x)\mathrm{d}x}\mathrm{d}x,$$

可以发现，上式右边第一项是方程(6.2.3)所对应的一阶齐次线性微分方程的通解，第二项是方程(6.2.3)本身的一个特解. 由此可知：

一阶非齐次线性微分方程的通解 ＝ 其对应的一阶齐次线性微分方程的通解 ＋ 它本身的一个特解.
一阶非齐次线性微分方程的通解的这种结构是所有非齐次微分方程的共性，在二阶非齐次线性微分方程的求解中将会进一步学习该内容.

上面讨论的是关于 y 的一阶线性微分方程. 有时也可以将 y 视为自变量，将 x 视为未知函数，得到关于 x 的一阶线性微分方程

$$\frac{\mathrm{d}x}{\mathrm{d}y} + P(y)x = Q(y). \tag{6.2.8}$$

与通解公式(6.2.6)相对应，类似地可求出方程(6.2.8)的通解为

$$x = \mathrm{e}^{-\int P(y)\mathrm{d}y}\left(\int Q(y)\mathrm{e}^{\int P(y)\mathrm{d}y}\mathrm{d}y + C\right). \tag{6.2.9}$$

注 为了简便，以后省略对任意常数 C 的说明.

例 6.2.6 求微分方程 $y' + y\tan x = \sec x$ 的通解.

解 应用一阶非齐次线性微分方程的通解公式，得所求通解为

$$y = \mathrm{e}^{-\int \tan x\mathrm{d}x}\left(\int \sec x \cdot \mathrm{e}^{\int \tan x\mathrm{d}x}\mathrm{d}x + C\right) = \cos x\left(\int \sec x \cdot \frac{1}{\cos x}\mathrm{d}x + C\right)$$

$$= \cos x(\tan x + C).$$

例 6.2.7 求微分方程 $\dfrac{\mathrm{d}y}{\mathrm{d}x} = \dfrac{y}{2x - y^2}$ 的通解.

解 直观判定，这不是关于 y 的一阶线性微分方程，但当 $y \neq 0$ 时，原微分方程可以改写成

$$\frac{\mathrm{d}x}{\mathrm{d}y} = \frac{2x - y^2}{y}, \quad \text{即} \quad \frac{\mathrm{d}x}{\mathrm{d}y} - \frac{2x}{y} = -y.$$

这是关于 x 的一阶非齐次线性微分方程，应用通解公式，得

$$x = \mathrm{e}^{\int \frac{2}{y}\mathrm{d}y}\left(\int -y\mathrm{e}^{-\int \frac{2}{y}\mathrm{d}y}\mathrm{d}y + C\right) = y^2(-\ln|y| + C).$$

例 6.2.8 设有联结点 $O(0,0)$ 和点 $A(1,1)$ 的一段凸的曲线弧 $\overset{\frown}{OA}$，对于曲线弧 $\overset{\frown}{OA}$ 上的任意一点 $P(x,y)$，由曲线弧 $\overset{\frown}{OP}$ 与线段 $\overline{OP}$ 所围成的平面图形的面积为 x^2，求曲线弧 $\overset{\frown}{OA}$ 的方程.

解　设曲线弧 $\overset{\frown}{OA}$ 的表达式为 $y = f(x), x \geqslant 0$，则依题意有

$$x^2 = \int_0^x f(x)\mathrm{d}x - \frac{1}{2}xf(x),$$

上式两边对 x 求导数，得

$$2x = f(x) - \frac{1}{2}f(x) - \frac{1}{2}xf'(x), \quad 即 \quad xf'(x) - f(x) = -4x.$$

又因点 A 在曲线弧 $\overset{\frown}{OA}$ 上，故有

$$\begin{cases} \dfrac{\mathrm{d}f(x)}{\mathrm{d}x} - \dfrac{1}{x}f(x) = -4, \\ f(1) = 1. \end{cases}$$

求出通解为

$$f(x) = \mathrm{e}^{\int \frac{1}{x}\mathrm{d}x}\left(\int -4\mathrm{e}^{-\int \frac{1}{x}\mathrm{d}x}\mathrm{d}x + C\right) = x(-4\ln x + C),$$

把 $f(1) = 1$ 代入上式，得 $C = 1$，由此得

$$f(x) = x(-4\ln x + 1), \quad x > 0.$$

因此，曲线弧 $\overset{\frown}{OA}$ 的方程为

$$y = \begin{cases} x(1 - 4\ln x), & x > 0, \\ 0, & x = 0. \end{cases}$$

三、变量代换

变量代换在数学的各个方面都极为重要，在极限运算和积分运算中经常会运用变量代换. 下面用变量代换的方法来简化、求解某些微分方程.

1. 齐次微分方程

由于可分离变量的微分方程可直接用积分运算求出通解，所以应用初等积分法求解一阶微分方程的主导思想就是通过适当的变量代换，尽可能地将一阶微分方程化为可分离变量的微分方程. 能化为可分离变量的微分方程的一个典型例子就是齐次微分方程.

定义 6.2.3　形如

$$\frac{\mathrm{d}y}{\mathrm{d}x} = f\left(\frac{y}{x}\right) \tag{6.2.10}$$

的微分方程称为**齐次微分方程**，其中 $f(u)$ 是 u 的连续函数.

例如，$(xy - y^2)\mathrm{d}x - (x^2 - 2xy)\mathrm{d}y = 0$ 是齐次微分方程，因为

$$\frac{\mathrm{d}y}{\mathrm{d}x} = \frac{xy - y^2}{x^2 - 2xy} = \frac{\dfrac{y}{x} - \left(\dfrac{y}{x}\right)^2}{1 - 2\dfrac{y}{x}}.$$

对方程 (6.2.10) 做变量代换，令 $u = \dfrac{y}{x}$，视 u 为新的未知函数，x 仍为自变量. 由于 $y = xu$，因此

$$\frac{\mathrm{d}y}{\mathrm{d}x} = u + x\frac{\mathrm{d}u}{\mathrm{d}x},$$

代入方程 (6.2.10)，整理可得

$$x \frac{\mathrm{d}u}{\mathrm{d}x} = f(u) - u,$$

此为可分离变量的微分方程. 当 $f(u) - u \neq 0$ 时, 分离变量并两边同时积分, 得

$$\int \frac{\mathrm{d}u}{f(u) - u} = \int \frac{\mathrm{d}x}{x} + C = \ln|x| + C. \tag{6.2.11}$$

求出式 (6.2.11) 左端的原函数 $F(u)$, 将 $u = \dfrac{y}{x}$ 代入上式, 即得齐次微分方程 (6.2.10) 的通解为

$$F\left(\frac{y}{x}\right) = \ln|x| + C.$$

如果存在 $u = u_0$, 使得 $f(u_0) - u_0 = 0$, 则 $y = u_0 x$ 也是齐次微分方程 (6.2.10) 的解.

例 6.2.9　求微分方程 $y' = \dfrac{x^2 + y^2}{2xy}$ 的通解.

解　原微分方程为齐次微分方程. 令 $u = \dfrac{y}{x}$, 将 $\dfrac{\mathrm{d}y}{\mathrm{d}x} = u + x \dfrac{\mathrm{d}u}{\mathrm{d}x}$ 代入原微分方程, 若 $1 - u^2 \neq 0$, 则分离变量, 得

$$\frac{2u}{1 - u^2} \mathrm{d}u = \frac{\mathrm{d}x}{x},$$

等式两边同时积分, 得

$$-\ln|1 - u^2| = \ln|x| - \ln|C|.$$

将 $u = \dfrac{y}{x}$ 代回上式并化简, 即得所求通解为 $y^2 = x^2 - Cx$.

另外, 由 $1 - u^2 = 0$, 即 $u = \pm 1$, 可得 $y = \pm x$ 也是原微分方程的解, 但它已包含于通解中 ($C = 0$ 时).

例 6.2.10　设函数 $f(x)$ 在 $[1, +\infty)$ 上连续, 由曲线 $y = f(x)$ 与直线 $x = 1, x = t(t > 1)$ 及 x 轴所围成的平面图形绕 x 轴旋转一周所得的旋转体的体积为 $V = \dfrac{\pi}{3}(t^2 f(t) - f(1))$. 又已知 $f(2) = \dfrac{2}{9}$, 求函数 $y = f(x)$.

解　由已知得

$$V(t) = \int_1^t \pi f^2(x) \mathrm{d}x = \frac{\pi}{3}(t^2 f(t) - f(1)),$$

即

$$3 \int_1^t f^2(x) \mathrm{d}x = t^2 f(t) - f(1).$$

上式两边同时对 t 求导数, 得

$$3 f^2(t) = 2t f(t) + t^2 f'(t), \quad 即 \quad \frac{\mathrm{d}y}{\mathrm{d}x} = 3\left(\frac{y}{x}\right)^2 - 2 \frac{y}{x}.$$

下面解这个齐次微分方程. 令 $u = \dfrac{y}{x}$, 则上式化为

$$u + x \frac{\mathrm{d}u}{\mathrm{d}x} = 3u^2 - 2u, \quad 即 \quad x \frac{\mathrm{d}u}{\mathrm{d}x} = 3u(u - 1).$$

当 $u \neq 0$ 且 $u \neq 1$ 时, 分离变量得 $\dfrac{\mathrm{d}u}{u(u - 1)} = \dfrac{3}{x} \mathrm{d}x$, 等式两边同时积分, 得

$$1 - \frac{1}{u} = Cx^3, \quad \text{即} \quad y - x = Cx^3 y.$$

将 $x = 2, y = \frac{2}{9}$ 代入上式,得 $C = -1$. 故 $y - x = -x^3 y$,即 $y = \frac{x}{1 + x^3}$.

例 6.2.11 求微分方程 $\dfrac{\mathrm{d}y}{\mathrm{d}x} = \dfrac{2x - 5y + 3}{2x + 4y - 6}$ 的通解.

解 原微分方程不是齐次微分方程,但其分子、分母都是一次式,故可通过平移变换消除常数项,使之转化为齐次微分方程.

令 $\begin{cases} 2x - 5y + 3 = 0, \\ 2x + 4y - 6 = 0, \end{cases}$ 解得 $\begin{cases} x = 1, \\ y = 1. \end{cases}$ 又令 $\begin{cases} x = X + 1 \\ y = Y + 1 \end{cases}$(做平移变换),则原微分方程可化为齐次微分方程

$$\frac{\mathrm{d}Y}{\mathrm{d}X} = \frac{2X - 5Y}{2X + 4Y}, \quad \text{即} \quad \frac{\mathrm{d}Y}{\mathrm{d}X} = \frac{2 - 5\dfrac{Y}{X}}{2 + 4\dfrac{Y}{X}}.$$

再令 $u = \dfrac{Y}{X}$,则 $\dfrac{\mathrm{d}Y}{\mathrm{d}X} = u + X\dfrac{\mathrm{d}u}{\mathrm{d}X}$,代入上述齐次微分方程,整理可得

$$X\frac{\mathrm{d}u}{\mathrm{d}X} = \frac{2 - 7u - 4u^2}{2 + 4u}.$$

分离变量,得

$$\frac{2 + 4u}{2 - 7u - 4u^2}\mathrm{d}u = \frac{\mathrm{d}X}{X}.$$

上式两边同时积分,得

$$-\frac{1}{3}\ln|4u - 1| - \frac{2}{3}\ln|u + 2| = \ln|X| - \ln|C_1|,$$

即

$$|4u - 1|(u + 2)^2 = \frac{|C_1|^3}{|X|^3}.$$

将 $u = \dfrac{Y}{X}$ 回代,得

$$(4Y - X)(Y + 2X)^2 = C \quad (C = \pm|C_1|^3).$$

再将 $X = x - 1, Y = y - 1$ 代入上式,即得原微分方程的通解为

$$(4y - x - 3)(y + 2x - 3)^2 = C.$$

注 例 6.2.11 中求解微分方程的方法可进一步推广到求解形如

$$\frac{\mathrm{d}y}{\mathrm{d}x} = f\left(\frac{ax + by + c}{a_1 x + b_1 y + c_1}\right)$$

的微分方程,其中 $f(u)$ 是连续函数,$c, c_1; a, a_1; b, b_1$ 是三组不同时为零的常数,且 $ab_1 - a_1 b \neq 0$. 这个具体的推导留给读者自行思考(见习题 6.2(B) 的第七题).

2. 伯努利方程

形如

$$\frac{\mathrm{d}y}{\mathrm{d}x} + P(x)y = Q(x)y^n \quad (n \neq 0, 1)$$

的微分方程称为伯努利方程,其中 $P(x), Q(x)$ 为 x 的连续函数. 当 $n = 0$ 或 1 时,该微分方程

是一阶线性微分方程(其中当 $n=1$ 时,该微分方程同时也是可分离变量的微分方程).

伯努利方程是一类最简单的一阶非线性微分方程,通过变量代换,可以将其化为一阶线性微分方程,具体解法如下:

当 $y \neq 0$ 时,将伯努利方程两边同时除以 y^n,得

$$y^{-n} \frac{dy}{dx} + P(x) y^{1-n} = Q(x). \tag{6.2.12}$$

令 $z = y^{1-n}$,则有 $\frac{dz}{dx} = (1-n) y^{-n} \frac{dy}{dx}$,代入方程(6.2.12),得

$$\frac{dz}{dx} + (1-n) P(x) z = (1-n) Q(x).$$

此为一阶线性微分方程,可直接应用通解公式(6.2.6),得

$$z = e^{\int (n-1) P(x) dx} \left[\int (1-n) Q(x) e^{\int (1-n) P(x) dx} dx + C \right].$$

再将 $z = y^{1-n}$ 代入上式,即得伯努利方程的通解为

$$y^{1-n} = e^{\int (n-1) P(x) dx} \left[\int (1-n) Q(x) e^{\int (1-n) P(x) dx} dx + C \right]. \tag{6.2.13}$$

当 $n > 0$ 时,伯努利方程还有解 $y = 0$.

例 6.2.12　求微分方程 $y' - \frac{6}{x} y = -xy^2$ 的通解.

解　这是一个伯努利方程,其中 $n = 2$,直接应用通解公式(6.2.13),得

$$y^{-1} = e^{\int -\frac{6}{x} dx} \left(\int x e^{\int \frac{6}{x} dx} dx + C \right) = \frac{1}{x^6} \left(\frac{x^8}{8} + C \right) = \frac{x^2}{8} + \frac{C}{x^6}.$$

此外,微分方程还有解 $y = 0$.

在求解微分方程时,应注意以下三点:

(1) 每一类微分方程都有其特有的求解方法,在解微分方程时,要根据微分方程的特点,灵活应用解题方法,对不同形式的微分方程采用不同的思路和方法.

(2) 变量代换是求解微分方程的重要手段,可以将某些类型不明的微分方程化为可求解的类型.

(3) 微分方程形式繁多,但能用初等积分法求解的类型数量有限,更多的情况要用数值计算方法求其近似解.

思 考 题 6.2

1. 一阶非齐次线性微分方程的通解结构是怎样的?

2. 方程 $\int_0^x (2y(t) + \sqrt{t^2 + y^2(t)}) dt = xy(x)$ 是否为一阶齐次微分方程?

3. 已知 $y = x^4$ 是微分方程 $xy' - 2y = 2x^4$ 的一个特解,$y = x^2$ 是其对应的齐次线性微分方程的一个特解,问:$y = Cx^2 + x^4$ 是该微分方程的通解吗?为什么?

4. 求微分方程 $y' = \frac{\cos y}{\cos y \sin 2y - x \sin y}$ 的通解.

习 题 6.2

(A)

一、求下列微分方程的通解：

(1) $xy' - y\ln y = 0$；

(2) $\sqrt{1-x^2}\,y' = \sqrt{1-y^2}$；

(3) $y' - xy' = a(y^2 + y')$；

(4) $\sec^2 x\tan y\,dx + \sec^2 y\tan x\,dy = 0$.

二、求下列微分方程满足所给初始条件的特解：

(1) $y' = e^{2x-y}$，$y\big|_{x=0} = 0$；

(2) $\cos y\,dx + (1+e^{-x})\sin y\,dy = 0$，$y\big|_{x=0} = \dfrac{\pi}{4}$.

三、设一曲线上任意一点处的切线斜率等于联结坐标原点与该切点的直线的斜率的 3 倍，且该曲线经过点 $(-1,1)$，求该曲线的方程.

四、镭的衰变有如下规律：镭的衰变速率与它的现存量 R 成正比. 现由经验材料得知，镭经过 1600 年后，只余原始量 R_0 的一半，试求镭的量 R 与时间 t 的函数关系.

五、求下列一阶微分方程的通解：

(1) $(x+1)y' - ny = (1+x)^{n+1}\sin x$；

(2) $y' + y\cos x = e^{-\sin x}$；

(3) $y\ln y\,dx + (x - \ln y)\,dy = 0$；

(4) $(x - e^y)y' = 1$.

六、求下列一阶线性微分方程满足所给初始条件的特解：

(1) $\dfrac{dy}{dx} - y\tan x = \sec x$，$y\big|_{x=0} = 0$；

(2) 设 $y = e^x$ 是微分方程 $xy' + p(x)y = x$ 的一个特解，求此微分方程满足初始条件 $y\big|_{x=\ln 2} = 0$ 的特解.

七、设一曲线通过坐标原点，且它在点 (x,y) 处的切线斜率等于 $2x + y$. 求该曲线的方程.

八、在 $R\text{-}L$ 串联电路中，已知电阻值为 R，电感的自感系数为 L，电源电压为 $u = E$，电路合闸时，起始电流为 0，试求电路中电流 I 随时间 t 的变化规律. $\left(\text{提示：利用基尔霍夫定律可知，} E = RI + L\dfrac{dI}{dt}.\right)$

九、设有一质量为 m 的质点做直线运动. 从速度为零的时刻起，有一个与其运动方向一致、大小与时间成正比(比例系数为 k_1)的力作用于它，此外它还受到一个与速度成正比(比例系数为 k_2)的阻力作用. 求该质点的运动速度与时间的函数关系.

十、求下列一阶齐次微分方程的通解：

(1) $xy' - y - \sqrt{y^2 - x^2} = 0$；

(2) $xy' = y(\ln y - \ln x + 1)$；

(3) $\left(1 + 2e^{\frac{x}{y}}\right)dx + 2e^{\frac{x}{y}}\left(1 - \dfrac{x}{y}\right)dy = 0$；

(4) $(x^2 + y^2)dx - xy\,dy = 0$.

*十一、求下列伯努利方程的通解：

(1) $\dfrac{dy}{dx} - y = xy^5$；

(2) $y' = y^4\cos x + y\tan x$.

十二、用适当的变量代换将下列微分方程化为可分离变量的微分方程，然后求出其通解：

(1) $\dfrac{dy}{dx} = (x+y)^2$；

(2) $\dfrac{dy}{dx} = \dfrac{1}{x-y} + 1$；

(3) $xy' + y = y(\ln x + \ln y)$；

(4) $y(xy+1)dx + x(1 + xy + x^2y^2)dy = 0$.

(B)

一、设一曲线经过点 $(2,3)$，且它在两坐标轴间的任意一切线线段均被切点所平分，求该曲线的方程.

二、已知可导函数 $f(x)$ 满足关系式 $\int_1^x \dfrac{f(t)}{f^2(t)+1}\mathrm{d}t = f(x)-1$，求 $f(x)$.

三、设函数 $f(x)$ 在 $(-\infty,+\infty)$ 上有定义，它满足下述条件：对于任意 x_1,x_2，均有等式
$$f(x_1+x_2) = f(x_1)f(x_2)$$
成立，且 $f(x) = 1 + xg(x)$，其中 $\lim\limits_{x\to 0}g(x) = 1$. (1) 证明：$f'(x)$ 存在；(2) 求 $f(x)$ 的表达式.

四、求当 $x > 0$ 时，有 $\int_0^1 \varphi(xt)\mathrm{d}t = 2\varphi(x)$ 成立的连续函数 $\varphi_0(x)$.

五、设非齐次线性微分方程 $y' + P(x)y = Q(x)$ 有两个不同的解 $y_1(x)$ 与 $y_2(x)$，则该微分方程的通解是（　　）.

(A) $C(y_1(x) - y_2(x))$ 　　　　　　　(B) $y_1(x) + C(y_1(x) - y_2(x))$

(C) $C(y_1(x) + y_2(x))$ 　　　　　　　(D) $y_1(x) + C(y_1(x) + y_2(x))$

六、设函数 $F(x) = f(x)g(x)$，其中函数 $f(x),g(x)$ 在 $(-\infty,+\infty)$ 上满足：
$$f'(x) = g(x), \quad g'(x) = f(x), \quad f(0) = 0, \quad f(x) + g(x) = 2\mathrm{e}^x.$$
求：(1) $F(x)$ 所满足的一阶微分方程；(2) $F(x)$ 的表达式.

七、设微分方程 $\dfrac{\mathrm{d}y}{\mathrm{d}x} = f\left(\dfrac{ax+by+c}{a_1x+b_1y+c_1}\right)$，其中 $f(u)$ 是连续函数，$c,c_1;a,a_1;b,b_1$ 是三组不同时为零的常数.

(1) 试证：当 $ab_1 - a_1b \neq 0$ 时，可以选取适当的常数 h 和 k，通过平移变换 $x = X + h, y = Y + k$ 把所给微分方程化为齐次微分方程；当 $ab_1 - a_1b = 0$ 时，可用适当的变换将所给微分方程化为可分离变量的微分方程.

(2) 求微分方程 $\dfrac{\mathrm{d}y}{\mathrm{d}x} = \dfrac{x-y+1}{x+y-3}$ 的通解.

第三节　微分方程模型的建模简介

前两节已经举了微分方程在几何学、力学、电学领域中的应用实例. 事实上，微分方程在许多领域都有广泛的应用，本节我们继续介绍它在其他领域中的几个应用实例.

一、微分方程模型的建模步骤

在自然科学、工程技术、生物学等领域中存在许多系统，有时很难找到系统中有关变量之间的直接关系 —— 函数表达式，但能够找到这些变量和它们的微小增量或变化率之间的关系式，这时往往采用微分关系式来描述该系统，即建立微分方程模型.

本节将通过实际问题来探讨微分方程模型建立的方法，即
$$\text{实际问题} \overset{\text{转化}}{\Rightarrow} \text{微分方程} \overset{\text{求解}}{\Rightarrow} \text{验证解是否符合实际问题}.$$
首先，以一个引例来说明建立微分方程模型的具体步骤.

引例　某人的食量是 $10\,467\,\mathrm{J/}$天，其中 $5\,038\,\mathrm{J/}$天用于基本的新陈代谢（自动消耗）. 在健身训练中，他所消耗的热量大约是 $69\,\mathrm{J/(kg \cdot 天)}$ 乘以他的体重（单位：kg）. 假设以脂肪形式贮藏的热量 100% 有效，而 $1\,\mathrm{kg}$ 脂肪含热量 $41\,868\,\mathrm{J}$. 试研究此人的体重随时间变化的

规律.

(1) **模型分析**:在问题中并未出现"变化率""导数"这样的关键词,我们要寻找的是体重(记为 W)关于时间 t 的函数.如果把体重 W 看作时间 t 的连续可微函数,就能找到一个含有 $\dfrac{\mathrm{d}W}{\mathrm{d}t}$ 的微分方程.

(2) **模型假设**:

① 以 $W(t)$ 表示 t 时刻某人的体重,并设一天开始时他的体重为 W_0;

② 体重的变化是一个渐变的过程,因此可认为 $W(t)$ 关于 t 连续可微;

③ 体重的变化等于输入与输出之差,其中输入是指扣除了基本新陈代谢之后的净食量吸收,输出就是进行健身训练时的热量消耗.

(3) **模型建立**:问题中涉及时间 t 的单位是天.已知

$$\text{"每天"体重的变化 = 输入 - 输出.}$$

代入具体的数值,得

$$\text{输入} = 10\ 467 - 5\ 038 = 5\ 429\ (\text{J}/\ \text{天}),$$

$$\text{输出} = 69 \times W = 69W\ (\text{J}/\ \text{天}).$$

根据热量平衡原理,在时间段 $\mathrm{d}t$ 内,

$$\text{人体热量的改变量 = 吸收的热量 - 消耗的热量,}$$

即

$$41\ 868\mathrm{d}W = (5\ 429 - 69W)\mathrm{d}t.$$

由此得如下微分方程模型:

$$\begin{cases} \dfrac{\mathrm{d}W}{\mathrm{d}t} = \dfrac{5\ 429 - 69W}{41\ 868} \approx \dfrac{1\ 297 - 16W}{10\ 000}, \\ W\Big|_{t=0} = W_0. \end{cases}$$

(4) **模型求解**:用分离变量法求解,(3)中所得的微分方程模型可分离变量为

$$\frac{\mathrm{d}W}{1\ 297 - 16W} \approx \frac{\mathrm{d}t}{10\ 000}.$$

等式两边同时积分并化简,得$\left(\text{由初始条件 } W\Big|_{t=0} = W_0 \text{ 可确定积分常数}\right)$

$$1\ 297 - 16W = (1\ 297 - 16W_0)\,\mathrm{e}^{-\frac{16t}{10\ 000}},$$

从而求得微分方程模型的解为

$$W = \frac{1\ 297}{16} - \frac{1\ 297 - 16W_0}{16}\mathrm{e}^{-\frac{16t}{10\ 000}} \approx 81 - \frac{1\ 297 - 16W_0}{16}\mathrm{e}^{-\frac{16t}{10\ 000}}.$$

这就是此人的体重随时间变化的规律.

(5) **模型讨论**:现在再来考虑,此人的体重会达到平衡吗?

显然,根据 W 的表达式,当 $t \to +\infty$ 时,体重有稳定值 $81\ \text{kg}$.因此,只要节制饮食,加强锻炼,调节新陈代谢,使体重达到所希望的值是可能的.

也可以直接由微分方程模型来回答这个问题.在平衡状态下,W 是不发生变化的,即 $\dfrac{\mathrm{d}W}{\mathrm{d}t} = 0$,这就非常直接地给出了 $W_{\text{平衡}} = 81$.如果需要知道的仅仅是这个平衡值,就不必去求解微分方程模型了.至此,问题已基本上得到解决.

一般地,建立微分方程模型的常用方法可归纳为以下两个:

(1) 直接法:利用有关的科学定律直接写出微分方程模型;

(2) 间接法:通过微元法或数学运算确定微分方程模型.

下面将结合实例讨论两个不同领域中关于微分方程模型的建模方法.

二、实例一:飞机减速伞的设计与应用

例 6.3.1 当机场跑道长度不足时,常常使用减速伞作为飞机的减速装置.在飞机接触跑道开始着陆时,由飞机尾部张开减速伞,利用空气对伞的阻力减少飞机的滑跑距离,保障飞机在较短的跑道上安全着陆.

(1) 一架重 4.5 吨的歼击机以 600 km/h 的速度开始着陆,在减速伞的作用下滑跑 500 m 后速度减为 100 km/h.设减速伞的阻力与飞机的速度成正比,并忽略飞机所受的其他外力.试求减速伞的阻力系数.

(2) 将同样的减速伞装备在一架重 9 吨的轰炸机上.现已知机场跑道长 1 500 m,若飞机着陆时的速度为 700 km/h,问:该跑道的长度能否保障飞机安全着陆?

解 (1) 设飞机质量为 m,着陆速度为 v_0.若从飞机接触跑道时开始计时,飞机的滑跑距离为 $x(t)$,飞机的速度为 $v(t) = \dfrac{\mathrm{d}x}{\mathrm{d}t}$,减速伞的阻力为 $-kv(t)$,其中 k 为阻力系数,根据牛顿第二运动定律可得出运动方程

$$m\frac{\mathrm{d}v}{\mathrm{d}t} = -kv(t). \tag{6.3.1}$$

将 $v(t) = \dfrac{\mathrm{d}x}{\mathrm{d}t}$ 代入方程(6.3.1),得 $m\mathrm{d}v = -k\mathrm{d}x$,等式两边同时积分,得

$$m\int_{v_0}^{v(t)}\mathrm{d}v = -k\int_0^{x(t)}\mathrm{d}x,$$

计算得

$$m(v(t) - v_0) = -kx(t), \quad \text{即} \quad k = \frac{m(v_0 - v(t))}{x(t)}.$$

将 $m = 4\,500\,\mathrm{kg}, v_0 = 600\,\mathrm{km/h}, v(t) = 100\,\mathrm{km/h}, x(t) = 0.5\,\mathrm{km}$ 代入上式,得出阻力系数为 $k = 4.5 \times 10^6$.

(2) 首先求出速度 $v(t)$ 及滑跑距离 $x(t)$ 的表达式.由方程(6.3.1)可得

$$\frac{\mathrm{d}v}{v} = -\frac{k}{m}\mathrm{d}t,$$

等式两边同时积分,得

$$\int_{v_0}^{v(t)}\frac{\mathrm{d}v}{v} = -\frac{k}{m}\int_0^t\mathrm{d}t,$$

因此 $v(t) = v_0\mathrm{e}^{-\frac{k}{m}t}$.利用 $\dfrac{\mathrm{d}x}{\mathrm{d}t} = v(t)$,再对上式两边同时积分,得

$$\int_0^t x'(t)\mathrm{d}t = \int_0^t v_0\mathrm{e}^{-\frac{k}{m}t}\mathrm{d}t,$$

解得 $x(t) = \dfrac{mv_0}{k}(1 - \mathrm{e}^{-\frac{k}{m}t})$.由此式可知,飞机滑跑距离 $x(t) \leqslant \dfrac{mv_0}{k}$.将已知值代入,得

$$\frac{mv_0}{k} = \frac{9\,000 \times 700}{4.5 \times 10^6} \text{ km} = 1.4 \text{ km} = 1\,400 \text{ m} < 1\,500 \text{ m},$$

所以飞机可以在此跑道上安全着陆.

三、实例二：R-L 电路

例 6.3.2 设有一个由电阻、电感串联而成的电路，如图 6-6 所示，其中电源电动势 $E = E_0 \sin \omega t$（E_0, ω 为常量），电阻 R 和电感 L 为常量. 在 $t = 0$ 时合上开关 K, 此时电流为零. 求此电路中电流 i 与时间 t 的函数关系.

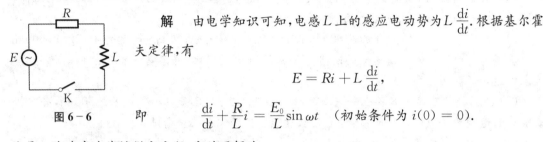

解 由电学知识可知, 电感 L 上的感应电动势为 $L \dfrac{\mathrm{d}i}{\mathrm{d}t}$. 根据基尔霍夫定律, 有

$$E = Ri + L\frac{\mathrm{d}i}{\mathrm{d}t},$$

图 6-6 即

$$\frac{\mathrm{d}i}{\mathrm{d}t} + \frac{R}{L}i = \frac{E_0}{L}\sin \omega t \quad (\text{初始条件为 } i(0) = 0).$$

这是一阶非齐次线性微分方程, 它的通解为

$$i(t) = \mathrm{e}^{-\int \frac{R}{L}\mathrm{d}t}\left(\int \frac{E_0}{L}\sin \omega t \cdot \mathrm{e}^{\int \frac{R}{L}\mathrm{d}t}\mathrm{d}t + C\right) = \mathrm{e}^{-\frac{R}{L}t}\left(\frac{E_0}{L}\int \sin \omega t \cdot \mathrm{e}^{\frac{R}{L}t}\mathrm{d}t + C\right),$$

通过分部积分法求得

$$i(t) = C\mathrm{e}^{-\frac{R}{L}t} + \frac{E_0}{R^2 + \omega^2 L^2}(R\sin \omega t - \omega L \cos \omega t).$$

将初始条件 $i(0) = 0$ 代入上式, 得 $C = \dfrac{\omega L E_0}{R^2 + \omega^2 L^2}$. 于是, 所求函数关系为

$$i(t) = \underbrace{\frac{\omega L E_0}{R^2 + \omega^2 L^2}\mathrm{e}^{-\frac{R}{L}t}}_{\text{暂态电流}} + \underbrace{\frac{E_0}{\sqrt{R^2 + \omega^2 L^2}}\sin(\omega t - \varphi)}_{\text{稳态电流}},$$

其中 $\varphi = \arctan \dfrac{\omega L}{R}$.

注 由例 6.3.2 的结果不难看出, $i(t)$ 的第一项按指数规律 $\mathrm{e}^{-\frac{R}{L}t}$ 很快衰减为零, 称之为**暂态电流**, 它描述了系统的自由衰减振荡, 仅在振荡的开始阶段起作用, 当时间足够长以后, 它的影响逐渐减弱并最终消失; $i(t)$ 的第二项按电源频率 ω 振荡, 仅差一个相角 φ, 称之为**稳态电流**, 它描述了系统在电源的作用下进行强制振荡的状态, 因为它的幅值恒定, 所以也被称为**稳态振荡**.

总的来说, 当电源施加到电路振荡系统以后, 系统的振荡状态变得比较复杂, 它是自由衰减振荡和稳态振荡的合成. 这种振荡状态描述了强迫振荡中稳态振荡逐步建立的过程. 当一定时间以后, 瞬态振荡消失, 系统达到稳态振荡.

习 题 6.3

(A)

一、设有一个由电阻 $R = 10\ \Omega$, 电感 $L = 2$ H 和电源电压 $E = 20\sin 5t$ V 串联而成的电路. 开关 K 合上

后,该电路中有电流通过.求电流 I 与时间 t 的函数关系. $\left(\text{提示:由基尔霍夫定律可知 } E = RI + L\dfrac{\mathrm{d}I}{\mathrm{d}t}.\right)$

二、(**牛顿冷却模型**)物体冷却的数学模型在多个领域中有广泛的应用.例如,警方破案时,法医要根据尸体当时的温度推断死亡时间,就可以利用这个模型来计算.现设一物体的温度为 $100℃$,将其放置在空气温度为 $20℃$ 的环境中冷却.试求该物体的温度随时间 t 的变化规律.(提示:物体温度的变化率与物体自身和外界之间的温差有关.)

三、(**落体问题**)设跳伞运动员从跳伞塔下落后,所受空气的阻力与速度成正比.若该运动员离塔时的速度为零,求该运动员下落过程中的速度和时间的函数关系.

四、(**马王堆一号墓入葬年代的测定问题**)考古学、地质学等学科的专家常用 ^{14}C 测定法(称为碳定年代法)去估计文物或化石的年代.长沙马王堆一号墓于 1972 年出土,当时测得出土的木炭标本中 ^{14}C 平均原子蜕变数为 29.78 次/分钟,而新烧成的同种木炭标本中 ^{14}C 平均原子蜕变数为 38.37 次/分钟.又知 ^{14}C 的半衰期为 5 730 年,试估算该墓入葬的年代.

(B)

一、(**湖泊污染问题**)某湖泊的水量为 V,每年排入湖泊内含污染物 A 的污水量为 $\dfrac{V}{6}$,流入湖泊内不含污染物 A 的水量为 $\dfrac{V}{6}$,流出湖泊的水量为 $\dfrac{V}{3}$.已知 1999 年底,湖中污染物 A 的含量为 $5m_0$,超过了国家规定标准,为了治理污染,从 2000 年起限定排入湖泊中含污染物 A 的污水的浓度不超过 $\dfrac{m_0}{V}$,问:至少需要经过多少年,湖泊中污染物 A 的含量将降至 m_0 以内(假设湖水中污染物 A 的浓度是均匀的)?

二、设有高为 1 m 的半球形容器,水从它的底部小孔流出,小孔的横截面积为 $1\,\mathrm{cm}^2$,如图 6-7 所示.开始时容器内盛满了水,求水从小孔流出的过程中容器里的水面的高度 h(水面与孔口中心之间的距离)随时间 t 的变化规律,并求容器内的水全部流完所需要的时间.(提示:该容器流出的水流量可用公式 $Q = 0.62S\sqrt{2gh}$ 计算,其中 0.62 为流量系数,S 为孔口的横截面积,g 为重力加速度,h 为水面高度.)

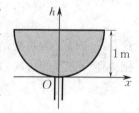

图 6-7

三、从船上向海中沉放某种探测仪器,按探测要求,需确定仪器的下沉深度 y(从海平面算起)与下沉速度 v 之间的函数关系.设仪器在重力作用下,从海平面由静止开始垂直下沉,在下沉过程中还受到阻力和浮力的作用.设仪器的质量为 m,体积为 B,海水比重为 μ,仪器所受的阻力与下沉速度成正比,比例系数为 $k(k>0)$.试建立 y 与 v 所满足的微分方程,并求出函数关系式 $y = y(v)$.

第四节　可降阶的高阶微分方程

一般情况下,求解高阶微分方程更加困难.处理高阶微分方程的思路之一是设法降低微分方程的阶.

本节主要介绍某些可降阶的特殊二阶微分方程.一般来说,二阶微分方程的求解要比一阶微分方程的求解更复杂.因此,在条件允许的情况下,尽量通过变量代换把它从二阶降至一阶,从而有可能通过前面所讲的方法来求解.

一、形如 $y^{(n)} = f(x)$ 的微分方程

这里假设 f 是连续函数. 由于这类微分方程的右端只含有自变量 x, 通过一次积分, 便可化为 $n-1$ 阶微分方程, 即

$$y^{(n-1)} = \int f(x)\mathrm{d}x + C_1.$$

上述微分方程两边再同时积分一次, 得

$$y^{(n-2)} = \int\left(\int f(x)\mathrm{d}x\right)\mathrm{d}x + C_1 x + C_2,$$

这里 C_1, C_2 是两个相互独立的任意常数, 上式右边的不定积分仍表示一个原函数. 依此法继续进行, 积分 n 次, 便得该微分方程的含有 n 个相互独立的任意常数的通解.

例 6.4.1 求微分方程 $y'' = \sin x + x$ 的通解.

解 对所给微分方程连续积分两次, 即得所给微分方程的通解:

$$y' = -\cos x + \frac{x^2}{2} + C_1, \quad y = -\sin x + \frac{x^3}{6} + C_1 x + C_2.$$

二、形如 $y'' = f(x, y')$ 的微分方程

这里假设 f 是连续函数. 这类微分方程的特点是方程右端不显含未知函数 y. 对其做变量代换, 令 $y' = u(x)$, 则 $y'' = u'$, 故原微分方程可化为一阶微分方程

$$u' = f(x, u),$$

这是一个以 x 为自变量, 以 u 为未知函数的一阶微分方程. 如果能求出其通解 $u = \varphi(x, C_1)$, 则原微分方程的通解为

$$y = \int \varphi(x, C_1)\mathrm{d}x + C_2,$$

这里 C_1, C_2 是两个相互独立的任意常数, 上式右端的不定积分仍然表示一个原函数.

例 6.4.2 求微分方程 $xy'' = y'\ln y'$ 的通解.

解 原微分方程不显含 y. 令 $y' = u(x)$, 则 $y'' = u'$, 故原微分方程可化为

$$xu' = u\ln u.$$

此为可分离变量的微分方程, 容易求得其通解为 $u = \mathrm{e}^{C_1 x}$, 即

$$y' = u = \mathrm{e}^{C_1 x}.$$

上述微分方程两边同时积分, 便得原微分方程的通解为

$$y = \int \mathrm{e}^{C_1 x}\mathrm{d}x + C_2 = \frac{1}{C_1}\mathrm{e}^{C_1 x} + C_2.$$

例 6.4.3 设有均匀、柔软的绳索, 两端固定, 绳索仅受重力的作用而下垂, 试求该绳索处于平衡状态时所呈现的曲线方程.

该问题最初在 1690 年由伯努利提出, 有人(如伽利略)曾猜想这条曲线是抛物线, 但后来发现不对, 最后由约翰·伯努利(伯努利的弟弟)解决. 莱布尼茨把它命名为**悬链线**, 它在工程技术等领域中有广泛应用.

解 设绳索的最低点为 A, 点 A 处的张力大小为 H, 取 y 轴通过点 A 垂直向上, 并取 x

轴水平向右,且$|OA|=\dfrac{H}{\mu g}$(μ为绳索的线密度),建立直角坐标系,如

图 6-8 所示.任取绳索上另一点 $M(x,y)$,则点 $M(x,y)$ 处的张力沿该

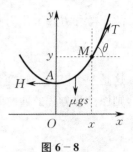

点处的切线方向,设其倾角为 θ,大小为 T.设弧$\overset{\frown}{AM}$的长为 s,由于绳索

处于平衡状态,故作用于弧$\overset{\frown}{AM}$上的外力相互平衡,把作用于弧$\overset{\frown}{AM}$上

的力分解,得

$$T\sin\theta=\mu gs,\quad T\cos\theta=H,$$

从而

$$\tan\theta=\frac{1}{a}s\quad\left(a=\frac{H}{\mu g}\right).$$

图 6-8

因为 $\tan\theta=y'$,$s=\displaystyle\int_0^x\sqrt{1+(y')^2}\,\mathrm{d}x$,所以

$$y'=\frac{1}{a}\int_0^x\sqrt{1+(y')^2}\,\mathrm{d}x,$$

上式两边同时对 x 求导数,得

$$y''=\frac{1}{a}\sqrt{1+(y')^2}.$$

上述微分方程不显含 y,可令 $y'=u(x)$,则

$$\frac{\mathrm{d}u}{\sqrt{1+u^2}}=\frac{1}{a}\mathrm{d}x,$$

上式两边同时积分,得

$$\ln(u+\sqrt{1+u^2})=\frac{x}{a}+C_1.$$

由 $y'\Big|_{x=0}=0$,得 $C_1=0$,于是得 $u=\dfrac{1}{2}(\mathrm{e}^{\frac{x}{a}}-\mathrm{e}^{\frac{-x}{a}})$,即 $y'=\sinh\dfrac{x}{a}$.该式两边同时积分,得

$$y=a\cosh\frac{x}{a}+C_2.$$

又由 $y\Big|_{x=0}=a$,得 $C_2=0$,故

$$y=a\cosh\frac{x}{a}=\frac{a}{2}(\mathrm{e}^{\frac{x}{a}}+\mathrm{e}^{\frac{-x}{a}}).$$

注　当 x 很小时,$y=a\cosh\dfrac{x}{a}\approx a+\dfrac{x^2}{2a}$,故悬链线在顶点附近近似于一条抛物线.在工

程技术中,经常用抛物线来近似代替悬链线.

悬链线在实际问题中有着具体的应用,如高压输电线中塔高与塔距的设计,旅游景点的

缆车线路中铁塔距离和塔高的设计问题等.

三、形如 $y''=f(y,y')$ 的微分方程

这里假设 f 是连续函数.这类微分方程的特点是右端不显含自变量 x.对其做变量代换,

令 $y'=u(y)$,则

$$y''=\frac{\mathrm{d}u}{\mathrm{d}x}=\frac{\mathrm{d}u}{\mathrm{d}y}\cdot\frac{\mathrm{d}y}{\mathrm{d}x}=u\frac{\mathrm{d}u}{\mathrm{d}y},$$

故原微分方程可化为一阶微分方程

$$u\frac{\mathrm{d}u}{\mathrm{d}y}=f(y,u),$$

这是一个以 y 为自变量,以 u 为未知函数的一阶微分方程. 如果能求出其通解 $u=\varphi(y,C_1)$,则原微分方程的通解为

$$\int\frac{\mathrm{d}y}{\varphi(y,C_1)}=x+C_2,$$

这里 C_1,C_2 是两个相互独立的任意常数,上式左端的不定积分仍然表示一个原函数.

例 6.4.4 求微分方程 $yy''=(y')^2$ 满足初始条件 $y(0)=1,y'(0)=2$ 的特解.

解 原微分方程不显含 x. 令 $y'=u(y)$,则 $y''=u\dfrac{\mathrm{d}u}{\mathrm{d}y}$,故原微分方程可化为

$$yu\frac{\mathrm{d}u}{\mathrm{d}y}=u^2.$$

由初始条件 $u\Big|_{y=1}=2$ 可知,$u\neq0$,故将上式分离变量,得

$$\frac{\mathrm{d}u}{u}=\frac{\mathrm{d}y}{y},$$

上式两边同时积分,得 $u=C_1y$. 将 $u\Big|_{y=1}=2$ 代入得 $C_1=2$,于是 $u=2y$,即 $y'=2y$,从而

$$y=C_2\mathrm{e}^{\int 2\mathrm{d}x}=C_2\mathrm{e}^{2x}.$$

将 $y(0)=1$ 代入得 $C_2=1$,于是所求特解为 $y=\mathrm{e}^{2x}$.

思考题 6.4

1. 对于微分方程 $y''=f(y,y')$,为什么使用变量代换 $y'=u=u(y)$,而不使用变量代换 $y'=u=u(x)$?
2. 如何通过变量代换求解微分方程 $y''=f(y')$?
3. 用降阶的思想还可以求解哪些类型的高阶微分方程?

习题 6.4

(A)

一、求下列微分方程的通解:

(1) $y''=x+\sin x$; (2) $y''=y'+x$; (3) $y''=1+(y')^2$; (4) $yy''+(y')^2=0$.

二、求下列微分方程满足所给初始条件的特解:

(1) $yy''-(y')^2-y'=0,y\Big|_{x=0}=1,y'\Big|_{x=0}=1$;

(2) $y''-a(y')^2=0,y\Big|_{x=0}=0,y'\Big|_{x=0}=-1$;

(3) $y'''=\mathrm{e}^{ax},y\Big|_{x=1}=y'\Big|_{x=1}=y''\Big|_{x=1}=0$.

三、求微分方程 $y''=x$ 的经过点 $M(0,1)$,且在此点处与直线 $y=\dfrac{x}{2}+1$ 相切的积分曲线.

四、试求微分方程 $xy''=y'+x^2$ 的经过点 $(1,0)$,且在此点的切线与直线 $y=3x-2$ 垂直的积分曲线.

一、设二阶非齐次线性微分方程 $y'' + \psi(x)y' = f(x)$ 有特解 $y = \dfrac{1}{x}$，而对应的齐次线性微分方程有解 $y = x^2$，试求：(1) $\psi(x)$，$f(x)$ 的表达式；(2) 该微分方程的通解．

二、设函数 $y(x)(x \geqslant 0)$ 二阶可导，且 $y'(x) > 0, y(0) = 1$．过曲线 $y = y(x)$ 上任意一点 $P(x,y)$ 作切线及 x 轴的垂线，由这两条直线与 x 轴所围成的三角形的面积为 S_1，由曲线 $y = y(x)(x \in [0,x])$ 与 x 轴所围成的曲边梯形的面积为 S_2，且 $2S_1 - S_2 \equiv 1(x \geqslant 0)$．求 $y = y(x)$．

三、已知某曲线在第一象限内，且过坐标原点，过其上任意一点 M 作切线 MT 及 x 轴的垂线 MP，这两条直线与 x 轴所围成的三角形的面积与曲边三角形 OMP 的面积之比恒为常数 $k\left(k > \dfrac{1}{2}\right)$．又已知该曲线在点 M 处的导数总是为正数，试求该曲线的方程．

四、证明：曲率恒为常数的曲线是圆或直线．

第五节　　线性微分方程及其解的结构

线性微分方程在物理学、力学和工程技术、自然科学等领域中有着极其广泛的应用．本节主要介绍高阶线性微分方程的一般理论．

一、线性微分方程

定义 6.1.3 已经介绍了形如
$$y^{(n)} + P_1(x)y^{(n-1)} + \cdots + P_{n-1}(x)y' + P_n(x)y = f(x)$$
的微分方程为 n 阶线性微分方程，其中 $P_1(x), P_2(x), \cdots, P_n(x), f(x)$ 均为 x 的连续函数．

特别地，当 $n = 2$ 时，我们称
$$y'' + P(x)y' + Q(x)y = f(x) \tag{6.5.1}$$
为二阶线性微分方程．

当 $f(x) \equiv 0$ 时，有
$$y'' + P(x)y' + Q(x)y = 0, \tag{6.5.2}$$
称之为二阶齐次线性微分方程；否则，称之为二阶非齐次线性微分方程．

二、线性微分方程解的结构

对于二阶齐次线性微分方程(6.5.2)，它的解具有如下性质．

定理 6.5.1（二阶齐次线性微分方程解的叠加原理）　如果函数 $y_1(x)$ 与 $y_2(x)$ 是二阶齐次线性微分方程(6.5.2)的两个解，那么它们的线性组合
$$y(x) = C_1 y_1(x) + C_2 y_2(x)$$
仍是方程(6.5.2)的解，其中 C_1, C_2 是两个任意常数．

证　因为 $y_1(x), y_2(x)$ 是方程(6.5.2)的解，所以
$$y_1'' + P(x)y_1' + Q(x)y_1 = 0, \quad y_2'' + P(x)y_2' + Q(x)y_2 = 0,$$
将它们的线性组合 $y(x) = C_1 y_1(x) + C_2 y_2(x)$ 代入方程(6.5.2)的左端，得

$$(C_1 y_1(x) + C_2 y_2(x))'' + P(x)(C_1 y_1(x) + C_2 y_2(x))' + Q(x)(C_1 y_1(x) + C_2 y_2(x))$$
$$= C_1(y_1'' + P(x)y_1' + Q(x)y_1) + C_2(y_2'' + P(x)y_2' + Q(x)y_2)$$
$$\equiv C_1 \cdot 0 + C_2 \cdot 0 \equiv 0,$$

所以 $y(x)$ 是方程(6.5.2)的解.

在上述定理中,二阶齐次线性微分方程(6.5.2)的解 $C_1 y_1(x) + C_2 y_2(x)$ 中含有两个任意常数 C_1 和 C_2,那么它是否为方程(6.5.2)的通解?下面举例进行说明.

设有二阶齐次线性微分方程

$$y'' - y = 0. \tag{6.5.3}$$

一方面,由观察可知,$y_1 = e^x$ 与 $y_2 = 2e^x$ 都是方程(6.5.3)的解,则由叠加原理知,$y = C_1 e^x + 2C_2 e^x$ 也是方程(6.5.3)的解,但因为 $y = C_1 e^x + 2C_2 e^x = (C_1 + 2C_2)e^x = C e^x$,即这个解实际上只有一个独立的任意常数,所以它不是方程(6.5.3)的通解. 另一方面,由观察也可知,$y_1 = e^x$ 与 $y_2 = e^{-x}$ 都是方程(6.5.3)的解,则由叠加原理知,$y = C_1 e^x + C_2 e^{-x}$ 也是方程(6.5.3)的解,此时 C_1 与 C_2 是两个相互独立的任意常数. 因此,$y = C_1 e^x + C_2 e^{-x}$ 是方程(6.5.3)的通解.

那么 $y_1(x)$ 和 $y_2(x)$ 之间究竟应具备什么条件才能使 $C_1 y_1(x) + C_2 y_2(x)$ 成为二阶齐次线性微分方程(6.5.2)的通解呢?为了解决这一问题,现引入线性相关与线性无关的概念.

定义 6.5.1 设 $y_1(x), y_2(x), \cdots, y_n(x)$ 是定义在区间 I 上的 n 个函数. 如果存在 n 个不全为零的常数 $k_1, k_2, \cdots, k_n$,使得对于任意的 $x \in I$,等式

$$k_1 y_1(x) + k_2 y_2(x) + \cdots + k_n y_n(x) = 0$$

恒成立,则称这 n 个函数在区间 I 上**线性相关**;若当且仅当 $k_1 = k_2 = \cdots = k_n = 0$ 时,上述等式成立,则称这 n 个函数在区间 I 上**线性无关**.

例 6.5.1 证明:(1) 函数组 $1, \sin^2 x, \cos^2 x$ 在 $(-\infty, +\infty)$ 上是线性相关的;
(2) 函数组 $1, x, x^2$ 在任何区间 (a,b) 内都线性无关.

证 (1) 取 $k_1 = 1, k_2 = k_3 = -1$,则对于任意的 $x \in (-\infty, +\infty)$,有

$$1 + (-1)(\sin^2 x + \cos^2 x) \equiv 0.$$

因此,函数组 $1, \sin^2 x, \cos^2 x$ 在 $(-\infty, +\infty)$ 上是线性相关的.

(2) 对于函数组 $1, x, x^2$,设存在三个常数 k_1, k_2, k_3,使得

$$k_1 \cdot 1 + k_2 x + k_3 x^2 = 0.$$

因为一元二次方程 $k_1 \cdot 1 + k_2 x + k_3 x^2 = 0$ 最多只有两个实根,所以不可能对所有的 $x \in (a,b)$,都有 $k_1 \cdot 1 + k_2 x + k_3 x^2 = 0$,除非 k_1, k_2, k_3 全为零. 因此,函数组 $1, x, x^2$ 在任何区间 (a,b) 内都线性无关.

性质 6.5.1 区间 I 上的两个函数 $y_1(x)$ 与 $y_2(x)$ 线性相关的充要条件是存在常数 k,使得
$$y_1(x) = ky_2(x) \quad (\forall x \in I) \quad 或 \quad y_2(x) = ky_1(x) \quad (\forall x \in I).$$

证 由定义 6.5.1 知,$y_1(x)$ 与 $y_2(x)$ 在区间 I 上线性相关的充要条件是存在不全为零的常数 k_1 与 k_2,使得对于任意的 $x \in I$,恒有

$$k_1 y_1(x) + k_2 y_2(x) = 0.$$

不妨设 $k_1 \neq 0$,则上式等价于 $y_1(x) = -\dfrac{k_2}{k_1} y_2(x)$,即 $y_1(x) = ky_2(x) \left(记 k = -\dfrac{k_2}{k_1} \right)$. $k_2 \neq 0$

的情形可类似证得.

由性质 6.5.1 知,对于非零函数 $y_1(x)$ 与 $y_2(x)$,若对于任何常数 k,都有 $y_1(x) \not\equiv ky_2(x)$,则 $y_1(x)$ 与 $y_2(x)$ 线性无关.

定理 6.5.2（二阶齐次线性微分方程的通解结构定理）　如果函数 $y_1(x)$ 与 $y_2(x)$ 是二阶齐次线性微分方程(6.5.2)的两个线性无关的解,则方程(6.5.2)的通解为

$$y(x) = C_1 y_1(x) + C_2 y_2(x), \tag{6.5.4}$$

其中 C_1, C_2 是两个任意常数.

证　由定理 6.5.1 知,式(6.5.4)是方程(6.5.2)的解.注意到式(6.5.4)中含两个任意常数 C_1 和 C_2,由于 $y_1(x)$ 与 $y_2(x)$ 是线性无关的,所以 C_1 与 C_2 是相互独立的.由通解的定义便知,式(6.5.4)是方程(6.5.2)的通解.

例 6.5.2　设 $y_1(x)$ 和 $y_2(x)$ 为二阶齐次线性微分方程 $y'' + py' + qy = 0$ 的两个特解,则 $C_1 y_1(x) + C_2 y_2(x)$ 是该微分方程的通解的充分条件是(　　).

(A) $y_1(x) y_2'(x) - y_2(x) y_1'(x) = 0$ 　　　(B) $y_1(x) y_2'(x) - y_2(x) y_1'(x) \neq 0$

(C) $y_1(x) y_2'(x) + y_2(x) y_1'(x) = 0$ 　　　(D) $y_1(x) y_2'(x) + y_2(x) y_1'(x) \neq 0$

分析　$C_1 y_1(x) + C_2 y_2(x)$ 是微分方程 $y'' + py' + qy = 0$ 的通解的充分条件是 $y_1(x)$ 和 $y_2(x)$ 线性无关,即 $\dfrac{y_1(x)}{y_2(x)} \neq$ 常数.

证　因 $\dfrac{y_1(x)}{y_2(x)} \neq$ 常数,故 $\left(\dfrac{y_1(x)}{y_2(x)}\right)' \neq 0$,从而 $\dfrac{y_1'(x) y_2(x) - y_2'(x) y_1(x)}{y_2^2(x)} \neq 0$. 因此,选(B).

我们已经知道,一阶非齐次线性微分方程的通解由两部分组成:一部分是对应的齐次线性微分方程的通解,另一部分是非齐次线性微分方程本身的一个特解.实际上,二阶非齐次线性微分方程(6.5.1)的通解也有同样的结构.

定理 6.5.3（二阶非齐次线性微分方程的通解结构定理）　如果函数 $y^*(x)$ 是二阶非齐次线性微分方程(6.5.1)的一个特解,函数 $y_1(x)$ 与 $y_2(x)$ 是对应的二阶齐次线性微分方程(6.5.2)的两个线性无关解,则方程(6.5.1)的通解为

$$y(x) = C_1 y_1(x) + C_2 y_2(x) + y^*(x). \tag{6.5.5}$$

证　先验证式(6.5.5)是方程(6.5.1)的解.将式(6.5.5)代入方程(6.5.1)的左端,得

$y''(x) + P(x) y'(x) + Q(x) y(x)$

$= (C_1 y_1(x) + C_2 y_2(x) + y^*(x))'' + P(x)(C_1 y_1(x) + C_2 y_2(x) + y^*(x))'$

$\quad + Q(x)(C_1 y_1(x) + C_2 y_2(x) + y^*(x))$

$= C_1(y_1''(x) + P(x) y_1'(x) + Q(x) y_1(x)) + C_2(y_2''(x) + P(x) y_2'(x) + Q(x) y_2(x))$

$\quad + (y^*(x))'' + P(x)(y^*(x))' + Q(x) y^*(x).$

由于 $y_1(x)$ 与 $y_2(x)$ 是二阶齐次线性微分方程(6.5.2)的两个解,$y^*(x)$ 是二阶非齐次线性微分方程(6.5.1)的一个特解,所以

$$y_1''(x) + P(x) y_1'(x) + Q(x) y_1(x) = 0,$$
$$y_2''(x) + P(x) y_2'(x) + Q(x) y_2(x) = 0,$$
$$(y^*(x))'' + P(x)(y^*(x))' + Q(x) y^*(x) = f(x).$$

故 $$y''(x)+P(x)y'(x)+Q(x)y(x)=0+0+f(x)=f(x),$$

从而式(6.5.5)是方程(6.5.1)的解. 注意到式(6.5.5)中含两个任意常数 C_1 和 C_2, 由于 $y_1(x)$ 与 $y_2(x)$ 线性无关, 所以 C_1 和 C_2 是相互独立的, 故由通解的定义知, 式(6.5.5)是方程(6.5.1)的通解.

思考 已知 $y=1, y=x, y=x^2$ 是某二阶非齐次线性微分方程的三个解, 则该微分方程的通解是什么?

关于二阶非齐次线性微分方程(6.5.1)的特解, 有如下的定理.

定理 6.5.4（二阶非齐次线性微分方程解的叠加原理） 设二阶非齐次线性微分方程(6.5.1)的右端 $f(x)$ 是函数 $f_1(x)$ 与 $f_2(x)$ 之和, 即

$$y''+P(x)y'+Q(x)y=f_1(x)+f_2(x), \tag{6.5.6}$$

而 y_1^* 与 y_2^* 分别是微分方程

$$y''+P(x)y'+Q(x)y=f_1(x) \quad 与 \quad y''+P(x)y'+Q(x)y=f_2(x)$$

的特解, 那么 $y_1^*+y_2^*$ 就是方程(6.5.6)的一个特解.

证 将 $y=y_1^*+y_2^*$ 代入方程(6.5.6)的左端, 得

$$(y_1^*+y_2^*)''+P(x)(y_1^*+y_2^*)'+Q(x)(y_1^*+y_2^*)$$
$$=[(y_1^*)''+P(x)(y_1^*)'+Q(x)y_1^*]+[(y_2^*)''+P(x)(y_2^*)'+Q(x)y_2^*]$$
$$=f_1(x)+f_2(x).$$

因此, $y_1^*+y_2^*$ 是方程(6.5.6)的一个特解.

需要强调的是, 上面关于二阶线性微分方程解的性质及结构的结论均可推广到 n 阶线性微分方程的情形, 此处不再详述.

*三、常数变易法

对于一阶非齐次线性微分方程, 我们曾利用其对应的齐次线性微分方程的通解, 用常数变易法求得它的通解. 实际上, 这种方法也可用于求二阶非齐次线性微分方程的通解. 详细内容见二维码链接.

常数变易法

思 考 题 6.5

1. 怎样判定函数 $y_1(x), y_2(x)$ 线性相关或线性无关?

2. (1) 二阶齐次线性微分方程 $y''+P(x)y'+Q(x)y=0$ 的通解的结构是怎样的?

(2) 若 $y_1(x), y_2(x)$ 是微分方程 $y''+P(x)y'+Q(x)y=0$ 的两个解, 则其通解为 $y=C_1y_1(x)+C_2y_2(x)$, 这一结论对吗? 为什么?

3. 容易验证 $y_1=(x-1)^2$ 和 $y_2=(x+1)^2$ 都是微分方程 $(x^2-1)y''-2xy'+2y=0$ 和 $2yy''-(y')^2=0$ 的解. 但是这两个解的线性组合 $y=C_1(x-1)^2+C_2(x+1)^2$ 为什么只能满足前一个微分方程而不能满足后一个微分方程? 其原因何在?

习 题 6.5

（A）

一、讨论下列函数组在其定义区间上是线性无关的, 还是线性相关的:

(1) e^{ax} 与 $e^{bx}(a \neq b)$；　　　　　　(2) $e^{2x}\cos\beta x$ 与 $e^{2x}\sin\beta x(\beta \neq 0)$.

二、验证：$y = C_1 e^x + C_2 e^{2x} + \dfrac{1}{12}e^{5x}$ 是微分方程 $y'' - 3y' + 2y = e^{5x}$ 的通解.

三、验证：$y = C_1 e^{C_2 - 3x} - 1$ 是微分方程 $y'' - 9y = 9$ 的解，并说明它不是通解.

四、(1) 已知 $y_1(x), y_2(x)$ 是二阶线性微分方程 $y'' + p(x)y' + q(x)y = f(x)$ 的解，试证：$y_1(x) - y_2(x)$ 是 $y'' + p(x)y' + q(x)y = 0$ 的解.

(2) 已知 $y_1 = 3, y_2 = 3 + x^2, y_3 = 3 + x^2 + e^x$ 都是微分方程

$$(x^2 - 2x)y'' - (x^2 - 2)y' + (2x - 2)y = 6(x - 1)$$

的解，求此微分方程所对应的齐次线性微分方程的通解.

*五、用常数变易法求微分方程 $y'' - 2y' + y = xe^{-x}$ 的通解.

(B)

一、已知二阶线性微分方程 $y'' + p(x)y' + q(x)y = f(x)$ 有三个特解 $y_1 = x, y_2 = e^x, y_3 = e^{2x}$，试求此微分方程满足 $y(0) = 1, y'(0) = 3$ 的特解.

二、设函数 $y_1(t), y_2(t), y_3(t)$ 均为非齐次线性微分方程 $y'' + a(t)y' + b(t)y = f(t)$ 的特解，其中 $a(t)$，$b(t), f(t)$ 均为已知函数，而且 $\dfrac{y_2(t) - y_1(t)}{y_3(t) - y_1(t)} \neq$ 常数. 试证：$y(t) = (1 - C_1 - C_2)y_1(t) + C_1 y_2(t) + C_2 y_3(t)$ 是该微分方程的通解，其中 C_1, C_2 为两个任意常数.

三、已知 $y_1(x) = e^x$ 是齐次线性微分方程 $xy'' + (x - 2)y' + (2 - 2x)y = 0$ 的一个特解，求此微分方程的通解.

四、设 $y_1(x), y_2(x), y_3(x)$ 是一阶微分方程 $y' + P(x)y = Q(x)$ 的三个相异的特解，证明：$\dfrac{y_3(x) - y_1(x)}{y_2(x) - y_1(x)}$ 为一定值.

第六节　　常系数线性微分方程的解法

上一节解决了线性微分方程通解的结构问题，但是没有给出求其通解的具体方法. 一般来说，二阶线性微分方程的解是由一些非初等函数所构成的，而且没有普遍的求解方法. 但是，对于系数为常数的线性微分方程，其求解问题一般可以得到解决.

一、二阶常系数齐次线性微分方程的解法

如果二阶齐次线性微分方程(6.5.2)中关于 y', y 的系数 $P(x), Q(x)$ 均为常数，即方程 (6.5.2)变为

$$y'' + py' + qy = 0, \tag{6.6.1}$$

其中 p, q 均为实常数，则称方程(6.6.1)为**二阶常系数齐次线性微分方程**.

下面讨论二阶常系数齐次线性微分方程(6.6.1)的解法.

若函数 $y(x)$ 的二阶导数加上 $y(x)$ 的一阶导数的 p 倍，再加上 $y(x)$ 的 q 倍(p, q 均为实常数)后的结果恒等于零，则 $y(x)$ 就是方程(6.6.1)的解. 一般来说，只有当 $y(x), y'(x)$ 和 $y''(x)$ 是"同类型函数"时，$y''(x), py'(x)$ 和 $qy(x)$ 这三项才能够相互抵消. 例如，函数 $y = x^4$ 不可能是方程(6.6.1)的解，因为 $12x^2, 4px^3, qx^4$ 是 x 的不同次数的多项式，所以它们不能相互抵消. 而 $(e^{rx})' = re^{rx}, (e^{rx})'' = r^2 e^{rx}$，故函数 $y(x) = e^{rx}$ 具有这样的性质，即 y', y'' 和 y 是

"同类型函数". 利用这一性质, 可以猜测方程(6.6.1)有形如

$$y = e^{rx} \quad (r \text{ 为常数①})$$

的解. 事实上, 将 $y = e^{rx}$ 代入方程(6.6.1), 得

$$r^2 e^{rx} + pr e^{rx} + q e^{rx} = e^{rx}(r^2 + pr + q) = 0,$$

由于 $e^{rx} \neq 0$, 则

$$r^2 + pr + q = 0. \tag{6.6.2}$$

由此可见, $y = e^{rx}$ 是方程(6.6.1)的解的充要条件是 r 应满足代数方程(6.6.2). 此时, 称代数方程(6.6.2)是微分方程(6.6.1)的**特征方程**, 称特征方程(6.6.2)的根为微分方程(6.6.1)的**特征根**.

由于特征方程(6.6.2)的根具有两个不相等的实根、两个相等的实根和一对共轭复根三种情况, 下面根据这三种不同情形, 分别讨论方程(6.6.1)的通解.

(1) 特征方程(6.6.2)具有两个不相等的实根 r_1 与 r_2.

此时, 判别式 $\Delta = p^2 - 4q > 0$. 由上面的讨论知, 方程(6.6.1)有两个特解

$$y_1(x) = e^{r_1 x}, \quad y_2(x) = e^{r_2 x}.$$

由于 $r_1 \neq r_2$, 则 $\dfrac{y_1(x)}{y_2(x)} = e^{(r_1 - r_2)x}$ 不是常数, 故 $y_1(x)$ 与 $y_2(x)$ 是线性无关的. 因此, 方程(6.6.1)的通解为

$$y = C_1 e^{r_1 x} + C_2 e^{r_2 x}.$$

(2) 特征方程(6.6.2)有两个相等的实根 $r_1 = r_2$.

此时, 判别式 $\Delta = p^2 - 4q = 0$, 且 $r_1 = r_2 = -\dfrac{p}{2}$, 故只得到方程(6.6.1)的一个解

$$y_1(x) = e^{r_1 x}.$$

为了求出方程(6.6.1)的通解, 需要找到它的另外一个与 $y_1(x)$ 线性无关的解 $y_2(x)$, 即 $y_2(x)$ 应满足 $\dfrac{y_2(x)}{y_1(x)} = u(x)$, 其中 $u(x)$ 是一个不恒为常数的待定函数.

事实上, 可将 $y_2(x) = y_1(x)u(x) = e^{r_1 x}u(x)$ 代入方程(6.6.1), 得

$$u''(x) + (2r_1 + p)u'(x) + (r_1^2 + pr_1 + q)u(x) = 0.$$

由于 r_1 是特征方程 $r^2 + pr + q = 0$ 的二重根, 因此 $r_1^2 + pr_1 + q = 0$, 且 $2r_1 + p = 0$. 故由上式可得

$$u''(x) = 0,$$

解得 $u(x) = C_1 + C_2 x$. 由于只要得到一个不恒为常数的函数 $u(x)$, 因此不妨选取 $C_1 = 0$, $C_2 = 1$, 即 $u(x) = x$, 由此得到方程(6.6.1)的另一个与 $y_1(x) = e^{r_1 x}$ 线性无关的解为

$$y_2(x) = x e^{r_1 x}.$$

因此, 方程(6.6.1)的通解为

$$y = C_1 e^{r_1 x} + C_2 x e^{r_1 x}.$$

---

① 当 r 为复数 $a + ib$ 时, 导数公式 $\dfrac{\mathrm{d}}{\mathrm{d}x} e^{rx} = r e^{rx}$ 仍成立. 事实上, 对欧拉公式 $e^{(a+ib)x} = e^{ax}(\cos bx + \mathrm{i}\sin bx)$ 两边求导数, 得 $\dfrac{\mathrm{d}}{\mathrm{d}x} e^{(a+ib)x} = a e^{ax}(\cos bx + \mathrm{i}\sin bx) + e^{ax}(-b\sin bx + \mathrm{i}b\cos bx) = (a + \mathrm{i}b)e^{ax}(\cos bx + \mathrm{i}\sin bx) = (a + \mathrm{i}b)e^{(a+ib)x}$.

（3）特征方程(6.6.2)有一对共轭复根 $r_1 = \alpha + \mathrm{i}\beta, r_2 = \alpha - \mathrm{i}\beta$，其中 $\beta \neq 0$.

此时，判别式 $\Delta = p^2 - 4q < 0$. 这时可得到方程(6.6.1)的两个复函数解

$$\overline{y}_1 = \mathrm{e}^{(\alpha + \mathrm{i}\beta)x} \quad \text{和} \quad \overline{y}_2 = \mathrm{e}^{(\alpha - \mathrm{i}\beta)x}.$$

为获得方程(6.6.1)的实函数解，先利用欧拉公式 $\mathrm{e}^{\mathrm{i}\theta} = \cos\theta + \mathrm{i}\sin\theta$ 将 $\overline{y}_1$ 与 $\overline{y}_2$ 分别改写为

$$\overline{y}_1 = \mathrm{e}^{(\alpha + \mathrm{i}\beta)x} = \mathrm{e}^{\alpha x} \cdot \mathrm{e}^{\mathrm{i}\beta x} = \mathrm{e}^{\alpha x}(\cos\beta x + \mathrm{i}\sin\beta x),$$

$$\overline{y}_2 = \mathrm{e}^{(\alpha - \mathrm{i}\beta)x} = \mathrm{e}^{\alpha x} \cdot \mathrm{e}^{-\mathrm{i}\beta x} = \mathrm{e}^{\alpha x}(\cos\beta x - \mathrm{i}\sin\beta x),$$

再分别将以上两式相加后除以 2 及相减后除以 2i，可得两个实函数

$$y_1(x) = \frac{1}{2}(\overline{y}_1 + \overline{y}_2) = \mathrm{e}^{\alpha x}\cos\beta x,$$

$$y_2(x) = \frac{1}{2\mathrm{i}}(\overline{y}_1 - \overline{y}_2) = \mathrm{e}^{\alpha x}\sin\beta x.$$

由叠加原理知，$y_1(x)$ 与 $y_2(x)$ 是方程(6.6.1)的两个实函数解.

而 $\dfrac{y_1(x)}{y_2(x)} = \dfrac{\mathrm{e}^{\alpha x}\cos\beta x}{\mathrm{e}^{\alpha x}\sin\beta x} = \cot\beta x$ 不是常数，所以 $y_1(x)$ 与 $y_2(x)$ 是线性无关的. 因此，方程(6.6.1)的通解为

$$y = C_1 \mathrm{e}^{\alpha x}\cos\beta x + C_2 \mathrm{e}^{\alpha x}\sin\beta x.$$

综上所述，求二阶常系数齐次线性微分方程(6.6.1)的通解的步骤如下：

（1）写出方程(6.6.1)的特征方程 $r^2 + pr + q = 0$.

（2）求出特征方程的两个根 r_1, r_2.

（3）根据特征根 r_1, r_2 的不同情形写出方程(6.6.1)的通解：

① 当 r_1, r_2 是两个不相等的实根时，方程(6.6.1)的通解为

$$y = C_1 \mathrm{e}^{r_1 x} + C_2 \mathrm{e}^{r_2 x};$$

② 当 r_1, r_2 是两个相等的实根时，方程(6.6.1)的通解为

$$y = (C_1 + C_2 x)\mathrm{e}^{r_1 x};$$

③ 当 $r_1 = \alpha + \mathrm{i}\beta, r_2 = \alpha - \mathrm{i}\beta$ 是一对共轭复根时，方程(6.6.1)的通解为

$$y = \mathrm{e}^{\alpha x}(C_1 \cos\beta x + C_2 \sin\beta x).$$

例 6.6.1 求微分方程 $y'' + 3y' + 2y = 0$ 的通解.

解 所给微分方程的特征方程为 $r^2 + 3r + 2 = 0$，解得其根为 $r_1 = -2, r_2 = -1$.
特征根 r_1, r_2 是两个不相等的实根，因此所求通解为

$$y = C_1 \mathrm{e}^{-x} + C_2 \mathrm{e}^{-2x}.$$

例 6.6.2 求微分方程 $y'' + 4y' + 4y = 0$ 的通解.

解 所给微分方程的特征方程为 $r^2 + 4r + 4 = 0$，解得其根为 $r_1 = r_2 = -2$.
特征根 r_1, r_2 是两个相等的实根，因此所求通解为

$$y = (C_1 + C_2 x)\mathrm{e}^{-2x}.$$

例 6.6.3 求微分方程 $y'' - 2y' + 10y = 0$ 满足初始条件 $y(0) = 0, y'(0) = 6$ 的特解.

解 所给微分方程的特征方程为 $r^2 - 2r + 10 = 0$，解得其根为 $r_1 = 1 + 3\mathrm{i}, r_2 = 1 - 3\mathrm{i}$.
特征根 r_1, r_2 是一对共轭复根，因此原微分方程的通解为

$$y = \mathrm{e}^x(C_1 \cos 3x + C_2 \sin 3x).$$

将 $y(0) = 0$ 代入原微分方程的通解，得 $y(0) = C_1 = 0$，则 $y = C_2 e^x \sin 3x$，从而

$$y' = C_2 e^x (\sin 3x + 3\cos 3x).$$

再将 $y'(0) = 6$ 代入上式，得 $y'(0) = 3C_2 = 6$，故 $C_2 = 2$，于是所求特解为 $y = 2e^x \sin 3x$.

例 6.6.4 设函数 $f(x)$ 连续，且满足 $f(x) = 5 - \int_0^x (x - t - 1) f(t) \mathrm{d}t$，求 $f(x)$.

解 将所给等式变形为

$$f(x) = 5 - x \int_0^x f(t) \mathrm{d}t + \int_0^x (t + 1) f(t) \mathrm{d}t.$$

由于 $f(x)$ 连续，故从上式右端的表达式可知，$f(x)$ 有一阶导数. 于是，在上式两边对 x 求导数，可得

$$f'(x) = -\int_0^x f(t) \mathrm{d}t - x f(x) + (x + 1) f(x) = f(x) - \int_0^x f(t) \mathrm{d}t.$$

又从上式右端的表达式可知，$f'(x)$ 可导，因此在上式两边再对 x 求导数，可得

$$f''(x) = f'(x) - f(x), \quad 即 \quad f''(x) - f'(x) + f(x) = 0.$$

这为二阶常系数齐次线性微分方程，其特征方程为 $r^2 - r + 1 = 0$，解得其根为

$$r_1 = \frac{1}{2} + \frac{\sqrt{3}}{2}\mathrm{i}, \quad r_2 = \frac{1}{2} - \frac{\sqrt{3}}{2}\mathrm{i},$$

故该微分方程的通解为

$$f(x) = e^{\frac{1}{2}x} \left(C_1 \cos \frac{\sqrt{3}}{2} x + C_2 \sin \frac{\sqrt{3}}{2} x \right).$$

而由题设条件可知，$f(0) = f'(0) = 5$，代入上式，得 $C_1 = 5, C_2 = \frac{5}{3}\sqrt{3}$，故所求函数为

$$f(x) = e^{\frac{1}{2}x} \left(5\cos \frac{\sqrt{3}}{2} x + \frac{5}{3}\sqrt{3} \sin \frac{\sqrt{3}}{2} x \right).$$

注 以上讨论可推广到 n 阶常系数微分方程

$$y^{(n)} + p_1 y^{(n-1)} + \cdots + p_{n-1} y' + p_n y = 0 \quad (p_1, \cdots, p_{n-1}, p_n \text{ 均为常数}),$$

其特征方程为

$$r^n + p_1 r^{n-1} + \cdots + p_{n-1} r + p_n = 0.$$

若该特征方程含单实根 r，则原微分方程的通解中必含对应项 $C e^{rx}$；

若该特征方程含一对单复根 $r_1 = \alpha + \mathrm{i}\beta, r_2 = \alpha - \mathrm{i}\beta$，则原微分方程的通解中必含对应项

$$e^{\alpha x}(C_1 \cos \beta x + C_2 \sin \beta x);$$

若该特征方程含 k 重实根 r，则原微分方程的通解中必含对应项

$$(C_1 + C_2 x + \cdots + C_k x^{k-1}) e^{rx};$$

若该特征方程含 k 重复根 $r = \alpha \pm \mathrm{i}\beta$，则原微分方程的通解中必含对应项

$$e^{\alpha x}\left[(C_1 + C_2 x + \cdots + C_k x^{k-1}) \cos \beta x + (D_1 + D_2 x + \cdots + D_k x^{k-1}) \sin \beta x \right].$$

例 6.6.5 求微分方程 $y^{(4)} - 2y''' + 5y'' = 0$ 的通解.

解 所给微分方程的特征方程为

$$r^4 - 2r^3 + 5r^2 = 0, \quad 即 \quad r^2(r^2 - 2r + 5) = 0,$$

解得其特征根为 $r_1 = r_2 = 0, r_3 = 1 + 2\mathrm{i}, r_4 = 1 - 2\mathrm{i}$. 因此，原微分方程的通解为

$$y = C_1 + C_2 x + e^x (C_3 \cos 2x + C_4 \sin 2x).$$

二、二阶常系数非齐次线性微分方程的解法

二阶常系数非齐次线性微分方程的一般形式为

$$y'' + py' + qy = f(x), \tag{6.6.3}$$

其中 p, q 为实常数，$f(x)$ 为已知的连续函数.

根据二阶非齐次线性微分方程解的结构，求二阶常系数非齐次线性微分方程(6.6.3)的通解，只需求它对应的二阶常系数齐次线性微分方程(6.6.1)的通解 Y 和方程(6.6.3)本身的一个特解 y^* 即可. 而二阶常系数齐次线性微分方程(6.6.1)的求解问题已解决. 下面介绍二阶常系数非齐次线性微分方程(6.6.3)的特解 y^* 的解法.

方程(6.6.3)的特解的形式与右端的自由项 $f(x)$ 有关，如果要对 $f(x)$ 的一般情形来求方程(6.6.3)的特解是非常困难的，这里只就 $f(x)$ 的三种特殊的情形进行讨论. 下面介绍的方法的特点是不用积分就可求出特解 y^*，称之为**待定系数法**.

这里所指的特殊自由项主要包括：

(1) $f(x) = P_m(x)$，其中 $P_m(x)$ 是 m 次实系数多项式；

(2) $f(x) = e^{\lambda x} P_m(x)$，其中 λ 为常数，$P_m(x)$ 是 m 次实系数多项式；

(3) $f(x) = e^{\alpha x}(P_l(x)\cos \beta x + P_n(x)\sin \beta x)$，其中 α, β 为常数，$P_l(x)$ 与 $P_n(x)$ 分别是 l 次与 n 次实系数多项式.

带有这三类自由项的二阶常系数非齐次线性微分方程不仅容易求解，且广泛应用于工程技术等领域中，很有实际意义.

1. $f(x) = P_m(x)$ 型

此时，方程(6.6.3)为 $y'' + py' + qy = P_m(x)$. 由多项式的导数的特点，可以猜想该微分方程有多项式形式的解，而且这个解与 $P_m(x)$ 有相同的次数(因为 $q \neq 0$①). 设该微分方程有解

$$y^* = a_0 x^m + a_1 x^{m-1} + \cdots + a_{m-1} x + a_m,$$

其中 $a_0, a_1, \cdots, a_m$ 为待定系数. 把它代入微分方程 $y'' + py' + qy = P_m(x)$ 后，比较等式两边 x 同次幂的系数，可以得到一个 $m+1$ 元线性方程组. 解这个方程组，就可求出待定系数 $a_0, a_1, \cdots, a_m$.

例 6.6.6 求微分方程 $y'' + 2y' - 3y = -27x^2$ 的一个特解.

解 此为二阶常系数非齐次线性微分方程，$f(x) = -27x^2$ 为 $P_2(x)$ 型，故设

$$y^* = Ax^2 + Bx + C.$$

代入原微分方程，有

$$2A + 2(2Ax + B) - 3(Ax^2 + Bx + C) = -27x^2,$$

解得 $A = 9, B = 12, C = 14$. 故 $y^* = 9x^2 + 12x + 14$ 为原微分方程的一个特解.

思考 能否设例 6.6.6 的特解为 $y^* = Ax^2$？请读者自行思考.

2. $f(x) = e^{\lambda x} P_m(x)$ 型

---

① 如果 $q = 0$，则可以令 $z = y'$，将所求微分方程降为一阶线性微分方程 $z' + pz = P_m(x)$，故只考虑 $q \neq 0$ 的情况.

由于指数函数与多项式之积的各阶导数仍是同类型的函数,即仍然是多项式与指数函数的乘积,例如,
$$f(x) = (x^2+1)e^{2x}, \quad f'(x) = 2xe^{2x} + 2(x^2+1)e^{2x} = 2e^{2x}(x^2+x+1),$$
因此可以猜想此时方程(6.6.3)的特解仍然是多项式与指数函数乘积的形式(λ 不变). 不妨假设微分方程 $y'' + py' + qy = e^{\lambda x}P_m(x)$ 的特解为 $y^* = Q(x)e^{\lambda x}$,其中 $Q(x)$ 是 x 的多项式. 将 y^* 代入原微分方程并消去 $e^{\lambda x}$,得
$$Q''(x) + (2\lambda + p)Q'(x) + (\lambda^2 + p\lambda + q)Q(x) \equiv P_m(x). \tag{6.6.4}$$

(1) 若 λ 不是微分方程 $y'' + py' + qy = 0$ 的特征方程 $r^2 + pr + q = 0$ 的根,即 $\lambda^2 + p\lambda + q \neq 0$,则多项式 $Q(x)$ 与 $P_m(x)$ 应具有相同的次数,故可令
$$Q(x) = Q_m(x) = a_0 x^m + a_1 x^{m-1} + \cdots + a_{m-1} x + a_m,$$
其中 $a_0, a_1, \cdots, a_m$ 为待定系数,代入方程(6.6.4)后,比较等式两边 x 同次幂的系数,就得到一个含 $a_0, a_1, \cdots, a_m$ 的 $m+1$ 个方程的联立方程组,解出这些系数,即得特解 $y^* = Q_m(x)e^{\lambda x}$.

(2) 若 λ 是特征方程 $r^2 + pr + q = 0$ 的单根,即 $\lambda^2 + p\lambda + q = 0$,而 $2\lambda + p \neq 0$,则多项式 $Q'(x)$ 应是 m 次多项式. 又 $Ce^{\lambda x}$(C 为常数) 为 $y'' + py' + qy = 0$ 的解,故可令
$$Q(x) = xQ_m(x).$$

(3) 若 λ 是特征方程 $r^2 + pr + q = 0$ 的二重根,即 $\lambda^2 + p\lambda + q = 0$,且 $2\lambda + p = 0$,则多项式 $Q''(x)$ 应是 m 次多项式. 再注意到此时 $C_1 e^{\lambda x}$ 和 $C_2 x e^{\lambda x}$(C_1, C_2 为常数) 均为 $y'' + py' + qy = 0$ 的解,故可令
$$Q(x) = x^2 Q_m(x).$$

综上所述,如果 $f(x) = e^{\lambda x}P_m(x)$,则微分方程 $y'' + py' + qy = f(x)$ 具有形如
$$y^* = x^k Q_m(x)e^{\lambda x}$$
的特解,其中 $Q_m(x)$ 是与 $P_m(x)$ 具有相同次数的待定多项式,而 k 按 λ 不是特征方程的根、是特征方程的单根,以及是特征方程的二重根,依次取为 $0, 1$ 和 2.

例 6.6.7 求下列微分方程的特解形式:

(1) $y'' - y' - 6y = 3e^{2x}$;   (2) $y'' + 6y' + 9y = 5xe^{-3x}$.

解 (1) 因为 $\lambda = 2$ 不是特征方程 $r^2 - r - 6 = 0$ 的根,故原微分方程的特解形式应为 $y^* = Ae^{2x}$,其中 A 为待定系数.

(2) 由于 $\lambda = -3$ 是特征方程 $r^2 + 6r + 9 = (r+3)^2 = 0$ 的二重根,故原微分方程的特解形式应为 $y^* = x^2(Ax + B)e^{-3x}$,其中 A, B 为待定系数.

例 6.6.8 求微分方程 $y'' + y' - 2y = e^x(6x+5)$ 的通解.

解 原微分方程对应的齐次线性微分方程为 $y'' + y' - 2y = 0$,它的特征方程为 $r^2 + r - 2 = 0$,解得其根为 $r_1 = 1, r_2 = -2$. 于是,对应的齐次线性微分方程的通解为
$$Y = C_1 e^x + C_2 e^{-2x}.$$

原微分方程的自由项 $f(x) = e^x(6x+5)$ 为 $P_m(x)e^{\lambda x}$ 型,其中 $P_m(x) = 6x+5$,即 $m = 1, \lambda = 1$. 因 $\lambda = 1$ 为特征方程 $r^2 + r - 2 = 0$ 的单根,故可设原微分方程的一个特解为
$$y^* = x(ax + b)e^x = (ax^2 + bx)e^x,$$
其中 a, b 为待定系数.

把它代入原微分方程,并整理得

$$6ax + 2a + 3b = 6x + 5,$$

比较等式两边 x 同次幂的系数,得 $a = 1, b = 1$. 于是,所求特解为

$$y^* = e^x(x^2 + x).$$

因此,原微分方程的通解为

$$y = C_1 e^x + C_2 e^{-2x} + e^x(x^2 + x).$$

3. $f(x) = e^{\alpha x}(P_l(x)\cos\beta x + P_n(x)\sin\beta x)$ **型**

此时,求方程(6.6.3)的特解的具体步骤如下.

(1) 利用欧拉公式将自由项 $f(x)$ 变形:

$$f(x) = e^{\alpha x}\left(P_l(x)\frac{e^{i\beta x} + e^{-i\beta x}}{2} + P_n(x)\frac{e^{i\beta x} - e^{-i\beta x}}{2i}\right)$$

$$= \left(\frac{P_l(x)}{2} + \frac{P_n(x)}{2i}\right)e^{(\alpha + i\beta)x} + \left(\frac{P_l(x)}{2} - \frac{P_n(x)}{2i}\right)e^{(\alpha - i\beta)x}$$

$$= \left(\frac{P_l(x)}{2} - \frac{P_n(x)}{2}i\right)e^{(\alpha + i\beta)x} + \left(\frac{P_l(x)}{2} + \frac{P_n(x)}{2}i\right)e^{(\alpha - i\beta)x},$$

令 $m = \max\{n, l\}$, $Q_m(x) = \dfrac{P_l(x)}{2} - \dfrac{P_n(x)}{2}i$,则($\overline{Q_m(x)}$ 为多项式 $Q_m(x)$ 的共轭多项式)

$$f(x) = Q_m(x)e^{(\alpha + i\beta)x} + \overline{Q_m(x)}e^{(\alpha - i\beta)x}.$$

(2) 求如下两个微分方程的特解 y_1^* 和 y_2^*:

$$y'' + py' + qy = Q_m(x)e^{(\alpha + i\beta)x} \quad \text{和} \quad y'' + py' + qy = \overline{Q_m(x)}e^{(\alpha - i\beta)x}.$$

由带有第二种类型自由项的微分方程的求解过程易知,当 λ 不是实数而是复数时,相应的结论仍然成立. 因此,直接利用相应的结论,当 $\alpha + i\beta$ 是特征方程 $r^2 + pr + q = 0$ 的 k 重根 $(k = 0, 1)$ 时,微分方程 $y'' + py' + qy = Q_m(x)e^{(\alpha + i\beta)x}$ 的特解可设为

$$y_1^* = x^k R_m(x)e^{(\alpha + i\beta)x},$$

其中 $R_m(x)$ 是系数待定的 m 次多项式. 于是

$$(y_1^*)'' + p(y_1^*)' + qy_1^* \equiv Q_m(x)e^{(\alpha + i\beta)x},$$

由于 p, q 为实常数,将上面等式两边同时取共轭,得

$$(\overline{y_1^*})'' + p(\overline{y_1^*})' + q\overline{y_1^*} \equiv \overline{Q_m(x)e^{(\alpha + i\beta)x}} = \overline{Q_m(x)}e^{(\alpha - i\beta)x},$$

故 $\overline{y_1^*}$ 为微分方程 $y'' + py' + qy = \overline{Q_m(x)}e^{(\alpha - i\beta)x}$ 的特解,即

$$y_2^* = \overline{y_1^*} = \overline{x^k R_m(x)e^{(\alpha + i\beta)x}} = x^k \overline{R_m(x)}e^{(\alpha - i\beta)x}.$$

(3) 求原微分方程 $y'' + py' + qy = e^{\alpha x}(P_l(x)\cos\beta x + P_n(x)\sin\beta x)$ 的特解.

利用(2)的结果,根据解的叠加原理,原微分方程有特解

$$y^* = y_1^* + \overline{y_1^*} = x^k R_m(x)e^{(\alpha + i\beta)x} + x^k \overline{R_m(x)}e^{(\alpha - i\beta)x}$$

$$= x^k e^{\alpha x}(R_m(x)e^{i\beta x} + \overline{R_m(x)}e^{-i\beta x})$$

$$= x^k e^{\alpha x}[R_m(x)(\cos\beta x + i\sin\beta x) + \overline{R_m(x)}(\cos\beta x - i\sin\beta x)]$$

$$= x^k e^{\alpha x}(R_m^{(1)}(x)\cos\beta x + R_m^{(2)}(x)\sin\beta x),$$

其中

$$R_m^{(1)}(x) = R_m(x) + \overline{R_m(x)}, \quad R_m^{(2)}(x) = (R_m(x) - \overline{R_m(x)})i.$$

显然,$R_m^{(1)}(x)$,$R_m^{(2)}(x)$ 均为 m 次实系数多项式.

综上所述,可以将此类问题的一般解题步骤归纳如下:

(1) 将自由项 $f(x)$ 转化为

$$f(x) = Q_m(x)e^{(\alpha+i\beta)x} + \overline{Q_m(x)}e^{(\alpha-i\beta)x};$$

(2) 分别求出如下两个微分方程的特解:

$$y'' + py' + qy = Q_m(x)e^{(\alpha+i\beta)x} \quad \text{和} \quad y'' + py' + qy = \overline{Q_m(x)}e^{(\alpha-i\beta)x};$$

(3) 利用解的叠加原理求出原微分方程的特解.

因此,二阶常系数非齐次线性微分方程

$$y'' + py' + qy = e^{\alpha x}(P_l(x)\cos\beta x + P_n(x)\sin\beta x)$$

的特解应具有如下形式:

$$y^* = x^k e^{\alpha x}(R_m^{(1)}(x)\cos\beta x + R_m^{(2)}(x)\sin\beta x),$$

其中 $R_m^{(1)}(x)$,$R_m^{(2)}(x)$ 是系数待定的 m 次实系数多项式,$m = \max\{n, l\}$,而 k 按 $\alpha \pm i\beta$ 不是或是特征方程 $r^2 + pr + q = 0$ 的根而分别取 0 或 1.

例 6.6.9 写出下列微分方程的特解形式(无须求出系数):

(1) $y'' - 2y' + 2y = e^x\sin x$; (2) $y'' + y = \dfrac{1}{2}x + \cos 2x$.

解 (1) 由特征方程 $r^2 - 2r + 2 = 0$ 解得其根为 $r_1 = 1 + i, r_2 = 1 - i$. 由于 $\alpha + i\beta = 1 + i$ 是特征方程的根,故原微分方程的特解形式应为

$$y^* = xe^x(A\sin x + B\cos x),$$

其中 A, B 为待定系数.

(2) 由特征方程 $r^2 + 1 = 0$ 解得其根为 $r_1 = i, r_2 = -i$. 由于 $\lambda = 0$ 不是特征方程的根,故微分方程 $y'' + y = \dfrac{1}{2}x$ 的特解应具有如下形式:

$$y_1^* = Cx \quad (C \text{ 为待定系数}).$$

由于 $\alpha + i\beta = 2i$ 不是特征方程的根,故微分方程 $y'' + y = \cos 2x$ 的特解具有如下形式:

$$y_2^* = A\sin 2x + B\cos 2x \quad (A, B \text{ 为待定系数}).$$

因此,由解的叠加原理知,原微分方程的特解应具有如下形式:

$$y^* = y_1^* + y_2^* = Cx + A\sin 2x + B\cos 2x.$$

例 6.6.10 求微分方程 $y'' + 4y = x\cos x$ 的通解.

解 原微分方程对应的齐次线性微分方程 $y'' + 4y = 0$ 的特征方程为 $r^2 + 4 = 0$,解得其根为 $r_1 = 2i, r_2 = -2i$. 故这个齐次线性微分方程的通解为

$$Y = C_1\cos 2x + C_2\sin 2x.$$

原微分方程的自由项 $f(x) = x\cos x$ 为 $e^{\alpha x}(P_l(x)\cos\beta x + P_n(x)\sin\beta x)$ 型,其中 $\alpha = 0$,$\beta = 1, P_l(x) = x, P_n(x) = 0$. 由于 $\alpha + i\beta = i$ 不是特征方程的根,故原微分方程的特解可设为

$$y^* = x^0 e^{0x}[(a_1 x + b_1)\cos x + (a_2 x + b_2)\sin x] = (a_1 x + b_1)\cos x + (a_2 x + b_2)\sin x,$$

其中 a_1, a_2, b_1, b_2 为待定系数.

经计算,得

$$(y^*)' = -(a_1 x + b_1 - a_2)\sin x + (a_2 x + a_1 + b_2)\cos x,$$

$$(y^*)'' = -(a_2 x + b_2 + 2a_1)\sin x - (a_1 x + b_1 - 2a_2)\cos x.$$

代回原微分方程,有

$$(3a_2 x - 2a_1 + 3b_2)\sin x + (3a_1 x + 3b_1 + 2a_2)\cos x = x\cos x,$$

比较上式两端同类项的系数,得

$$3a_2 x - 2a_1 + 3b_2 = 0, \quad 3a_1 x + 3b_1 + 2a_2 = x,$$

从而

$$\begin{cases} 3a_2 = 0, \\ -2a_1 + 3b_2 = 0, \\ 3a_1 = 1, \\ 3b_1 + 2a_2 = 0, \end{cases} \quad 即 \quad \begin{cases} a_1 = \dfrac{1}{3}, \\ a_2 = 0, \\ b_1 = 0, \\ b_2 = \dfrac{2}{9}. \end{cases}$$

故微分原方程有一个特解为

$$y^* = \frac{1}{3}x\cos x + \frac{2}{9}\sin x.$$

因此,原微分方程的通解为

$$y = C_1\cos 2x + C_2\sin 2x + \frac{1}{3}x\cos x + \frac{2}{9}\sin x.$$

例 6.6.11 求微分方程 $y'' - 6y' + 8y = (x^2 + 1)e^{2x} + \cos 4x$ 的通解.

解 原微分方程对应的齐次线性微分方程为 $y'' - 6y' + 8y = 0$,它的特征方程为

$$r^2 - 6r + 8 = 0,$$

解得其根为 $r_1 = 2, r_2 = 4$. 于是,原微分方程对应的齐次线性微分方程的通解为

$$Y = C_1 e^{2x} + C_2 e^{4x}.$$

注意到原微分方程的自由项 $f(x)$ 是两种类型的函数 $f_1(x) = (x^2 + 1)e^{2x}$ 与 $f_2(x) = \cos 4x$ 的和,于是利用解的叠加原理,将求原微分方程的特解的问题分解成求以下两个微分方程

$$y'' - 6y' + 8y = (x^2 + 1)e^{2x}, \tag{6.6.5}$$

$$y'' - 6y' + 8y = \cos 4x \tag{6.6.6}$$

的特解的问题.

对于方程 (6.6.5),由于 $\lambda = 2$ 是特征方程的单根,所以设其特解为

$$y_1^* = xe^{2x}(A_1 x^2 + B_1 x + C_1) = e^{2x}(A_1 x^3 + B_1 x^2 + C_1 x),$$

其中 A_1, B_1, C_1 为待定系数.

把上述特解代入方程 (6.6.5),并整理得

$$-6A_1 x^2 + (6A_1 - 4B_1)x + 2B_1 - 2C_1 = x^2 + 1,$$

比较上式两端同类项的系数,得

$$\begin{cases} -6A_1 = 1, \\ 6A_1 - 4B_1 = 0, \\ 2B_1 - 2C_1 = 1, \end{cases}$$

解得 $A_1 = -\dfrac{1}{6}, B_1 = -\dfrac{1}{4}, C_1 = -\dfrac{3}{4}$. 于是,方程 (6.6.5) 有一个特解为

$$y_1^* = -x\mathrm{e}^{2x}\left(\frac{1}{6}x^2 + \frac{1}{4}x + \frac{3}{4}\right).$$

对于方程(6.6.6),由于 $\alpha + \mathrm{i}\beta = 4\mathrm{i}$ 不是特征方程的根,故可设其特解为

$$y_2^* = A_2\cos 4x + B_2\sin 4x,$$

其中 A_2, B_2 为待定系数.

将上述特解代入方程(6.6.6),并整理得

$$(-8A_2 - 24B_2)\cos 4x + (24A_2 - 8B_2)\sin 4x = \cos 4x,$$

比较上式两端同类项的系数,得

$$\begin{cases} -8A_2 - 24B_2 = 1, \\ 24A_2 - 8B_2 = 0, \end{cases}$$

解得 $A_2 = -\dfrac{1}{80}, B_2 = -\dfrac{3}{80}$. 于是,方程(6.6.6) 有一个特解为

$$y_2^* = -\frac{1}{80}(\cos 4x + 3\sin 4x).$$

因此,原微分方程有一个特解为

$$y^* = y_1^* + y_2^* = -x\mathrm{e}^{2x}\left(\frac{1}{6}x^2 + \frac{1}{4}x + \frac{3}{4}\right) - \frac{1}{80}(\cos 4x + 3\sin 4x),$$

原微分方程的通解为

$$y = C_1\mathrm{e}^{2x} + C_2\mathrm{e}^{4x} - x\mathrm{e}^{2x}\left(\frac{1}{6}x^2 + \frac{1}{4}x + \frac{3}{4}\right) - \frac{1}{80}(\cos 4x + 3\sin 4x).$$

思考题 6.6

1. 二阶非齐次线性微分方程 $y'' + P(x)y' + Q(x)y = f(x)$ 的通解结构是怎样的?

2. 已知二阶非齐次线性微分方程 $y'' + P(x)y' + Q(x)y = f(x)$ 的三个解,能否得到该微分方程的通解? 为什么?

3. 已知一个四阶常系数齐次线性微分方程的四个线性无关的特解为

$$y_1 = \mathrm{e}^x, \quad y_2 = x\mathrm{e}^x, \quad y_3 = \cos 2x, \quad y_4 = 3\sin 2x,$$

求这个四阶微分方程及其通解.

习 题 6.6

(A)

一、已知常系数齐次线性微分方程的特征根,试在下列空白处写出相应的阶数最低的微分方程:

(1) 特征根为 $r_1 = r_2 = -2$,则微分方程为_____;

(2) 特征根为 $r_1 = 0, r_2 = \dfrac{1}{2} + \mathrm{i}, r_3 = \dfrac{1}{2} - \mathrm{i}$,则微分方程为_____.

二、求下列微分方程的通解:

(1) $y'' - 4y' = 0$; (2) $f''(x) + \dfrac{1}{\lambda}f(x) = 0$ (常数 $\lambda \neq 0$);

(3) $4\dfrac{\mathrm{d}^2 x}{\mathrm{d}t^2} - 20\dfrac{\mathrm{d}x}{\mathrm{d}t} + 25x = 0$; (4) $y'' - 4y' + 5y = 0$;

(5) $y^{(4)} - y = 0$; (6) $y^{(4)} + 2y'' + y = 0$.

三、求下列微分方程满足所给初始条件的特解：

(1) $y'' - 4y' + 3y = 0, y\big|_{x=0} = 6, y'\big|_{x=0} = 10$；

(2) $4y'' + 4y' + y = 0, y\big|_{x=0} = 2, y'\big|_{x=0} = 0$；

(3) $y'' + 25y = 0, y\big|_{x=0} = 2, y'\big|_{x=0} = 5$；

(4) $y'' + 4y' + 4y = 0, y\big|_{x=0} = 2, y'\big|_{x=0} = -4$，并求 $\int_0^{+\infty} y(x)\mathrm{d}x$.

四、写出以 $r^5 + 6r^3 - 2r^2 + r + 5 = 0$ 为特征方程的微分方程.

五、在如图 6-9 所示的电路中，先将开关 K 拨向 A，达到稳定状态后，再将开关 K 拨向 B，求电压 $u_C(t)$ 和电流 $i(t)$. 已知 $E = 20\,\mathrm{V}, C = 0.5 \times 10^{-6}\,\mathrm{F}, L = 0.1\,\mathrm{H}, R = 2\,000\,\Omega$.

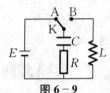

图 6-9

六、函数 $y = C_1 \mathrm{e}^x + C_2 \mathrm{e}^{-2x} + x\mathrm{e}^x$ 满足的一个微分方程是（　　）.

(A) $y'' - y' - 2y = 3x\mathrm{e}^x$　　　　　　　(B) $y'' - y' - 2y = 3\mathrm{e}^x$

(C) $y'' + y' - 2y = 3x\mathrm{e}^x$　　　　　　　(D) $y'' + y' - 2y = 3\mathrm{e}^x$

七、写出下列微分方程的特解形式（无须求出系数）：

(1) $y'' + y = (x-2)\mathrm{e}^{3x}$，则 $y^* = $ _____；

(2) $y'' - 2y' + y = (x^2 + x)\mathrm{e}^x$，则 $y^* = $ _____；

(3) $y'' - 2y' - 3y = x + x\mathrm{e}^{-x} + \mathrm{e}^x \cos 2x$，则 $y^* = $ _____.

八、求下列微分方程的通解：

(1) $2y'' + y' - y = 2\mathrm{e}^x$；　　　　　　　(2) $y'' + 3y' + 2y = 3x\mathrm{e}^{-x}$；

(3) $y'' - 6y' + 9y = 5(x+1)\mathrm{e}^{3x}$；　　　　(4) $y'' + y = x + \cos x$.

九、求下列微分方程满足所给初始条件的特解：

(1) $y'' + y + \sin 2x = 0, y\big|_{x=\pi} = 1, y'\big|_{x=\pi} = 1$；

(2) $y'' - y = 4x\mathrm{e}^x, y\big|_{x=0} = 0, y'\big|_{x=0} = 1$；

(3) $y'' - 4y' = 5, y\big|_{x=0} = 1, y'\big|_{x=0} = 1$.

十、设函数 $\varphi(x)$ 连续，且满足 $\varphi(x) = \mathrm{e}^x + \int_0^x t\varphi(t)\mathrm{d}t - x\int_0^x \varphi(t)\mathrm{d}t$，求 $\varphi(x)$.

（B）

一、设微分方程 $y'' + \alpha y' + \beta y = \gamma \mathrm{e}^x$ 有一个特解为 $y^* = \mathrm{e}^{2x} + (1+x)\mathrm{e}^x$，试确定常数 α, β, γ 的值，并求出该微分方程的通解.

二、设函数 $y = y(x)$ 满足微分方程 $y'' - 3y' + 2y = 2\mathrm{e}^x$，且其图形在点 $(0,1)$ 处的切线与曲线 $y = x^2 - x + 1$ 在该点处的切线重合，求 $y(x)$.

三、设四阶常系数齐次线性微分方程有一个特解为 $y_1 = x\mathrm{e}^x \cos 2x$，请写出该微分方程，并求出该微分方程的通解.

四、一链条悬挂在一钉子上，起动时一端离开钉子 8 m，另一端离开钉子 12 m，分别在以下两种情况下求链条下滑所需要的时间：

(1) 若不计钉子对链条产生的摩擦力；

(2) 若摩擦力为 1 m 长链条的重力.

五、已知微分方程 $y'' + P(x)y' + Q(x)y = 0$ 有一个特解为 y_1，则它的另一个与 y_1 线性无关的特解为（　　）.

(A) $y_2 = y_1 \int \dfrac{1}{y_1^2} e^{-\int P(x)\mathrm{d}x} \mathrm{d}x$　　　　　　　　　(B) $y_2 = y_1 \int \dfrac{1}{y_1^2} e^{\int P(x)\mathrm{d}x} \mathrm{d}x$

(C) $y_2 = y_1 \int \dfrac{1}{y_1} e^{-\int P(x)\mathrm{d}x} \mathrm{d}x$　　　　　　　　　(D) $y_2 = y_1 \int \dfrac{1}{y_1} e^{\int P(x)\mathrm{d}x} \mathrm{d}x$

六、设函数 $f(x) = x\sin x - \int_0^x (t-x)f(t)\mathrm{d}t$，其中函数 $f(x)$ 连续，求 $f(x)$.

七、设函数 $y = y(x)$ 在 $(-\infty, +\infty)$ 上具有二阶导数，且 $y' \neq 0, x = x(y)$ 是 $y = y(x)$ 的反函数.

(1) 试将函数 $x = x(y)$ 所满足的微分方程 $\dfrac{\mathrm{d}^2 x}{\mathrm{d}y^2} + (y + \sin x)\left(\dfrac{\mathrm{d}x}{\mathrm{d}y}\right)^3 = 0$ 变换为函数 $y = y(x)$ 所满足的微分方程；

(2) 求(1)中变换后所得的微分方程满足初始条件 $y(0) = 0, y'(0) = \dfrac{3}{2}$ 的特解.

*第七节　特殊的二阶变系数线性微分方程 —— 欧拉方程

一般来说，变系数线性微分方程都是不容易求解的. 但有些特殊的变系数线性微分方程可以通过变量代换化为常系数线性微分方程，因而可以求得其解. 下面所讨论的欧拉方程就属于这种类型.

形如

$$x^n y^{(n)} + p_1 x^{n-1} y^{(n-1)} + \cdots + p_{n-1} x y' + p_n y = f(x)$$

的微分方程称为 **n 阶欧拉方程**，其中 $p_1, p_2, \cdots, p_n$ 为常数. 详细内容见二维码链接.

欧拉方程

习题 6.7

一、求下列欧拉方程的通解：

(1) $x^2 y'' + 4xy' + 2y = 0$;　　　　　　　　　(2) $x^2 y'' - 2xy' + 2y = x^3 \ln x$.

二、利用变量代换 $y = \dfrac{u}{\cos x}$ 将微分方程 $y''\cos x - 2y'\sin x + 3y\cos x = e^x$ 化简，并求出这个微分方程的通解.

第八节　应 用 实 例

实例一：振动模型

振动是生活与工程中常见的现象. 例如汽车减震器中弹簧的振动，机床主轴的振动，有荷载的横梁的振动，交变电路中的电流或电压的振荡，以及无线电波中电场和磁场的振动等. 因此，研究振动规律有着极其重要的意义.

例 6.1.3 给出了弹簧振动模型中 t 时刻物体的位移 x 所满足的微分方程

$$m\frac{\mathrm{d}^2 x}{\mathrm{d}t^2} + \mu\frac{\mathrm{d}x}{\mathrm{d}t} + kx = f(t). \tag{6.8.1}$$

下面利用常系数线性微分方程的理论,对方程(6.8.1)按照自由振动和强迫振动这两种情形分别进行讨论,并阐明其中的一些物理现象.

1. 自由振动

(1) 无阻尼自由振动. 在这种情况下,假定物体在振动过程中既无阻力,又不受外力作用. 此时,方程(6.8.1)变为 $m\frac{\mathrm{d}^2 x}{\mathrm{d}t^2} + kx = 0$. 令 $\frac{k}{m} = \omega^2$,则该微分方程又变为

$$\frac{\mathrm{d}^2 x}{\mathrm{d}t^2} + \omega^2 x = 0.$$

显然,上述微分方程的特征方程为 $r^2 + \omega^2 = 0$,其特征根为 $r_1 = \omega\mathrm{i}, r_2 = -\omega\mathrm{i}$,故其通解为

$$x = C_1\sin\omega t + C_2\cos\omega t,$$

或者写为

$$x = \sqrt{C_1^2 + C_2^2}\left(\frac{C_1}{\sqrt{C_1^2 + C_2^2}}\sin\omega t + \frac{C_2}{\sqrt{C_1^2 + C_2^2}}\cos\omega t\right)$$

$$= A(\cos\varphi\sin\omega t + \sin\varphi\cos\omega t) = A\sin(\omega t + \varphi),$$

其中 $A = \sqrt{C_1^2 + C_2^2}$ 为振幅,$\varphi = \arctan\frac{C_2}{C_1}$ 为初相,任意常数 C_1 和 C_2 可由初始条件确定.

无阻尼自由振动情形下解的特征:$x = A\sin(\omega t + \varphi)$ 是**简谐振动**,其图形如图 6-10 所示,其振幅 A、频率 ω 均为常数. 在物理学中,通常称 φ 为**初相**,$T = \frac{2\pi}{\omega}$ 为**周期**,$\omega = \sqrt{\frac{k}{m}}$ 为**固有频率**(仅由系统特性确定). 在图 6-10 中假设 $x\big|_{t=0} = x_0 > 0, \dfrac{\mathrm{d}x}{\mathrm{d}t}\big|_{t=0} = v_0 > 0$.

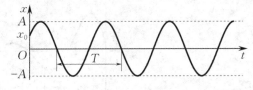

图 6-10

(2) 有阻尼自由振动. 在这种情况下,考虑物体所受阻力,不考虑物体所受外力. 此时,方程(6.8.1)变为

$$m\frac{\mathrm{d}^2 x}{\mathrm{d}t^2} + \mu\frac{\mathrm{d}x}{\mathrm{d}t} + kx = 0.$$

令 $\frac{\mu}{m} = 2n, \frac{k}{m} = \omega^2$,则该微分方程又变为

$$\frac{\mathrm{d}^2 x}{\mathrm{d}t^2} + 2n\frac{\mathrm{d}x}{\mathrm{d}t} + \omega^2 x = 0.$$

显然,上述微分方程的特征方程为 $r^2 + 2nr + \omega^2 = 0$,解得其特征根为 $r_1 = -n - \sqrt{n^2 - \omega^2}$,$r_2 = -n + \sqrt{n^2 - \omega^2}$. 根据 n 与 ω 的关系,又分为如下三种情形:

① **大阻尼**($n > \omega$) 情形(如液体介质). 特征根为两个不相等的实根,则所求的通解为

$$x = C_1 e^{\left(-n-\sqrt{n^2-\omega^2}\right)t} + C_2 e^{\left(-n+\sqrt{n^2-\omega^2}\right)t}.$$

大阻尼情形下解的特征：无振荡现象. 由于 r_1 和 r_2 都是负数，因此当 $t \to +\infty$ 时，$x(t) \to 0$，即随时间 t 的增大，物体趋于平衡位置，如图 $6-11$ 所示$\left(假设 \left. x \right|_{t=0} = x_0 > 0\right)$.

② **临界阻尼**$(n = \omega)$ **情形**. 特征根为二重根 $r_1 = r_2 = -n$，则所求的通解为
$$x = (C_1 + C_2 t)e^{-nt}.$$

临界阻尼情形下解的特征：由于阻尼比较大，物体不发生振动. 当有一初始扰动以后，质点慢慢回到平衡位置.

由上面两种情形可以看出，如果在系统中存在阻尼，则物体的运动最终总会消失. 换句话说，系统的任何初始振动都将被系统中存在的阻尼消耗尽. 这就是机械系统中广泛采用弹簧-质量-阻尼系统的原因之一. 弹簧减震系统可以用来消灭任何有害的扰动. 例如，汽车上的减震器就是一个简单的弹簧-质量-阻尼系统.

③ **小阻尼**$(n < \omega)$ **情形**(如空气介质). 特征根为一对共轭复根，则所求的通解为
$$x = e^{-nt}\left(C_1 \sin\sqrt{\omega^2-n^2}\,t + C_2 \cos\sqrt{\omega^2-n^2}\,t\right),$$
或者简写为
$$x = Ae^{-nt}\sin\left(\sqrt{\omega^2-n^2}\,t + \varphi\right) \quad \left(A = \sqrt{C_1^2 + C_2^2},\ \varphi = \arctan\frac{C_2}{C_1}\right).$$

小阻尼情形下解的特征：运动周期为 $\dfrac{T}{\sqrt{\omega^2-n^2}}$，振幅 Ae^{-nt} 随时间 t 衰减很快，物体随时间 t 的增大趋于平衡位置. 另外，由于通解中含有正弦函数，因此物体做衰减振动，位移 x 随时间 t 的变化规律如图 $6-12$ 所示$\left(假设 \left. x \right|_{t=0} = x_0 > 0\right)$.

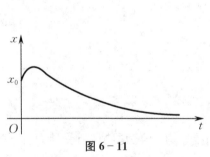

图 $6-11$

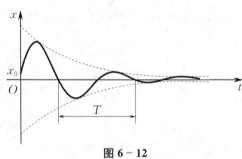

图 $6-12$

2. 强迫振动

（1）无阻尼强迫振动. 在这种情况下，物体不受阻力作用，设其所受外力为简谐力 $f(t) = H\sin pt$. 此时，方程(6.8.1)变为
$$m\frac{d^2 x}{dt^2} + kx = H\sin pt, \quad 即 \quad \frac{d^2 x}{dt^2} + \omega^2 x = h\sin pt \quad \left(h = \frac{H}{m}, \omega^2 = \frac{k}{m}\right).$$

根据 pi 是否等于特征根 ωi，其通解可分为如下两种情形：

① 当 $p \neq \omega$ 时，其通解为
$$x = \underbrace{C_1 \sin\omega t + C_2 \cos\omega t}_{\text{自由振动}} + \underbrace{\frac{h}{\omega^2-p^2}\sin pt}_{} = \underbrace{A\sin(\omega t + \varphi)}_{\text{自由振动}} + \underbrace{\frac{h}{\omega^2-p^2}\sin pt}_{\text{强迫振动}}.$$

此时,特解的振幅 $\left|\dfrac{h}{\omega^2-p^2}\right|$ 为常数,而且当外力的频率 p 越接近于物体的固有频率 ω 时,强迫振动的振幅就越大.

②当 $p=\omega$ 时,其通解为

$$x=C_1\sin\omega t+C_2\cos\omega t-\frac{h}{2p}t\cos pt.$$

此时,特解的振幅 $\dfrac{h}{2p}t$ 随时间 t 的增加可无限增大,即虽然外力是有界的,但 $x(t)$ 的振动却是无界的,称这种现象为**共振**. 显然,当外力的频率 p 等于物体的固有频率 ω 时,将发生共振.

这种现象曾经使得 1831 年英国曼彻斯特附近的布劳顿吊桥倒塌. 当时有一队士兵通过这座大桥,整齐的正步使桥梁发生共振而倒塌.

(2) 有阻尼强迫振动. 在这种情况下,假定物体在振动过程中既受阻力作用,又受外力(简谐力)$f(t)=H\sin pt$ 的作用,并设 $n<\omega$(这里只讨论小阻尼的情形). 此时,方程(6.8.1)变为

$$\frac{\mathrm{d}^2 x}{\mathrm{d}t^2}+2n\frac{\mathrm{d}x}{\mathrm{d}t}+\omega^2 x=h\sin pt,$$

它的特征根为 $r_1=-n-\sqrt{\omega^2-n^2}\,\mathrm{i},r_2=-n+\sqrt{\omega^2-n^2}\,\mathrm{i}(n\neq 0)$,则 $p\mathrm{i}$ 不可能为特征根,故其特解为

$$x^*=A\sin pt+B\cos pt,$$

其中 $A=\dfrac{(\omega^2-p^2)h}{(\omega^2-p^2)^2+4n^2p^2}$,$B=\dfrac{-2nph}{(\omega^2-p^2)^2+4n^2p^2}$. 代入上式,得

$$x^*=\frac{h}{(\omega^2-p^2)^2+4n^2p^2}\big[(\omega^2-p^2)\sin pt-2np\cos pt\big].$$

因此,有阻尼强迫振动的振动规律为

$$x=\underbrace{Ae^{-nt}\sin(\sqrt{\omega^2-n^2}\,t+\varphi)}_{\text{暂态分量}}$$

$$+\underbrace{\frac{h}{(\omega^2-p^2)^2+4n^2p^2}\big[(\omega^2-p^2)\sin pt-2np\cos pt\big]}_{\text{稳态分量}}\quad(n<\omega).$$

容易看出,随着时间 t 的增大,上式右端第一项按指数规律 e^{-nt} 很快衰减为零,称它为**暂态分量**;第二项是和外界强迫力频率相同的强迫振动,它不随时间衰减,故称它为**稳态分量**. 由此可见,弹簧的振动规律主要取决于特解,即

$$x\approx x^*=\frac{h}{(\omega^2-p^2)^2+4n^2p^2}\big[(\omega^2-p^2)\sin pt-2np\cos pt\big].$$

换句话说,主要取决于外界强迫力的作用,其中的 p 就是强迫力周期运动的频率.

需要特别指出的是,当 $p=\omega$ 时,

$$x^*=-\frac{h}{2np}\cos pt.$$

此时,若阻力很小(n 很小),则振幅可能会很大;若 n 比较大,则不会有较大的振幅.

例 6.8.1 (**R-L-C 电路的振荡问题**)　如图 6-13 所示,设有一个由电阻 R、自感 L、电容 C 和电源 E 串联而成的电路,其中 R,L 及 C 为常数. 当开关 K 闭合(时刻 $t = 0$)后,电源电动势 E 是时间 t 的函数,即 $E = E_0 \sin \omega t$,求电容 C 两边的电压 U_C 满足的微分方程.

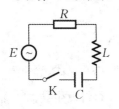

图 6-13

解　设电路中的电流为 $i(t)$,电容器极板上的电量为 $q(t)$,两极板间的电压为 U_C,自感电动势为 U_L,则由电学知识,有

$$U_R = Ri, \quad U_L = L\frac{\mathrm{d}i}{\mathrm{d}t}, \quad U_C = \frac{q}{C}, \quad i = \frac{\mathrm{d}q}{\mathrm{d}t} = C\frac{\mathrm{d}U_C}{\mathrm{d}t}.$$

根据基尔霍夫定律,有

$$E - U_L - U_R - U_C = 0,$$

即

$$LC\frac{\mathrm{d}^2 U_C}{\mathrm{d}t^2} + RC\frac{\mathrm{d}U_C}{\mathrm{d}t} + U_C = E_0 \sin \omega t. \tag{6.8.2}$$

这就是该电路的振荡方程.

方程(6.8.2)与机械振动的弹簧的有阻尼强迫振动方程(6.8.1)的形式完全一致. 这说明有阻尼的机械振动与 R-L-C 电路的运动变化机理在数学上是统一的. 据此,人们可以用电路系统去模拟机械系统,其意义重大. 由于前面已经对弹簧振动模型的方程(6.8.1)做了详细讨论,因此这里不必再讨论方程(6.8.2)的求解问题. 值得注意的是,电路也会发生共振,但是与机械系统不同,电路的共振有特殊效果,例如,电视、收音机通过调节频率 ω_0 使之与所接受电视台、电台的发射频率相同,产生共振来选台.

实例二:最速降线问题

1. 问题的背景

意大利科学家伽利略在 1630 年提出一个分析学的基本问题:一个质点在重力作用下从一个给定点移动到不在它垂直下方的另一个点,如果不计摩擦力,那么沿着什么曲线滑下所需的时间最短?牛顿对此曾做过实验:在铅垂平面内,取同样的两个球,其中一个沿圆弧从 A 滑至 B,另一个沿直线从 A 滑至 B,如图 6-14 所示. 结果发现,沿圆弧的球先到达 B. 伽利略认为此曲线是圆,但实际上这个答案是错误的.

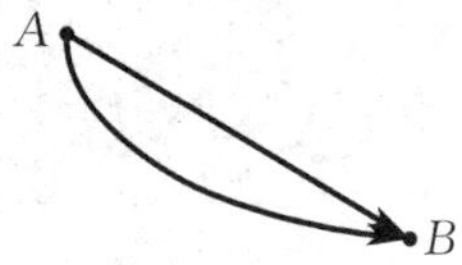

图 6-14

瑞士数学家约翰·伯努利在 1696 年再次提出这个最速降线的问题,他在《教师报》上发表了一封公开信,向全世界的数学家征求解答,此信的发表轰动了欧洲,引起了全世界的数学家的极大兴趣.

所谓最速降线问题,是指确定一个联结定点 A,B 的曲线,使质点在这曲线上用最短的时间由 A 滑至 B(忽略摩擦力和阻力). 这个问题在 1697 年得到了解决,牛顿、莱布尼茨、洛必达和伯努利兄弟都独立得到了正确的结论.

2. 预备知识 —— 一个光学问题

光线从一种介质(设光线在此介质中的传播速度为 v_1)中的点 A 到另一种介质(设光线在此介质中的传播速度为 v_2)中的点 B,求其所需时间最短的路径?

如图 6-15 所示,建立直角坐标系,已知 $OA = a, BQ = b, A'B = c$,设 $OP = x$,从点 A 经

过点 P 到点 B 所用时间为 T,则

$$T = \frac{\sqrt{a^2 + x^2}}{v_1} + \frac{\sqrt{b^2 + (c-x)^2}}{v_2}.$$

如果光线自动选择 x 使得 T 最小,则 $\dfrac{\mathrm{d}T}{\mathrm{d}x} = 0$,可得

$$\frac{x}{v_1\sqrt{a^2 + x^2}} = \frac{c-x}{v_2\sqrt{b^2 + (c-x)^2}},$$

由此得

$$\frac{\sin \alpha_1}{v_1} = \frac{\sin \alpha_2}{v_2},$$

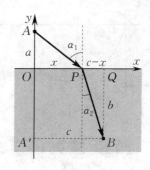

图 6 - 15

这里的角 α_1, α_2 分别是光线的入射角和折射角.

这是光的**折射定律**:当光从一种介质进入另一种介质时,入射角的正弦值与折射角的正弦值之比等于光在这两种介质中的速度之比.

3. 建模与求解

建立如图 6 - 16 所示的直角坐标系,设想质点(例如光线)能选择从 A 滑到 B 的路径,使得所需时间尽可能短. 按照光的折射定理,有

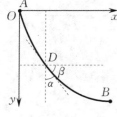

图 6 - 16

$$\frac{\sin \alpha}{v} = c \quad (c \text{ 为一定值}). \tag{6.8.3}$$

由于质点在下降时所增加的动能应等于所减少的势能,故质点在点 $D(x, y)$ 处的速度 v 应满足 $\dfrac{1}{2}mv^2 = mgy$,即

$$v = \sqrt{2gy}. \tag{6.8.4}$$

由几何关系得

$$\sin \alpha = \cos \beta = \frac{1}{\sec \beta} = \frac{1}{\sqrt{1 + (y')^2}}. \tag{6.8.5}$$

将式(6.8.4),式(6.8.5)代入式(6.8.3),得路径 $y = y(x)$ 需要满足的微分方程

$$\begin{cases} y[1 + (y')^2] = C, \\ y\big|_{x=0} = 0 \end{cases} \quad \left(C = \frac{1}{2gc^2}\right).$$

将微分方程变形为 $\mathrm{d}x = \left(\dfrac{y}{C-y}\right)^{\frac{1}{2}}\mathrm{d}y$,令 $\left(\dfrac{y}{C-y}\right)^{\frac{1}{2}} = \tan t$,则 $y = C\sin^2 t$,$\mathrm{d}y = 2C\sin t\cos t\,\mathrm{d}t$,从而有

$$\mathrm{d}x = \tan t\,\mathrm{d}y = 2C\sin^2 t\,\mathrm{d}t = C(1 - \cos 2t)\,\mathrm{d}t.$$

上式两边同时积分,得 $x = \dfrac{C}{2}(2t - \sin 2t) + C_1$. 由初始条件:当 $t = 0$ 时,有 $x = 0, y = 0$,可得 $C_1 = 0$. 因此,路径 $y = y(x)$ 可表示为参数方程

$$\begin{cases} x = \dfrac{C}{2}(2t - \sin 2t), \\ y = \dfrac{C}{2}(1 - \cos 2t). \end{cases}$$

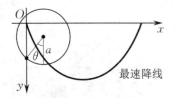

图 6-17

令 $\theta = 2t, a = \dfrac{C}{2}$，则上述参数方程可以写成

$$\begin{cases} x = a(\theta - \sin \theta), \\ y = a(1 - \cos \theta). \end{cases}$$

这就是最速降线，也叫作摆线或旋轮线，其图形如图6-17所示.

习题 6.8

一、单摆摆线长为 l，摆球质量为 m，做单摆运动，已知物体做单摆运动的力为重力沿切线方向的分力，假定其摆动的偏角很小（$\sin \varphi \approx \varphi$），试求其运动方程，并求出其周期.

二、一边长为 3 m 的立方体形状的木材在水面上处于平衡位置，然后向水里按下 x_0 m 后松手，物体会在水中上下沉浮振动，如图 6-18 所示. 已知振动的周期为 2 s，水的密度为 1 g/cm³，试求物体的质量及物体沉浮振动的规律.

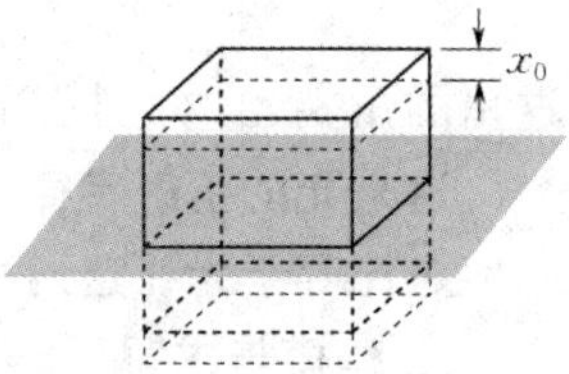

图 6-18

总习题六

一、求以 $(x + C)^2 + y^2 = 1$ 为通解的微分方程，其中 C 为任意常数.

二、求下列微分方程的通解：

(1) $xy' + y = 2\sqrt{xy}$；

(2) $xy'\ln x + y = ax(\ln x + 1)$；

(3) $\tan y \, dx = (\sin y - x) \, dy$；

*(4) $(y - 2xy^2) \, dx = x \, dy$；

(5) $y'' + (y')^2 + 1 = 0$；

(6) $y'' + 2y' + 5y = \sin 2x$.

三、已知某曲线经过点 $(1,1)$，且其上任意一点处的切线在纵轴上的截距均等于切点的横坐标，求该曲线的方程.

四、设可导函数 $\varphi(x)$ 满足 $\varphi(x)\cos x + 2\displaystyle\int_0^x \varphi(t) \sin t \, dt = x + 1$，求 $\varphi(x)$.

五、设函数 $f(x) = \sin x - \displaystyle\int_0^x (x - t) f(t) \, dt$，且 $f(x)$ 连续，求 $f(x)$.

六、设 $y_1(x), y_2(x)$ 是二阶齐次线性微分方程 $y'' + p(x)y' + q(x)y = 0$ 的两个解，令

$$W(x) = \begin{vmatrix} y_1(x) & y_2(x) \\ y_1'(x) & y_2'(x) \end{vmatrix} = y_1(x) y_2'(x) - y_1'(x) y_2(x),$$

证明：(1) 函数 $W(x)$ 满足 $W'(x) + p(x)W(x) = 0$；(2) $W(x) = W(x_0) e^{-\int_{x_0}^x p(t) \, dt}$.

七、若曲线 $y = y(x)$ 上任意一点 (x, y)（$x > 0$）处的切线在 y 轴上的截距均等于 $\dfrac{1}{x}\displaystyle\int_0^x y(t) \, dt$，求函数 $y = y(x)$ 的表达式.

单元测试六

单项选择题（满分 100）：

1. (5 分) 下列方程中为常微分方程的是（　　　）.

(A) $x^2 - 2x + 1 = 0$

(B) $y' = xy^2$

(C) $\dfrac{\partial u}{\partial t} = \dfrac{\partial^2 u}{\partial x^2} + \dfrac{\partial^2 u}{\partial y^2}$

(D) $y = x^2 + C$

2. (5分) 微分方程 $(y')^5 + y'(y'')^3 + x^2 y^4 = 0$ 的阶数是(　　).

(A) 1　　　　　　　(B) 2　　　　　　　(C) 3　　　　　　　(D) 4

3. (5分) 下列方程中为一阶线性微分方程的是(　　).

(A) $x^2 y' + \ln\dfrac{y}{x} = 0$　　　　　　　(B) $y' + e^x y = 0$

(C) $(1+x^2)y' - y\sin y = 0$　　　　　　　(D) $xy\,dx + (y^2 - 6x)\,dy = 0$

4. (5分) 微分方程 $(y - 3x)\,dx - (x + y)\,dy = 0$ 是(　　).

(A) 可分离变量的微分方程　　　　　　　(B) 齐次微分方程

(C) 一阶非齐次线性微分方程　　　　　　　(D) 一阶齐次线性微分方程

5. (5分) 已知 $y_1(x)$ 是微分方程 $y' + P(x)y = Q(x)$ 的一个特解，C 是任意常数，则该微分方程的通解是(　　).

(A) $y = y_1 + e^{-\int P(x)dx}$　　　　　　　(B) $y = y_1 + Ce^{-\int P(x)dx}$

(C) $y = y_1 + e^{-\int P(x)dx} + C$　　　　　　　(D) $y = y_1 + e^{\int P(x)dx}$

6. (5分) 针对微分方程 $\dfrac{dy}{dx} = \dfrac{x-y}{x+y}$，下列说法中错误的是(　　).

(A) 它是齐次微分方程

(B) 它可以通过变量代换 $u = \dfrac{y}{x}$ 化为可分离变量的微分方程

(C) 它有特解 $y = 0$

(D) 它有特解 $y = (-1 \pm \sqrt{2})x$

7. (5分) 针对微分方程 $y' = \sin^2(x - y + 1)$，下列说法中错误的是(　　).

(A) 它是一阶线性微分方程

(B) 它可以通过变量代换 $u = x - y + 1$ 化为可分离变量的微分方程

(C) 它有特解 $y = x + 1 + \dfrac{\pi}{2}$

(D) 它的通解为 $\tan(x - y + 1) = x + C$

8. (5分) 已知函数 $y = y(x)$ 在任意一点 x 处的增量为 $\Delta y = \dfrac{y\Delta x}{1 + x^2} + o(\Delta x)$，$y(0) = \pi$，则 $y(1)$ 等于(　　).

(A) 2π　　　　　　　(B) π　　　　　　　(C) $e^{\frac{\pi}{4}}$　　　　　　　(D) $\pi e^{\frac{\pi}{4}}$

9. (5分) 设函数 $y = y(x)$ 的图形通过点 $M(0, -1)$，且 $y(x)$ 满足微分方程 $\dfrac{dy}{dx} + 2y = 4x$，则当 $x = 1$ 时，$y = $(　　).

(A) 0　　　　　　　(B) 1　　　　　　　(C) 2　　　　　　　(D) 3

10. (5分) 微分方程 $xy' - y\ln y = 0$ 的通解为(　　).

(A) $y = Ce^x$　　　(B) $y = e^x$　　　(C) $y = Cxe^x$　　　(D) $y = e^{Cx}$

11. (5分) 设函数 $f(x)$ 连续，且满足 $\int_0^1 f(tx)\,dt = nf(x)$，则 $f(x)$ 为(　　).

(A) $Cx^{\frac{1-n}{n}}$　　　(B) C　　　(C) $C\sin nx$　　　(D) $C\cos nx$

12. (5分) 微分方程 $(1 - x^2)y'' - xy' = 0$ 满足初始条件 $y'(0) = 1, y(0) = 0$ 的特解是(　　).

(A) $y = \dfrac{1}{2}\arcsin x$　　　　　　　(B) $y = \arcsin x$

(C) $y = \arcsin\left(x - \dfrac{\pi}{4}\right) + \dfrac{\sqrt{2}}{2}$　　　　　　　(D) $y = \arcsin\left(x + \dfrac{\pi}{4}\right) - \dfrac{\sqrt{2}}{2}$

13. (5分) 微分方程 $y'' = y^2 y'$ 满足初始条件 $y'(0) = \dfrac{1}{3}, y(0) = 1$ 的特解是( ).

(A) $\dfrac{1}{y^2} = \dfrac{2}{3}x + 1$ (B) $\dfrac{1}{y^2} = -\dfrac{2}{3}x + 1$ (C) $\dfrac{1}{3}x = \dfrac{1}{y^2} - 1$ (D) $\dfrac{1}{3}x = 1 - \dfrac{1}{y^2}$

14. (5分) 设函数 $y = f(x)$ 是微分方程 $y'' - 2y' + 4y = 0$ 的一个解. 若 $f(x_0) > 0, f'(x_0) = 0$, 则 $f(x)$ 在点 x_0 处( ).

(A) 取得极大值   (B) 取得极小值
(C) 某个邻域内单调增加   (D) 某个邻域内单调减少

15. (5分) 设 y_1, y_2 是二阶常系数齐次线性微分方程 $y'' + py' + qy = 0$ 的两个特解, C_1, C_2 是两个任意常数, 则下列命题中正确的是( ).

(A) $C_1 y_1 + C_2 y_2$ 一定是该微分方程的通解

(B) $C_1 y_1 + C_2 y_2$ 不可能是该微分方程的通解

(C) $C_1 y_1 + C_2 y_2$ 是该微分方程的解

(D) $C_1 y_1 + C_2 y_2$ 不是该微分方程的解

16. (5分) 微分方程 $y'' + y = x\cos 2x$ 的一个特解应具有形式( ).

(A) $(Ax + B)\cos 2x + (Cx + D)\sin 2x$ (B) $(Ax^2 + Bx)\cos 2x$

(C) $A\cos 2x + B\sin 2x$ (D) $(Ax + B)\cos 2x$

17. (5分) 微分方程 $y'' + 2y' - 3y = e^x \sin x$ 的一个特解应具有形式( ).

(A) $Ae^x \sin x$ (B) $Axe^x \sin x$

(C) $xe^x(A\sin x + B\cos x)$ (D) $e^x(A\sin x + B\cos x)$

18. (5分) 微分方程 $y'' - y = e^x + 1$ 的一个特解应具有形式( ).

(A) $Ae^x + B$ (B) $axe^x + b$ (C) $ae^x + bx$ (D) $axe^x + bx$

19. (5分) 微分方程 $y''' + 3y'' + 3y' + y = xe^{-x}$ 的一个特解应具有形式( ).

(A) Axe^{-x} (B) $Ax^3 e^{-x}$

(C) $x^3(Ax + B)e^{-x}$ (D) $(Ax^3 + Bx^2 + Cx)e^{-x}$

20. (5分) 下列微分方程中, 具有特解 $y_1 = e^{-x}, y_2 = 2xe^{-x}, y_3 = 3e^x$ 的三阶常系数齐次线性微分方程是( ).

(A) $y''' - y'' - y' + y = 0$ (B) $y''' + y'' - y' - y = 0$
(C) $y''' - 6y'' + 11y' - 6y = 0$ (D) $y''' - 2y'' - y' + 2y = 0$

本章参考答案

附录一　常见的平面曲线

常见的平面曲线

附录二　积　分　表

积分表

图书在版编目(CIP)数据

新编微积分:理工类.上/林小苹,李健编著.—北京:北京大学出版社,2021.9
ISBN 978-7-301-31927-7

Ⅰ.①新… Ⅱ.①林… ②李… Ⅲ.①微积分—高等学校—教材 Ⅳ.①O172

中国版本图书馆 CIP 数据核字(2020)第 270541 号

书　　　名	新编微积分（理工类）（上）	
	XINBIAN WEIJIFEN (LIGONGLEI) (SHANG)	
著作责任者	林小苹　李　健　编著	
责 任 编 辑	刘　啸　班文静	
标 准 书 号	ISBN 978-7-301-31927-7	
出 版 发 行	北京大学出版社	
地　　　址	北京市海淀区成府路 205 号　100871	
网　　　址	http://www.pup.cn	
电 子 邮 箱	zpup@pup.cn	
新 浪 微 博	@北京大学出版社	
电　　　话	邮购部 010-62752015　发行部 010-62750672　编辑部 010-62754271	
印 刷 者	长沙雅佳印刷有限公司	
经 销 者	新华书店	
	787 毫米×1092 毫米　16 开本　19 印张　475 千字	
	2021 年 9 月第 1 版　2024 年 6 月第 3 次印刷	
定　　　价	49.80 元	